utb 5697

Eine Arbeitsgemeinschaft der Verlage

Brill | Schöningh – Fink · Paderborn
Brill | Vandenhoeck & Ruprecht · Göttingen – Böhlau Verlag · Wien · Köln
Verlag Barbara Budrich · Opladen · Toronto
facultas · Wien
Haupt Verlag · Bern
Verlag Julius Klinkhardt · Bad Heilbrunn
Mohr Siebeck · Tübingen
Narr Francke Attempto Verlag – expert verlag · Tübingen
Ernst Reinhardt Verlag · München
transcript Verlag · Bielefeld
Verlag Eugen Ulmer · Stuttgart
UVK Verlag · München
Waxmann · Münster · New York
wbv Publikation · Bielefeld
Wochenschau Verlag · Frankfurt am Main

Marc Dreßler ist Professor für BWL und Entrepreneurship an der Hochschule für Wirtschaft und Gesellschaft Ludwigshafen. Er lehrt und forscht am Weincampus / DLR Rheinpfalz in Neustadt. Prof. Dreßler hat den dualen Studiengang Weinbau und Oenologie verantwortet und leitet den von ihm maßgeblich konzipierten englischsprachigen berufsbegleitenden Master „MBA Wine, Sustainability & Sales". Der Professur gingen internationale Lehr- und Forschungsaktivitäten (z.B. European Business School, University of Tampa oder WU Wien) und eine berufliche Karriere als Managementberater und Unternehmer voraus.

Marc Dreßler

Nachhaltiges Unternehmertum

Strategisches Management am Beispiel der Weinbranche

UVK Verlag · München

Bibliografische Information der Deutschen Nationalbibliothek

Die Deutsche Nationalbibliothek verzeichnet diese Publikation in der Deutschen Nationalbibliografie; detaillierte bibliografische Daten sind im Internet über <http://dnb.dnb.de> abrufbar.

1. Auflage 2021

– ein Unternehmen der Narr Francke Attempto Verlag GmbH + Co. KG
Dischingerweg 5, D-72070 Tübingen

Internet: www.narr.de
eMail: info@narr.de

Einbandgestaltung: Atelier Reichert, Stuttgart
Cover-Illustration: © iStockphoto Digoarpi
Druck und Bindung: CPI books GmbH, Leck

UTB-Nr. 5697
ISBN 978-3-8252-5697-5 (Print)
ISBN 978-3-8385-5697-0 (ePDF)
ISBN 978-3-8463-5697-5 (ePub)

Vorwort

Dieses Buch zu nachhaltigem Unternehmertum adressiert Praktiker und Studierende. Spaß beim Lesen und Impulse zum strategisch basierten Unternehmertum und Nachhaltigkeitsmanagement sind zentrale Anliegen des Autors in der Überzeugung, dass eine strategische und nachhaltige Perspektive die Erfolgsgrundlage für unternehmerischen Erfolg auch kleinerer Betriebe ist.

Die Lebensdauer von Produkten, Geschäftsmodellen und Unternehmen verkürzt sich zunehmend. Vorausschauendes Handeln und betriebliche Agilität sind Grundvoraussetzungen professionellen Managements. Besonders für kleine Betriebe erfordert langfristiger Markterfolg Kompetenzsteigerung in der Unternehmensführung und die Einstellung, strategisches Management nicht als Last, sondern als Bereicherung zu verstehen. Um den Anspruch eines motivierenden Buchs zu erfüllen, werden ausgewählte, erprobte Managementinstrumente ausgeführt und mit Beispielen veranschaulicht. Illustrierende Praxisbeispiele und Online-Links sind zudem didaktischer Bestandteil. Die mit dem Buch verbundene digitale Infrastruktur enthält Begleitmaterialien, die die Themen weiter erörtern. Geben Sie mir eine Rückmeldung, ob der gewünschte Effekt bei Ihnen eingetreten ist – das würde mich freuen.

Bei der Aufbereitung der betriebswirtschaftlichen Sachverhalte wird vornehmlich auf die Weinbranche zurückgegriffen. Die Beispiele sollen innerhalb dieser Industrie aber auch darüber hinaus motivieren und Impulse für nachhaltige Strategien geben.

Neben einem herzlichen Dankeschön an alle Wegbereiter und -begleiter möchte ich ganz besonders meiner Frau Bianca danken. Ebenso ein nachdrückliches Dankeschön an Anika Kost für die permanent großartige Unterstützung.

Hinweise zum Buch

Didaktisches Konzept

Das Buch wurde durch die Lehre und begleitende Beratungspraxis motiviert und inspiriert. Studierende, Unternehmensgründer und Unternehmer kleiner Betriebe sollen ein umfassendes, aktuelles und praxisbasiertes Basiswissen zur nachhaltigen Führung von Betrieben erhalten. In jedem Kapitel werden zuerst die Erkenntnisse der allgemeinen Betriebswirtschaftslehre dargelegt. Definitionen werden auch visuell hervorgehoben. Hierauf aufbauend werden die Inhalte anhand von Praxisfällen veranschaulicht und im Kontext von nachhaltigem Unternehmertum vertieft. Die Kernaussagen werden anhand von Fragen für die unternehmerische Praxis betont. Begleitend zum Text können Filmbeiträge und eine Online-Webseite genutzt werden, die dem didaktischen Konzept des Buchs folgt. Die verarbeitete Literatur wird im Literaturverzeichnis aufgeführt, wobei eine Beschränkung auf die Kernliteratur aus Sicht des Autors erfolgte.

Hinweise für Studierende

- Die illustrativen Beispiele dienen der Anregung, eigene praktische Lösungswege unter eventuellen Rückgriff auf unternehmerisch beschrittene Lösungsansätze zu überlegen.
- Unterstützende Filme, auch um einen Medienwechsel sicherzustellen, sind als Link oder QR-Scan leicht zugängig.
- Weiterführende Literatur kann dem Literaturverzeichnis entnommen werden.
- Zur Prüfungsvorbereitung sind sowohl die Beispiele als auch eine eigenständige Erarbeitung der Inhalte über die begleitende Webseite dienlich.
- Die unternehmerischen Fragen in den Kapiteln sichern eine eine intensive Auseinandersetzung mit den Buchinhalten sowie die Vorbereitung auf Prüfungen.
- Der an Praktiker gerichtete interaktive Fragebogen begleitend zum Buch (www.nachhaltigesunternehmertum.de) kann von Studierenden anhand der ihnen bekannten Betriebe oder anhand einer Fallstudie zur Simulation und zur Entwicklung eigener Geschäftsmodellideen genutzt werden.

Hinweise für Praktiker

- Die aufbereiteten Praxisbeispiele dienen der Veranschaulichung und der Inspiration.
- Praxisbeispiele fördern die Reflexion des eigenen nachhaltigen Unternehmertums: welche Implikationen sind für meine Industrie / meinen Betrieb ableitbar?
- Im Kontext der dargelegten Sachverhalte verdeutlichen relevante Fragen zur betrieblichen Praxis die Kerninformationen und -aussagen.
- Ein web-basierter Fragebogen zur eigenen Positionsbestimmung oder als Ideengeber ist für Unternehmer in Verbindung mit dem Buch zugängig (www.nachhaltigesunternehmertum.de).

- Videos und Webadressen der interaktiven Plattform für eine weiterführende Auseinandersetzung für Unternehmenslenker sind Bestandteil als begleitende Infrastruktur.

Hinweise für Dozenten

- Der exemplarische Fragenkatalog kann als Anregung für Klausurfragen dienen.
- Die Fallbeispiele sind als Basis für eine interaktive Lehre konzipiert.
- Filmzugänge, die den Sachverhalt unterhaltsam veranschaulichen, schaffen Abwechslung in der Lehre und motivieren Interaktion.

Lesehinweise und Schreibweise

Die Verwendung aller Begriffe ist **genderneutral** und geschlechtsunspezifisch intendiert. Aus Gründen der Lesbarkeit wird das generische Maskulinum verwendet. Ausdrücklich wird aber darauf hingewiesen, dass Unternehmertum erst durch Diversität Entfaltung erfährt. Die lange Zeit einer von Männern dominierten Weinwirtschaft ist passé und die Weinbranche wird durch die nun verstärkt wirkenden Winzerinnen und Unternehmerinnen nachdrücklich belebt, wie beispielsweise die Kooperation Vinissima, aber auch unzählige beeindruckende von Frauen geführte Betriebe untermauern. Dies gilt ebenso für alle Gender- und **Diversitätsaspekte**.

Anglizismen durchdringen unseren Sprachgebrauch. Ein Verzicht auf englische Begriffe ist im Rahmen eines betriebswirtschaftlichen Buches, das aktuelle Inhalte vermitteln möchte, eine Herausforderung. Die zu Allgemeingut gewordenen Anglizismen werden in Klammern angeführt und im Falle mangelnder oder unpräziser deutscher Begrifflichkeit wird der etablierte „Management"-begriff verwendet.

Präambel zu den Praxisbeispielen

Die der Veranschaulichung dienenden **Praxisbeispiele** stammen aus unterschiedlichen Quellen. Teilweise werden in der Literatur beschriebene „Klassiker" aufgeführt, andere Fallbeispiele wurden aufgrund von augenscheinlicher Passgenauigkeit gewählt oder wegen tiefergehender Kenntnis des aufgeführten Betriebs verarbeitet. Bewusst wurden aktuelle **mediale Quellen** oder die Webseiten der Fallbeispiele genutzt, um die Inhalte praxisnah und unterhaltsam zu illustrieren. Der Autor nimmt mit der Auswahl der Praxisbeispiele **keine wertende Stellung** ein. Allen Praxispartnern, Verlagen und Bildrechteinhabern ein herzliches Dankeschön für die Abdruckgenehmigung und ihre motivierenden Begleitworte bei den Rückmeldungen.

Inhalt

1 Relevanz nachhaltigen Unternehmertums

Unternehmertum als verantwortungsbewusste, langfristig wirkende, zielgerichtete Führung von Betrieben ist angesichts der dynamischen Veränderungen und oftmals begrenzter Aktionshorizonte kein Automatismus. Erfolgreiches Unternehmertum bedingt zunehmend eine gekonnte dispositive Steuerung des Betriebs, besonders in kleinen Unternehmen. Unternehmensführung, Management und Betriebssteuerung etablieren sich in der Praxis und Ausbildung auch in durch Kleinbetriebe charakterisierten Branchen als relevante Aktionsfelder. Trotz einer reichhaltigen und wachsenden Managementliteratur wird der Anspruch gehegt, den Bedarf für ein praxisorientiertes Buch zur Handlungsorientierung für unternehmerisches, strategisch verankertes Nachhaltigkeitsmanagement insbesondere von Kleinbetrieben zu stillen.

1.1 Management für Unternehmer und Kleinbetriebe am Beispiel Wein?

Die Betriebswirtschaft ist im Vergleich zu den Naturwissenschaften eine relativ junge, publikationsintensive Wissenschaftsdisziplin. Dieses Managementbuch soll Praktikern und Studierenden gleichermaßen als Quelle dienen, um strategisches, nachhaltiges Management für kleine und mittlere Betriebe praxisorientiert zu ergründen. Die primären **Adressaten** des Buchs sind (zukünftige) Unternehmer und Unternehmenslenker, unabhängig von der Rechtsform des Unternehmens, einer tatsächlichen unternehmerischen Stellung oder eines Angestelltenverhältnisses. Diese Personengruppen zeichnen sich in Kleinbetrieben durch fundierte Kenntnis ihrer Produkte und Services aus und werden hieraus auch motiviert. Die Managementkompetenz der Unternehmer ist teilweise weniger ausgeprägt als fachliche oder handwerkliche Fähigkeiten. Das gilt besonders für komplexere und vernetzte Managementherausforderungen wie Strategie, Nachhaltigkeit, Innovation und hiermit zu synchronisierender Organisation. Dieses praktisch und empirisch fundierte Buch mit begleitender visueller und virtueller Unterstützung motiviert und verankert zielorientierte Unternehmenssteuerung.

Strategisches Management scheint besonders für Unternehmer und kleine Unternehmen herausfordernd. Mangelnde Zeit für eine umfassende Beschäftigung mit der Zukunft oder die Unsicherheit von Planung, die so wie geplant oftmals nicht eintreffen wird, sind bekannte Argumente, mit denen ein Verzicht auf Anwendung von Managementinstrumenten in der Praxis begründet wird. Angesichts zunehmenden Wettbewerbs und steigender Anforderungen der Kunden müssen aber auch kleine Betriebe Antworten geben können, wie sie die Kunden von ihren besonderen Leistungen überzeugen, wieso das Angebot auch preislich attraktiv ist, wie nachhaltig ihre Leistungen sind und welche entscheidenden Hebel langfristigen Erfolg sicherstellen. Im Gegensatz zu großen Konzernen verfügen kleine Betriebe nicht über strategische Planungsabteilungen und ihre Risikotragfähigkeit ist begrenzt. Mit einem Rückgriff auf erprobte betriebswirtschaftliche Instrumente und praktische Beispiele wird Akteuren von kleinen und mittleren Betrieben, Unternehmensgründern und Studierenden Managementkompetenz vermittelt, so dass unternehmerische Gestaltung als bereichernd empfunden wird. Hierbei steht konkretes strategisches Handeln und das Verfolgen von Nachhaltigkeitszielen im Vordergrund.

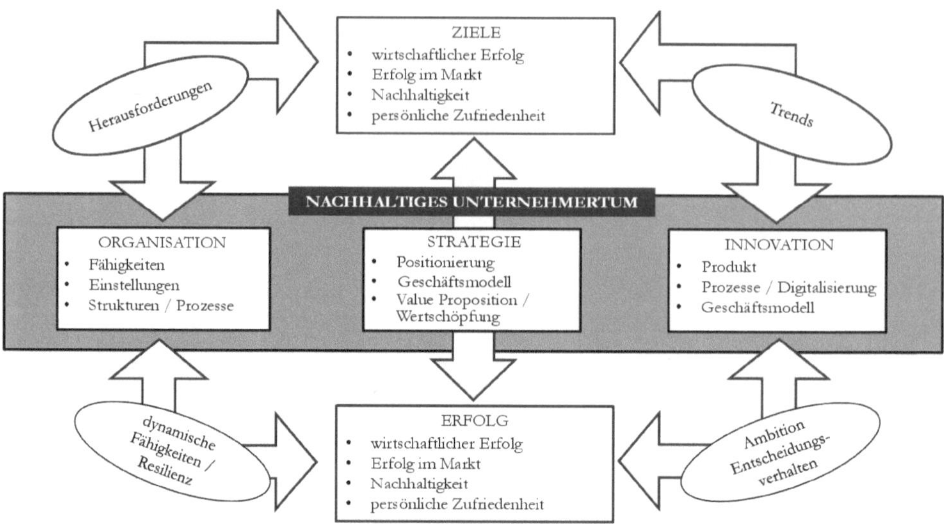

Abb. 1: Nachhaltiges Unternehmertum – Eigene Forschungsfelder im Überblick

Die Veranschaulichung **am Beispiel der Weinbranche** begründet sich aus mehreren Aspekten, die vorab ohne Anspruch auf Vollständigkeit skizziert und im Verlauf des Buchs durch Beispiele und tiefergehende Auseinandersetzung mit dieser Industrie beleuchtet werden: Wein hat eine lange Historie, was dem Nachhaltigkeitsgedanken per se Rechnung trägt. Die Branche ist in Deutschland durch kleine Betriebe und Unternehmertum charakterisiert. Das Produkt ist abhängig von der Natur, wodurch eine Auseinandersetzung mit den klimatischen und ökologischen Veränderungen unabdingbar ist. Wein ist in mehreren Branchen verortet (Nahrungs- und Genussmittel, Alkohol, Konsum- aber auch Investitionsgüter, Agrarindustrie, Luxusartikel ...). Ein Zusammenspiel von Tradition aber auch Moderne bestimmt die heutige Weinproduktion. Es wird eine durch lokale, regionale und auch nationale Aspekte geprägte Branche betrachtet, die global aufgestellt ist. Wein ist komplex, was sich in hoher Wertschätzung für die Produktion und das Produkt niederschlägt. Wein ist ein emotionales Produkt, es bietet unerschöpfliche Möglichkeiten der Gestaltung. Die sogenannten „grünen Berufe“ erfahren gesteigertes Interesse bei jungen Menschen. Diese Vielfalt wird begleitet mit einer Notwendigkeit professioneller Betriebsführung, was auch der Begriff „Agribusiness“ veranschaulicht.

Auch wenn die Weinbranche im Fokus steht, sind die im Buch aufgearbeiteten Managementherausforderungen **für alle klein- und mittelständischen Betriebe** ähnlich geartet und die Lösungsansätze relevant bzw. im jeweils benötigten Kontext adaptierbar. Die Veranschaulichung mit Beispielen aus der Weinindustrie ist beispielhaft. Präsentierte Lösungsansätze sind auf andere Branchen übertragbar. Wein hat hierbei den Vorteil, dass das Produkt viele Menschen begeistert und Weinkompetenz auch gesellschaftliche Anerkennung erfährt.

Ein Managementbuch für Unternehmer und Entscheider in kleineren Betrieben kann mit der Bedeutung dieser Wirtschaftsakteure begründet werden. Sie bilden das Rückgrat unserer Wirtschaft und der Gesellschaft, denn Großbetriebe machen weniger als 5% der deutschen Unternehmenslandschaft aus. Kleinunternehmer spielen auch im lokalen Umfeld eine bedeutende Versorgungs- und Beschäftigungsrolle.

Klein- und mittelständische Betriebe, die regional verwurzelt sind, leisten nachhaltige Wertschöpfung. In der **Weinwirtschaft** beispielsweise handelt eine **Vielzahl von kleinen Betrieben und Akteuren**. Deren Aktivität sichert Arbeitsplätze, regional lebenswerte Strukturen und insbesondere attraktive Landschaften. Unter Berücksichtigung indirekter Effekte (z.B. Zulieferer, Tourismus) wird ein Vielfaches der brancheneigenen Wertschöpfung generiert. Wein, mit einer facettenreichen Produktion und Vermarktung, wirkt direkt (über die Winzer in Verbindung mit regionaler Wertschöpfung) sowie indirekt als Wertschöpfungshebel in der Gastronomie, beim Tourismus, im Handel, in der Landwirtschaft und als Abnehmer von Produktionsgütern. Obwohl nur 1% der landwirtschaftlichen Fläche mit Wein bestockt ist, können mehr als 7% des Bruttosozialprodukts (BSP) mit der Weinbranche in Verbindung gebracht werden, bei entsprechender Wertschöpfung und der Realisation von Steueraufkommen. (Hensche & Lorleberg 2011)

Eine Wirtschaft, die durch Unternehmertum geprägt ist, entwickelt permanent Lösungen für gesellschaftliche Herausforderungen und sichert dadurch gesellschaftliche Weiterentwicklung. Wenn dies mit Vielfalt durch kleinstrukturierte Unternehmen gepaart ist, dann ist ein Risikopuffer für die Wirtschaft gegeben. Marktdominanz großer, weltumspannender Betriebe birgt gesellschaftliche und politische Gefahren, wie Monopolsituationen gezeigt haben. Entsprechend wird bei Unternehmensübernahmen und -zusammenschlüssen die etwaige marktbeherrschende Stellung geprüft und gegebenenfalls untersagt. Rechtfertigungen staatlicher Eingriffe mit dem Argument, dass Unternehmen zu erhalten sind, da ihre schiere Größe bei einer Insolvenz desaströse Auswirkungen für die Wirtschaft hätte („too big to fail“), sind dennoch im heutigen Wirtschaftsgeschehen an der Tagesordnung. Dies widerspricht der von Unternehmern oder auch bei privaten Investoren geforderten Risikostreuung. Eine Marktstruktur mit vielen und somit kleineren Einheiten wird dem betriebswirtschaftlich begründeten Anspruch einer Risikodiversifikation gerecht. **Vielfalt** im Angebot und bei der Anbieterlandschaft sollte gesellschaftliches Interesse sein. Sie bildet einen zentralen Stellhebel für Nachhaltigkeit, da unterschiedliche Wege ausprobiert und beschritten werden. Um die Professionalität und somit die Zukunftsaussichten der kleinen Betriebe zu erhöhen, bedarf es vor allem in fordernden Zeiten strategischen Unternehmertums.

Das Buch verarbeitet die aus Sicht des Autors grundlegende **wissenschaftliche** und **praxisrelevante** Literatur, ohne Anspruch auf Vollständigkeit zu erheben. Im Literaturverzeichnis werden vorrangige Quellen dargelegt, die auch als weiterführende, vertiefende Lektüre empfohlen werden. Darüber hinaus sind im Text durchgehend **empirische Erkenntnisse** eingearbeitet, um Praxisrelevanz und Validität zu gewährleisten.

Empirie bezeichnet einen wissenschaftlichen Erkenntnisgewinn, der auf methodisch geleiteter Analyse der Praxis basiert. Dieses Vorgehen ist vornehmlich theoriegeleitet, die Erkenntnisse stützen sich aber nicht auf theoretische Ableitung aus abstrakten Regeln, der Erkenntnisgewinn basiert auf Erfahrungen, validierter Evidenz und erkennbaren Fakten.

Seit 2012 wurde vom Autor in zweijährigem Rhythmus eine **Online-Befragung zu Strategie und Innovation** in der deutschen Weinwirtschaft durchgeführt. Die hierdurch gewonnenen Erkenntnisse ermöglichen eine praxisbasierte Fundierung der betrieblichen Sachverhalte über alle das Buch abdeckenden Themen hinweg.

Neben den Einsichten und Illustrationen auf Basis der Betriebsbefragungen werden im Text zahlreiche Beispiele aus der Praxis eingeflochten. Eine praxisorientierte Veranschaulichung der dargelegten Sachverhalte liefert Impulse, um Gestaltungschancen zu erkennen und zu ergreifen.

1.2 Zukunftsausrichtung in fordernden Zeiten

Dem französischen Autor Viktor Hugo werden die Worte „*Die Zukunft hat viele Namen: Für Schwache ist sie das Unerreichbare, für die Furchtsamen das Unbekannte, für die Mutigen die Chance*“ zugeschrieben. Der Mensch kann aufgrund seiner geistigen Fähigkeiten nicht nur aus Vergangenem lernen, sondern auch antizipieren und Einfluss nehmen. Die Zukunft ist zwar ungewiss, aber die Beschäftigung mit möglichen Entwicklungen ist nicht nur die Aufgabe von Zukunftsforschern. Überlegungen zur Zukunft und den Implikationen für den eigenen Betrieb anzustellen, ist unternehmerische Basisarbeit und Voraussetzung für langfristig erfolgreiches und somit nachhaltiges Handeln. Dies gilt besonders für fordernde Zeiten, die durch schnelle **Entwicklungen**, massive globale **Veränderungen** und **Zäsuren** gekennzeichnet sind. Globalisierung, Klimawandel, Technologisierung, Digitalisierung, Marktkonzentration, Transparenz oder Wertewandel sind nur ausschnittsweise Phänomene einer zunehmenden Dynamik und Komplexität. Die noch nicht bewältigte Corona-Pandemie und eine Flutkatastrophe mit katastrophalen Folgen für Menschen und Betriebe unterstreichen, wie Krisen den Wandel unserer wirtschaftlichen, sozialen und ökologischen Umwelt bestimmen können.

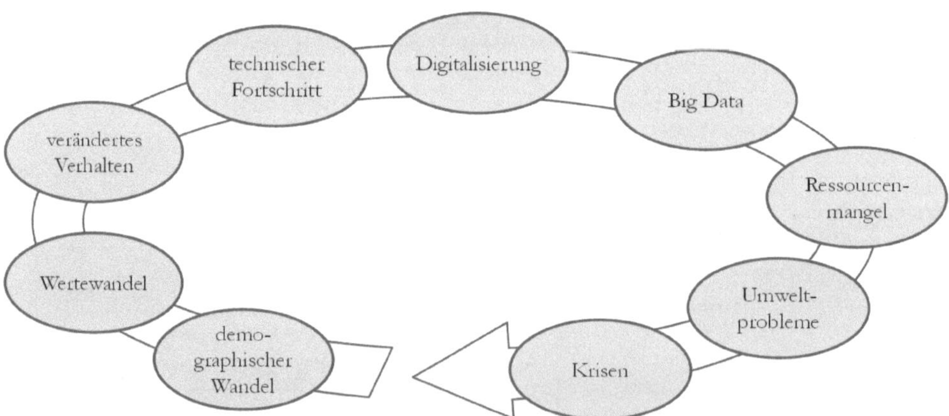

Abb. 2: Beispielhafte Einflussfaktoren einer sich verändernden Umwelt

Die Geschwindigkeit des Wandels lässt sich an gekürzter Lebensdauer von Unternehmen ablesen. 1920 hatten die in einem amerikanischen Börsensegment gelisteten Unternehmen eine durchschnittliche Lebensdauer 67 Jahren, heute beträgt sie nur noch 15 Jahre (Foster & Kaplan 2011). Veränderungsfähigkeit ist, wie vom Ökonomen

Schumpeter, der die **zerstörerische Kraft** von Innovation als Notwendigkeit für gesellschaftliche Veränderung bereits in der ersten Hälfte des 20. Jahrhunderts postulierte („Creative Destruction"), Triebkraft für notwendige Entwicklung. Aktuell hinterlässt die Covid-19-Pandemie destruktive Spuren (bspw. massive Umsatzeinbrüche in der Gastronomie) bei beschleunigter Veränderung (z.B. E-Business). Besonders in der Landwirtschaft und im Handwerk vollzieht sich seit Jahren ein weitreichender Strukturwandel mit einer massiv abnehmenden Anzahl von Betrieben. Dieser Wandel unterstreicht steigende Managementherausforderungen, besonders für die im Markt verbleibenden Unternehmen.

> Dpa-Meldung: *„Dürre trifft Landwirte hart: Nach der starken Dürre im Sommer 2018 sind noch mehr landwirtschaftliche Betriebe in die Insolvenz geraten ... 23,9 Prozent mehr als im Vorjahr. Geringere Erlöse und höhere Kosten infolge der Dürre seien die Hauptgründe für den Anstieg der Insolvenzen."* (dpa 2019b)

Neben belastenden, negativen Effekten wirkt Veränderungsdruck als Hebel für Weiterentwicklung. Wirtschaft und Gesellschaft profitieren vom Veränderungsdruck durch neue Angebote und neue Anbieter. Technologischer Fortschritt und auch durch Digitalisierung getriebene Veränderungen bieten Chancen für Geschäftsideen und -gründungen.

> Corona-Krise beschleunigt Wein-Start-up: *„Einen besseren Zeitpunkt für den Launch seines Start-ups hätte sich Thomas Winther kaum aussuchen können. Wenige Tage vor Beginn der Corona-Krise ging der Däne mit **Winejump** online. Über den Online-Marktplatz können Kunden ihren Wein direkt bei Winzern aus dem europäischen In- und Ausland ordern. Pro verkaufter Flasche erhält Winejump einen Euro. So wie die Corona-Krise das Kaufverhalten vieler Menschen ändert, wäre ich nicht überrascht, wenn sich der Online-Weinmarkt in Deutschland in den nächsten fünf Jahren verdoppeln würde", sagt Winther. Den ambitionierten Zielen seiner frisch gestarteten Firma würde das jedenfalls helfen. Der Gründer sagt selbstbewusst: „Winejump hat die große Chance, ein Unicorn-Start-up zu werden."* (Hüfner 2020)

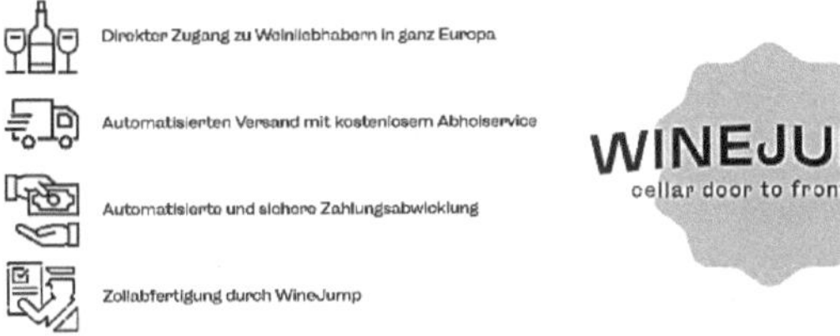

Unternehmensgründungen entspringen vornehmlich einem Wunsch nach unternehmerischer **Selbstverwirklichung**. Einige Geschäftsideen schaffen in betriebswirtschaftlicher Lichtgeschwindigkeit globale Entfaltung und lassen bis dato gelebte Geschäftsmodelle obsolet werden. Ein Start-up startet mit einer **guten Idee**. Die Idee kann sich aber nur dann langfristig durchsetzen, wenn sie **unternehmerisch realisiert** wird. Nur die Hälfte aller Neugründungen überlebt die ersten vier Jahre.

Laut Länderbericht des Global Entrepreneurship Monitors (GEM) sind die für Unternehmensgründungen **förderlichen Rahmenbedingungen** in Deutschland:

- Schutz von geistigem Eigentum (z. B. Patente)
- Wertschätzung neuer Produkte/Dienstleistungen aus Konsumentensicht

- Öffentliche Förderprogramme
- Physische Infrastruktur
- Berater und Zulieferer für Unternehmen. (Sternberg 2020)

Konzeptionelle Überlegungen zur Konkretisierung der Idee und dessen Umsetzung sind frühzeitig praxisnah zu validieren. Nachhaltigkeitsüberlegungen sollten bei neuen Geschäftsideen ein **Prüfstein** sein, oftmals sind diese sogar ursächlich. Etwa jede fünfte Firmengründung in Deutschland ist im Bereich Klima- und Umweltschutz angesiedelt. Besonders naturnahe Branchen locken unternehmerische Entfaltung, um zur Verbesserung des Klimas beizutragen.

Unternehmerische Ansätze, ob im Fall von etablierten Unternehmen in zunehmend wettbewerbsintensiven Märkten oder bei der Realisation einer Unternehmensgründung, bedingen vorausschauendes Handeln und agile Umsetzung. **Agilität** ist mehr als Flexibilität, um eine kurzfristige Nachfrage befriedigen zu können. Strategische Agilität ist gegeben, wenn trotz ungewisser Zukunft Entscheidungen getroffen und bei erkennbarem Handlungsbedarf diese in Frage gestellt und revidiert werden. Agile Unternehmen sind in der Lage umzusteuern, wenn sich ein eingeschlagener Weg als Sackgasse erweist. Strategisches Management verkümmert dann nicht in seitenfüllenden Fünf- oder Zehn-Jahresplänen, es wird zur permanenten Managementaktivität auf Basis einer Beobachtung der Umwelt, proaktiver Wahrnehmung von Chancen und unternehmerischer Steuerung von Risiken. Proaktives und antizipatives Handeln wird zur notwendigen Voraussetzung für eine nachhaltige Unternehmensentwicklung.

Unternehmertum sichert eine Perspektive für den Betrieb, wenn Chancen und Herausforderungen im Markt erkannt, betriebliche Ziele definiert und Maßnahmen zur Zielerreichung eingeleitet werden. Dies bedingt auch Risikobereitschaft. Strategisches Handeln **synchronisiert** dabei unter Wahrung eines längerfristigen Planungshorizonts die strategischen Ziele und Maßnahmen, die Positionierung im Wettbewerb, das Innovationsmanagement, die Nachhaltigkeitsmaßnahmen und die Organisationsentwicklung. Damit wird **Adaptionsfähigkeit** der Betriebe in der sich dynamisch verändernden Umwelt gewährleistet, eine notwendige Voraussetzung zur nachhaltigen Existenz. Ein externer Veränderungsdruck, wie beispielsweise die Corona-Pandemie, wirkt dabei als **Katalysator**. Agilität sichert besonders in Zeiten mit massiven Veränderungen langfristige Perspektive und sichert Resilienz, d.h. Überlebensfähigkeit. In kleinen Unternehmen ist dies eine unternehmerische Aufgabe, die anhand der folgend dargelegten Instrumente, Beispiele, Fragen, Einstellungen und Anregungen sichergestellt werden kann.

1.3 Nachhaltigkeit als gesellschaftlicher Impetus

Als Minimaldefinition kann Nachhaltigkeit mit **Langfristigkeit** gleichgesetzt werden. In der Managementliteratur wurde und wird oftmals noch Nachhaltigkeit als Ziel „langfristiger Überrenditen“ für ein Unternehmen definiert. Ein derartig reduziertes Verständnis begründet lediglich vordergründige Nachhaltigkeit. Unser heutiges Leben und Wirtschaften belastet die Zukunft. Der Klimawandel ist nur ein Beispiel für die Folgen unseres Handelns. Angesichts der Zerstörung von nicht regenerierbaren

Ressourcen hat sich eine erweiterte Definition von Nachhaltigkeit durchgesetzt: heutiges Agieren darf **nicht zu Lasten der zukünftigen Generationen** erfolgen.

Das Weingut **Prinz Salm** nutzt in Postings einen Marketingbezug (Claim) auf mehr als 30 Generationen umfassende Weinmachkultur. Damit wird auf Nachhaltigkeit im grundsätzlichen Sinne der generationsübergreifenden Definition Bezug genommen. Die mehr als 800-jährige Unternehmensgeschichte der Familie Salm-Salm wird als Zeitraum kommuniziert, in dem Wissen und Erfahrung gesammelt, aber auch Werte gelebt wurden.

Felix Salm
32nd Generation winemaker

Der Winzer Karl-Heinz **Wehrheim** interpretiert die Übergabe des Familienweinguts auch in gleichartigem Bezugsrahmen nicht als Vermögensübergabe, er spricht von „*... Verpflichtung, damit verbundene Werte für die zukünftige Generation zu erhalten*“.

Die Wurzeln des Nachhaltigkeitskonzepts werden dem deutschen Forstwirt von Carlowitz zugeschrieben. Bereits 1713 forderte er, dass nicht mehr Bäume geschlagen werden als nachwachsen. Damit wurde einer ökonomischen Profitsteigerung unter ökologischen Aspekten Einhalt geboten und ein gesellschaftlicher Nutzen durch Vermeidung von Kahlschlag anvisiert. Ende des 20. Jahrhunderts rückten der Ressourcenverbrauch und -endlichkeit in den Vordergrund. Die Angst vor der Endlichkeit des Planeten wurde auch durch die Ölkrise und Hungerkatastrophen befeuert. Ein Bericht des Club of Rome wurde 1972 mit dem Titel „**Grenzen des Wachstums**“ veröffentlicht, der die Herausforderungen von Populationswachstum und eine Debatte über die Limitierung ökonomisch getriebener Handlungsweise initiierte. Ein weiterer Meilenstein bildete der Brundtland-Report der Vereinigten Nationen, der Nachhaltigkeit unter dem Aspekt der Sicherung einer Perspektive für alle Menschen auf der Welt als Handlungsmaxime fordert. Soziales Engagement hat sich parallel als eigenständiges Managementparadigma unter dem Begriff **Corporate Social Responsibility** (CSR) etabliert. Hierbei stellt ein Unternehmen seine sozialen Aktivitäten in den Vordergrund.

Corporate Social Responsibility beschreibt ein freiwilliges, vom Unternehmen getragenes Sozialengagement. Betriebe setzen sich für soziale Aktivitäten ein, Mitarbeiter engagieren sich in gemeinnützigen Projekten, die Unternehmen fördern benachteiligte Gruppen oder finanzieren Projekte zur Steigerung der sozialen Gerechtigkeit.

1992 wurde beim Weltklimagipfel in Rio de Janeiro auf Klimapolitik fokussiert. Mit der „Friday for Future“-Bewegung zeigt sich der Wandel auch durch gesellschaftliche Aktivitäten. In wissenschaftlich unterstützter Darlegung der Handlungsnotwendigkeiten erfolgte eine Verankerung von ökologischem Handeln bei Unternehmen. Der in der Forschung zu Unternehmertum hierfür charakterisierende Begriff des „**Ökopreneurs**“ (Ecopreneur) wird in der Landwirtschaft anhand einer wachsenden Anzahl von Biobetrieben sichtbar. Sowohl die Ernährungsindustrie als auch damit verbunden die Landwirtschaft sind ein gewichtiger Gestaltungshebel bei der Verfolgung ökologischer Perspektiven. Das von der Bundesregierung kommunizierte Ziel einer

Ausweitung der ökologischen Landwirtschaft auf mindestens 25% der Fläche bis 2030 erfordert weitere Umstellung deutscher Betriebe, da erst 10% an ökologisch bewirtschafteter Fläche überschritten wurden. Dies gilt auch für die Weinbranche, die hinsichtlich der ökologischen Flächenbewirtschaftung Aufholbedarf hat. Die EU ist mit dem richtungsweisenden „**Green Deal**" und ambitionierten Zielen zur Minimierung ökologischer Auswirkungen in der landwirtschaftlichen Produktion Taktgeber. Nachhaltigkeit verbindet diese Handlungsorientierung als Dreiklang von Steigerung der ökonomischen Leistungsfähigkeit bei Sicherung von sozialer Gerechtigkeit und Wahrung der ökologischen Tragfähigkeit.

> **Nachhaltigkeit** wird als Handeln definiert, bei dem heutige Aktivität die zukünftigen Generationen nicht belastet. Konkretisiert wird dieses Paradigma über eine permanente, parallele und synchronisierte Wahrung von **ökologischen**, **sozialen** und **ökonomischen** Zielen (**Drei-Säulen-Modell** der Nachhaltigkeit).

In Anwendung auf nachhaltige Unternehmensführung steht die **ökonomische Seite** für wirtschaftliche Stabilität und Leistungsfähigkeit, aber auch für Verlässlichkeit und langfristige Orientierung eines Unternehmens.

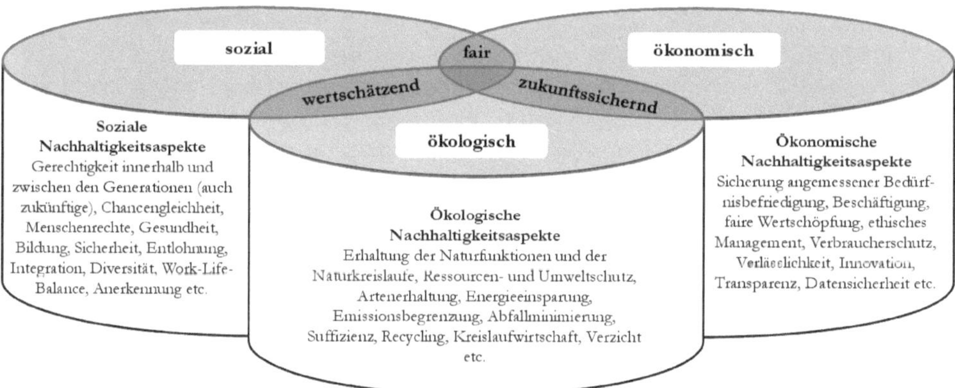

Abb. 3: Visualisierung des 3-Säulen-Modells der Nachhaltigkeit

Die **soziale Dimension** betrachtet, ob ein Unternehmen gute Arbeitsbedingungen, sichere Arbeitsplätze, faire Entlohnung bietet und gesellschaftliche Verantwortung übernimmt. Mit der **ökologischen Perspektive** wird verantwortungsvoller Umgang mit Ressourcen, umweltschonenden Technologien und umweltverträglichen Produkten Augenmerk geschenkt. Bei allen Wertschöpfungsaktivitäten sind die drei Säulen von Relevanz und Unternehmer sind gefordert, die sich ergebenden Implikationen ebenso wie Chancen zur Steigerung der Nachhaltigkeit zu gestalten.

Als Unterzeichner der **Agenda 2030** hat sich die Bundesregierung verpflichtet, eine nachhaltige Entwicklung im eigenen Land voranzutreiben und diese durch Umbau von Strukturen sowie verändertes Denken und Verhalten umzusetzen. Hierzu wurden 17 gesellschaftliche Ziele vereinbart, die Nachhaltigkeit konkretisieren und einfordern.

Abb. 4: Die globalen Ziele für nachhaltige Entwicklung (BMZ 2021)

Viele Branchen reagieren. So hat beispielsweise die BVE Bundesvereinigung der Ernährungsindustrie einen Leitfaden zum Deutschen Nachhaltigkeitskodex (DNK) veröffentlicht. Auch für die Weinbranche wurde der Kodex handlungsorientiert hinterlegt. Jedes Unternehmen ist gefordert, gegebenenfalls unter Rückgriff auf die Leitfäden, einen aktiven Beitrag zu leisten. Die steigende Relevanz von Nachhaltigkeit manifestiert sich nicht allein in politischen Zielen oder Vorgaben und Leitfäden der Industrie.

Nachhaltigkeit spielt zunehmend bei Verbraucherinnen eine Rolle und beeinflusst die **Kaufentscheidung**. Entsprechend nutzt der Handel Nachhaltigkeit für Sortimentsentscheidungen. Neuseeland stellt Nachhaltigkeit sogar in den Mittelpunkt der Weinwerbung des gesamten Landes. Politik, Handel und Verbraucher fordern immer mehr Nachhaltigkeit, was die Produzenten fordert, aber auch fördern kann.

Nachhaltigkeit wird Kunden immer wichtiger,

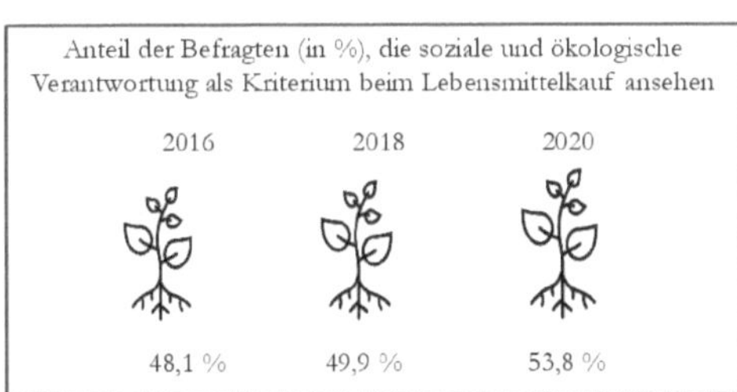

... und sie sind bereit dafür zu zahlen

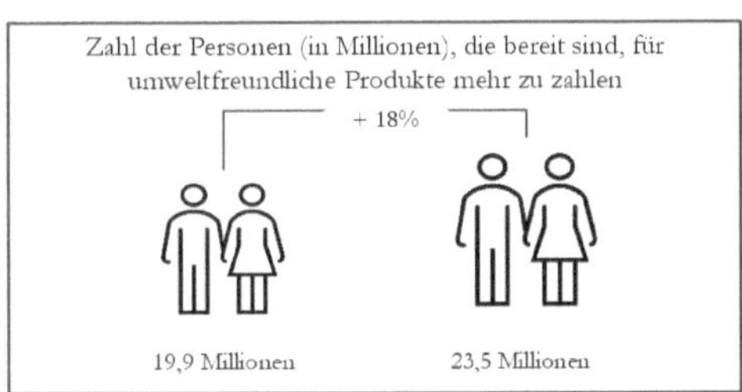

Abb. 5: Einfluss von Nachhaltigkeit auf Konsum in Deutschland (in Anlehnung an Handelsblatt 2020)

Die Politik kann Nachhaltigkeit nicht eigenständig sicherstellen. Die Herausforderungen liegen in der Komplexität, limitierter Durchdringung von Handlungsimplikationen, notwendiger Verhaltensänderungen und resultierenden Einschränkungen. Die Sicherstellung von Nachhaltigkeit ist eine **langfristige, permanente und sich weiter entwickelnde gesellschaftliche Aufgabe**, zu der jeder Einzelne und besonders auch Unternehmen beitragen müssen. Die in diesem Buch positionierte Zentralität von Nachhaltigkeit im strategischen Management fußt auf dem Verständnis, dass viele kleine Schritte hin zu mehr Nachhaltigkeit bedeutsam sind – sowohl von Betrieben als auch von jedem privat. Dabei ist die Verinnerlichung nachhaltigen Handelns nicht abhängig von der Größe eines Unternehmens, nicht von der Industrie und auch nicht von der Lebensphase eines Betriebs. Bestandsunternehmen müssen ihr Geschäftsmodell anpassen und auch bei Unternehmensgründung sollte Nachhaltigkeit nachdrücklich die Unternehmenskonzeption bestimmen. Aber auch Unternehmensübergaben oder -auflösungen müssen Nachhaltigkeitskriterien Stand halten.

Die heute weltweit bekannte Eiscrememarke **Ben & Jerry´s** wurde von den beiden befreundeten Namensträgern Ben Cohen und Jerry Greenfield 1978 in Burlington im US-Bundesstaat Vermont gegründet. Schon mit den ersten Eiscremekreationen haben die beiden Gründer – bekennende Hippies – das damals noch nicht bekannte Konzept der Nachhaltigkeit zentral verankert und umgesetzt. Als Produktionsstätte wurde eine Tankstelle umgewidmet. Ein Teil des Erlöses der eigens kreierten Eiscreme „Rainforest Crunch“ wurde wie der Name anklingen lässt in die Aufforstung der Regenwälder investiert. Als Vorreiter im Sinne von Corporate Social Responsibility konnte die damals unbekannte Marke im Wettbewerb mit den großen Eiscrememarken Akzente setzen, auch wenn offensichtlich primär intrinsische Bedürfnisse der Gründer Motivationsfaktor für soziales Engagement waren.

One Hope Wines wurde mit dem Anspruch gegründet, die Welt besser zu machen: „*... selling wine on a mission to change the world. Disrupting the wine industry. Building a Force for Good*“. One Hope Wines realisiert viele karitative Projekte.

Die beispielhafte Weingutsneugründung **17morgen** bezieht sich in ihrer Gründungsphilosophie erkennbar auf Nachhaltigkeit mit einem „*... Neustart ... mit frischen, neuen Ansätzen, im Einklang mit der Natur.*“

Nachhaltigkeit bewegt aber ebenso Betriebe mit langer Historie. In fünfter Generation kommuniziert das Weingut **Meyer-Näkel:** „*Nachhaltigkeit ist der Schlüsselbegriff unserer Generation, denn nur durch nachhaltiges Wirtschaften ... können wir den Weinbau, die Weinkulturlandschaft und damit unsere Existenz und besonders auch die für zukünftige Generationen sichern!*“

Nachhaltigkeit kann auch aus intrinsischer Motivation heraus zur Neugestaltung von bestehenden Unternehmen oder zur Umsetzung neuer Geschäftsmodelle führen. Das **Weingut Grünewald & Schnell** lebt Nachhaltigkeit und hat als Vorreiter alle eignen Erfahrungen und Überlegungen auch für andere Weingüter zugänglich gemacht. Das gegründete Netzwerk Nachhaltiger Wein dient nicht kommerziellen Zwecken, sondern der Steigerung von Nachhaltigkeit und dem Vorleben nachhaltiger Unternehmensführung in der Weinwirtschaft.

Nachhaltigkeit ist eine notwendige **Managementorientierung**, aber gleichzeitig eine Herausforderung in der praktischen Umsetzung, wenn dieser Anspruch als betrieblicher Leitgedanke wirken und nicht in einem **Marketingeffekt** verkümmern soll. Die Umsetzung von nachhaltigem Unternehmertum ist entsprechend sowohl in der strategischen Ausrichtung zu verwurzeln als auch permanent in der operativen Umsetzung zu gewährleisten – eine ständige betriebliche und persönliche Herausforderung für Unternehmer.

2 Die deutsche Weinbranche

Wein ist ein Thema, das viele Menschen fasziniert, aufgrund seines Alkoholgehalts aber auch polarisieren kann. Wein ist seit Jahrtausenden Teil unserer Gesellschaft, regional relevant, aber gleichzeitig ein wertschöpfendes Wirtschaftsgut im internationalen Wettbewerb. Die Vielseitigkeit der Weinwelt, die einen Bogen von **agrarlicher** Bewirtschaftung, einer komplexen Produktion mit chemischen, physikalischen und logistischen Prozessen und spezifischen Kompetenzen der Weinmacher, über die **Konsumgüter- und Ernährungsbranche** bis hin zur **Luxusindustrie** spannt - gepaart mit einer gesellschaftlichen Anerkennung von Weinkompetenz - eröffnet Perspektiven, um (zukünftige) Unternehmer aus der Weinbranche aber auch aus anderen Industrien auf dem Weg zu nachhaltigem Unternehmertum zu stärken und Impulse für unternehmerische Verwirklichung zu geben.

„Wein ist nicht einfach irgendein Lebensmittel. ... Wein ist ein Kulturgut, Wein ist europäische Geschichte und Wein ist Lebensgefühl. Natürlich braucht heutzutage niemand eine Flasche Wein. Das Trinkwasser ist sauber und Wirkung gibt es deutlich billiger. Man muss es wollen, Wein ist Luxus, unter Umständen Lebensgefühl, manchmal eben einfach nur Wirkung."
Dirk Würtz, Influencer, Weinblogger, Winzer und geschäftsführender Weingutsgesellschafter (Wüst 2017)

Die Grundlagen und Spezifika der Weinindustrie, die Vielfältigkeit des Produktes und der Branche und aktuelle Einsichten in die Weinbranche werden anhand einer Produkt- und Wertschöpfungsbetrachtung vermittelt.

2.1 Wein – Historie und Produkt

Antike Funde belegen eine lange **Historie** von Wein, denn schon im 6. Jahrtausend vor Christus wurde in Vorderasien Weinbau betrieben. Als europäische Ursprungsländer des Weines gelten Georgien sowie das heutige Armenien. In Deutschland ist Wein mit Fundstücken der Kelten an der Mosel schon 500 vor Christus nachgewiesen, durch die Römer wurden der Anbau und der Konsum in der Folge ausgedehnt. Wein war in der Römischen Kaiserzeit (bis 375 n. Chr.) das lukrativste Gut römischen Handels in Germanien. Germanen haben ebenso Wein kultiviert. Im ältesten erhaltenen germanischen Gesetzestext (Lex Salica ca. 500 n. Chr.) wurde Raub von Rebstöcken als Straftat festgeschrieben. In der Folge wurde **Weinkultur** maßgeblich durch Kirche und christliche Orden gefördert. Insbesondere der im Burgund initiierte Zisterzienserorden brachte über Klostergründungen Weinbaukompetenz nach Deutschland. Aber auch die weltliche Seite - Karl der Große wird als ein Motivator für den Weinbau in Deutschland genannt - hat den Weinbau vorangetrieben. Im Mittelalter erreichte die mengenmäßige Weinproduktion einen Höhepunkt. Wein profitierte von teilweise zugesprochener gesundheitsfördernder Wirkung, aber auch da Wasser wegen Verunreinigungen Ursache von Krankheiten sein konnte. Für **Klöster** war Wein ein wirtschaftliches Handelsgut, das maßgeblich zum finanziellen Erfolg beitrug. Klösterliche Erkenntnisse haben die qualitative Weinproduktion gefördert und sind heute noch erkennbar, beispielsweise am Qualitätsbegriff „Kabinett", der auf die Lagerkammer für die besten Weine der Mönche hinweist. Die Weinkultur hat aber auch Tiefpunkte durchlebt. Neben Weltkriegen, Wirtschaftskrisen oder weinindustriespezifischen Unzulänglichkeiten (z.B. Glykol-Skandal) hat der Weinbau unter vernichtenden Krankheiten gelitten (insbesondere Reblaus). Dennoch konnte sich Wein über Jahrhunderte als kultivierte Genussform von Alkohol etablieren und vielfältige Weinevents sind als gesellige Zusammenkünfte Ausdruck auch moderner Weinfreuden.

Wein ist ein **Getränk** und entsteht aus alkoholischer Vergärung des Fruchtzuckers von Früchten. Im Folgenden wird von Wein aus Trauben, den Beeren der Vitis Vinifera, ausgegangen, was auch den Großteil der weltweiten Weinproduktion ausmacht. Obstweine (z.B. Kirsche) sind Produkte mit oftmals regionaler Nachfrage. Eine Ausnahme bilden die Weine aus alkoholischer Vergärung von Äpfeln, die sicherlich für die Mainregion und Frankfurt typisch (Äppelwoi oder Äppler) sind, sich aber auch als Cider oder Cidre verbreiteter Beliebtheit (z.B. französische Bretagne) erfreuen.

Von geschätzten mehr als 20.000 verschiedenen Rebsorten sind ca. 15% für die Weinproduktion zugelassen. Als Produktgattung ist die Weinbranche der Nahrungs- und Genussmittelindustrie zugehörig, in der Kategorie der alkoholischen Getränke. Aus dem **Naturprodukt** Traube wird über chemische und physikalische Prozesse und beeinflussende Verarbeitungsschritte ein Produkt Wein mit einem hohen **emotionalen Nutzen** für die Konsumenten erzeugt, was sich in einer sehr breiten Spannweite von Weinpreisen von unter zwei aber auch über 10.000 Euro für eine Flasche zeigt. Wein ist ein **Erfahrungsprodukt**, da erst durch den Konsum der Weingeschmack erlebt werden kann, zumal die Weinproduktion vom jeweiligen Erntejahr beeinflusst wird. Hochpreisige Weine haben sich auch als **Anlageform** etabliert (LivEx ist eine Börse, an der global Prestigeweine gehandelt werden). Weingüter bieten sich ebenso als **Investitionsobjekt** an. Damit spannt Wein einen Bogen von der Agrarindustrie, über Konsumgüter, zu Investitionsobjekten bis hin zu Luxusartikeln.

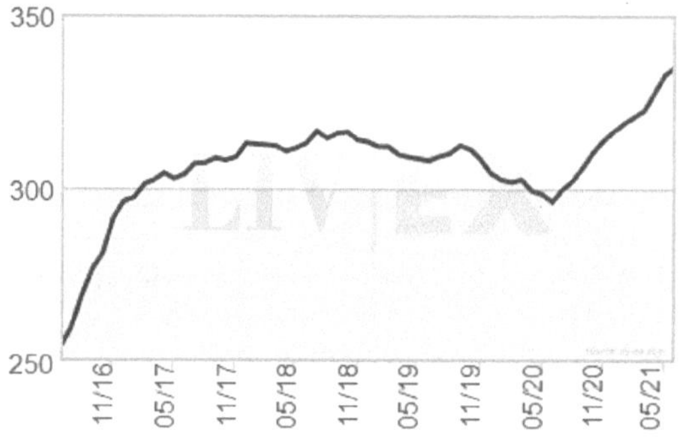

Abb. 6: Börse von Premiumweinen (Liv-Ex)

Ein als **Qualitätswein** deklarierter Wein wird in Deutschland amtlich auf Fehlerfreiheit geprüft. Im Anschluss an eine **analytische Prüfung** der Inhaltsstoffe durch ein amtlich anerkanntes Weinlabor, ob den gesetzlichen Vorgaben entsprochen wird, werden die Weine einer **sensorischen Prüfung** (Farbe, Geruch, Geschmack) unterzogen. Die Weine sollen den Angaben auf dem Etikett entsprechen und typisch sein, was durch eine zugeteilte amtliche Prüfungsnummer (A.P.Nr. auf dem Etikett) dokumentiert wird. Jedes weinbaubetreibende Bundesland hat hierfür eine zuständige Prüfungsbehörde. Da die Vegetation über den Jahresverlauf (Wärme, Niederschlag ...) die Reifeentwicklung und somit die Weine prägt, können auch für **Jahrgänge** Qualitätsaussagen getroffen werden.

> Unter den berühmtesten Weinjahren der Geschichte gilt 1811 als herausragend. Johann Wolfgang von Goethe schwärmte vom «Eilfer». Sein Loblied findet sich abgewandelt in Felix Mendelssohn Bartholdys Türkisches Schenkenlied op. 50/1

> *„Setze mir nicht, du Grobian, den Krug so derb vor die Nase! Wer Wein bringt, sehe mich freundlich an, sonst trübt sich der Elfer im Glase!"* (Kometenwein in Wikipedia)

Auch wenn die Qualitätsbeurteilung eine subjektive ist, werden Weine nach Güteklassen kategorisiert. Die Gütebestimmung orientiert sich auch in Deutschland zunehmend am **Terroir**. Dieser aus Frankreich entlehnte Begriff der Agrarwirtschaft umschreibt ein komplexes Zusammenspiel aus den Wein bestimmenden, lokalen Faktoren: Mikroklima, Boden, Geologie, Hydrologie, Sonneneinstrahlung, Rebsorte und Gelände. Der zur Bestimmung von Traubengüte herangezogene Zuckergehalt (Reifegrad und Lesezeitpunkt), welcher die klassische Qualifizierung der Prädikatsweine (z.B. Kabinett, Auslese) bestimmt, soll in den Hintergrund treten. Neben der Nennung kleiner geographischer Einheiten, den Einzellagen, erlangen „Große Gewächse" und „Erste Gewächse" in Anlehnung an die Klassifizierung aus dem Burgund (Grand Cru und Premier Cru) mit anspruchsvollen Qualitätsvorgaben und hierfür ausgewählten Parzellen eine zunehmende Bedeutung.

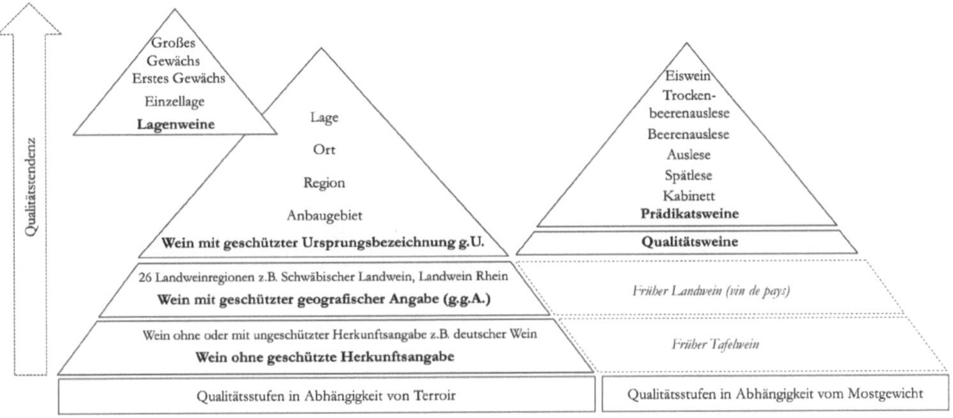

Abb. 7: Klassifizierungen von Wein in Deutschland

Auch in Kenntnis der Grundsystematik einer qualitätsorientierten Klassifizierung von Wein ist die Qualitätsbeurteilung komplex und bleibt letztendlich eine individuelle Entscheidung, denn Geschmack und Geschmacksempfindung unterliegen persönlicher, vielschichtiger Wahrnehmung.

> **Geschmack** beschreibt den Sinneseindruck bei der Nahrungsaufnahme, ein komplexes Zusammenspiel von Geruchs- und Geschmackssinn (Sensorik), auch durch Temperatur, -empfinden und Optik beeinflusst. Vornehmlich werden Aromen vom Geruchssinn wahrgenommen. Eine gestörte Geruchswahrnehmung (z.B. Schnupfen) beeinträchtigt die geschmackliche Wahrnehmung. Die **Sensibilität** für die Wahrnehmung von Geschmacksreizen ist bei Menschen unterschiedlich ausgeprägt, auch genetisch bedingt (Normal-, Super- und Nicht-Schmecker, was auch anhand der Geschmacksknospen auf der Zunge bestimmt wird). Die Geschmackswahrnehmung nimmt im Alter ab. Süß, sauer, salzig, bitter und umami bilden die **Geschmacksrichtungen**, die Geschmacksempfindung und -bewertung werden durch Sozialisation und persönliche Entwicklung

beeinflusst. Die angeborene Geschmacksaversion gegen Bitterstoffe wird nicht beibehalten, wie der Konsum von Kaffee oder Bier beweist. Die lustbeeinflussende (hedonistische) Bewertung von Geschmack und somit Präferenzen werden durch individuelle Erfahrungen geprägt. Geschmack, Genuss und Küche sind dabei zusammenhängende, **kulturbedingte Phänomene**, was besonders die Geschmacksempfindung von Wein bestimmt.

Weine bieten eine schier unendliche Vielfalt an **Aromen**. Die Aromenvielfalt wird unter anderem durch die Rebsorte, deren Klone, Terroir, Jahrgang, Anbaubedingungen, Zustand der Weinbeeren (z.B. Edelfäule), die Bedingungen der Weinlese und die Verarbeitung bestimmt. Qualität wird nicht nur durch die geschmackliche Beurteilung festgelegt, Typizität und Lagerfähigkeit des Weins sind beispielsweise weitere Determinanten. In der Folge haben sich Weine und Weinstile entwickelt, die Basis für eine Qualitäts- und letztendlich auch die Preisbestimmung sind.

Abb. 8: Beispiele unterschiedlicher Weinprodukte (Webseiten der Anbieter)

Die Komplexität und Vielfalt des Produkts Wein erklärt, warum der Großteil der Konsumenten nicht in Anspruch nimmt, über ein ausgeprägtes **Weinwissen** zu verfügen und dies als Basis für ihre Kaufentscheidung zugrunde zu legen. Neben den Qualitätsabstufungen, die sich in der Weinbezeichnung und auf dem Etikett wiederfinden, wird die Produktwahrnehmung durch das gesamte äußere Erscheinungsbild beeinflusst. Verpackung (Flaschenform/-qualität, Gewicht, Bag-in-Box), Verschluss (Schraub, Kork oder Glas), sowie die optische und inhaltliche Gestaltung des Weinetiketts definieren das physische Weinprodukt. Darüber hinaus fließen beim Wein Markenausstrahlung, Einkaufserlebnis und zunehmend die **Persönlichkeit** des Winzers und das **Storytelling** in die Produktwahrnehmung mit ein. Der Konsument kann dabei unter mehr als 10.000 deutschen, und einem Vielfachen an internationalen Produkten und Marken auswählen. Der Weinkauf ist somit durch eine Vielzahl von Entscheidungsparametern beeinflusst, wobei das finale Beurteilungskriterium „schmeckt" oder „schmeckt nicht" sowie der Erinnerungswert des Produktes einen Wiederkauf maßgeblich finalisiert.

Ein Kommentar des Weinguts **Heymann-Löwenstein** unterstreicht die Subjektivität der Qualitätswahrnehmung beim Wein: *„Die Auszeichnung von der renommierten Plattform wein.plus für unseren 2019er Jahrgang hat uns ganz besonders gefreut. Denn die Weine wurden in der Szene mit Kommentaren von „ungenießbar" bis*

> *„absolut großartig" selten so kontrovers diskutiert. Und nun die Ehrung als „Kollektion des Jahres" mit Laubach und Roth Lay als beste trockene Weine der Mosel! Das stärkt das Vertrauen in unsere Weine, in unsere Lagen und in unsere Arbeit. Und lehrt uns wieder einmal, dass alles subjektiv ist, und dass Weine mit einem starken Charakter nun mal anecken. Wir sind dankbar für alle, die genau das bei unseren Weinen suchen, die sich auf unsere Weine einlassen und uns auf unserem Weg begleiten."* (Kunden-Infobrief 2021)

In Ermangelung objektiver Beurteilungsfähigkeit der Weinkonsumenten haben sich ergänzende Qualitätsbeurteilungen ausgeprägt. **Prämierungen** von Weinen werden als Qualitätsindikatoren genutzt. **Experten** beeinflussen die Qualitätswahrnehmung und die Kaufentscheidung. In der gehobenen Gastronomie beraten Fachkräfte mit entsprechender Aus- oder Fortbildung (Sommelier) die Gäste bei essensbegleitender Weinauswahl. Häufig verantworten sie die Weinkarte, den Einkauf, die Lagerung und die Bestandsführung. Was sich in der Hotellerie und Gastronomie ursprünglich mit dem „Guide Michelin", der eine Übersicht und Qualitätsbeurteilung des Angebots publiziert und über **Testkäufe** fortlaufend aktualisiert, etablieren konnte, gibt es mit unterschiedlichen Publikationen und Verlagen auch reichhaltig für die Weinwelt.

Naturgemäß nehmen Absatzmittler (z.B. Weinfachhandel) eine entscheidungsunterstützende Rolle wahr. Im Lebensmitteleinzelhandel dient Wein als zentrale Kategorie zur Verkaufsförderung (Point-of-Sale-Promotion), um Kunden zum Einkauf in der Einkaufsstätte zu motivieren. Eine erkennbare Premiumisierung des Angebots und der Verkaufsprozesse sind über begleitende Expertenbeurteilung des Weinsortiments oder (virtuell unterstützte) Beratungsprozesse ersichtlich.

Weintipps für jeden Tag

Nützliche Tipps direkt vom Experten Richard Bampfield

Zehntausende Rebsorten, tausende Anbaugebiete und unzählige Kombinationsmöglichkeiten – zu Wein gibt es unfassbar viel zu wissen. Doch was ist wirklich hilfreich, um den passenden Wein zu finden? Richard Bampfield gibt zu alltäglichen Fragen nützliche Infos rund um den Wein, das Weintrinken und „die richtige Wahl".

> **Weinexperten** als Orientierungshilfe für die Konsumenten: Der Discounter **Lidl** wirbt mit und motiviert für die Nutzung eines ausgewiesenen Master of Wine, um der Kundschaft Weinexpertise bzw. Hilfestellung bei der Weinauswahl zu stellen.

Beim Weinkauf im Internet, über Online-Portale, aber auch in den sozialen Netzwerken und bei Suchmaschinen, kommt zunehmend sowohl die subjektive Bewertung der Konsumenten als auch die Bewertung in professionellen oder Liebhaber-Weinblogs zum Tragen. Preis wirkt bei Wein als Qualitätsindikator. Mit höherem Preis geht eine gesteigerte Qualitätsvermutung einher. Dennoch zeigen sich die deutschen Konsumenten auch beim Wein preissensitiv. So nutzt der Einzelhandel Angebote und Preisreduktionen bei der Kategorie Wein als Anker in der Werbung.

2.2 Nachfrage - Weineinkauf und Weinkonsum

Der deutsche Weinkonsum zeigt sich seit Jahren mit einem summierten jährlichen Volumen von über zwei Milliarden Litern Wein stabil, während in anderen traditionellen Weinländern die Konsummenge aufgrund eines nachlassenden Pro-Kopf-Verbrauchs drastisch sinkt.

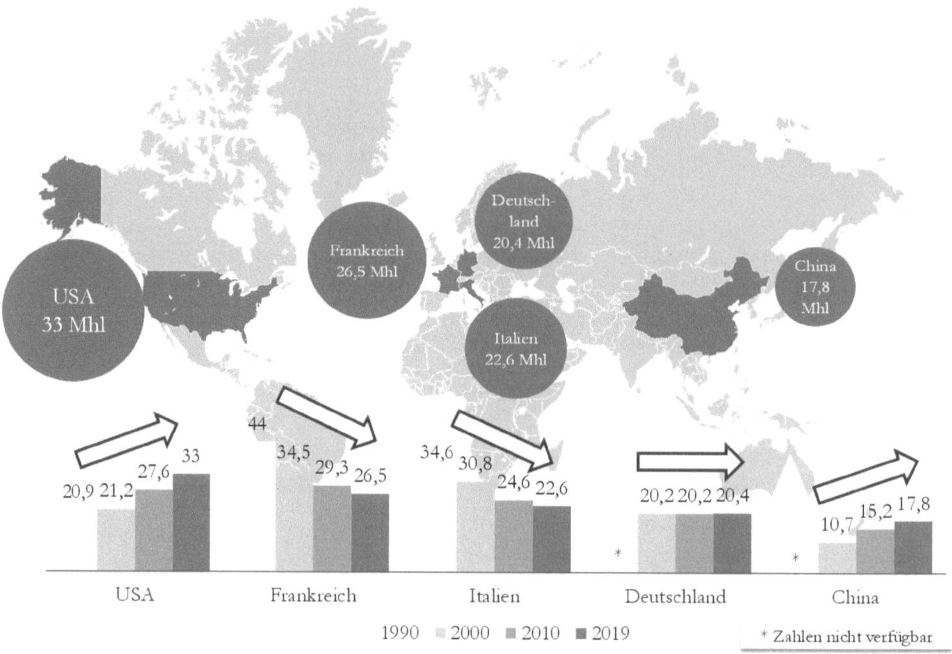

Abb. 9: Deutscher Weinkonsum im Vergleich zu den führenden Konsumländern (auf Basis DWI)

Die deutschen Weinkonsumenten geben mehr als 13 Milliarden Euro für ihren Weinkonsum aus. Obwohl Deutschland als Biernation bekannt ist – die Berühmtheit des Oktoberfests in München untermauert diese internationale Wahrnehmung – und die Deutschen mehr Bier als Wein konsumieren, belegt Deutschland international **Platz vier beim kumulierten Weinkonsum**, hinter USA, Frankreich, Italien. Im Schaumweinmarkt (z.B. Sekt und Champagner) ist Deutschland die Nation mit dem weltweit höchsten Konsum, auch wenn Sekt, wie alle anderen alkoholischen Getränke außer Wein, rücklaufendem Konsum unterliegen. Konsumstatistiken und Konsumentenbefragungen bescheinigen übereinstimmend, dass Bier am häufigsten und oftmals als Alltagsgetränk konsumiert wird, gefolgt von Wein mit einer deutlich geringeren Trinkfrequenz, während Sekt vornehmlich anlassbezogenen getrunken wird.

Das **Alter der Konsumenten** beeinflusst das Konsumverhalten, schon weil alkoholische Getränke erst mit Eintritt einer Altersgrenze verfügbar werden. Beim Trinkalter folgt Wein dem Bierkonsum, was durch höheren Preis aber auch im Produkt begründet ist. Häufig wird Bier als bekömmlicher (Wein und Säure) und einfacher (Flaschenkonsum) wahrgenommen. **Regionale Konsumunterschiede** von Wein sind für Deutschland charakteristisch. Dabei ist nicht nur Weinbauregion versus Nichtweinbauregion entscheidend, sondern Nord versus Süd, Ost versus West, Stadt versus Land. Neben lokaler und regionaler Weinkultur hat auch die **Kaufkraft** Einfluss.

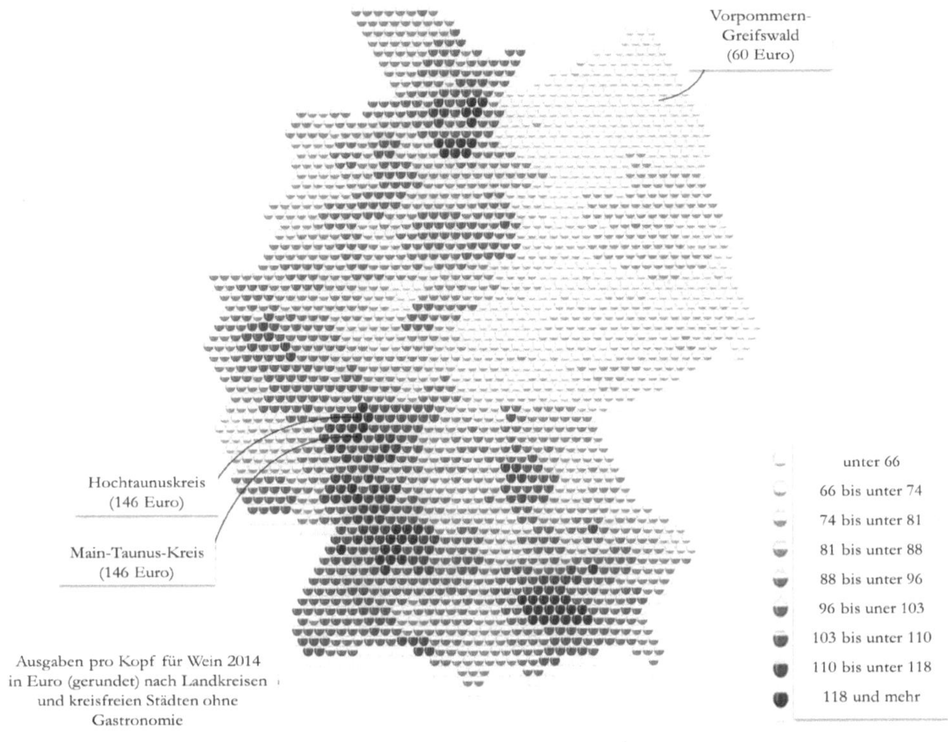

Abb. 10: Regionale Ausgaben pro Kopf für Wein (ohne Gastronomie) (in Anlehnung an Milbradt 2015, Illustration Jörg Block)

Es wird zwischen dem **Eigenverbrauch** (Hauskonsum) und dem **Außerhaus-Konsum** unterschieden. Außerhaus-Konsum umfasst die Gastronomie und auch den Verzehr bei Veranstaltungen und Festen. In einer Mengenbetrachtung dominiert der Eigenverbrauch, da mehr als 80% des Weinkonsums entweder beim Winzer (Weingut oder Genossenschaft) oder im Handel gekauft wird. Zunehmende Versorgung im Internet (E-Commerce) erfolgt durch einen Direktkauf im Webshop des Winzers und indirekt durch Inanspruchnahme von Online-Angeboten des Lebensmitteleinzel- oder Fachhandels sowie Online-Verkaufsplattformen. Betrachtet man die **Ausgaben** der Konsumenten, gewinnt der Außerhaus-Konsum im Vergleich zur Absatzbetrachtung, da der hierbei vereinnahmte Weinpreis neben den Gewinnansprüchen aller Beteiligten die Serviceleistungen und die notwendige Infrastruktur beinhaltet.

Der Weinkonsum entwickelt sich in Intensität und Produktwahl über das Lebensalter der Konsumenten. Mit steigendem Einkommen und mehr auf Genuss ausgerichteten Lebens- und Essgewohnheiten – ausgeprägter mit ansteigendem Alter – werden hochwertigere Weinprodukte konsumiert. Der Erwerb von Wein aber auch die Produktentscheidungen innerhalb der Kategorie Wein hängen angesichts der gespreizten

Weinpreise vom **verfügbaren Einkommen** ab. Zudem haben die **Lebenswelten und Werte** einen starken Einfluss auf das Konsumverhalten, was religiös bedingter Verzicht auf Alkohol veranschaulicht. Zu Weinkonsum in Deutschland geben beispielsweise die an Sinus-Milieus angelehnte **Typologien** Auskunft.

Sinus-Milieus beschreiben die vom Sinus-Institut auf Basis der Lebensauffassung und Lebensweise sich als homogen charakterisierende Gruppierungen in einer Gesellschaft. Die Milieu-Einteilung betrachtet die soziale Lage (Unter-, Mittel-, Oberschicht) und die Werteorientierung (Tradition versus Moderne).

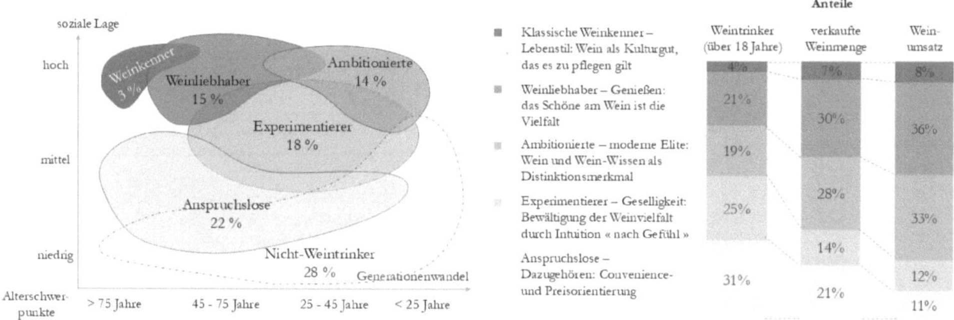

Abb. 11: Konsumenten-Cluster bei Weinkonsumenten auf Basis von Sinus-Milieus (in Anlehnung an Schipperges 2013)

Traditionsorientierte Menschen mit einem gehobenen Einkommensniveau kaufen etablierte Markenprodukte und greifen oftmals auf regionale Hersteller oder bekannte internationale Weingüter zurück. Die im Rahmen der Milieus als „Moderne" deklarierten Konsumenten begeistern sich für neue Anbieter, internationale Herkünfte und sind modischen Produkten gegenüber aufgeschlossen (z.B. freche Weinprodukte von unbekannten Anbietern).

Dass Lebensstil Basis für Produktkreationen sein kann, zeigt das Praxisbeispiel „Apothic Red". Der Wein wurde vom Weinkonzern **Gallo** kreiert und soll junge Personen mit weniger Weinaffinität ansprechen - Wein statt Bier zum Grillen! Dabei wird auf Wertigkeit, Dynamik, Kraft und Mystik gesetzt, wobei der Wein auch wegen eines höheren Restzuckergehalts bei Weinanfängern Trinkfreude erweckt.

Lebensstil-orientierte Segmentierungen können in der Zielgruppendefinition und -ansprache genutzt werden. Schon anhand der Adresse und demografischer Informationen werden Lebensstilzuordnungen ermöglicht. Auch das häufig zur Segmentierung genutzte Einkaufsverhalten lässt sich mit Lebensstil-Aussagen kombinieren. Discounter werden von einkommensschwächeren oder preissensitiven Haushalten genutzt. Die Einkaufsstätte (Wein-)Fachhandel hingegen spricht für hedonistische

Lebensweise. Gesellschaftliche Veränderung und **Wertewandel** verändert die Gruppengrößen. Das Segment „Klassische Weinkenner" vereinte vor 30 Jahren circa ein Fünftel der deutschen Weinkonsumenten, heute macht das Segment 3% aus. Dieser Wertewandel zeigt sich auch in den Entscheidungsfaktoren und deren Relevanz beim Einkauf. Deutschland gilt als preissensibles Land. Weineinkauf wird durch persönliche, aber auch situative Einkaufsfaktoren bestimmt. Wenn eine Flasche Wein verschenkt werden soll, sind andere Faktoren ausschlaggebend als beim Kauf von Wein als Essensbegleiter zum Eigenbedarf. Ob beim Winzer vor dem Kauf mit unterstützenden Worten des Weinguts probiert wird oder ein Regalkauf im Rahmen des wöchentlichen Haushaltseinkaufs gegeben ist macht einen Unterschied. Die vielen Studien zur Analyse des Weineinkaufsverhaltens warten mit unterschiedlichster Relevanz der Faktoren und teilweise widersprüchlichen Aussagen auf. Sie können mit zwei Aussagen auf einen Nenner gebracht werden. Weinkauf ist **komplex** und es wirken **viele Faktoren** (Farbe, Rebsorte, Herkunft, Preis, Geschmack, Marke, Etikett, Flasche, Verschluss ...). Insbesondere die Gewohnheit und der Preis helfen den Konsumenten, eine Auswahl bei der Reichhaltigkeit des Angebots zu treffen.

Der Wertewandel verändert das Einkaufsverhalten der Konsumenten. Aus Zeitmangel werden die **Einkaufsaktivitäten** reduziert. **Neugier** bestimmt besonders beim Wein die Produktwahl. Bequemlichkeit und die Nutzung von Online-Infrastruktur erhöht die **Transparenz** und erleichtert den Einkaufsprozess. Nachhaltigkeit und **Vertrauen** sind Werte, die im Einkaufsverhalten an Einfluss gewinnen. Für die Anbieter bedingen diese Veränderungen ein strategisches Handeln und eine Nachhaltigkeitsorientierung. Neue Kunden müssen gewonnen und gepflegt werden, um die Zukunft des Unternehmens zu sichern.

2.3 Angebot – Betriebliche Wertschöpfung der Weinwirtschaft

Weinproduktion ist Teil der landwirtschaftlichen Wertschöpfung. Die Wirtschaftsnationen charakterisierende Transformation von einer **Primär-** (landwirtschaftliche Produktion) in eine **Tertiärgesellschaft** (Service- oder Dienstleistungsunternehmen) hat zwar die wirtschaftliche Bedeutung als Anteil der Landwirtschaft am Bruttosozialprodukt gemindert, aber auch für Industriestaaten ist Landwirtschaft (z.B. Frankreich mit mehr als 50% der Flächenbeanspruchung durch Agrarproduktion) oder einzelne Produktionszweige (z.B. Deutschlands Exporte von Schweinefleisch) wichtig. Der Landwirtschaft kommt eine wichtige Rolle bei der Sicherung der Elementarbedürfnisse (Hunger), der Gesundheit der Bevölkerung aber auch der Zukunft des Planeten (Nachhaltigkeit) zu.

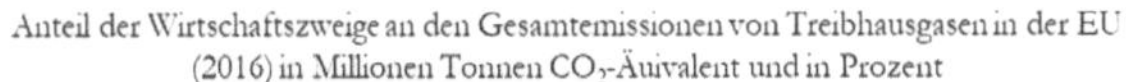

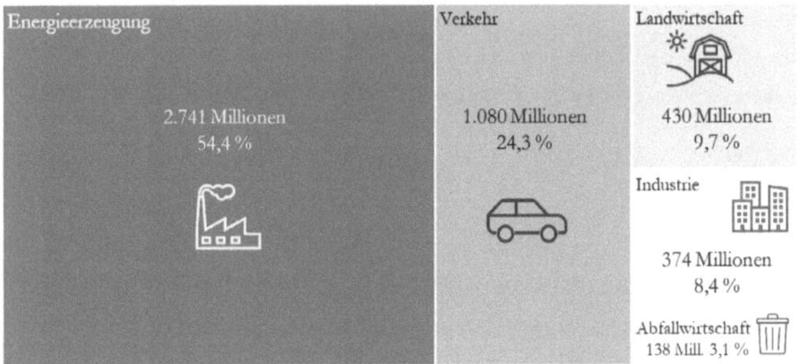

Abb. 12: Anteile an den Gesamtemissionen in der EU (in Anlehnung an Agrar-Atlas 2019)

Für die EU untermauern die der Landwirtschaft jährlich zugewiesenen Mittel von 60 Milliarden Euro dessen Bedeutung. Die Landwirtschaft ist enorm gefordert, denn Produktivitätssteigerungen, Marktmacht des Handels, Digitalisierung, Biodiversität, Nachhaltigkeit und Klimawandel stellen nur beispielhafte zu berücksichtigende Kräfte dar. Da die Landwirtschaft eine Nutzung von natürlichen Ressourcen (z.B. Land, Wasser) bedingt und durch die Produktion (z.B. Treibstoff für Ausbringung von Pflanzenschutz) verbraucht, kommt ihr eine gewichtige Stellung im Rahmen von Nachhaltigkeitszielen zu. Es zeigt sich aber auch ein Zielkonflikt aus landwirtschaftlicher Produktion und Belastung der Umwelt, wie beispielhaft die CO_2-Verursachung. Fast 10% der EU-weiten CO_2-Emissionen werden auf die Landwirtschaft zurückgeführt.

Eine Studie der Unternehmensberatung BCG quantifiziert die **externen Nachhaltigkeitskosten** der Landwirtschaft: „*Die deutsche Landwirtschaft hat einen Anteil von rund 0,7 Prozent an der deutschen Bruttowertschöpfung. Dem stehen mindestens 7 Prozent der Treibhausgasemissionen in Deutschland gegenüber. Zusätzliche negative Externalitäten, zum Beispiel aus Luftschadstoffemissionen sowie für Wasser und Boden, verursachen externe Kosten von mindestens 40 Milliarden Euro. Berücksichtigt man darüber hinaus den Verlust von Biodiversität – das heißt insbesondere die Vielfalt der Arten, Gene und Lebensräume – und den damit einhergehenden Verlust von Ökosystemleistungen, erhöhen sich die externen Kosten der Landwirtschaft nach vorsichtigen Schätzungen um weitere 50 Milliarden Euro. In Summe verursacht die deutsche Landwirtschaft externe Kosten von mindestens 90 Milliarden Euro pro Jahr. Daneben fallen jährlich zusätzliche staatliche Ausgaben von rund 10 Milliarden Euro an.*“ (BCG 2019)

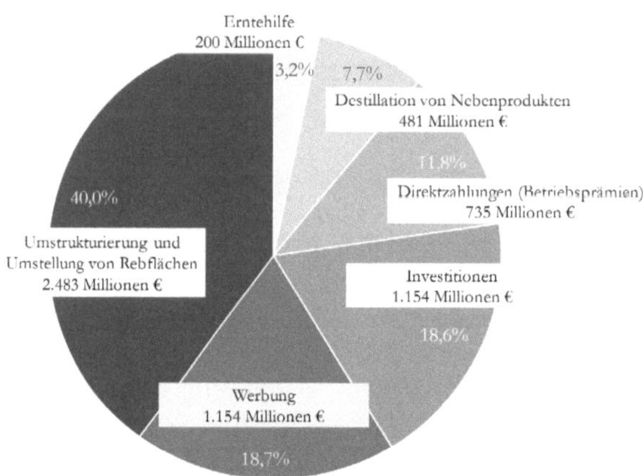

Abb. 13: Zahlungen der EU für den Weinbau 2014 – 2018 (in Anlehnung an Agrar-Atlas 2019)

Weinbau ist integrierter Bestandteil der Agrarpolitik in der EU. Er wird über die **Gemeinsame Agrarpolitik** (GAP) der Länder geregelt und orchestriert. Dabei ist Wein trotz der Zugehörigkeit zu alkoholischen und somit suchtgefährdenden Produktgattungen eine Branche, die in der Gesellschaft und in der EU-(Agrar)-Politik weitgehende Unterstützung erfährt. Die Weinbranche kann auf unterschiedliche Fördermittel in beträchtlichem Ausmaß zugreifen. Auch wenn die Umsetzung der Programme bei den Mitgliedsländern und über die Länder konkretisiert wird, profitieren besonders die großen Weinbaunationen von den Förderprogrammen.

Wein ist stellvertretend für andere Branchen (z.B. Lebensmittel-, Auto- oder Unterhaltungsindustrie) ein Beispiel, wie unsere Gesellschaft zunehmend vor der Herausforderung steht, unsere Lebens- und Genusskultur und unsere Wirtschaftsstrukturen mit unserer Gesundheit und den Lebensbedingungen auf unserem Planeten in Einklang zu bringen. Um Wein genießen zu können, muss dieser angebaut, produziert und vermarktet werden. Aus betrieblicher Sicht resultieren somit die **Wertschöpfungsstufen** Anbau, Produktion und Vermarktung. In jeder Wertschöpfungsstufe wird Wert generiert, sie sind voneinander abhängig und jeweils wird die Umwelt beeinträchtigt.

Wertschöpfung liegt vor, wenn ein Betrieb eine wertsteigernde Transformation realisiert. Das Ergebnis des Transformationsprozesses muss entsprechend wertiger sein als die Summe der in der Transformation verarbeiteten Güter und Leistungen. Die Berechnung der Wertschöpfung betrachtet somit die abgesetzte Leistung abzüglich aller Vorleistungen und eingesetzten Güter. Die Schritte im **Transformationsprozess**, die zeitlich aufeinanderfolgend die betriebliche Wertschöpfung gewährleisten, werden als **Wertschöpfungsstufen** bezeichnet. Mit der **Wertschöpfungstiefe** wird gemessen, wie hoch der Anteil eines Unternehmens an der Produktion ist.

Wertschöpfung und ihre Stufen sind industriespezifisch. Bei der Schmuckindustrie werden vornehmlich hochwertige Edelmetalle (z.B. Gold, Platin) teilweise in künstlerischer Handarbeit und vielleicht nach Kundenwunsch verarbeitet und es werden oftmals Kunstwerke gefertigt. Die Wertschöpfung in der pharmazeutischen Industrie erfolgt durch aufwändige Forschung von Wirkstoffen, wobei die Produktion von Pharmaka oftmals geringe Güterwerte durch industrielle Großanlagen verarbeitet und an spezifische Abnehmer (z.B. Ärzte, Apotheken, Krankenhäuser) liefert. Auch innerhalb einer Branche werden die Wertschöpfungsstufen nicht einheitlich wahrgenommen. Mit dem Begriff der Wertschöpfungstiefe wird charakterisiert, dass ein Unternehmen festlegen muss, welche Schritte betriebsintern wahrgenommen werden sollen und welche durch Partner oder Zulieferer zu erbringen sind.

Die Wertschöpfung bei der Weinproduktion ist ebenso wie die Vermarktung und der Konsum **global äußerst facettenreich**. Frankreich ist quantitativ und qualitativ eines der bedeutendsten Weinbaugebiete der Erde und Wein macht in der französischen volkswirtschaftlichen Wertschöpfung einen weit höheren Anteil aus als vergleichsweise in Deutschland. Weine und weinbauliche Standards orientieren sich bis heute an französischen Vorbildern, insbesondere aus Bordeaux, dem Burgund und der Champagne. Paris ist Sitz der Internationalen Organisation für Rebe und Wein (OIV). Französische Rebsorten wie Chardonnay, Merlot oder Cabernet Sauvignon geltend als Klassiker. Die **USA** hat zur Zeit der Prohibition den Weinbau untersagt. Mittlerweile sind viele Weine aus Kalifornien international gefragte Produkte und dynamisches Wachstum an Weinerzeugern und von Wein in anderen Regionen der USA (Oregon, Washington) spricht für eine zunehmende Rolle dieser Industrie. Das „**Judgement of Paris**“, eine vom Weinhändler Steven Spurrier am 24. Mai 1976 organisierte Weinprobe in der französischen Hauptstadt, ging als Zäsur in die Annalen ein. Die hierfür berufene Jury hat bei einer Blindverkostung von Weinen die kalifornischen zur Überraschung der Weinwelt als Sieger vor den französischen Weinen gekürt. Diese Beurteilung wurde als revolutionär für die Branche wahrgenommen und als Indiz gedeutet, dass Weinproduktion auch in nachziehenden Regionen beste Weinqualitäten erlaubt. Weitere Weinbauregionen der sogenannten „**Neue Welt** Weinbauregionen“ (Alte Welt = Europa) warten ebenso mit unterschiedlichen Charakteristika auf, wobei diese Länder vornehmlich im **internationalen Handel** eine Perspektive gefunden haben. **Neuseeland** hat in der letzten Dekade seinen exportierten Warenwert beim Wein nahezu verdoppelt. **Australien** kann zwar auf einen heimischen Absatzmarkt zählen, der Export ist aber enorm wichtig. Dabei wirken **Währungsschwankungen** und **Zölle** fördernd oder behindernd, was ein aktueller Handelsstreit mit einem Einbruch des chinesischen Weinimports untermauert. **China**, ein Land mit schon frühzeitigem Weinbau aber einer Dominanz von Reisweinprodukten, weist ein enormes Wachstum an bestockter Rebfläche aus und hat sich bei der Weinbaukapazität in den letzten Jahren unter die vier führenden Weinbaunationen katapultiert. Die Produktivität und der weinbauliche Ertrag halten mit der Kapazitätsausweitung noch nicht Schritt, die Qualität wurde bei Rückgriff auf weinbauliche Kompetenz der alten Weinwelt hingegen gesteigert. **Südamerikanische** Weinproduktion profitiert ebenso vom weltweiten Weinhandel bei Fassweinen aber auch bei Flaschenweinen. Dies trifft auch auf **Südafrika** zu, wo sich der Weintourismus dynamisch entwickelt hat. Die Produktionsstruktur in der neuen Welt weicht stark von der alten Welt ab, wie sehr große Weingüter in **Chile** oder **Argentinien** veranschaulichen. Nordamerika belegt, dass mit dem Produktionswachstum sich auch voluminöse Weinkonsummärkte entwickeln.

> Pressemeldung: Australien reicht Beschwerde bei der Welthandelsorganisation ein. *Australische Winzer haben in den vier Monaten von Dezember bis März Wein im Wert von umgerechnet neun Millionen US-Dollar nach China geliefert. Für das Jahr zuvor weist die Statistik gut 240 Millionen Dollar aus. Experten sind überzeugt, dass die hohen Zölle die entscheidende Ursache dafür sind.* (Reuters 2021)

In Deutschland ist der **wirtschaftliche Beitrag der Weinindustrie** aufgrund der erfolgreichen Entwicklung zu einer Industrienation mit global gefragten Produkten und resultierender industrieller Dominanz (z.B. Automobil, Chemie, Maschinenbau) überschaubar, aber die **gesellschaftliche** und **naturprägende** Verankerung übersteigt den rein monetär bewertbaren Wirtschaftsbeitrag.

2.3.1 Weinanbau

Grundlage der Weinherstellung ist der Anbau von Trauben und die Bearbeitung der Rebflächen in der **Außenwirtschaft**. Um den für Wein notwendigen Reifegrad zu erreichen, benötigen Trauben Sonne, ausreichend Wasser und Wärme. Zudem sind die Pflanzen – die Reben – witterungs- und krankheitsanfällig, (z.B. Frostgefahr). Weinreben werden weltweit aufgrund der klimatischen Anforderungen auf der Südhalbkugel annähernd zwischen dem 30ten und 40ten Breitengrad und zwischen dem 30ten und 51ten Grad nördlicher Breite angebaut. Europa dominiert die globale Weinproduktion, denn Spanien, Frankreich und Italien verfügen gemeinsam über ein Drittel der weltweiten Rebfläche von 7,3 Mill. Hektar und produzieren mehr als die Hälfte der globalen Weinerzeugung.

> **Metrik** in der Weinbranche: Die agrarlich genutzte Fläche mit bestockten Reben für Weintrauben zur Weinherstellung wird **Rebfläche** genannt. Die Rebfläche ist ein grundlegender Faktor zur Bestimmung der weinbaulichen **Kapazität** und wird in Hektar (1 ha = 100*100 Meter = 10.000 qm) angegeben. Der **Ernteertrag** in Form von Trauben wird in Gewichtseinheiten (z.B. Kilogramm oder Tonnen Trauben) oder als Most (Maßeinheit Liter oder Hektoliter (=100 Liter)) gemes-

sen. Dabei entscheiden viele Faktoren über den Ertrag der Rebfläche (z.B. Pflanzform, -dichte, Rebsorte, klimatische Bedingungen, rechtliche Vorgaben). Als Messgröße der Produktivität wird der **Flächenertrag** herangezogen (Hektoliter pro Hektar oder Liter pro m²). Für Deutschland resultiert als **grober Daumenwert**, dass ein Quadratmeter Rebfläche eine Flasche Wein (0,75 Liter) ergibt.

Deutschland rangiert mit einer Rebfläche von etwas mehr als 103.000 Hektar auf Platz 18 der Weinbaunationen. Die Erweiterung der weinbaulichen Kapazität ist im Konzert der EU-Länder begrenzt, in Deutschland auf 0,3% der Rebfläche jährlich und auf Antrag. Mit der Entscheidung der kultivierten **Rebsorten** erfolgt eine betrieblich weitreichende Festlegung, denn die Sorte bestimmt den Wein, seine Aromatik und den Ertrag. Frühestens nach drei Jahren kann geerntet werden. Reben können eine sehr lange Ertragszeit haben, wie die Vermarktung von Weinen aus „alten Reben" mit weit mehr als 30 Jahren Lebensdauer veranschaulicht. Beim Anbau dominieren in Deutschland weiße Trauben mit 67% Rebflächenanteil. Bei Weißweinen überwiegt der Riesling, Spätburgunder ragt als rote Traube heraus. Für beide Rebsorten ist Deutschland auch international relevant, als größte Weinbauregion für Riesling und drittgrößte für Spätburgunder.

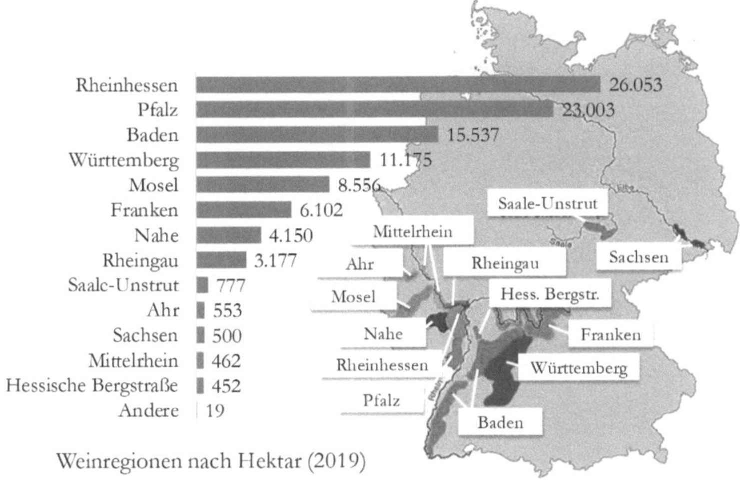

Abb. 14: Deutsche Weinregionen nach Rebfläche 2018 (auf Basis DWI 2021)

In Deutschland gibt es 13 **Weinanbaugebiete**, die sich in vielen Aspekten (z.B. Größe, Rebsorten, vorherrschende Produktionsweise, Mikroklima) unterscheiden. Beispielsweise vereint das größte deutsche Weinanbaugebiet Rheinhessen 26% der Rebfläche, hat einen durchschnittlichen Hektarertrag der letzten zehn Jahre von über 90 hl/ha, produziert mehr als 70% weiße Weine und die Hauptrebsorte macht weniger als 20% der Rebfläche aus. Die kleine Weinbauregion Hessische Bergstraße verfügt über weniger als 5% der deutschen Rebfläche, hat einen durchschnittlichen Ertrag von weniger als 70 hl/ha, produziert nahezu 80% weiße Weine und die Hauptrebsorte vereint fast 40% des Anbaus. In der Region Ahr hingegen dominiert der Rotweinanbau auf mehr als 80% der Rebfläche. Im Rheingau bestimmt die Rebsorte Riesling nahezu 80% der gepflanzten Reben während in Franken der Silvaner die Rebsortenstatistik anführt. Sachsens zehnjähriger Durchschnittsertrag lag bei unter 50 Hektolitern. Jede Region, die Produzenten und die Weine weisen Charakteristika auf, was die Einzigartigkeit und die Besonderheit der Weinwelt auch im jeweiligen Mikrokosmos unterstreicht.

Weinberge stellen einen Vermögenswert dar. Renommierte Lagen sind rar und gesucht. Die hochpreisigen Weine der Champagne illustrieren, dass die Herkunft und somit auch die Weinberge in der Weinwirtschaft entscheidenden Einfluss auf Reputation und Preis haben. Der Markt für Weinberge ist vom Angebot begrenzt, so dass oftmals nur kleine Parzellen ohne Markttransparenz gehandelt werden.

Wer einen Hektar Grand Cru in Burgund erwerben will, muss dafür bis zu 14,5 Mill. Euro hinlegen. Das gilt aber nicht für alle Parzellen. Die französische Agrarland-Agentur Safer hat für diese Prestige-Lagen im Jahr 2018 einen Durchschnittspreis von 6,25 Mill. Euro/ha ermittelt. Auch der günstigste Grand-Cru-Weinberg kostete aber 2,85 Mill. Euro/ha. Ganz anders sehen die Preise im Languedoc aus. Im Anbaugebiet Sud-Ouest kann man im Department Haute Garonne einen für IGP-Produktion zugelassenen Weinberg gar im Schnitt für 5.000 Euro/ha erwerben, sprich 50 Cent/m². Neben Bordeaux und Burgund setzt die Champagne Preisspitzen. Hier liegen die Preise zwischen 485.000 Euro und 1,8 Mill. Euro. (Gerke/Meininger 2019)

Was kostet ein Hektar Rebfläche in Frankreich?

Die steilen Hänge der Côte-Rôtie zählen zu den teuersten Weinbergen Frankreichs

Obwohl deutsche Weinerzeuger primär Kleinbetriebe mit oftmals geringer Profitabilität und wegen der Abhängigkeit von der Natur auch risikobehaftet sind, fällt ihnen eine Fremdfinanzierung bei Eigentum an Grund und **Boden** nicht schwer. Die Beleihung des Bodens, der in der Bilanz mit hohen **stillen Reserven** verbucht ist, bietet eine attraktive Absicherung für die Bank.

Schloss Vollrads – das Schatzkästlein der Nassauischen Sparkasse (Naspa). *Am Anfang der Geschichte steht ein Drama. Schlossherr Erwein Graf Matuschka-Greiffenclau – damals galt er als „Deutschlands bekanntester Winzer" – nimmt sich das Leben. Die Verbindlichkeiten waren dem Grafen, der das Familiengut in der 27. Generation führt, über den Kopf gewachsen. Als die Sparkasse keinen Käufer findet, übernimmt sie selbst. Der Verwaltungsrat der Naspa stimmte 1999 der Übernahme zu und gab Rowald Hepp, einst ein Weggefährte des Grafen, den Marschbefehl: „Halten Sie das Schloss aus eigener Kraft über Wasser!" Dank idealer Bedingungen von Mutter Natur stiegen gleich im Startjahr die Öchsle-Grade und die Erlöse. „Seitdem haben wir nie Geld von der Sparkasse gebraucht". Die Gewinne …*

1997 Mit dem Tod von Erwein Graf Matuschka-Greiffenclau endet die Familien-Ära des Weinguts.

1999 Schloss und Weingut gehen in den Besitz der Nassauischen Sparkasse über, die beides als historische Einheit fortführt.

> *gingen in die Bausubstanz. So besitzt die Naspa heute … ein properes Schatzkästlein.* (Köhler 2010)

Anbau von Wein bedingt **ganzjähriges Engagement**, so dass die Pflanzen den gewünschten Ertrag in Qualität und Menge erzeugen. Neben den vegetationsbedingten Aktivitäten (z.B. Rebschnitt, Pflanzenschutz) ist auch ein permanentes Gefahrenmanagement (z.B. Frost, Hagel, Wildschaden) aufwändig. Mit Hilfe von Digitalisierung werden Effizienzsteigerungen möglich, da beispielsweise die Parzellen mit Wetterdaten verknüpft werden können, die Arbeit im Weinberg besser organisiert werden kann oder Wärmebilder und Luftaufnahmen eventuelle Krankheitsbilder generieren und gezielte Eingriffe ermöglichen. Auch im Sinne der Nachhaltigkeit kommt dem Anbau eine gewichtige Rolle zu, denn Weinberge sind eine Landschaftsgestaltungkomponente (z.B. Vermeidung von Verbuschung, Steillagengestaltung) aber auch eine Herausforderung (z.B. Pflanzenschutz, Erosionsgefahr).

Ökologischer Weinbau wird mit steigender Verbreitung auf circa 10% der deutschen Rebfläche umgesetzt. Es erfordert eine Umstellung der betrieblichen Praxis und unterliegt Einschränkungen in der Bearbeitung, die durch Richtlinien biologischen Anbaus bestimmt werden. Die Betonung ökologischer Prinzipien wird auf einem Kontinuum von konventionell über integriert, kontrolliert umweltschonend bis hin zu biologisch wahrgenommen. Pilzresistente Rebsorten bieten einen weiteren Ansatz zur Verbesserung der Nachhaltigkeit im Weinanbau durch erhebliche Reduktion von Pflanzenschutzmaßnahmen und eine Optimierung der Prozesse in der Außenwirtschaft.

Biologischer (auch **organisch-biologischer** oder **ökologischer**) **Weinbau** bedingt möglichst naturschonende Pflegemaßnahmen (Bodenpflege, Düngung, Pflanzenschutz) unter Berücksichtigung von Erkenntnissen der Ökologie und des Umweltschutzes. In Abgrenzung zum „Integrierten Weinbau“ wird auf chemisch synthetische Mittel verzichtet. Eine Deklaration als „Bio-Wein“ bedingt das Einhalten der Richtlinien zur biologischen Herstellung und ist durch ein EU-Bio-Logo erkennbar. Beim **biologisch-dynamischen** Weinbau ist zudem ein ganzheitliches (anthroposophisches) Weltverständnis (Mensch, Tier, Pflanze) leitend und natürliche Kreisläufe bestimmen Produktionsentscheidungen.

> Der Ökoweinbauverband **Ecovin** veranschaulicht die wachsende biologische Ausrichtung im deutschen Weinbau. *„Bei der Gründung 1985 haben sich 35 Weingüter mit ihren 200 Hektar Anbaufläche zusammengeschlossen. Hieraus ist heute ein Verband mit 245 Weingütern und mehr als 2.700 ha Rebfläche erwachsen.“* (Eigenangabe Ecovin)

2.3.2 Weinproduktion

Weltweit wird mit ungefähr 260 Millionen Hektolitern mehr Wein produziert, als der durchschnittliche jährliche Konsum von 240 Millionen Hektolitern verbraucht. Aus einem Teil des Anbaus werden Weinnebenprodukte (z.B. Essig, Desinfektionsmittel) hergestellt. Da in Deutschland aufgrund höherer Erträge pro Hektar mit der gegebenen Rebfläche mehr Wein produziert wird als in vielen anderen Ländern, platziert man sich mit durchschnittlich zwischen 8 und 10 Millionen Hektolitern bei der globalen Weinproduktion an neunter Stelle.

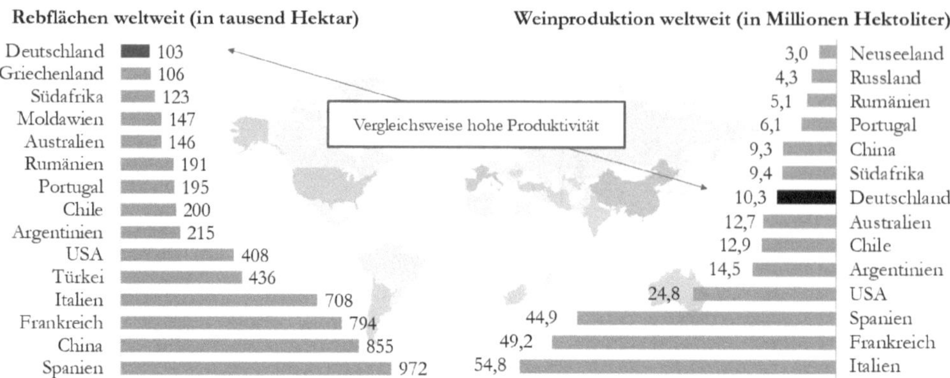

Abb. 15: Globale Rebflächen und Weinproduktion 2018 (Top 15) (DWI 2021)

Neben **Stillweinen**, die als Weiß-, Rot- oder Rosé-Wein produziert werden, ist die **Sektproduktion** ein maßgeblicher Produktionszweig. Sekt unterscheidet sich im Produktionsverfahren und in der das Produkt prägenden Kohlensäure („Schaumwein"). **Weinmixgetränke** (z.B. mit Säften oder Likören), mit hochprozentigen Alkoholen angereicherte Weine (Portwein- oder Sherry-ähnliche Produkte), Perlweine („halbschäumend" – geringerer Kohlensäureüberdruck als beim Sekt) und weitere kreative Weinprodukte bereichern die Produktvielfalt von aus Trauben produzierten Getränken.

Die Weinproduktion beginnt in Anschluss an die von der Reifeentwicklung abhängige **Weinlese** im Herbst. Es schließt sich der Prozess des Kelterns an. Die Beeren werden entrappt (Trennen von Beere und Stiel) und zu Most gepresst. Hierbei gewinnt vornehmlich Rotwein bei einem längeren Kontakt des Saftes mit den Beerenhäuten an Farbe und charakteristischen Gerbstoffen (z.B. Tannine). Die alkoholische Gärung wird in Abhängigkeit vom Qualitätsanspruch und der Weinstilistik in vielen sich anschließenden Prozessschritten gestaltet. Hefen setzen die Gärung in Gang, ebenso mit Einfluss auf das Aroma des Endprodukts. Beim Weinausbau eröffnen verwendete Behältnisse in Material (z.B. Edelstahl, Holz, Beton, Kunststoff, Glas) und Größe („Barriquefässer" mit 225 Litern Fassungsvermögen oder Edelstahltanks von auch mehr als 100.000 Litern Fassungsvermögen), Lagerdauer, Stabilisierung, Filtrierung und viele andere Aktivitäten Möglichkeiten zum Weindesign. Besonders der Einsatz von **Holz** (Holzart, Provenienz der Hölzer, Toasting) oder der **Verschnitt** von mehreren Weinen in eine **Cuvée** erfordert Kompetenz und Geschick, um außergewöhnliche, gewinnende Weine zu kreieren. Im letzten Produktionsschritt werden die fertigen Weine abgefüllt. Neben den charakteristischen 0,75 oder 1-Liter Glasflaschen werden auch großformatige Flaschen oder andere Gebindearten (z.B. Bag-in-box) verwendet. Mit der Etikettierung wird sowohl die Marke herausgestellt als auch den rechtlichen Anforderungen an Produktinformationen (z.B. Herstelleridentifikation, Alkoholdeklaration, Allergene) entsprochen.

Trotz einer gleichartigen Produktionsabfolge, die lange erprobt und auch über die Technologien bestimmt wird, unterliegt der Weinausbau Trends und Veränderungen.

Die Digitalisierung hält ebenso im Keller Einzug, neue Ansätze werden erprobt und kreative Überlegungen befruchten permanente Produktweiterentwicklung. Der jüngst beobachtbare Trend zu **Naturweinen** entspricht einer Rückbesinnung auf eine Produktion mit alten Produktionsmitteln (z.B. Tierhäute oder Amphoren) und minimalistischem Eingriff. Hieraus entstehen auch neuartige Weinprodukte, was sich beispielsweise in Natur- oder „**Orange-Weinen**" offenbart, die durch eine längere Maischestandzeit von Weißweinen eine charakteristische und namensgebende Farbgebung zur Folge hat.

Die Produktionsschritte sind betriebswirtschaftlich von Relevanz. Neben Investition in den **Anbau**, zur Produktion notwendiger Infrastruktur oder **Kauf von Traubengut** ist hervorzuheben, dass viele Weine eine **Reifezeit** bedingen, so dass der monetäre Umsatz durch einen Verkauf erst mit Verzögerung und weitreichender **Vorleistung** durch die Produzenten erfolgt. **Subskription** bezeichnet den Vorverkauf von nicht vollends produzierten Weinen, was besonders für hochwertige Bordeauxweine eine charakteristische Vermarktung darstellt.

Drei **Erzeugermodelle** sind für die deutsche Weinproduktion charakteristisch:

- **Unabhängige Winzer**, die vornehmlich die gesamte Wertschöpfung vom Anbau über die Produktion bis hin zur Vermarktung abdecken oder sich auf Trauben- oder Fassweinproduktion konzentrieren.
- **Genossenschaftlich** organisierte Produzenten, die ihre Trauben an die zugehörige Genossenschaft abliefern, die die gemeinschaftliche Produktion und Vermarktung übernimmt.
- **Kellereien**, die Trauben oder Fassweine kaufen und hieraus Weine produzieren und vermarkten.

In Deutschland wird die Weinproduktion jeweils zu ungefähr einem Drittel von unabhängigen Winzern, Genossenschaften und Kellereien verarbeitet, wobei die Erzeugeranteile nach Weinregionen stark differieren. Während die Stillweinproduktion durch eine Vielzahl von kleineren Produzenten mit mehr als 10.000 Anbietern charakterisiert wird, zeigt sich die Sektproduktion in Deutschland stark konzentriert. Bei Sekt kann ein Produzent (Rotkäppchen-Mumm) mehr als die Hälfte des Marktanteils für sich beanspruchen, obwohl mehr als 1.000 Produzenten aktiv sind.

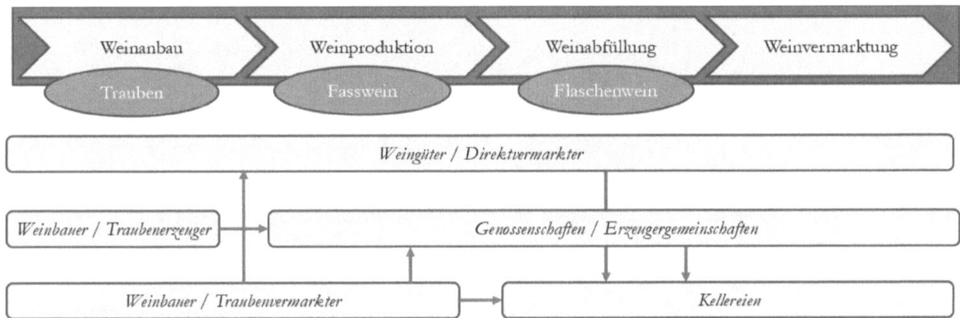

Abb. 16: Schematische Darstellung der Erzeugerstruktur von Wein in Deutschland

In Deutschland unterliegt die Weinproduktion wie auch die gesamte Landwirtschaft einem massiven **Strukturwandel**. Seit 1980 hat sich die Anzahl der Erzeuger mehr als halbiert. In diesem **Verdrängungsmarkt** sind aber auch stark wachsende Betriebe und Neueinsteiger aktiv und es werden zunehmend, neue innovative Geschäftsmodelle realisiert, was sich auch in Verschiebungen in der klassischen Wertschöpfungskette zeigt.

> Mutige Neugründungen von Weingütern sind zahl- und facettenreich, was charakterisierende Geschichten erlaubt. Praxisbeispiele reichen von kapitalintensiven Gründungen mit beeindruckenden Neubauten wie **Chat Sauvage** im Rheingau oder einer aufwändigen Revitalisierung von herrschaftlichen Gebäuden und Historie (**Château Schembs, Griesel & Cie.**), über Start-up-charakteristische und obligate „Garagengründungen" (z.B. **Garagenweingut Betz**) bis hin zu Neugier auslösenden Geburtsstätten neuer Weingutsideen – die **Shelter Winery** wurde beispielsweise in einem Bunker auf einem verlassenen Flughafen hinter Beton und Stahltür gestartet.

In **aufstrebenden Weinbaunationen** zeigt sich der Weinbau dynamisch wachsend, wie beispielhaft in Neuseeland mit 16% Zunahme der Weinbaufläche in den letzten 10 Jahren. Wachstum bietet Perspektive für Neueinsteiger und Weingutsgründer – die Anzahl von Weinerzeugern im US-Bundesstaat Oregon hat sich in den letzten 20 Jahren mehr als versechsfacht.

Die Emotionalität des Produkts und die Naturverbundenheit von Wein, aber auch die Komplexität und damit verbundene Gestaltungsmöglichkeiten motivieren in der Weinwelt etablierte Winzer ebenso wie Quereinsteiger. Die Branche profitiert von Tradition und generationsübergreifendem Erfahrungsaustausch ebenso wie von neuen Ideen und Kreativität.

Als **Naturprodukt** mit langer Tradition und charakteristischer generationsübergreifender Betriebsexistenz der Erzeuger wird bei der Weinproduktion oftmals ein hohes Niveau an Nachhaltigkeit vermutet. Da die landwirtschaftliche Produktion, insbesondere die Produktion von Wein, mit dem Verbrauch natürlichen Ressourcen (z.B. Wasser für Reinigungsprozesse, Energie für die Produktion) einhergeht, bedingen die produktionsseitigen Herausforderungen wie auch in anderen Branchen eine intensive Auseinandersetzung mit den Nachhaltigkeitskriterien und deren Erfüllung.

2.3.3 Weinvermarktung

Die Wege des Weins vom Erzeuger zum Konsumenten sind vielfältig. Primäre Absatzwege sind die **Direktvermarktung** der Erzeuger (z.B. „Ab-Hof-Verkauf", weingutseigene Vinothek oder ein eigenständiger Online-Shop), eine Einschaltung von **Absatzmittlern** (z.B. Weinfachhandel, Lebensmitteleinzelhandel, Großhandel), die **Gastronomie** und der **Export**.

Auch wenn die **Direktvermarktung** bei den deutschen Winzern historisch verwurzelt und noch heute relevant ist, hat vor allem der **Handel** eine dominierende Rolle zur Absatzkanalisierung übernommen. Steigende Mobilität, der Wunsch nach Bequemlichkeit und zunehmender Zeitmangel haben das Einkaufsverhalten verändert, von dem der großflächige Handel profitiert. Der Handel ermöglicht einen umfangreichen Warenkorb mit **einer Einkaufsaktivität** (One-Stop-Shopping), so dass Zeit und angesichts niedriger Verkaufspreise auch Geld gespart werden kann. Einen gewichtigen Hebel bilden hierbei die Anzahl der **Einkaufsstätten**. Deutschland ist ein Paradies für die Verbraucher, denn neben Österreich weist man die höchste Dichte an Verkaufsstellen auf. Weinartikel machen im Durchschnitt nur 2 bis 3% vom Umsatz des Lebensmitteleinzelhandels (LEH) aus. Dennoch ist diese Warenkategorie durch ihren Einsatz als Werbeprodukt im Gesamtsortiment des LEH von großer Bedeutung, um Kunden zum Besuch der Einkaufsstätte zu motivieren. So werden in manchen Weinabteilungen über 500 verschiedene Weine geführt. **E-Business Angebote** werden sich weiter durchsetzen. Der Kategorie Nahrungs- und Genussmittel wird beim E-Commerce enormes Wachstum prophezeit. Neben einem Verkauf im Rahmen von Handelsplattformen der großen Discounter und LEH-Konzerne (z.B. REWE Abhol-, Liefer-, Paketservice, Lidl-Weinwelt) haben sich Online-Angebotsplattformen des **Weinfachhandels** mit unterschiedlichen Geschäftsmodellen auf Wein konzentriert (z.B. Hawesko, Vicampo, WirWinzer, Wine in Black etc.). Der Weinfachhandel, der traditionell stationär über ein reichhaltiges, internationales Angebot in Kombination mit kompetenter, individueller Beratung positioniert ist, sieht sich zunehmend der Konkurrenz der LEH und Discounter ausgesetzt. Die Online-Vermarktung über eine eigene Website – mit oder ohne Online-Shop – ist für Weingüter ein wichtiges Medium zur Kundenbindung und Kundenneugewinnung geworden.

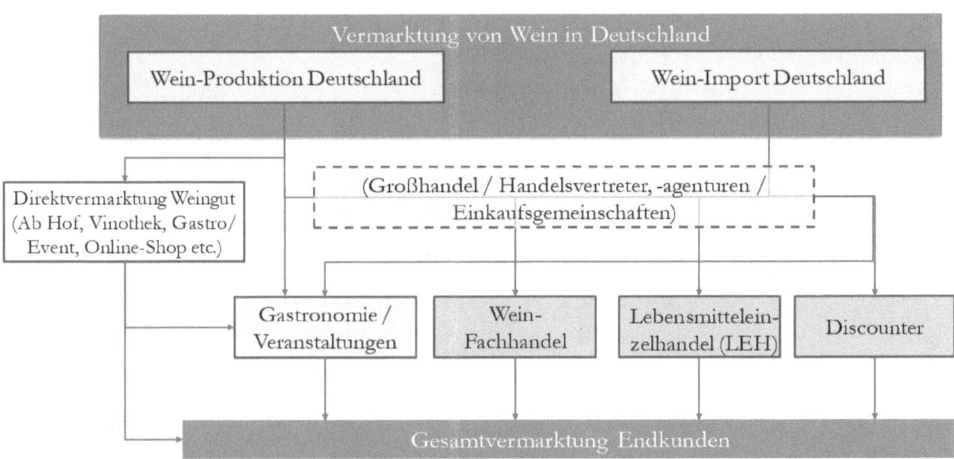

Abb. 17: Schematische Darstellung der Weinvermarktung in Deutschland

Wein ist in der **Gastronomie** ein Sortimentsbestandteil mit beträchtlichem Beitrag zur Wertschöpfung, da Weine mit einem ansehnlichen Aufschlag auf den Wareneinsatz (Faktor 3.8 bis 4.5) kalkuliert werden. Eine Präsenz von ausgewählten oder regionalen Weingütern auf der Weinkarte kann für Gastronomen ein Hebel zur Profilierung bilden. Die Gastronomie ist für Weinerzeuger neben hiermit verbundenem Absatz auch wegen der **Multiplikator-Funktion** von Interesse, da die Weine über Sommeliers oder auch die Gastronomen begleitend kommuniziert werden und die Markenwahrnehmung gesteigert wird. Eine

Weingutsempfehlung in der örtlichen Gastronomie fördert die regionale Verbundenheit und Erzeuger können ihren Direktabsatz steigern sowie Neukunden gewinnen, wenn Restaurantgäste das Weingut für einen Weinkauf aufsuchen.

> Werden Weinerzeuger in der Gastronomie angepriesen, dann wirkt die Multiplikatorfunktion überregional. Beispielsweise hat die **Sansibar** auf Sylt sich mit einem Weinclub zu einem Online-Handel entwickelt.

Entsprechend synergetisch wirken **Tourismus und Wein**. Weinproduktion prägt die Landschaft, bestimmt Destinationsentscheidungen im Falle von Weintouristen und steigert die Wertigkeit einer Region. Durch Tourismus gewonnene Besucher sind potenzielle Kunden für die Weingüter.

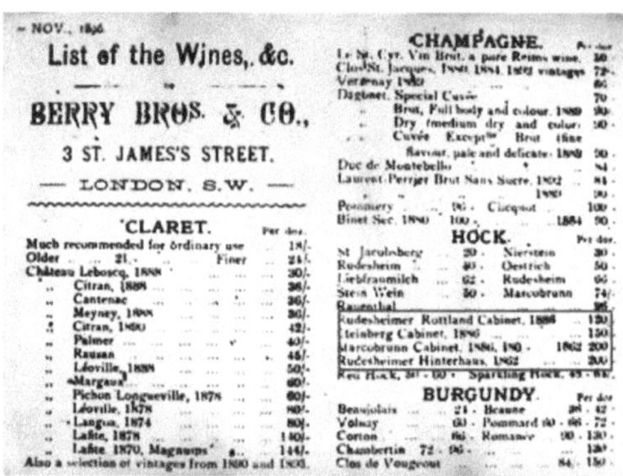

NOV., 1896

List of the Wines, &c.

BERRY BROS. & CO.,

3 ST. JAMES'S STREET.

— LONDON, S.W. —

CLARET. Per doz.

Much recommended for ordinary use ... 18/-
Older ... 21/- Finer ... 24/-
Château Leboscq, 1888 ... 30/-
" Citran, 1888 ... 36/-
" Cantenac ... 36/-
" Meyney, 1888 ... 36/-
" Citran, 1880 ... 42/-
" Palmer ... 40/-
" Rauzan ... 48/-
" Léoville, 1888 ... 50/-
" Margaux ... 60/-
" Pichon Longueville, 1878 ... 60/-
" Léoville, 1878 ... 80/-
" Langoa, 1874 ... 80/-
" Lafite, 1878 ... 140/-
" Lafite 1870, Magnums ... 144/-
Also a selection of vintages from 1880 and 1868.

CHAMPAGNE.

Le St. Cyr. Vin Brut, a pure Reims wine.
Clos St. Jacques, 1880 1884 1889 vintages
Dagonet. Special Cuvée
" Brut, Full body and colour. 1889
" Dry (medium dry and colour)
" Cuvée Exceptionelle Brut (fine flavour, pale and delicate) 1889
Duc de Montebello
Laurent Perrier Brut Sans Sucre, 1892
Pommery ... Clicquot
Binet Sec. 1880 ... 1884

HOCK. Per doz.

St Jacobsberg ... Nierstein
Rudesheim ... Oestrich
Liebfraumilch ... Rudesheim
Stein Wein ... Marcobrunn 74/-
Rauenthal
Rudesheimer Rottland Cabinet ... 120
Steinberg Cabinet ... 150
Marcobrunn Cabinet ... 200
Rudesheimer Hinterhaus ... 200
Red Hock ... Sparkling Hock

BURGUNDY. Per doz.

Beaujolais ... 24/- Beaune
Volnay ... Pommard
Corton ... Romanée
Chambertin
Clos de Vougeout

Abb. 18: Historische Weinpreisliste aus 1896 von Berry Bro´s & Co. (Diaz 2017)

Der deutsche Wein galt im **internationalen Wettbewerb** als renommierteste Weinbauregionen. An diese historische Position konnte mit einer längeren Exportphase von günstigen und süßen Weinen (z.B. „Liebfrauenmilch") nicht angeknüpft werden. Ein jüngst steigender Absatz und steigende Preise für deutsche Weine sprechen für eine wieder erstarkte Qualitätswahrnehmung.

„I can testify that German wine has an awful lot to offer the more open-minded drinker. From austere, slatey rieslings to herby, delicate pinot noirs, as well as the tangy, aromatic sweeties which many of us associate with the country, ...". Cloake 2010.

Internationaler Weinhandel hat einen beeindruckenden Boom erlebt. Mit einem grenzüberschreitenden Weinhandel von über 105 Millionen hl wurden innerhalb von 10 Jahren 75% mehr an Wein international abgesetzt, der Warenwert hat sich verdoppelt. Mit den Wachstumsraten des globalen Weinhandels konnte der Export deutscher Weine nicht Schritt halten. Zwar weist die Exportstatistik für Deutschland einen Export von über 3,5 Mill. hl aus, davon sind aber nur ca. 1 Mill. hl deutsche Weinerzeugnisse. In Hochphasen (z.B. 2008/09) deutschen Weinexports wurde mehr als das doppelte Volumen exportiert.

Die Vermarktungsstrukturen sind in den Weinbauländern sehr unterschiedlich. Obwohl die großen Weinproduzenten global agieren, ist die Weinbranche weiterhin wenig konzentriert. Dennoch kann ein **Weinkonzern** der Familie **Gallo** mit Sitz in Kalifornien geschätzt zwischen 3 und 5% des weltweiten Marktes auf sich vereinen.

> **Marktanteil** als Maß für die Anbieterkonzentration: Die Wirtschaftswissenschaften unterscheiden Monopolmärkte (ein Anbieter dominiert das Angebot), Oligopole (wenige Anbieter haben gemeinsam eine marktbeherrsche Stellung) und Polypole (viele Anbieter bei geringer Konzentration). Marktaufsichtbehörden (z.B. Bundeskartellamt) können Übernahmen von Konkurrenzunternehmen

oder Fusionen von Anbietern untersagen, wenn eine Wettbewerbsverzerrung wegen Marktdominanz und somit die Gefahr eines Missbrauchs einer Anbieterposition (z.B. Monopolpreise) in einem relevanten Markt droht. Die zwei wesentlichen Beurteilungskriterien sind hierbei die **Anzahl der Wettbewerber** und deren **Marktanteil** (prozentualer Anteil am Marktvolumen).

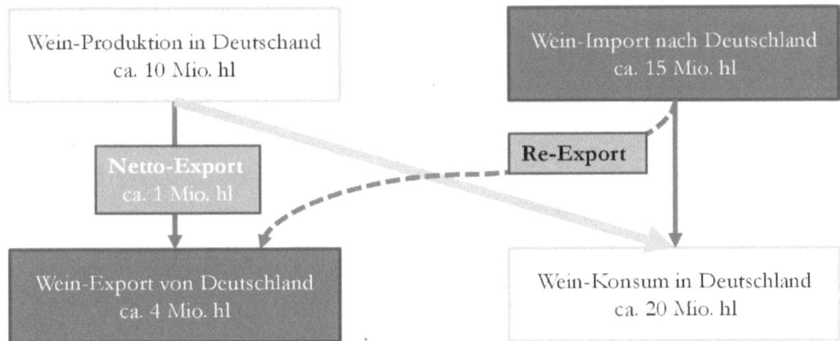

Abb. 19: Schematische Übersicht Wein-Export und -Import Deutschland 2018 (auf Basis DWI 2021)

Da Wein emotionalen Nutzen stiftet, ist bei der Vermarktung die **Reputation** des Anbieters bzw. die **Marke** von großer Bedeutung. Diese Reputation ist wiederum ein komplexes Zusammenspiel von **individueller** Markengestaltung (Produzent) und **gemeinschaftlicher** Reputation (z.B. Produktionsland aber auch Weinbauregion oder auch lokale Herkunft). Nachhaltigkeit nimmt im Markenmanagement zunehmend Raum ein. Sowohl das steigende Kundenbewusstsein als auch die zunehmende Entscheidung einer Listung (i.e. Voraussetzung, als Lieferant ausgewählt zu werden) des Handels auf Basis der Nachhaltigkeit wirken als Treiber für nachhaltige Weinerzeugung und hiermit verbundene Markenpositionierung.

> *„Immer mehr Verbraucher wollen ökologisch und sozial verantwortlich konsumieren. Der Einzelhandel stellt sich diesen Kundenwünschen mit einer verantwortlichen Produkt- und Sortimentsgestaltung. Sortimente aus Bio- und fairem Anbau werden inzwischen von allen Vertriebsformaten angeboten. Transparenz über die Herkunft und Produktionsweise der Produkte spielt für die Verbraucher eine immer größere Rolle.“* Handelsverband 2021

2.4 Synopse zur Nachhaltigkeit im Weinbau

Die ökologische Perspektive von Nachhaltigkeit ist für die Weinwirtschaft aufgrund der Transformation eines Naturprodukts höchst relevant. Klimatische Veränderungen aus der ökologisch bestimmten Umwelt haben direkten Einfluss auf die Produkte und auf die Produktion. Der **Klimawandel** ermöglicht Weinbau in Regionen, die bisher hierfür nicht geeignet waren und verändert in historisch gewachsenen Weinregionen Terroir und dadurch den Charakter sortentypischer Weine. Entsprechend zeitigt der Klimawandel weitreichende Auswirkungen auf die Pflanzung, Kultivierung, auf die weinbaulichen Erträge und in der Folge die Wirtschaftlichkeit in der Weinherstellung. Erzeuger von Wein sind von unterschiedlichen, nicht prognostizierbaren Wetterein-flüssen abhängig, die durch Klimawandel teilweise dramatisch verstärkt werden (z.B. Hagel, Dürre oder Starkregen). In Kalifornien oder auch in Australien haben Brände verheerende Auswirkungen auf die dortige Weinwirtschaft zur Folge, in Deutschland zerstört die Flutkatastrophe weinbauliche Existenzen. Als landwirtschaftliches Produkt besteht naturgemäß ein hohes Interesse an ökologischer Nachhaltigkeit, um die **Produktionsfähigkeit** in der Zukunft nicht zu gefährden. Eine Bewirtschaftung von Agrarfläche und die sich anschließende Produktionsaktivität beeinträchtigen jedoch die ökologische Umwelt. Die Weinwirtschaft ist eine **pflanzenschutzintensive Agrarkultur**. Ökologische Bewirtschaftung, Biodiversität oder robuste Rebsorten mit weniger Behandlungsbedarf veranschaulichen die Relevanz von ökologischen Aspekten in der Betriebsführung. In Teilen der USA bedingt eine Ausdehnung von Weinbaufläche Wasserrechte/-zugang, was eine Abhängigkeit des Weinbaus von ausreichend Wasser durch Niederschlag oder andere Wasserversorgung aufzeigt als auch eine Konkurrenzsituation zu anderen landwirtschaftlichen Kulturen illustriert. Entsprechend hat ökologische Nachhaltigkeit bei deutschen Erzeugern durchweg eine hohe Bedeutung.

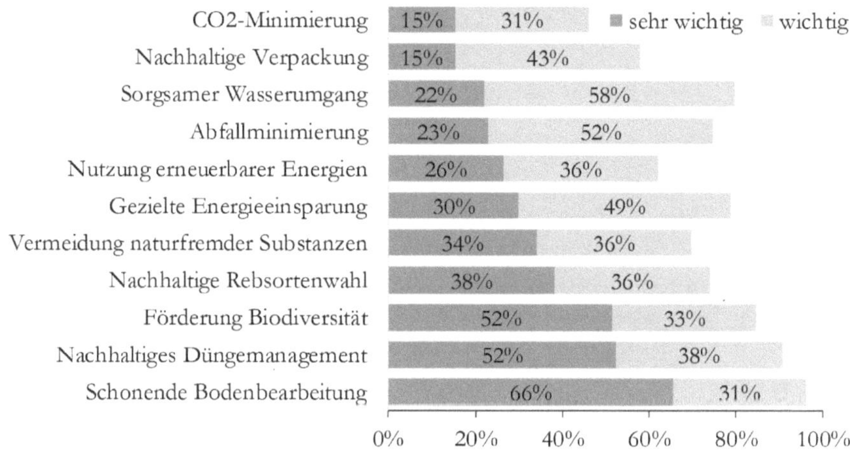

Abb. 20: Ökologische Nachhaltigkeit in der Weinbranche (Befragung 2016)

Die Priorisierung der ökologischen Maßnahmen illustriert, dass **konkrete** und **direkt beeinflussbare** Nachhaltigkeitsaktivitäten zentrale Verankerung erfahren. Bodenbearbeitung und Düngemanagement ist für nahezu alle Winzer sehr bedeutend. CO_2–Minimierung ist ebenfalls äußerst bedeutend, aber weniger ausgeprägt, da die hiermit verbundenen Nachhaltigkeitsmaßnahmen abstrakt und komplex sind.

Trotz der offensichtlichen Bedeutung der ökologischen Säule von Nachhaltigkeit in der Weinindustrie sind die beiden weiteren Dimensionen der sozialen und der ökonomischen Nachhaltigkeit ebenso bedeutend. Bezüglich der sozialen Nachhaltigkeit wird beispielhaft auf die Abhängigkeit von **Erntehelfern**, oftmals aus Niedriglohngebieten, verwiesen. Weinbaubetriebe sind in die **lokale Gemeinschaft** und die Flächennutzung eingebunden: Weinbau bedingt Fläche, verursacht Lärm und Emissionen, ist integraler Teil der lokalen Landschaftsgestaltung, spielt eine Rolle beim Tourismus und ist ein lokaler Arbeitgeber, denn Weinbauflächen können nicht als Mobilie umgezogen werden. Ebenso sind die Betriebe aus Eigeninteresse zur Verfolgung der sozialen Nachhaltigkeit motiviert, denn die Notwendigkeit der langfristigen Bindung von Potenzialträgern ist in Kleinbetrieben eine Herausforderung und Betriebe mit einer fairen Bezahlung und einer sozialen Einbindung der Mitarbeiter sind attraktiver. Die lokale und regionale **Verwurzelung** der Betriebe motiviert soziales Engagement. Die Weinbranche zeichnet sich durch beachtliches philanthropisches Sozialengagement ohne entsprechende Kommunikation aus, es wird als selbstverständlich angesehen.

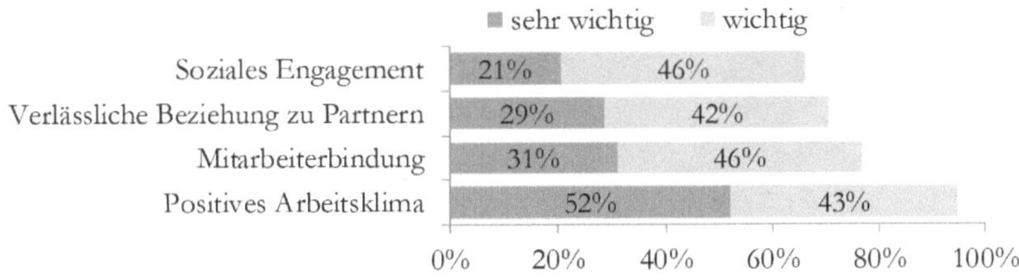

Abb. 21: Soziale Nachhaltigkeit in der Weinbranche (Befragung 2016)

Der ökonomische Erfolg von deutschen Weinerzeugern ist eine Grundvoraussetzung für langfristige Existenz. Die Wertschöpfung in den Betrieben muss Zukunftsfähigkeit gewährleisten, indem Investitionen realisiert werden können und die Familienarbeitskräfte entlohnt werden. In vielen deutschen Weinbaubetrieben ist die **Profitabilität** trotz einer Gewinnsteigerung in den letzten Jahren noch nicht zufriedenstellend. Der Wert der Kundenbeziehung wird auch in den Nachhaltigkeitsaktivitäten offenbar:

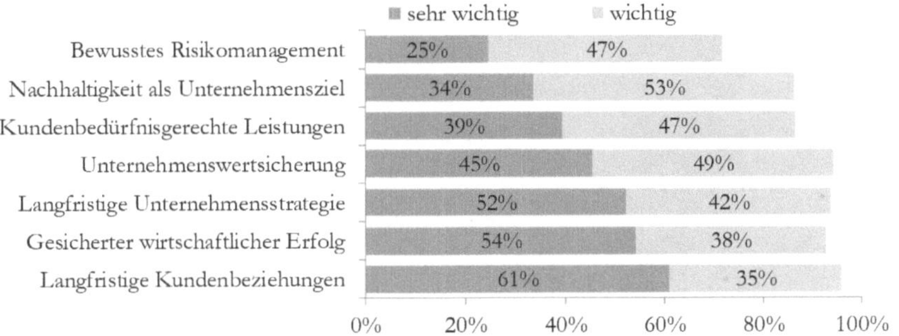

Abb. 22: Ökonomische Nachhaltigkeit in der Weinbranche (Befragung 2016)

Diese beispielhaften Abhängigkeiten illustrieren, dass Weinerzeugung ein adaptives Management im Sinne der Nachhaltigkeit bedingt und insbesondere Maßnahmen zur Bekämpfung des Klimawandels im Interesse der Erzeuger sind. Nachhaltigkeit als Langfristorientierung unter Berücksichtigung ökonomischer, ökologischer und sozialer Aspekte ist in der Weinwelt zentrales Anliegen. Andere **Weinproduktionsländer**, insbesondere Neuseeland, Chile, Südafrika und Kalifornien, kommunizieren ihre Nachhaltigkeitsanstrengungen und nutzen dies zur Positionierung im Wettbewerb. Dies könnte ein Wettbewerbsnachteil für deutsche Anbieter bei der Gewinnung von Regalfläche im Handel werden, wenn deutsche Anbieter ihre Nachhaltigkeit nicht bespielen. Das Interesse an nachhaltiger Unternehmensausrichtung ist bei den deutschen Anbietern massiv gestiegen. Nachhaltigkeit ist innerhalb von 8 Jahren vom letzten Rang der strategischen Maßnahmen auf die Pole-Position durchgestartet. Neben der Relevanz wurde auch der Realisierungsgrad gesteigert.

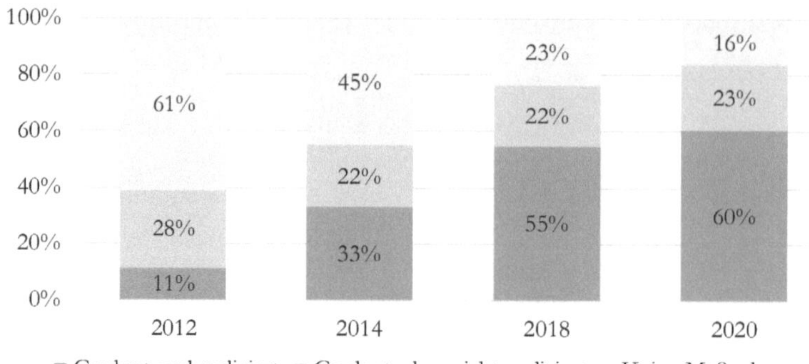

Abb. 23: Relevanz nachhaltiger Maßnahmen im Zeitablauf (Befragungen 2012-20)

Die deutschen Weinanbieter sind offensichtlich **zurückhaltend in der Kommunikation der Nachhaltigkeit,** was Kleinbetriebe charakterisiert und mit der Komplexität begründet werden kann. Das steigende Interesse der Weinerzeuger illustriert eine zunehmende Verankerung von Nachhaltigkeit in Strategie und Geschäftsmodellen.

3 Grundlagen zur Unternehmensführung

Unternehmensführung umfasst die vielfältigen **Entscheidungsaktivitäten** in Unternehmen, die das betriebliche Ergebnis beeinflussen. Dabei wird das Entscheidungsverhalten von unterschiedlichen **Determinanten** des Unternehmens bestimmt. Die Manifestation von Entscheidungen als Führung wird folgend aus institutioneller und funktionaler Perspektive, unter Berücksichtigung von betrieblichen Aspekten, insbesondere der Organisation, und unter Rückgriff auf das Konzept von Unternehmertum beleuchtet. Kenntnis der Charakteristika, sich überschneidender Aspekte, der Einflussfaktoren und abgrenzende Überlegungen sind für erfolgreiches, nachhaltiges Unternehmertum grundlegend.

3.1 Führung

Unternehmen oder Betriebe sind Wirtschaftsgüter produzierende oder Dienstleistungen erbringende wirtschaftliche Einrichtungen. Sie nehmen zweckgebunden Aktivitäten wahr, um Produkte oder Services zu erstellen und zu vermarkten. Zur Koordination der Aktivitäten bedarf es einer Orchestrierung, der sogenannten **Führung**. **Unternehmensführung** wird sinngleich mit **Betriebsführung** und dem aus dem Englischen entlehnten Begriff **Management** verwendet.

> Tätigkeiten der Geschäftsleitung oder von Führungskräften werden nach Gutenberg als **dispositive Produktionsfaktoren** bezeichnet. Diese koordinieren die Elementarfaktoren menschliche Arbeitskraft, Betriebsmittel und Werkstoffe, um zielgerichtetes Handeln im Unternehmen und das Erreichen der beabsichtigten Handlungsergebnisse (Ziele) optimiert zu gewährleisten. Die hiermit verbundene Disposition umfasst die planerische Aktivität, die Verfügungsentscheidungen und die Koordination der disponiblen Gestaltungselemente

Der Führungsbegriff unterscheidet eine institutionelle und eine funktionale Perspektive.

3.1.1 Führung aus institutioneller Sicht

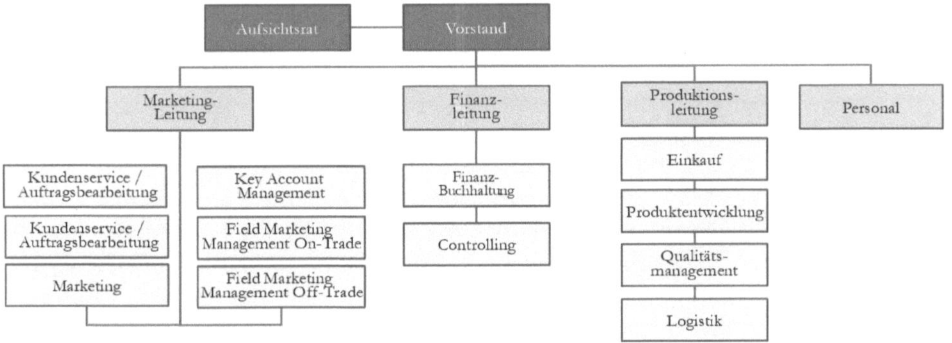

Abb. 24: Institutionelle Führung am Beispiel eines Weindistributeurs

Mit **institutioneller** Unternehmensführung werden die Leitungsebenen eines Betriebs (z.B. Vorstand, Regionaldirektion, Verkaufsleitung) bezeichnet. Der mit Leitungsaktivitäten betraute Personenkreis steuert die seinem Bereich zugeordnete Leistungsprozesse und hat die Personal- und die Budgetverantwortung. In großen Unternehmen werdenLeitungsfunktionen in der Hierarchie verankert. Die institutionelle Führung ist in Organigrammen erkennbar, da den Leitungsstellen mehrere Mitarbeiter zugeordnet werden.

In kleinen Betrieben stellt der **Unternehmer die institutionelle Führung**, da er den Großteil oder alle Prozesse und Entscheidungen verantwortet.

3.1.2 Führung aus funktionaler Sicht

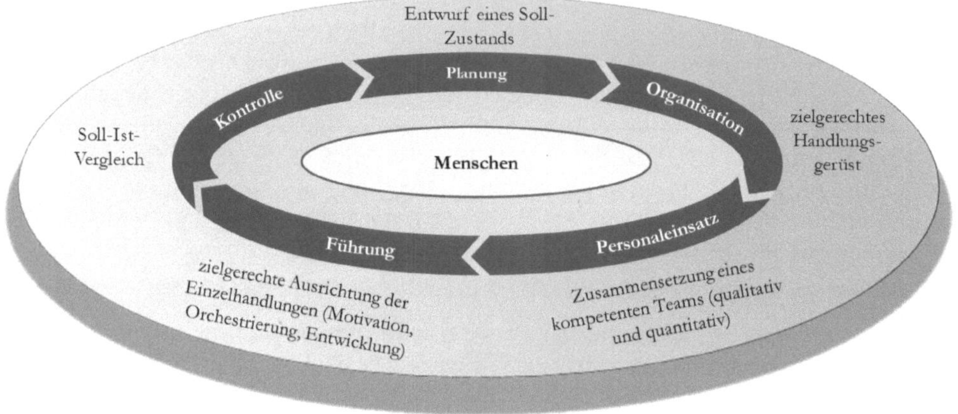

Abb. 25: Führung aus funktioneller Sicht (in Anlehnung an Schreyögg & Koch 2014)

Im **funktionalen** Verständnis basiert Unternehmensführung auf einem bewusst wahrgenommenen Gestaltungs- und Steuerungsprozess, bei dem betriebliche Ziele gesetzt und durch Aktivitäten und Kombination von betrieblichen Faktoren erreicht werden sollen. Die funktionale Unternehmensführung umfasst dabei die **ursprünglich als Abfolge erkannten Schritte** von:

- Planung (geistige Vorwegnahme eines Sollzustands)
- Organisation (Schaffung eines Handlungsrahmens)
- Personaleinsatz (Stellenbesetzung – quantitativ und qualitativ)
- Personalführung (Motivation, Orchestrierung und Entwicklung) und die
- Kontrolle (Soll-/Ist-Abgleich).

Im heutigen Managementverständnis wird akzeptiert, dass die **Zukunft nur eingeschränkt prognostiziert** und **begrenzt gestaltet** werden kann. In Betrieben als **soziale Gefüge**, in denen Mitarbeiter den maßgeblichen Arbeitsfaktor ausmachen, sind von der Unternehmensführung erwünschte Reaktionen nicht wie bei einem Computer programmierbar. Zudem zeigen sich in der Praxis **Interdependenzen** zwischen den Aktivitäten, was eine strikte, nicht reflektierende Abfolge der Führungsschritte pervertiert. In der modernen Managementlehre wird daher nicht mehr von einem sequenziellen Führungsprozess ausgegangen, eine **parallele** Wahrnehmung der Führungsaktivitäten mit **situativer** Priorisierung bestimmt die Realität. Zudem werden flexibles Agieren und ein Revirement der Pläne und der Annahmen gefordert, um das Unternehmen manövrierbar zu machen. In großen Betrieben wird Führung unter Rückgriff auf Arbeitsteilung durch viele Personale und Abteilungen wahrgenommen. In Kleinbetrieben hingegen werden die Aktivitäten in Personalunion, primär implizit und **nicht sequenziell, sondern simultan** gelebt. Ebenso hat sich die Notwendigkeit einer **situativen Führung** durchgesetzt, da viele Umstände nicht exakt planbar und nicht geplante Sachverhalte im Entscheidungsprozess berücksichtigt werden müssen, um keine Fehlentscheidung zu treffen.

> Wenn bei der zeitkritischen **Weinernte** eine Maschine ausfällt, dann muss kurzfristig ein Ersatz organisiert werden. Gegebenenfalls ersetzt Handarbeit die organisatorisch ursprünglich vorgesehene Maschinenarbeit. Auch wenn der Betrieb niedrigere Kosten durch verstärkte Mechanisierung geplant und dies im Plangerüst abgebildet hat, muss der Situation geschuldet abweichend vom Plan und Anspruch eine aufwändigere Prozessgestaltung (z.B. Handlese) realisiert werden. Eine Überarbeitung der Planwerte durch diese situativ bedingte Entscheidung, sowohl hinsichtlich Ernteertrag als auch erhöhtem Aufwand, wird erst im Nachgang erfolgen. Wenn hingegen auf einer Messe ein Importeur **Absatzpotenzial im Ausland** verspricht, bietet sich eine Entscheidung auf Basis einer soliden Planung an, um sicherzustellen, dass das Angebot eine wirtschaftliche Chance begründet.

Während im historischen Managementverständnis die Planung als erster Schritt von Führung und grundlegend für alle Folgeschritte vorausgesetzt wurde, wird sie zunehmend als **Orientierungsrahmen** und nicht als Dogma verstanden. Auch die Kontrolle wird im modernen Managementansatz als begleitende, systemisch korrigierende und nicht abschließende, sanktionierende Aktivität interpretiert.

Das Managementverständnis wurde im letzten Jahrhundert revolutioniert. Maximale Vereinfachung einzelner Prozessschritte bei hohem Organisationsgrad erlaubte, die Leistung (produzierte Einheiten) auszudehnen. Wie bei einem Fließband wurde die Taktung vorgegeben. Eine Entlohnung nach produzierten Einheiten (Stücklohn) war Ausdruck dieses Managementansatzes. Eine primäre Orientierung an der **Produktivität**, bei der über Vorgaben und Kontrolle eine maximale Effizienz zielleitend war, reduziert den Handlungsraum der Mitarbeiter. Zunehmend wurde erkannt, dass die Mitarbeiter bei Gewährung von Freiraum und Motivation eine höhere Effektivität im Betrieb sichern können. Qualitätsaspekte und Kreativität haben ein Führungsverständnis befördert, bei dem das Humankapital nicht als Kosten, sondern als Leistungsfaktor verstanden wird:

- **Effizienz** = Optimierung des Leistungsoutputs („Die Dinge richtig tun!“)
- **Effektivität** = Zielerreichungsgrad („Die richtigen Dinge tun!“)

> Die **Automobilindustrie** veranschaulicht eine paradigmatische Umorientierung von Effizienz hin zu Effektivität. Der globale Markterfolg von japanischen Autos (insbesondere **Toyota**) in den 90er Jahren wurde mit der hohen Qualität der Pro-

dukte begründet, was auf einen andersartigen Führungsansatz zurückgeführt wurde (Womack et al. 1991). In Abkehr vom kapitalistisch geprägten Effizienzansatz mit Leistungsdruck hatte Toyota die Fließbandlogik umgekehrt: anstatt die Geschwindigkeit des Fließbands zur Maximierung des Ausstoßes zu erhöhen, bestimmen die Mitarbeiter mit einem Signal bei Bereitschaft für den nächsten Arbeitsschritt die Taktung (Kanban-System): Qualität vor Quantität. Auch für die deutsche **Weinbranche** kann eine **Abkehr von einer Mengenorientierung** hin zu einer Qualitätssteigerung konstatiert werden. Ein Verzicht auf Quantität zugunsten von Qualität resultierte in einer Reduktion des Gesamtertrags von ehemals über 15 Mill. Hektolitern auf einen jährlichen Durchschnitt von unter 10 Mill. Hektolitern.

Die historische Entwicklung einer erst produktivitäts- und dann effektivitätsorientierten funktionalen Führung mit einer Betonung der Wertschätzung von aktivem Einbringen der Arbeitskräfte mündet in einem **modernen Führungsverständnis**. Unternehmertum, strategisch basiertes Handeln und Nachhaltigkeit lösen starre funktionale Führungskonzepte ab. Ein Mehr an Unternehmertum soll Entscheidungswille und Verantwortung bei den im Unternehmen Tätigen bewirken und somit die Flexibilität erhöhen. Nachhaltigkeit löst als oberste Zielsetzung ein dichotomes Denken in Quantität oder Qualität durch ein neues Denkmuster ab.

Peter Bohn, der Geschäftsführer des Weinhändlers **P.J.Valckenberg**, berichtet von strategisch basierter Unternehmensführung: *„Allein mit Renommee komme man nicht voran. Die Entscheidungswege sind kurz, und Absprachen gehen schnell.“* Dieses agile Management geht vor allem auf zwei Menschen zurück. Vor sechs Jahren haben Peter Bohn und Tilman Queins das Familienunternehmen übernommen, nachdem sie jahrelang Geschäftsführer waren ... Erst kürzlich ist das 10-köpfige Team in ein neues Gebäude gezogen. Das Gebäude ist eingerichtet wie ein Start-up: weiße Wände, weißer Konferenztisch, großflächige Bildschirme. Die beiden waren sich einig, dass wenn sie die Firma gemeinsam fortführen, die Hierarchien flacher, die Geschäftsfelder breiter werden müssen. *„Ich mag den Begriff des Umstrukturierens nicht. Ein Familienunternehmen muss doch im ständigen Wandel sein, wenn es bleiben will“*. Permanente Auswertungen und Analysen der der Liquidität, Rentabilität und des Umsatzes zeigen zu jedem Zeitpunkt, wo das Unternehmen steht. *„Die Entscheidungen nach Bauchgefühl beinhalten immer auch die fundierte Faktenlage“*, sagt Bohn. So wissen die Mitarbeiter genau, dass das Unternehmen im vergangenen Jahr 4,4 Millionen Euro Umsatz gemacht hat, 400.000 Euro mehr als im vorangegangenen Jahr. *„Drei Viertel davon erwirtschaftet das Unternehmen im Ausland.“* (Interview, auch in Handelsblatt.com)

3.1.3 Führungsstil und -konzepte

Im Glauben, dass man als Führungsperson geboren wird, war der Blick auf Führung historisch auf **Eigenschaften** eingeengt. Es hat sich aber gezeigt, dass Führungsfähigkeiten nicht angeboren sind und dass kein absoluter Anspruch auf einen richtigen Weg erhoben werden kann, d.h. keine Führungsperson unfehlbar, kein Führungsstil immer überlegen und kein Führungskonzept alleiniger Erfolgshebel ist.

Führungsstil beschreibt die Art und Weise, wie sich Führungskräfte verhalten, auf Situationen reagieren und Entscheidungen auf Grundlage ihrer Überzeugungen treffen. Das erweiterte Verständnis von Führung und Führungsstil hat eine Vielzahl an charakteristischen Führungsstilbezeichnungen hervorgebracht (z.B. autoritär, egalitär, demokratisch, ethisch, partizipativ...).

Ein autokratischer, patriarchaler Führungsstil, bei dem die Unternehmensführung eine unreflektierte Ausführung durch Untergebene erwartet und erwarten konnte, ist antiquiert. Modernes Management sieht in den Mitarbeitern keinen Kosten- sondern einen **Leistungsfaktor**. Erst eine Entfaltung der Mitarbeiterpotenziale führt zu Effektivität und Effizienz. Dies hat zum Einzug von Motivationsansätzen und der Etablierung von Teams im Arbeitsalltag geführt, bis hin zur Beteiligung der Mitarbeiter am Unternehmenserfolg oder am Unternehmen. Der Führungsstil ist zunehmend kooperativ, was sich im Grad der Beteiligung von Mitarbeitern an Entscheidungen äußert.

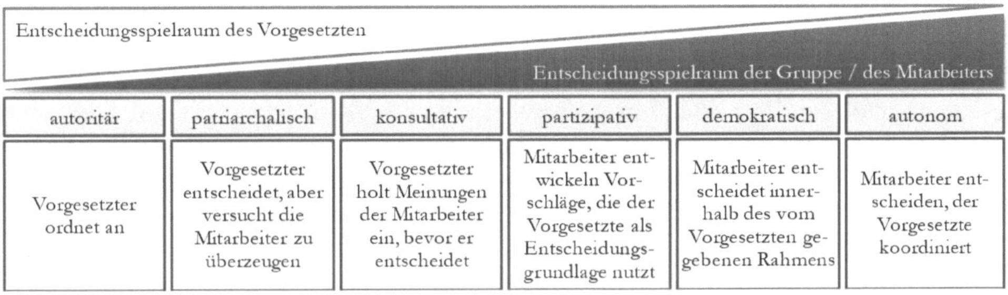

Entscheidungsspielraum des Vorgesetzten

Entscheidungsspielraum der Gruppe / des Mitarbeiters

autoritär	patriarchalisch	konsultativ	partizipativ	demokratisch	autonom
Vorgesetzter ordnet an	Vorgesetzter entscheidet, aber versucht die Mitarbeiter zu überzeugen	Vorgesetzter holt Meinungen der Mitarbeiter ein, bevor er entscheidet	Mitarbeiter entwickeln Vorschläge, die der Vorgesetzte als Entscheidungsgrundlage nutzt	Mitarbeiter entscheidet innerhalb des vom Vorgesetzten gegebenen Rahmens	Mitarbeiter entscheiden, der Vorgesetzte koordiniert

Abb. 26: Führungsstile in Abhängigkeit vom Entscheidungsspielraum

Führungsinstrumente illustrieren die Abkehr von hierarchiebasiertem, planungsgetriebenen Führungsverhalten:

- **MbO – Management by Objectives**: Statt Detailvorgaben der Arbeitserledigung können die Mitarbeiter die Mittel zur Zielerreichung eigenständig bestimmen.
- **Job Enlargement / Job Enrichment**: Statt einer Begrenzung wird das Arbeitsgebiet von Stellen erweitert und angereichert, um die Abwechslung und somit die Motivation zu erhöhen.
- **Teams** und **Gruppenarbeit**: Austausch zwischen den Mitarbeitern gewährleistet, dass unterschiedliche Perspektiven eingebracht werden, dass sich ergänzende Profile eine höhere Leistungsfähigkeit ermöglichen und dass Selbstbestimmung die erkannten Grenzen einer zentralen Planung überwinden hilft.
- **JIT – Just in Time**: Verzicht auf Lager- und Zwischenlagerhaltung durch optimierte Prozesse und kooperative Zusammenarbeit auch zwischen Betrieben (Lieferant und Verarbeiter).

- **Betriebliches Vorschlagswesen**: Mitarbeiter liefern Ideen zur Verbesserung der Betriebsabläufe. Ihre Vorschläge werden prämiert, oftmals auf Basis hiermit verbundener Einspar- oder Ertragspotenziale.
- **Management by walking around**: Dieser einfach zu realisierende Managementansatz bedeutet, sicht- und ansprechbar zu sein. Ein täglicher Gang durch den Betrieb, Besuche der Partner, permanente Interaktion mit den Kunden oder auch die Erreichbarkeit sind beispielhafte Ausdrucksformen. Sie vermitteln Interesse und Wertschätzung.

Diese Beispiele von Managementansätzen und ihr Einzug in Steuerungsinstrumenten belegen, dass moderne Führung die Reaktions- und Anpassungsfähigkeit des Unternehmens erhöhen möchte. Erfolgsfaktor hierfür ist eine Aktivierung der Mitarbeiter. Hierzu notwendige Wertschätzung der Mitarbeiter wird über die soziale Säule im Nachhaltigkeitskonzept explizit gefordert. Ein agiles Führungsverhalten ist für Unternehmer in kleinen Betrieben leichter zu bewerkstelligen, da wenige Mitarbeiter zu überzeugen sind und charakterisierende arbeitsfeldübergreifende Teamarbeit Reaktivität sichert. Der **direkte Kontakt** von über- und untergeordneten Stellen sichert einen Austausch und eine Berücksichtigung der Ideen der Mitarbeiter für Optimierung.

> Kommunizierte Wertschätzung beim **Weingut am Stein**: *„Wir sind glücklich über unser engagiertes Team: Eine international bunt gewürfelte Truppe über alle Sprachgrenzen hinweg engagiert sich Tag für Tag im Weinberg. Es wird viel gearbeitet und es ist anstrengend. Hin und wieder wird aber auch gefeiert. Dienstags treffen sich alle zum gemeinsamen Mittagstisch in unserem Küchenhaus, um sich auch mit den Kollegen aus Keller & Vertrieb auszutauschen."*

Nachhaltigkeitsmanagement kann eine Basis für Mitarbeitermotivation und einen zielgerichteten Austausch bilden. Wenn Mitarbeiter zur Identifikation von Maßnahmen zur Steigerung der Nachhaltigkeit aufgefordert werden, steigt die wahrgenommene Wertschätzung, der Unternehmer erhält tiefgehende Einsichten zur Kultur, den Prozessen und der Identifikation mit dem Betrieb sowie konkrete Ansätze zur Nachhaltigkeitssteigerung. **Partizipatives Nachhaltigkeitsmanagement** sollte auf Basis eines erprobten Instrumentariums und bei Dokumentation des Fortschritts erfolgen. Auf diese Art können Kleinbetriebe aus einem vermeintlichen Nachteil einer geringeren Mitarbeiteranzahl eine Stärke entwickeln, da eine Interaktion einer überschaubaren Anzahl von Personen und erkennbare Implementierung von Anregungen motivierend wirkt. Ziele werden verinnerlicht und wirken intrinsisch.

3.1.4 Managementfähigkeiten und Kompetenzen

Das sich wandelnde Managementverständnis hat auch die Anforderungen an Führungspersönlichkeiten geprägt. Grundsätzlich werden drei Fähigkeitsbereiche unterschieden:

- **Technische** Kompetenz: Lösungen und Lösungsansätze kreieren
- **Soziale** Kompetenz: Menschen gewinnen und überzeugen
- **Konzeptionelle** Kompetenz: aus komplexen Sachverhalten Handlungen zu generieren.

Kompetenz umfasst sowohl die **Fähigkeiten** und hiermit verbundenen Sachverstand als auch die hierauf aufbauende organisatorische Verankerung durch Verantwortung und **Zuständigkeit**.

In Kleinstbetrieben sind bei den Unternehmenslenkern die **technischen Kompetenzen** besonders ausgeprägt, da der Unternehmer seinen Betrieb auf Basis seiner Sach- und Fachkompetenz aufgebaut hat und hieraus auch primär seine Motivation ableitet. Bei Führungspersönlichkeiten in großen Betrieben bildet die **konzeptionelle Kompetenz** häufig das entscheidende Auswahlkriterium. Die Führungskraft soll überzeugende Strategien unter Berücksichtigung der mannigfaltigen Herausforderungen liefern. Die konzeptionell versierten Manager bedienen sich zur Erfüllung von technischen und primär sozio-kulturellen Anforderungen im Bedarfsfall unterschiedlicher Ressourcen im Unternehmen, wie beispielsweise der Strategieabteilung, Kommunikationsexperten, der Personalabteilung oder es werden externe Dienstleistungen eingekauft. In Kleinstbetrieben wird eine umfassende Kompetenzerfüllung durch den Unternehmer erwartet.

> Wolfgang Reitzle war Unternehmenslenker bei **BMW**, **Ford** und **Linde** und zudem Aufsichtsrat bei **Lafarge** und **Continental**. Seine herausragenden konzeptionellen Fähigkeiten erlauben es ihm, bei verschiedenen Unternehmen in unterschiedlichen Industrien zu wirken.
>
> Ein **Winzer** hingegen erlernt sein Handwerk produktfokussiert, denn die Fähigkeiten zur Weinherstellung bilden den Kern seiner Ausbildung. Soziale und konzeptionelle Kompetenzen werden dagegen eher beiläufig oder persönlichkeitsbedingt ausgeprägt. Es zeigt sich jedoch, dass kommunikative und konzeptionelle Fähigkeiten beim Kleinstunternehmer zunehmend über die Betriebszukunft entscheiden: Eine Finanzierung wird im Falle einer professionellen Darlegung der Geschäftsperspektive günstiger. Moderne Vertriebswege werden nur dann erfolgreich beschritten, wenn Winzer ein für sich passendes und durchdachtes Handlungskonzept planen und überzeugend umsetzen. Die Gewinnung von Exportdestinationen kann von einer überzeugenden Vorstellung bei einem stark umworbenen Importeur abhängen, was sprachliche und vertriebliche Fähigkeiten, aber auch kulturelles Einfühlvermögen erfordert.

In Reflexion der Kernkompetenzen von Unternehmern in kleinen Betrieben, den wachsenden Anforderungen und einer menschlich begrenzten Leistungsfähigkeit, liegt der Schlüssel in einer geschickten Kombination aus **Vernetzung**, **Partnerschaft**, **Delegation, Fortbildung** und gezieltem **Verzicht**. Beispielhaft wird auf die sozialen Medien als möglicher Kommunikationsweg verwiesen. Zur Kommunikation in den sozialen Medien kann in einem Kleinbetrieb nicht auf eine PR-Abteilung zurückgegriffen werden. Inhalte, Texte, Fotos müssen eigenständig konzeptioniert, realisieren und aktuell gehalten werden. Dies setzt eine Einarbeitung in die Instrumente voraus. Es kann auch im Betrieb eine hierfür affine Person betraut oder im Netzwerk ein Partner zur Übernahme der Aktivitäten gesucht werden. Alternativ kommt auch ein bewusster Verzicht in Verbindung mit überzeugender Argumentation gegenüber den Kunden als Ergebnis der unternehmerischen Überlegungen in Frage, wenn ein Unternehmer diese Kanäle für wenig zielführend und für sich belastend empfindet.

Weingut Dreissigacker: „*Weine zu kreieren ist kein Soloprogramm, sondern ein Gemeinschaftswerk. Es kann nur richtig gut gelingen, wenn alle Beteiligten optimal aufeinander eingespielt sind. Wenn eine Symbiose entsteht. Wie die einzelnen, perfekt abgestimmten Komponenten einer Cuvée. Nur so kann ein Wein entstehen, der wiederum außergewöhnliche und unverwechselbare Momente schafft.*“

JOCHEN

Captain

Der zunehmende Wettbewerbsdruck und mit der Komplexität der Umwelt steigende Anforderungen an strategische Lösungen erfordern auch bei Kleinstunternehmern zunehmend konzeptionelle Kompetenzen. Ein **Mangel an Fachkräften** in Verbindung mit **beschränkter innerbetrieblicher Entwicklungsperspektive** in Kleinstbetrieben kann durch eine stärkere Gewichtung der **sozialen Kompetenzen** von Unternehmern begegnet werden. Empathische Führung, überzeugende Zukunftsaussichten, ansprechende Kommunikationsfähigkeiten, eine angenehme Arbeitsatmosphäre und ein motivierender Chef sind überzeugende Argumente bei der Mitarbeitergewinnung. Dies gilt auch für Start-ups und Neugründungen: die eigenen, unternehmerischen Ideen müssen überzeugend vermittelt werden, um Kreditinstitute für die Finanzierung, oder Mitarbeiter für das Risikounternehmen, verlässliche Partner oder Kunden für die neuartigen Lösungen zu gewinnen. Insbesondere Einzelunternehmer können die zunehmend komplexen Managementanforderungen nicht im Allgemeingang bewältigen. **Partner** aus unterschiedlichen Bereichen und Bezugsgruppen helfen, diesen Anforderungen gerecht zu werden. Die sozialen und konzeptionellen Fähigkeiten der Unternehmer sind ausschlaggebend, was sich auch im ganzheitlichen Anspruch der Nachhaltigkeit niederschlägt.

Das Bild des Führungsteams vom erstklassigen Bordelaiser Weingut **Château Lafite** anlässlich der Übernahme der Leitung durch Saskia de Rothschild erlaubt aufgrund der seriösen Kleidung und der nüchternen Räumlichkeit die Interpretation einer betonten Managementorientierung auch in einer agrarorientierten Branche. Im Begleittext wird explizit auf die Ausbildung an der HEC,

einer Management-Kaderschule in Frankreich und somit die Ausprägung konzeptioneller Fähigkeit der Firmenleiterin, hingewiesen. (Millar 2017)

Unternehmertum beinhaltet, ein Unternehmen zu führen. Unternehmer müssen sich dieser Verantwortung bewusst sein:

[1] Führe ich meinen Betrieb als Unternehmer allein?

[2] Gibt es Mitarbeiter in Führungspositionen oder wäre es zielführend Führungspositionen zu schaffen?

[3] Welche funktionalen Führungsaufgaben übernehme ich als Unternehmer und welche übernehmen meine Mitarbeiter?

[4] Wie schätze ich meine Fähigkeiten und die Fähigkeiten meines Führungsteams hinsichtlich fachlicher, konzeptioneller und sozialer Kompetenz ein?

[5] Wie kooperativ ist der Führungsstil in meinem Unternehmen?

3.2 Organisation

Unternehmensführung bedingt eine passende **Organisationsgestaltung**. Unter Organisation wird der **Ersatz von fallweisen durch generelle Regelungen** verstanden, um effizient und effektiv zu handeln. Zielführend ist ein optimierter **Organisationsgrad**, ohne Über- oder Unterorganisation. Offensichtlich ist die Kernschmelze im Reaktor von Fukushima auch einem Organisationsversagen geschuldet: Mitarbeiter haben sich an Regeln gehalten, die diesen Katastrophenfall nicht vorsahen und bei Eintritt sinnvolle Maßnahmen verhindert haben.

Der richtige Organisationsgrad ist bei Kleinstbetrieben eine relevanter Erfolgsfaktor, da übergreifende Zuständigkeiten und sich ergänzende Kompetenzen im Team zur Unterstützung des Unternehmers etabliert werden müssen, so dass weder Überbelastung noch Unterauslastung entsteht.

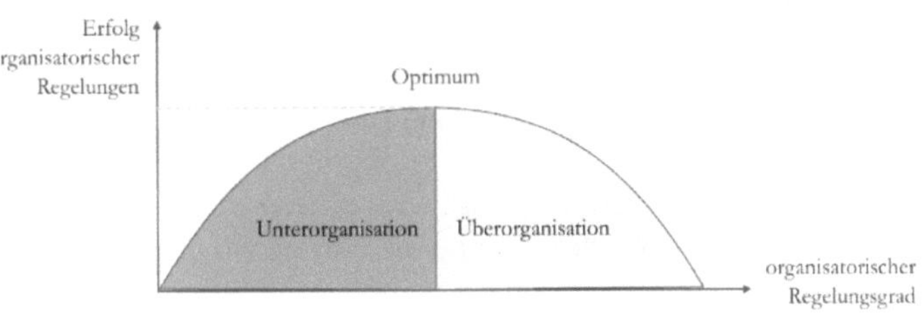

Abb. 27: Organisationsgrad (in Anlehnung an Gutenberg)

Schon seit den 70er Jahren wurde mit der Empfehlung mechanistische Strukturen bei statischer, sich weniger verändernder Umwelt und flexibler Organisationen bei dynamischer Umwelt ein Zusammenhang von Organisationsgestaltung und Umwelt aufgezeigt. Es hat sich die Theorie der “Absorptive Capacity” herausgebildet, die organisatorische Kapazität zur Verarbeitung von Umweltveränderungen als Erfolgsfaktor **dynamischer Organisationen** begründet. Und über eine (evolutionäre) **Organisationsentwicklung** sicherstellt. Die Organisation muss mit der Strategie harmonieren und sichert notwendige die Flexibilität, um sich verändernde Rahmenbedingungen zu adaptieren. Bei einer Synchronisation von Organisation und Strategie fungieren die Aufbau- und die Ablauforganisation als Transmissionsriemen – die Organisation wird zum strategischen Stellhebel. Hierfür hat sich der Terminus „Struktur folgt der Strategie" (Structure follows Strategy) etabliert, trotz kontroverser Perspektiven, denn die Organisation bestimmt auch die Strategie.

3.2.1 Aufbauorganisation

Die Aufbauorganisation beschäftigt sich mit der **Strukturierung** innerhalb einer Organisation. In unserer arbeitsteiligen Gesellschaft hat es sich bewährt, dass Aktivitäten in **Aufgaben** aufgeteilt und **Stellen** zugeordnet werden, die mit Stelleninhabern mit geeigneten Fähigkeiten zur Arbeitserledigung besetzt werden. Grundsätzlich gilt, dass mit steigender Betriebsgröße die Anzahl der Stellen steigt, der Strukturierungsbedarf zunimmt und auch der Koordinationsbedarf anwächst.

Film-Link: Eva Fricke – Organisation und Delegation
https://www.arte.tv/de/videos/072714-000-A/square-fuer-kuenstler/

Der **Lebenszyklus**, der die Unternehmensgröße mitbestimmt, ist einer der Determinaten der Organisationsstruktur. Ein neu gegründetes Unternehmen hat wenige Mitarbeiter. Prozesse sind nicht eingespielt und die wenigen Stelleninhaber müssen flexibel die sich ergebenden Aufgaben erfüllen. Ist ein Unternehmen hingegen etabliert und größer, dann ist die Struktur auch anhand eins Organigramms (bildliche Darstellung der Abteilungen und verantwortliche Zuordnungen) und über **Stellenbeschreibungen** festgelegt, wer welche Aufgaben in welcher Zusammenarbeit zu leisten hat.

Die **Umwelt** eine weitere strukturbestimmende Determinante. In wenig dynamischem Umfeld ist ein hoher Organisationsgrad zielführend, bei Dynamik ist hingegen Flexibilität notwendig. Es existiert ein Zusammenspiel von den in Betrieben handelnden **Personen** und der Organisationsstruktur. Bei Banken werden die verantwortlichen Manager von der Behörde geprüft, ob ihr Risikoverhalten dem Profil des Bankgeschäfts entspricht, und die Organisation regelt deren Kompetenzen (im Sinne von Handlungsrahmen), so dass Mitarbeiter mit Risikogeschäften die Bank nicht gefährden (z.B. Baring Bank). Spannende, aber auch fordernde Arbeit in einem Start-up wird Menschen nicht ansprechen, die eine oftmals durch Behörden charakterisierte Struktur mit klar abgegrenzten Aufgaben, Verantwortlichkeiten und starren Arbeitszeiten wertschätzen. In Unternehmen mit hohem Grad an **Technologisierung** (z.B. Produktionsrobotik-basiertes Werk in der Automobilindustrie) ist der Organisationsgrad höher als in wenig technologisierten Betrieben, wie beispielsweise im Handwerk.

Zur Ausformung der Aufbauorganisation werden Stellen zu **Abteilungen** zusammengefasst. Hierzu ist die Gestaltungslogik, die Strukturierungsform und die hierarchische Ausprägung festzulegen. Die **Gestaltungslogik** kann nach Verrichtung, Objektart, Region oder Kunden erfolgen. Eine funktional basierte Struktur nach **Verrichtungsart** resultiert in Abteilungen wie Einkauf, Verwaltung oder Verkauf. Ein **regionales Objektprinzip** organisiert beispielsweise nach Gebieten (Nord versus Süd, Bundesländer, Länder). Diese Gestaltung wird häufig zur Vertriebsorganisation gewählt, um Überschneidungen zu vermeiden. Die **divisionale Spartenorganisation** als Ausformung des Objektprinzips bietet sich bei einer divergenten Produktpalette mit individuellen Marktanforderungen an, wenn beispielsweise Abteilungen mit

Verantwortlichkeit für Wein von denen von Sekt und Spirituosen getrennt werden. Eine **kundenorientierte** Gestaltung nach dem Objektprinzip könnte eine Aufbauorganisation nach direkt beziehenden Privatkunden, Online-Kunden, Firmenkunden und Handelspartnern begründen.

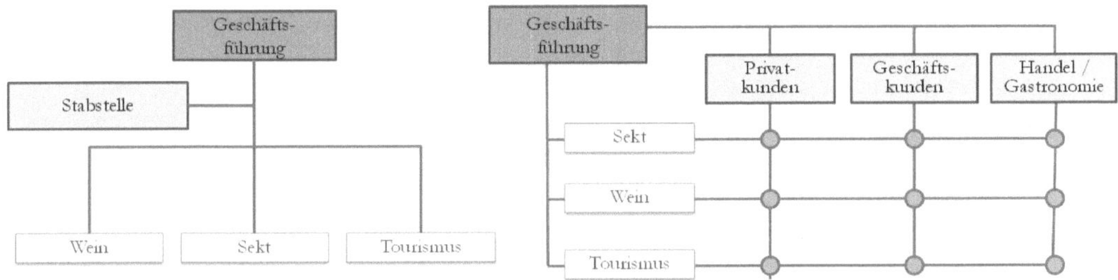

Abb. 28: Grundformen von Organisationsstrukturen: Divisional versus Matrix

Die **Strukturierungsform** betrachtet das organisatorische Zusammenspiel der Abteilungen und die Zuordnung von Verantwortlichkeit und Kommunikationswegen. Die **Einlinienorganisation** ist durch eine eineindeutige Zuordnung charakterisiert, bei der die Mitarbeiter jeweils an einen Verantwortlichen berichten. Hieraus ergeben sich klare Zuordnungen, in der Praxis beobachtet man dabei unerwünschte Bereichsegoismen und Abgrenzungen zwischen Abteilungen. Als Alternative bieten sich **Mehrliniensysteme** an, häufig als **Matrixorganisation**, bei der eine Verzahnung zwischen Abteilungen über eine Mehrfachzuordnung beabsichtigt ist. Diese Organisationsform bedingt aber Führungspersönlichkeiten, die kooperativ sind und Kommunikation zwischen Abteilungen und Stellen sicherstellen.

Eine Stelle mit Entscheidungsbefugnis und Personalverantwortung wird als **Instanz** bezeichnet. Die Anzahl der Leitungsebenen bestimmt die **Hierarchie**. Eine flache Hierarchie liegt bei wenigen Leitungsebenen vor. Flache Hierarchien erlauben kurze Berichtswege und auch die Vermeidung von Kosten zusätzlicher Managementebenen. Im Rahmen von „**Schlankem** (Lean) **Management**“ wird ein Abbau von Leitungsebenen angestrebt. Die Leitungsspanne (oftmals auch Kontrollspanne), d.h. die Anzahl der direkt an eine Instanz berichtende und von dieser zu führende Mitarbeiter, ist bei verantwortungsvoller Personalführung jedoch zu begrenzen. Es gilt, eine organisatorische Balance aus Anzahl der Leitungsebenen und Leitungsspannen der Instanzen zu finden. Kleine Unternehmen weisen flache Hierarchien und direkte Interaktion auf, so dass Agilität und Veränderungsfähigkeit strategisch als Wettbewerbsvorteil ausgespielt werden können.

3.2.2 Ablauforganisation

Bei der Ablauforganisation sind die Prozesse im Unternehmen Gestaltungselemente. Ein **Prozess** beschreibt, welche Aktivitäten in welcher Folge aneinandergereiht werden, damit durch ihre Ausführung ein gewünschtes Ziel erreicht wird. Die in Betrieben ablaufenden Prozesse erfolgen abteilungsübergreifend und werden komplexer. Steigende Prozessanforderungen entstammen betriebsinternen Vorgaben (z.B. Qualitätsmanagement, Arbeits-, Umweltschutz, Nachhaltigkeitsambitionen), können aber auch durch Normen (z.B. Lebensmittelsicherheit), Vorgaben oder Auswahlkriterien (z.B. ISO Zertifizierung) auch extern motiviert sein. ISO-Normen geben Orientierung der Gestaltungsanforderungen, wobei Zertifizierungen für Betriebe aufwändig sind – finanziell, zeitlich und bezüglich gewünschter Freiheitsgrade. Dabei werden die Prozesse in **Kernprozesse** (z.B. Kundenauftragsbearbeitung) und **unterstützende Prozesse** (z.B. Bestellung von Büromaterialien) unterteilt. Ziel von Prozessorganisation ist es, kundenorientierte, schnelle, qualitativ hochwertige, ergebnisorientierte und kostengünstige Prozesse zu gewährleisten. Prozesse sind unter Berücksichtigung der Ziele sowie sich ändernder Voraussetzungen permanent zu hinterfragen und zu optimieren. Herausfordernde Veränderungen verlangen von Organisationen ein hohes Maß an Flexibilität und die Bereitschaft proaktiv zu agieren. Agile Organisationen stellen die Wettbewerbsfähigkeit und den Bestand des Unternehmens langfristig sicher.

Biontech hat in kürzester Zeit sowohl erfolgreich einen Impfstoff gegen Covid-19 erforscht, obwohl das Unternehmen eigentlich in der Krebsforschung aktiv sein wollte, als auch die Produktion, den Verkauf und die Distribution hierfür in Rekordzeit gestemmt. Zur Herstellung des Präparats Comirnaty sind 50.000 Prozesse zu koordinieren und dies bei äußerst anspruchsvollen Bedingungen (z.B. Reinraumtechnik), da die Qualität des Produkts gesundheitsrelevant ist. Eine wissenschaftliche, organisatorische und betriebliche Meisterleistung mit nachhaltigen Auswirkungen auf die Gesellschaft. (Die Zeit 15, 8.4.21, S.23)

Agil bedeuted Beweglichkeit. Das gilt auch für **agile Organisationen**. Die Agilität bedingt flexible Strukturen und Prozesse, die permanent hinterfragt und gegebenenfalls angepasst werden müssen. Agile Organisatioen haben eine Unternehmenskultur die Transparenz, Interaktion, Kommunikation, Lern- und Fehlerbereitschaft, Eigenverantwortung und Vertrauen lebt.

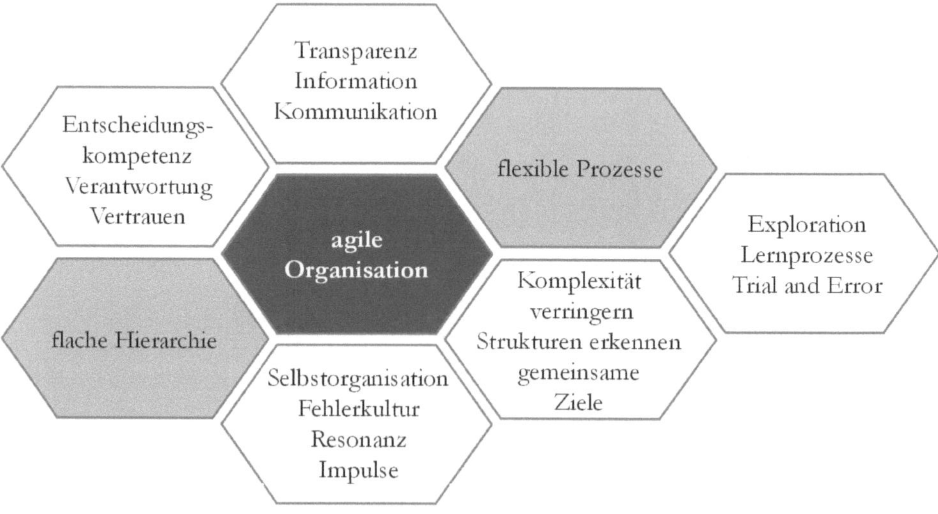

Abb. 29: Ausprägungen einer agilen Unternehmensorganisation

Kleine Betriebe können bei der Gestaltung leistungsfähiger, flexibler, kundenorientierter Prozesse von einer geringeren Komplexität und einer höheren Transparenz profitieren. Dies bedingt eine bewusste Hinterfragung gelebter Prozesse mit Experimenten und Ausprobieren von neuen Wegen. Eine **Fehlerkultur** und die Übertragung von Verantwortung sichern zielführende Selbstorganisation und eine agile Organisation.

3.2.3 Unternehmensgröße als betriebliche Determinante

Die Größe eines Unternehmens wird als betriebliches **Klassifizierungsmerkmal** genutzt.

> Gebräuchliche **Klassifikationsmerkmale** von Betrieben sind: Wirtschaftszweig (z.B. Handel), Betriebsgröße (z.B. Kleinstbetrieb), Lebensphase (z.B. in Gründung), Leistungsprogramm (z.B. Verarbeitungsbetrieb), Art der Leistungserstellung (z.B. Einzelfertigung), Vorherrschender Produktionsfaktor (z.B. Humanressourcen), Rechtsform (z.B. AG), Reichweite (z.B. international), Erwerbszweck (z.B. gewinnwirtschaftlich). Sie dienen der Charakterisierung von Betrieben und bieten Erklärungspotenzial bei der Durchdringung von Entscheidungsprozessen in Unternehmen.

Größeren Unternehmen werden Vorteile zugesprochen: Die Ausschöpfung von **Skaleneffekten** (z.B. Senkung der Stückkosten durch eine Fixkostenentlastung wegen höherer Produktionsmenge); eine gesteigerte **Attraktivität** bei der Gewinnung von Mitarbeitern, da Aufstiegschancen durch eine tiefere hierarchische Ordnung oder auch räumlichen (internationale Tätigkeit) Veränderungen im Unternehmen entsprochen werden kann; eine höhere **Risikotragfähigkeit**, erleichterter Zugang zum **Kapitalmarkt**; **strategisches Handeln**; **höherer Organisationsgrad** oder eine **professionelle** Entscheidungsfindung. Kleine Betriebe hingegen werden **Flexibilität**, **Familiarität**, reichhaltige und **abwechslungsreiche Tätigkeitsspektren**, **Nähe** zum Entscheider, **Transparenz** im Unternehmen und **Verbundenheit** mit den Mitarbeitern zugeschrieben. Eine situative Betrachtung ist aber angebracht, denn kleine Betriebe können beispielsweise einen hohen Organisationgrad haben und es gibt große Betriebe mit wenig Risikotragfähigkeit. Zudem bewerten Unternehmer und Mitarbeiter in Abhängigkeit ihrer individuellen Präferenzen die Größenaspekte als Vor- oder Nachteil nicht einheitlich.

Unternehmen lenken bedeutet, **Entscheidungen zu treffen**. Dies ist für große und kleine Betriebe zutreffend, aber die Betriebsgröße beeinflusst die Entscheidungsfindung. Während in großen Unternehmen unter Rückgriff auf Arbeitsteilung und Kompetenzverteilung Entscheidungen in vielen Organisationseinheiten gefällt und oftmals durch Abteilungen (z.B. **Stabsabteilungen**) vorbereitet werden, obliegt in kleinen Betrieben die Entscheidung inklusiver der Vorbereitungen und Umsetzungsmaßnahmen einem überschaubaren Personenkreis oder nur dem Betriebsinhaber. Die auf einen kleinen Personenkreis fokussierte Entscheidungskompetenz erlaubt jedoch schnelle Entscheidungen und Flexibilität. In Analogie zur Schifffahrt wird oftmals die Metapher genutzt, dass Konzerne wie ein großes Container- oder Tankschiff bei einer Kursänderung aufgrund der **Trägheit** nicht so schnell wie Schnellboote – **wendige**

Kleinunternehmen – eine gewünschte Routenänderung vollziehen. Die Konzentration der Entscheidungsfindung auf eine oder wenige Personen schränkt potenziell Perspektivenvielfalt ein, dem durch Vernetzung begegnet werden kann.

Die betriebswirtschaftlichen Instrumentarien zu strategischem Management sind stark auf Großbetriebe fokussiert, dabei machen Kleinbetriebe den Großteil der Unternehmen aus. Unter Rückgriff auf eine Definition der EU werden Unternehmen in vier **Größenklassen** eingeteilt. Als Parameter dienen der jährliche Umsatz, die Mitarbeiterzahl und die Bilanzsumme.

Unternehmens-kategorie	Zahl der Mit-arbeiter	Umsatz	Bilanzsumme
groß	mind. 250	mind. 50 Mio. €	mind. 43 Mio. €
mittelgroß	unter 250	höchstens 50 Mio. €	höchstens 43 Mio. €
klein	unter 50	höchstens 10 Mio. €	höchstens 10 Mio. €
mikro / kleinst	unter 10	höchstens 2 Mio. €	höchstens 2 Mio. €

Tab. 1: Unternehmenskategorien (Europäische Union 2015)

Von den über 2,6 Millionen Betrieben in Deutschland gehören lediglich 1% zu den großen aber 82% zu Kleinstbetrieben.

Dispositionen in Großbetrieben weichen von der Entscheidungsfindung in Kleinunternehmen ab, was anhand plakativer Beispielentscheidungen illustriert wird: Die Idee einer möglichen Übernahme eines Wettbewerbers kann in einem Konzern einer Marktanalyse einer Stabstelle entspringen, eine Entscheidung in der Geschäftsführung für neue strategische Wachstumsziele initiieren, eine Abstimmung mit der Finanzabteilung erfordern und in der Folge eine Identifikation möglicher Übernahmekandidaten durch eine Unternehmensberatung oder strategische Abteilung in Gang setzen.

Bei einem kleinen Betrieb wird der Unternehmer beispielsweise bei einer Betriebsaufgabe eines nachbarlichen Betriebs überlegen, ob eine Integration sinnvoll, vom Risiko her tragbar und realisierbar ist. Die Umsetzung erfolgt dann direkt unter einem Blick auf die finanzielle Tragfähigkeit und bei Interaktion mit dem aufgebenden Betriebsinhaber.

Die Weinbranche in Deutschland ist durch eine Vielzahl von kleinen Unternehmen charakterisiert (Abb. 30).

Auch hinsichtlich des Nachhaltigkeitsmanagements zeigen sich größenspezifische Herausforderungen. Große Betriebe können bei ihrer Nachhaltigkeitsdarstellung auf Ressourcen und eine in der Organisation institutionalisierte Infrastruktur zurückgreifen, um ihre Nachhaltigkeit zu analysieren und zu kommunizieren. Jeder **Geschäftsbericht** eines börsennotierten deutschen Unternehmens deklariert das Nachhaltigkeitsbewusstsein und die Nachhaltigkeitsinitiativen – oftmals in Hochglanzdruck. Für externe Beratung und Zertifizierung werden Budgets eingestellt und über Marketing wird die Nachhaltigkeit kommuniziert. Auch im Falle von erkennbarer Nichtleistung verfügen große Konzerne über Mittel, um ihre Positionen beispielsweise gerichtlich durchzusetzen. Sie sind jedoch auch vornehmliches Ziel von Aktivisten und Interessensvertretungen, so dass eine Leistung gemäß den kommunizierten Aktivitäten ratsam ist. Nachhaltigkeit sollte die **strategische Handlungsbasis** und dann **in allen Marketingaktivitäten** verwurzelt werden. Nicht überraschend werden die großen Mineralölkonzerne von Bezugsgruppen bis hin zu Investoren dafür kritisiert, zwar viel über Nachhaltigkeitsaktivitäten zu kommunizieren, aber das Unternehmen nicht grundlegend auf eine nachhaltige Zukunft vorzubereiten.

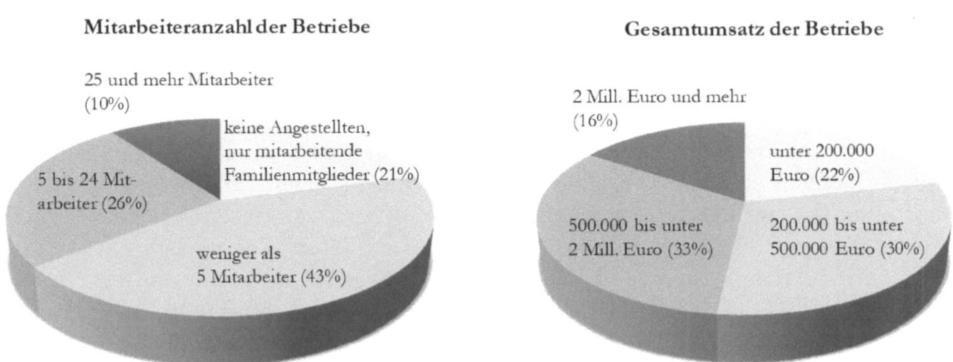

Abb. 30: Betriebsstruktur in der Weinwirtschaft (Befragung 2020)

Kleinen Betrieben hingegen mangelt es teilweise an zeitlicher Verfügbarkeit, konzeptionellem Interesse und finanziellen Mitteln in der Nachhaltigkeitsausrichtung und -kommunikation. Eine **Zertifizierung** bedingt beispielsweise nicht nur die Zahlung der hierfür notwendigen Beratungs- und Zertifizierungsaufwendungen, es beansprucht darüber hinaus die limitierten Ressourcen im Unternehmen. Auch die Schaffung von **Transparenz** oder die Übergabe von **betriebsinternen Informationen** kann eine Barriere darstellen, denn kleine Betriebe haben nicht die Rechenschaftspflichten und Publikationsnotwendigkeiten wie große Betriebe. Große Betriebe bestimmen teilweise selbst das Leistungsniveau der Nachhaltigkeit oder Berater sichern gewünschte Zielwerte und Prozessanpassungen. Eine derartige Orientierung ist für kleine Betriebe nicht vorhanden, was sich bereits bei der Auswahl eines möglichen Vergleichsbetriebs zeigt. Wenn Nachhaltigkeit das unternehmerische Selbstverständnis bestimmt, werden Barrieren überwunden und die schöpferischen Kräfte von Nachhaltigkeitsmanagement ausgespielt. Der ökonomische Wert wird dabei ebenso erkannt, wie die schon bei vielen großen Betrieben vereinnahmte positive Auswirkung auf das Image und die Markenbekanntheit. Dies wirkt auch positiv hinsichtlich kooperativer Engagements, die zunehmend den betrieblichen Alltag kennzeichnen. Insgesamt kann über Nachhaltigkeit die Differenzierung sowohl bei großen als auch bei kleinen Betrieben erreicht werden, ein gewichtiges Argument in zunehmend wettbewerbsintensiven Märkten.

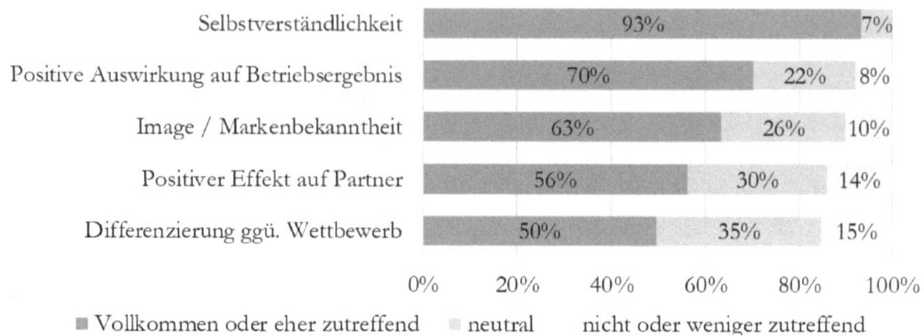

Abb. 31: Ziele von Nachhaltigkeit am Beispiel der Weinbranche (Befragung 2016)

In kleinen Betrieben gewährleistet die Verankerung von Nachhaltigkeit einen strategischen Rahmen und eine Umsetzung im Sinne nachhaltigen Unternehmertums. Sie profitieren von geringerer Komplexität und somit von Transparenz in den vor- und nachgelagerten Prozessschritten, so dass die Orchestrierung des abgestimmten Handelns auch betriebsübergreifend effektiv geleistet werden kann. Hieraus entwickelt sich als gewünschtes Nebenprodukt für Kleinbetriebe ein strategisch basiertes, **nachhaltiges Marketingkonzept**, dass zur Steuerung und zur Kommunikation eingesetzt werden kann. In großen Betrieben fordert vor allem die Umsetzung von Maßnahmen und Ambitionen die Führungspersönlichkeiten, so dass Nachhaltigkeit nicht als Ankündigungs- oder Green-Washing-Initiative verkümmert.

Die Organisation im Unternehmen wird maßgeblich vom Unternehmer beeinflusst. Er bestimmt welche Strukturen die Entscheidungs- und Handlungsfähigkeit im Unternehmen bestimmen.

[1] Habe ich eine flache Organisation mit Entscheidungsbefugnis bei Mitarbeitern etabliert? Erfolgt ausreichend Interaktion im Team auch zwischen den Hierarchien und mit mir als Unternehmer?

[2] Liegt ein sinnvollet Regelungs-/Organisationgrad vor und sind die Mitarbeiter über ihre Aufgaben, Verantwortung und Entscheidungsspielräume informiert? Dominieren generelle Verhaltens- und Entscheidungsregeln oder prägen situative Entscheidungen und selbstverantwortliches Handeln den Betrieb? Wie flexibel und agil reagiert meine Organisation auf Veränderungen?

[3] Wird eine Unternehmenskultur mit offener Kommunikation, Transparenz und Vertrauen gepflegt? Wie gehen wir mit Fehlern, Kritik und Lob um und wie stellen wir sicher, dass aus Fehlern und Erfolgen gelernt wird?

[4] Nutze ich die Vorteile, die ich als Unternehmer gegenüber großen Organisationen habe?

[5] Bringe ich meine persönlichen und intrinsischen Nachhaltigkeitsambitionen in meine Organisation mit ein?

3.3 Unternehmertum

Lange Zeit wurde **Unternehmertum** – ähnlich wie Führungskompetenz – über Charaktereigenschaften von erfolgreichen Unternehmern definiert. Diese Reduktion auf Persönlichkeitsmerkmale hat sich jedoch als realitätsfremd und irreleitend erwiesen. Unternehmertum ist kein Gen. Zudem wurde erkannt, dass unternehmerisches Handeln nicht nur Personen, sondern auch Organisationen prägen kann. Unternehmertum, bei dem das unternehmerische Risiko getragen wird, wird in der Managementliteratur als **Entrepreneurship** bezeichnet. **Intrapreneurship** beschreibt Unternehmertum in Organisationen, z.B. unternehmerisch agierende Vorstände in Konzernen.

3.3.1 Merkmale unternehmerischen Handelns

Unternehmensführung und Unternehmertum sind sich überschneidende Phänomene. Ein Unternehmer ist gefordert, den Betrieb durch eine Choreografie der Führungsaktivitäten zu steuern. Unternehmertum wird häufig auch an **Eigentum** am Betrieb festgemacht. In der betrieblichen Praxis gibt es jedoch sowohl unternehmerisch agierende Angestellte als auch nicht unternehmerisch handelnde Betriebsinhaber. Im Kern geht es bei Unternehmensführung und bei Unternehmertum um die Wahrnehmung von Aufgaben und Verantwortlichkeit im Unternehmen und um die Art und Weise, wie betriebliche Entscheidungen gefällt werden.

"Entrepreneurs must love what they do to such a degree that doing it is worth sacrifice and, at times, pain. But doing anything else, we think, would be unimaginable." Howard Schultz, Starbucks Coffee

Unternehmerisches Handeln wird durch drei Merkmale charakterisiert:

- **Proaktivität**: Situationen werden als Chance interpretiert und motivieren Unternehmer, aktiv zu werden;
- **Risikobereitschaft**: kein Ausblenden von Risiken, aber ein bewusster Umgang bei Abwägen von Risiken und Chancen;
- **Kreativität und Innovation**: Bereitschaft, neue Wege zu beschreiten und Versuche zu wagen.

Unternehmertum wird mit **Willen** zur Zielerreichung und hohem **Zielanspruch** verbunden. Wenn Situationen als Chancen interpretiert werden und mit innovativen Ideen Lösungsansätze kreiert werden, werden ambitionierte Ziele erreichbar.

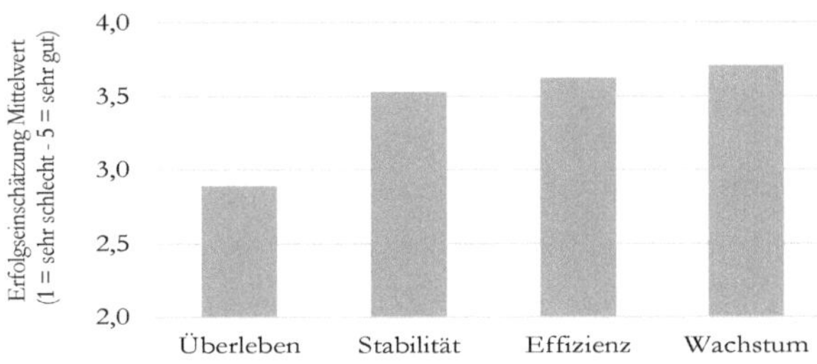

Abb. 32: Unternehmerisches Ambitionsniveau und Erfolg am Beispiel der Weinbranche (Befragung 2014)

Auch wenn Winzer primär erdverbunden arbeiten, zeigt sich ihr Unternehmertum im Zielanspruch. Trotz eines nicht wachsenden Weinmarktes sind die Betriebe dann besonders erfolgreich, wenn sie ein ambitioniertes Ziel anstreben. Zielniveaus, die über das Überleben im

Wettbewerbsmarkt hinausgehen, sprechen für unternehmerische Ambition und haben eine positive Wirkung auf den betrieblichen Erfolg.

Film-Link: Success and Luck – Interview mit Richard Branson (Virgin)
Richard Branson's 5-Step Formula for Entrepreneurial Success | Inc. - YouTube

Unternehmertum setzt zudem das Eingehen von **Risiken** voraus. Wird ein höheres Risiko eingegangen und innovativ auf sich verändernde Rahmenbedingungen reagiert, dann sollte auch der potenzielle Ertrag höher sein, so dass eine adäquate Kompensation für das Risiko gegeben ist.

Unternehmerisches Handeln und **Entscheidungsfindung** ist von der **Persönlichkeit** der Entscheider geprägt. Diese hat einen maßgeblichen Einfluss auf die Organisation, die Kultur, die strategische Ausrichtung, die Umsetzungsgeschwindigkeit und in der Folge auf den Erfolg des Unternehmens. Idealtypisch brennen Unternehmer für ihre Ideen und können andere mitreißen und überzeugen. Erfolgreiche Unternehmer geben sich nicht mit dem Status quo zufrieden, sondern suchen fortlaufend nach Chancen und neuen Lösungen. Herausforderungen werden als Chancen gesehen, um neue Ziele zu erreichen. Ziele werden geplant und zukunftsgerichtet verfolgt, wobei **entscheidungsfreudig** und **flexibel** auf unerwartete Veränderungen reagiert wird. Unternehmer lieben es, ihr eigener Chef zu sein und sind bereit viel Zeit und Energie in ihre Ideen zu investieren.

Abb. 33: Unternehmertum fördernde Eigenschaften

Elon Musk, der Kreateur und Unternehmenslenker des Autokonzerns **Tesla**, gibt sich nicht mit dem Umkrempeln der Automobilindustrie zufrieden. Er verfolgt zeitgleich äußerst ambitionierte Visionen, wie Flugtourismus ins All oder die Kolonialisierung des Planeten Mars.

Der Unternehmer bestimmt mit seinem persönlichen Wertegefüge auch die Nachhaltigkeitsstrategie. Dies gilt für die Akzentuierung der drei Nachhaltigkeitssäulen, für das Ambitionsniveau bei Nachhaltigkeit aber auch den zu ergreifenden Maßnahmen. Je überzeugter der Unternehmer von der Notwendigkeit und dem Nutzen nachhaltiger Ausrichtung ist, desto authentischer und passionierter ist die Realisation.

3.3.2 Unternehmerische Rollen

Henry Mintzberg, ein kanadischer Professor, der die Managementlehre geprägt hat, beobachtete, dass Führungspersönlichkeiten unterschiedliche **Rollen** zur Aufgabenwahrnehmung einnehmen. Sein Konzept unterscheidet zehn Rollen: **Interpersonelle** Rollen (Gallionsfigur, Vorgesetzter, Vernetzer), die dem überzeugenden Außenauftritt und der Repräsentanz des Unternehmens dienen. **Informationelle** Rollen (Radarschirm, Sender, Sprecher) sichern eine professionelle Informationsverarbeitung und -weitergabe. Die **Entscheidungsrollen** (Innovator, Problemlöser, Ressourcenzuteiler, Verhandlungsführer) kategorisieren die klassisch mit Management verbundenen

Steuerungsaktivitäten. Gerade in Kleinstunternehmen sind die Unternehmer gefordert, die Management- und Unternehmerrollen im Wechselspiel zu beherrschen, da die Unternehmer die zentralen Ansprechpartner und Entscheider sind.

Eine Beobachtung eines Winzers für vier Wochen veranschaulicht die Passfähigkeit auch für die Weinbranche mit einer Dominanz der informationellen Rollen (Repräsentanz):

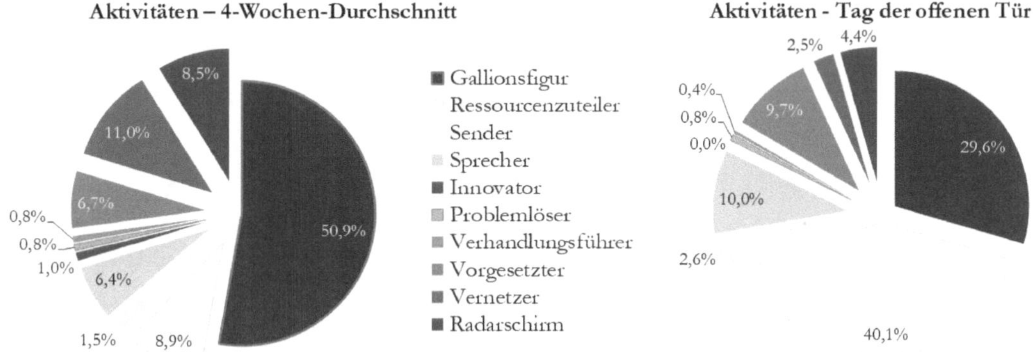

Abb. 34: Unternehmerische Aktivitäten eines Winzers (Analyseergebnis)

Dabei bestimmen die jeweiligen Aufgaben des Tages die Rollenwahrnehmung. Betrachtet man einen Tagesablauf der Weinlese ist Koordination gefragt und am Tag der offenen Tür eines Weinguts wird der Unternehmer besonders als Ressourcenzuteiler vereinnahmt.

> Theresa **Breuer** berichtet in einem Interview über Führung und situative Akzente sowie Rollen als Führungskraft ihres Weinguts: *„Ich habe das große Glück, ein tolles, talentiertes Team bei uns zu haben! Jeder hat seine Aufgaben und ich bin irgendwo dazwischen. Mehr in der Koordination und den strategischen Momenten als im streng Operativen, was die Produktion angeht. Das gehört mir lediglich während der Ernte, der Lesezeitbestimmung. Dies sind meine heiligen 5 Wochen im Weinberg! Ich bin zusammen mit meinem Kellermeister und Außenbetriebsleiter das Zünglein an der Waage, wenn es um die Cuvéetierung unserer Weine geht, und sonst widme ich meine Zeit dem Vertrieb unserer Weine und der Repräsentanz unseres Weingutes!"*

Auch wenn die Rollen weder überschneidungsfrei sind noch eine Aufgabenerfüllung immer eindeutig einer Rolle zugeordnet werden kann, veranschaulicht das Rollenkonzept, dass Unternehmer in Kleinbetrieben Führungsfunktionen umfassend und situativ wahrnehmen müssen. Dies gilt besonders im Umgang mit unterschiedlichen Bezugsgruppen.

3.3.3 Unternehmerische Entscheidungsfindung

Betriebswirtschaftliche Instrumente sollten auch bei weitgehend eigenständig entscheidenden Unternehmern präsent sein und beherrscht werden, um die Entscheidungsfindung zu optimieren. Die Anwendung von Instrumenten ist dabei situations-, entscheidungsbedingt und typenabhängig. Unternehmerische Entscheidungen orientieren sich grundsätzlich am **ökonomischen Prinzip**. Dieses besagt, dass ein bestimmter Erfolg mit dem geringstmöglichen Mitteleinsatz *(Minimalprinzip)* bzw. mit einem bestimmten Mitteleinsatz der größtmögliche Erfolg *(Maximalprinzip)* erzielt werden soll. In einer Weiterführung dieses Grundsatzes unterscheidet die Unternehmerforschung zwei Ansätze der unternehmerischen Entscheidungsfindung, Effectuation und Causation genannt:

Eine als **Causation** titulierte Entscheidungsfindung ist zielorientiert. Die für eine Zielsetzung erforderlichen Voraussetzungen und Mittel werden organisiert, um eine Zielerreichung sicherzustellen. Umgangssprachlich könnte man sich an „der Zweck heiligt die Mittel" anlehnen. In der Praxis zeigen sich jedoch unternehmerische Entscheidungen, die ohne Zieldefinition gefällt werden. Hierbei bestimmen die vorhandenen Mittel den Weg. In Abhängigkeit vorhandener Mittel wird agiert und Zielzustände erreicht. In der Unternehmertum-Forschung wird dieses Verhalten als ressourcengetriebenes Handeln (**Effectuation**) bezeichnet.

Die beiden Entscheidungskonzepte werden mit handlungsdominierenden Prinzipien charakterisiert:

Prinzipien	Effectuation	Causation
Herangehensweise (Bird-In-Hand)	mittelorientiert (wer bin ich, was weiß ich, wen kenne ich)	zielorientiert (was will ich erreichen und welche Mittel brauche ich dafür)
Legitimation (Affordable loss)	verkraftbarer Verlust als Entscheidungsprinzip	Orientierung am erwarteten Gewinn
Einstellung (Lemonade Principle)	Zufälle nutzen	Zufälle vermeiden durch bessere Planung
Netzwerkbedeutung (Crazy Quilt)	Partnerschaft statt Konkurrenz	Konkurrenz statt Partnerschaft
Zukunftsorientierung (Pilot in a Plane)	auf steuerbare Aspekte einer unsicheren Zukunft konzentrieren	Überraschungen durch gute Planung und Vorhersagen vermeiden

Tab. 2: Prinzipien zur Unterscheidung von Effectuation und Causation

Dirk **Niepoort**, der in der Presse als Rebell, Pionier, *„fabelhafter" und Portugals „... bedeutendster Winzer und auch Winzerlegende ..."* tituliert wird, setzt Unternehmertum mit der Verwirklichung von Träumen gleich. Den Bau des eindrucksvollen Weinguts **Quinta de Nápoles** kommentiert er bei einer Betriebsführung: *„Ich hatte schon immer eine Vorstellung davon, wie mein optimaler Keller aussehen würde. Bei den Baukosten musste ich dann zeitweise schon durchatmen, denn meine Wünsche* *waren aufwändig. Ich war mir aber sicher, dass der Bau in der geplanten Form unternehmerisch notwendig ist und ich ihn finanziell auch verantworten kann.*" Dies spricht für Effectuation entsprechend dem Credo des Unternehmers: „verwirkliche Deine Träume".

Das **Hessische Staatsweingut Kloster Eberbach** musste einen imposanten Neubau im Herzstück seiner Weinberge, eine von mittelalterlichen Mauern umgebene und sehr renommierte Lage, im Rahmen langwieriger Entscheidungsprozesse durch einen belastbaren Planansatz rechtfertigen. Dabei fiel die Entscheidung anhand eines Geschäftsplans, der die Zieladäquanz der Alternativen sowohl hinsichtlich möglicher Erlöse aus dem Verkauf der Bestandsflächen als auch der Eröffnung neuer Marktpotenziale durch Rotweine, andere Weinstilistik und steigerbare Produktionsmengen bewertete. Dieser Marktpotenzialansatz spricht für ein Handeln im Sinne von Causation.

Die Art der Entscheidungsfindung ist **institutions**- und **persönlichkeitsabhängig** und von dem Inhalt der Entscheidung bestimmt. Beide Verhaltensweisen haben ihre Berechtigung und werden auch wechselweise angewandt. Causation dominiert die Instrumente der klassischen Betriebswirtschaftslehre. Empirische Beobachtungen zeigen, dass in unsicheren Entscheidungssituationen intuitive und somit Effectuation-orientierte Entscheidungsfindung erfolgsfördernd sein kann. So steuern Start-Ups ihren Unternehmensaufbau oftmals nach diesem Prinzip, indem sie Chancen mit ihren gegebenen Mittel ergreifen. Innovative Geschäftsmodelle werden durch schrittweise Realisierung, Ausprobieren und fortlaufende Anpassung von Maßnahmen zum Erfolg. Vor allem in Krisenzeiten ermöglicht ein **intuitives Verhalten,** auf unvorhersehbare Veränderungen zu reagieren oder Chancen zu ergreifen.

Abb. 35: Entscheidungsverhalten (Effectuation versus Causation) bei Innovationen am Beispiel der Weinbranche (Befragung 2020)

Die Befragungsergebnisse in der Weinbranche untermauern, dass beide Entscheidungstypen charakteristisch sind. Neben der Art der Entscheidung (z.B. konstitutiv versus operativ) und der Persönlichkeit der Entscheider bestimmt auch die situative Umwelt die Entscheidungsbasis. In der Corona-Krise konnten bisherige Erfahrungswerte nicht als Grundlage zur Zukunftsgestaltung herangezogen werden. Langfristige Planung wurde aufgrund **mangelnder Orientierungsmöglichkeiten** durch kurzfristigen Entscheidungsbedarf und auch Experimente ersetzt. Auch wenn ein Weingut schon Jahrzehnte an die lokale Restauration Wein verkauft hat, wurde mit der Schließung der Gastronomie dieser Vertriebsweg eingeschränkt. Die ersten Online-Weinproben wurden als Versuch gestartet, ohne dass der enorme Erfolg absehbar war. In kurzer Zeit haben sich neue Technologien zur verlässlichen Realisation von Online-Konferenzen (z.B. Zoom, Teams) angeboten, die Kunden fühlen sich mit den Formaten wohler, nutzen dies als willkommene Chance zur Interaktion ohne gesundheitliche Risiken eines Direktkontakts, und die Winzer konnten nach ersten Erfahrungen die neuen Formate professioneller bespielen. Der aus der Corona-Krise resultierende Handlungsdruck hat ein Effectuation-basiertes Entscheidungsverhalten aktiviert.

3.3.4 Familienunternehmen im Kontext von Unternehmertum

Bei Familienbetrieben wird ein wichtiges Kriterium von Unternehmertum durch die Eigentümerfunktion erfüllt: die unternehmerische Verantwortung und damit das Risiko wird durch **Familienmitglieder** getragen. Zudem wird die unternehmerische Tätigkeit vornehmlich in Rechtsform des Einzelunternehmens ausgeübt, so dass auch mit dem Privatvermögen gehaftet wird. Auch wenn nicht jeder Betrieb in Familieneigentum per se unternehmerisch agiert, ist eine unternehmerische Entscheidungssituation vorauszusetzen, da das eigene Vermögen riskiert wird.

Familienunternehmen sind durch ihre Eigentums- und Leitungsstrukturen charakterisiert, wobei eine eindeutige Begriffsbestimmung von Familie im betriebswirtschaftlichen Kontext fehlt. Gebräuchliche Definitionen basieren auf einer Kombination notwendiger Voraussetzungen: natürliche Person als **Gründer**, Eigentum dominierend im erweiterten **Familienbesitz**, Mehrheit der **Entscheidungsrechte** direkt oder indirekt im Familienverbund verfügbar, Familienmitglieder in der **Unternehmensleitung** oder bei börsennotierten Unternehmen 25 % der Stimmrechte in Familienhand.

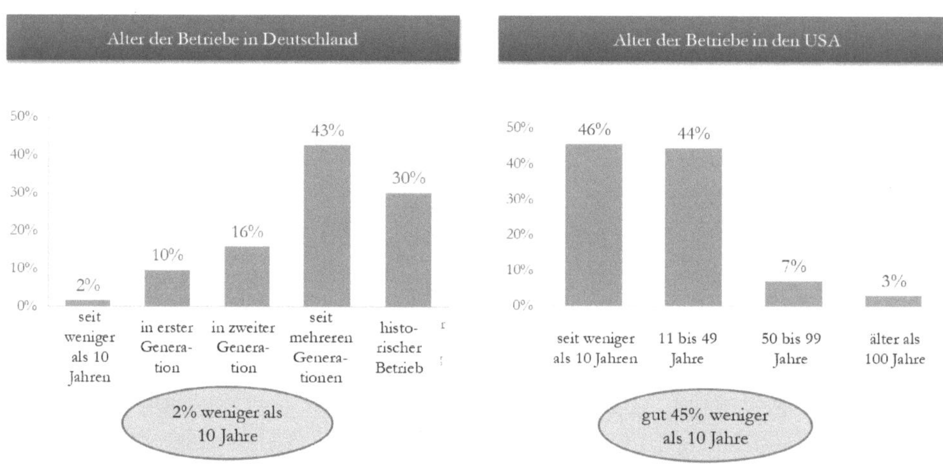

Abb. 36: Populationsvergleich empirischer Studien Weinbranche (Betriebsalter; Deutschland versus USA) (Atkin et al. 2011; Dressler 2017)

In der deutschen Weinbranche sind viele Betriebe in Familieneigentum, die Familienmitglieder haben die Leitungsfunktion inne und sind operativ eingebunden. Generationsübergreifende Betriebsübergaben sind charakteristisch. Eine **Existenz der Betriebe über Generationen hinweg** ist ein Beleg für Nachhaltigkeit, was plakativ anhand einer vergleichenden Studienpopulation von Deutschland im Vergleich zu einer US-amerikanischen Befragung veranschaulicht wird (Abb. 36).

Die unternehmerische Verantwortung und damit verbundene strategische Weichenstellungen in Familienunternehmen können aber auch belastend sein. Wenn Familienbetriebe über Generationen hinweg übertragen wurden, kann in Kenntnis verkürzter Lebensdauern von Unternehmen dies eine Bürde für aktuell agierende oder übernehmende Familienmitglieder sein. Überlegungen zur Nachfolge sind auch aus betrieblichem Risikomanagement heraus frühzeitig anzustellen. In der Weinbranche sprechen viele gelungene Übernahmen durch die nachfolgende Generation für risikobereites Unternehmertum und dabei erkennbare neue Akzente im Betrieb für Aufbruch.

Château Beauséjour Héritiers Duffau-Lagarrosse bleibt nach Kauf in der Familie

WEIN, PERSONAL

Teures »Familienerbe«

14.04.21 / 0 Kommentare

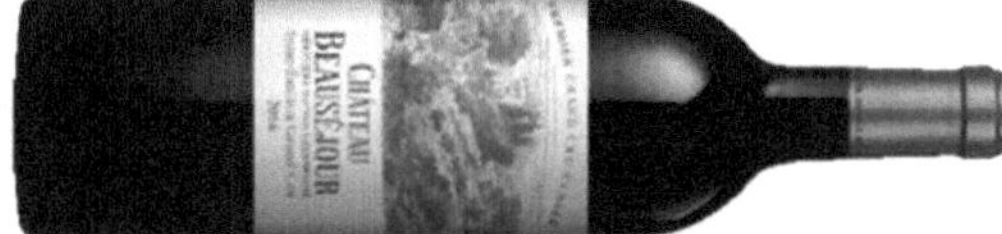

Das als Premier Grand Cru Classé B klassifizierte Château Beauséjour Héritiers Duffau-Lagarrosse in St. Emilion ist für 75 Mill. Euro verkauft worden.

Neue Eigentümerin des Châteaus mit 6,75 Hektar Rebfläche ist die 30-jährige Agraringenieurin und Winzerin Joséphine Duffau-Lagarrosse, die Tochter des derzeitigen Co-Managers Vincent Duffau-Lagarrosse. Finanzielle Unterstützung komme von der Familie Courtin (Inhaber des Kosmetik-Unternehmens Clarins), so das Fachmagazin Vitisphere.

(Quelle: itp/Meininger 2021)

Der Finaltag in „Das perfekte Dinner – Nachhaltigkeitswoche" von Vox.de ging zu Hobbykoch und Winzer Timo Dienhardt vom **Weingut zur Römerkelter**, denn *„... der 39-Jährige ist die Nachhaltigkeit in Person. Als Winzer in der 10. Generation und Bio-Winzer in der 2. Generation seines Familien-Weinguts ist für Timo ein umweltbewusstes und nachhaltiges Leben keine Leidenschaft, sondern ein Lifestyle. Nachhaltigkeit wurde Timo „in die Wiege gelegt", denn bereits 1977 stellte sein Vater den Weingut-Betrieb voll und ganz auf Bio-Produktion um. Zudem legt Timos Familie großen Wert auf Selbstversorgung: Energie und Wasser produzieren die Winzer selbst."* (vox.de)

Eine Unternehmensgründung charakterisierende **Dynamik** ist auch in Familienbetrieben, insbesondere bei Generationswechsel, beobachtbar. Der Wechsel wird zum Anlass genommen, neue Wege zu probieren, Innovation einzuführen, neue Kunden anzusprechen und die Weichen zu mehr Nachhaltigkeit zu stellen.

Film-Link: Impulse zu Führung in Kleinbetrieben: Beispiel Weingut **Heymann-Löwenstein**:
https://www.youtube.com/watch?v=wALNJRbO6Fk

3.3.5 Nachhaltiges Management und Unternehmertum

Nachhaltigkeitsmanagement wird von drei Motivatoren getrieben: **extern** (Kunden, Bezugsgruppen), **legal** (z.B. der von der EU beschlossene und durch die Nationalstaaten umzusetzende Green Deal oder das BVerfG Urteil, das die 1,5-Grad-Grenze des Pariser Klima-Abkommens zur Sicherung zukünftiger Generationen für verfassungsrechtlich verbindlich erklärt) und **intrinsisch**. Der intrinsische, unternehmerische Motivator entfaltet Kräfte zur Entwicklung von bis dato nicht möglich gehaltenen Lösungen, die klassischen Merkmale von Unternehmertum, als Hebel zur Steigerung von Nachhaltigkeit.

Die zunehmende Dynamik bedingt und begünstigt unternehmerisches Handeln: schnelle, aber belastbare Entscheidungen bei positiver Grundeinstellung zu Veränderungen in der Umwelt, Risikoakzeptanz bei bewusstem Risikomanagement, gepaart mit Mut zu Innovation und zur Veränderung. Wenn die Lebenszyklen von Ideen, Produkten und Unternehmen sich drastisch verkürzen, liegt der Erfolg in der unternehmerischen Entscheidungsfindung, einem Erkennen von Chancen und einer zielgerichteten, **zügigen Umsetzung von Ambitionen und Ideen**. In dynamischen Zeiten mit Komplexität und einer Vielzahl an zu berücksichtigenden Einflüssen wird **Geschwindigkeit** zum Erfolgsfaktor, wie Start-up-Philosophien und erfolgreiche Unternehmensgründungen untermauern. Damit werden unternehmerisches Entscheidungsverhalten und Managementstil zum Impetus und prägen erfolgreiches Nachhaltigkeitsmanagement. Nachhaltigkeitsmanagement fordert **Veränderungsbereitschaft** und Wille zur Schaffung von Transparenz. Nachhaltigkeit findet unternehmerischen Ausdruck, wenn neue Wege zur Steigerung ökonomischer, ökologischer und sozialer Aspekte erfüllt werden. Übergreifend sollten Entrepreneure (eigenes Unternehmen) und Intrapreneure (unternehmerisch, ohne Eigentumsanteil am Betrieb) ihre **Gestaltungsspielräume zur Verankerung von Nachhaltigkeit** als Unternehmenskernziel und als Motivator für neue Geschäftsansätze oder zur Repositionierung ergreifen. Dem Managementtyp, der in vielen Definitionen primär als ausführend und beharrend charakterisiert wird, werden ebenso Angestellte oder Kleinstbetriebe zugeordnet. Trotz eines vielleicht beschränkteren Handlungsraums können auch hier wichtige **Akzente zur Nachhaltigkeit** gesetzt werden. Dies reicht von Infragestellung bisher gelebter Prozessabläufe bis hin zu Reorganisation der Prozesse.

Die **Durchsetzungsfähigkeit** mit Nachhaltigkeit verbundener Veränderungen kann in Abhängigkeit der Unternehmer-Manager-Typologie durch die spezifischen Stellhebel gesteigert werden. Der **visionäre** Unternehmer und ein durch **Umsetzungsstärke** charakterisierte Manager bilden hierbei ein komplementäres Paar zur Steigerung von Nachhaltigkeit.

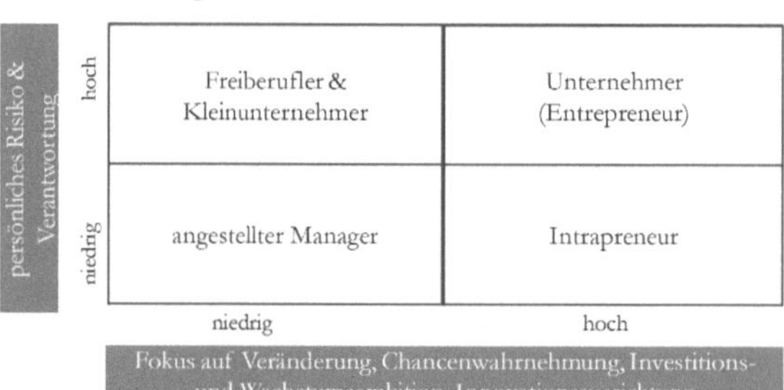

Abb. 37: Unternehmertum aus Persönlichkeits- und Risikoverantwortungsperspektive

Unternehmerischer Antrieb steigert die Nachhaltigkeit durch eine **Vorbildfunktion**. Mutige, innovationsbereite Unternehmer, die mit Engagement und dem Willen zur Beseitigung von Hindernissen neue Pfade zur Steigerung der Nachhaltigkeit beschreiten, bilden den Grundstein zur Bewältigung der Herausforderungen. Dabei ist die Umsetzung ebenso bedeutsam wie die Identifikation visionärer Wege. Diese unternehmerische Aufgabe wird durch Vernetzung wirksam, denn die Komplexität ist für einen Betrieb allein nicht beherrschbar.

"I know it sounds crazy, but every time I have made a decision that is best for the planet, I have made money."
Yvon Chouinard, Gründer von Patagonia

Trotz aller Digitalisierung bildet der Mensch mit seinen Bedürfnissen den Stellhebel für gewünschte Veränderungen und somit für erfolgreiche nachhaltige Unternehmensführung. Entsprechend haben sich die Nachhaltigkeitsaktivitäten an den menschlichen Bedürfnissen auszurichten. Da Unternehmer mit ihren persönlichen Bedürfnissen im Unternehmen bestimmend sind, wird **Humanität** bei nachhaltigem Unternehmertum holistisch abgedeckt – vom Kunden, über die Mitarbeiter, die Mitmenschen, die Mitkonkurrenten, die eingebundenen Personen im Netzwerk und der Betriebseigentümer.

> Interview der **ZEIT** mit dem Gründersohn und langjährigen Firmenlenker Michael Otto, heute Aufsichtsrat (Heuser & Widmann 2021):
>
> „Michael Otto: Der grüne Kapitalist
>
> **ZEIT:** Herr Otto, Sie haben sich schon in den Siebzigerjahren für Umweltschutz eingesetzt. Wie kam das damals an?
>
> **Michael Otto:** Unternehmerkollegen haben mich ganz freundlich gefragt: Warum machen Sie das? Glauben Sie wirklich, das bringt etwas? Ich merkte schon, dass sie innerlich den Kopf schüttelten und dachten: Mein Gott, was macht denn der für dummes Zeug?
>
> **ZEIT:** Wurden Sie auch im eigenen Unternehmen in Hamburg-Bramfeld belächelt?
>
> **Otto:** Manche waren begeistert, die Mehrheit wartete erst mal ab. Andere klagten: Wir sollen uns schon für mehr Umsatz und Ergebnis einsetzen – und jetzt noch für die Umwelt! Aber ich habe klargemacht, dass ich das wichtig finde und erwarte.
>
> **ZEIT:** Wie konkret?
>
> **Otto:** Wir haben in jedem Firmenbereich ein Umweltmanagementsystem eingerichtet, das mir direkt zugeordnet war. Wenn Vorschläge kamen, wurden sie innerhalb einer Woche beantwortet. Und wenn sie machbar waren, haben wir sie umgesetzt, damit jeder merkte, das Ganze ist keine Alibi-Aktion und wir meinen es ernst. Das war ein 15-jähriger Prozess, bis Umweltschutz wirklich Teil der Unternehmenskultur war.
>
> **ZEIT:** Womit ging es los?
>
> **Otto:** Mit Einzelprojekten. Ich wollte den Otto-Katalog zum Beispiel auf chlorfreies Papier umstellen. Alle Experten sagten uns, das Papier würde bei den hohen Druckgeschwindigkeiten reißen. Dann haben wir gemeinsam mit Chemikern von Greenpeace gezeigt, dass das machbar ist. In den Neunzigerjahren haben wir dann schrittweise das ganze Sortiment überarbeitet: Ozon- statt Chlorbleiche, biologisch abbaubare statt schwermetallhaltiger Farben bei Textilien. Das war ein mühseliger Prozess.

ZEIT: Sie haben Umweltschutz 1987 offiziell zum weiteren Unternehmensziel erklärt. Wie fanden Sie es, dass viele Sie als Müsli-Mann sahen?

Otto: Mir war klar: Ich musste beweisen, dass ich als Unternehmer trotzdem erfolgreich bin. Wäre es mit dem Unternehmen bergab gegangen, hätten alle gesagt: Der kümmert sich nur um die Umwelt und nicht um sein Unternehmen. Gott sei Dank haben wir uns gut entwickelt.

ZEIT: Haben Sie damals wegen des Umweltschutzes auf Profite verzichtet?

Otto: Am schönsten sind die Win-win-Situationen. Wenn man die Warentransporte aus Asien von Luftfracht auf Seefracht umstellt, spart das CO_2 und ist kostengünstiger. In anderen Feldern mussten wir aber erst mal investieren.

Nachhaltige Unternehmensführung wird durch unterschiedliche Umsetzungskonstellationen auf einem kontinuierlichen Pfad ausgelebt, vom Ziel der generationsübergreifenden Betriebsexistenz über ökologische Betriebsformen bis hin zu Nachhaltigkeitsunternehmern. **Nachhaltiges Unternehmertum** stellt Nachhaltigkeit ins Zentrum der Daseinsberechtigung. Die zunehmend durch Nachhaltigkeit geprägten Kundenbedürfnisse sichern hierfür (neue) Kundensegmente. Kosten werden durch Ressourceneinsparungen, Verzicht und Recycling reduziert. Das Risikomanagement wird weitreichend ausgedehnt (Minimierung des Risikos von Green-Washing-Vorwürfen, Management der Zulieferer, Auswahl nachhaltiger Güter zur Verarbeitung im eigenen Produkt ...) und vor allem wird das unternehmerische Selbstwertgefühl, ein wichtiges Erfolgskriterium und somit Motivator, durch wahrnehmbaren eigenen Beitrag zur Nachhaltigkeit gesteigert.“

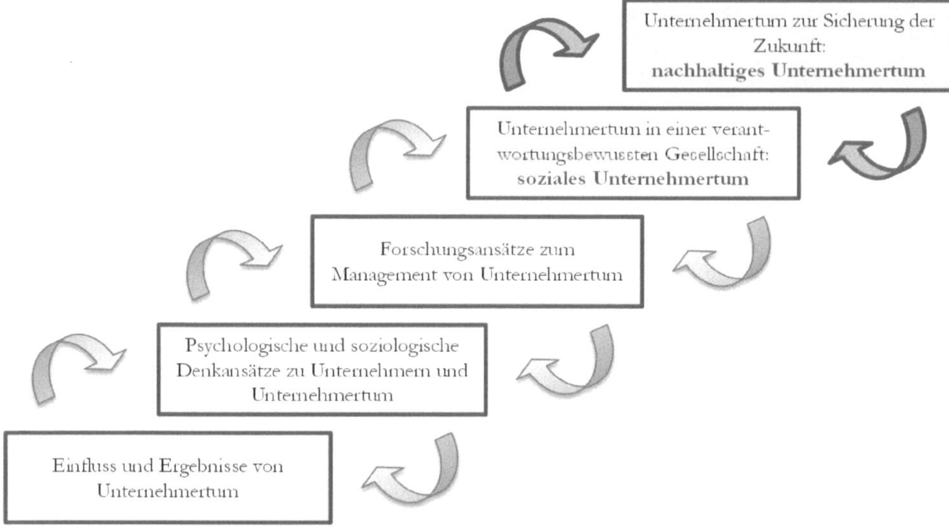

Abb. 38: Entwicklungsschritte zu nachhaltigem Unternehmertum (in Anlehnung an Greblikaite 2012)

Unternehmertum bedeutet eine Einbindung persönlichen Engagements in ein Unternehmen, wodurch bei gleichzeitiger strategischer Orientierung ein Wettbewerbsvorteil erzielt werden kann. Unternehmer müssen ihr unternehmerisches Potenzial einschätzen und beurteilen, in welchen Bereichen die unternehmerische Kompetenz über Partner oder ein engagiertes Team unterstützt werden kann.

[1] Reagiere ich auf Veränderungen proaktiv und sehe in Veränderungen Chancen für mein Unternehmen?

[2] Habe ich eine bewusste, positive Risikoeinstellung oder fällt es mir schwer unternehmerische Risiken einzugehen?

[3] Fällt es mir leicht über Kreativität und Innovationsbereitschaft zukunftsorientierte Visionen für mein Unternehmer zu entwickeln?

[4] Welche unternehmerischen Rollen nehme ich wahr und welchen Zeitanteil nehmen sie ein: Interpersonelle Rollen als Führungspersönlichkeit; Informationelle Rolle als Kommunikationsmittelpunkt; Entscheidungsrollen als Steuerungsperson? Welches Delegationspotenzial gibt es?

[5] Bin ich bei meinen unternehmerischen Entscheidungen vornehmlich zielorientiert oder versuche ich aus zufälligen Situationen mit meinen Mittel neue Ideen und Ziele zu realisieren?

[6] Wie wichtig sind mir die Zukunftorientierung und die Sicherung des Unternehmens und unserer Umwelt für zukünftige Generationen? Setze ich entsprechende nachhaltige Akzente in meinen Entscheidungen und Aktivitäten?

4 Strategie als Anker unternehmerischer Entscheidungen

Die vielen Definitionen zu Strategie eint als übergreifendes Definitionsmerkmal, dass eine Strategie **Ertragspotenziale** eröffnet und den **Weg zu deren Ausschöpfung** aufzeigt. Eine auf der Strategie basierende operative Planung dient dann der optimierten Umsetzung zur Sicherstellung der Potenzialausschöpfung. Entsprechend sind der Zeithorizont und die Reichweite von Entscheidungen charakterisierend, ob diese einem strategischen (langfristig und grundsätzlich) oder operativen (kurzfristig und umsetzend) Entscheidungsrahmen zuzuordnen sind. In der Betriebswirtschaftslehre wird strategischem Handeln ein **gesteigerter Erfolg** im Vergleich zu reaktiver, planloser Entscheidungsfindung zugesprochen. Eine Strategie konkretisiert gewünschte Zielzustände und Ergebnisse und legt die grundsätzlichen Eckpfeiler zur Erreichung dieser Ambitionen fest. Die **Grundfragen** der betrieblichen Aktivität, **in welchen Märkten** man **wie aktiv** sein möchte, werden mit einer bewussten Entscheidung für eine Branche und einer Festlegung der Profilierung in der Branche konkretisiert. Wettbewerbsvorteile bilden eine Kernzielsetzung strategischen Handelns zur langfristigen Unternehmenssicherung.

Modernes strategisches Management stellt zunehmend eine nachhaltige, unternehmerische Aktivität dar und eröffnet langfristige Perspektiven. Gerade kleine Betriebe, bei denen Überlegungen und Prozesse von gewachsenem und erprobtem Handeln dominiert werden, sollten Langfristüberlegungen explizit angehen. Eine Notwendigkeit der Reorientierung oder eine Motivation zur Ausschöpfung von potenziellen Chancen bedingt eine eindringliche Reflexion, Auseinandersetzung, Hinterfragung, Validierung und Konkretisierung mit dem Betrieb und dem Markt. Der Wert von strategischem Handeln liegt dabei nicht in einer Verschriftlichung, sondern in einem bewussten Denkprozess, im Entscheiden und in einer Analyse der ergriffenen Maßnahmen, der Annahmen und der Zielerreichung. Nachhaltigkeit durchdringt zunehmend alle Aspekte strategischen Managements und strategisches Nachhaltigkeitsmanagement ist für eine nachhaltige Gesellschaft notwendige Voraussetzung.

4.1 Begriff und Bestandteile einer Strategie

Der Strategiebegriff stammt aus dem Griechischen und beinhaltet sinngemäß die Worte „Heer" und „Führen". Ursprünglich wurde mit Strategie im **militärischen Kontext** die planende und vorausschauende Handlungsanweisung in der Kriegsführung beschrieben. In der Folge wurde der Wert von planbasiertem Agieren auch in der Verwaltung und Politik erkannt, bis Strategie dann als mittlerweile inflationär genutzter Begriff die Betriebswirtschaft durchdrungen hat. In Anwendung auf die betriebliche Praxis ist eine Strategie entsprechend die **planende und vorausschauende Orientierung für das Unternehmen**.

Für Unternehmen bildet die Strategie den Rahmen aller Aktivitäten und Entscheidungen, um den zukünftigen Bestand und Erfolg eines Unternehmens nachhaltig zu sichern. Im betriebswirtschaftlichen Zusammenhang legt sie fest, welches unternehmerische Wertschöpfungspotenzial gesehen wird und was hiervon, in welchem Zeitanspruch, wie, vereinnahmt werden soll. Zwei zentrale Fragenkomplexe müssen mit ei-

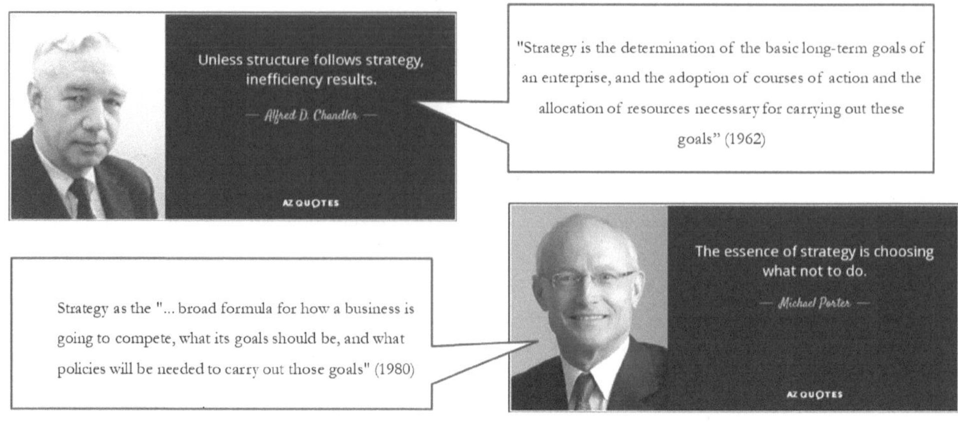

Abb. 39: Zitate der Strategie-Denker (azquotes.com)

ner Strategie beantwortet werden können: In (1) **welchem Geschäftsfeld** will man (2) **wie konkurrieren**? Dies mag trivial klingen. Es macht jedoch einen Unterschied, ob ein Unternehmen sich als Anbieter von Kopiergeräten oder in einem Markt für Dokumentenmanagement sieht (zum Beispiel **Xerox**) oder ob sich die **Bahn** als schienengebundener Transportdienstleister oder als Mobilitätsanbieter versteht. Als Dokumentenmanager kann ein Kopierer ein Teil des Lösungspotenzials für die Kunden sein, man muss sich aber sicherlich auch Gedanken über das papierlose Büro und das Verwalten nicht ausgedruckter Informationen machen. Als Anbieter im Schienenverkehr sind die Infrastrukturgestaltung, die Taktung der Beförderungsmittel, deren Einsatz und Pflege zentral – ein Mobilitätsdienstleister muss hingegen die Schnittstellen zu anderen Verkehrsmitteln gestalten und neue Mobilitätskonzepte (z.B. Carsharing) abdecken. Als Dokumentenunternehmen ist man gefordert, Lösungsansätze zur Digitalisierung und zu neuen Arbeitswelten zu liefern. Als Mobilitätsdienstleister muss man mit anderen Verkehrsanbietern kooperieren.

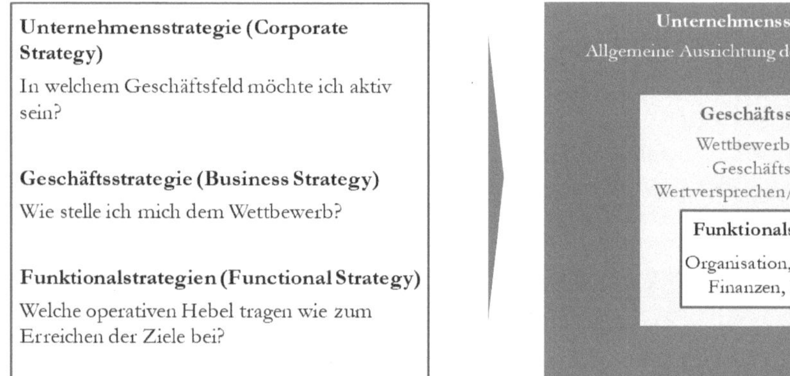

Abb. 40: Strategische Entscheidungsebenen und Kernfragen

Vier integrierte Komponenten manifestieren eine Strategie:

- **Mission** – Leitbild, Vision: welche Existenzberechtigung (Raison d'Être) beansprucht das Unternehmen, was ist das unternehmerische Selbstverständnis und was treibt den Unternehmer und das Unternehmen?
- **Strategische Ziele** – Anspruchsniveau, dass auf der Mission aufsetzt: auf welchen Märkten sollen welche Ziele und mit welcher unternehmerischen Ambition realisiert werden?
- **Nachhaltiges Geschäftsmodell** – Handlungsgerüst, um die strategischen Ziele zu erfüllen: welches Angebot gegenüber welchen Kunden wird wie erstellt und geliefert?
- **Strategische Maßnahmen** – Aktionsfelder und Portfolio: wie wird die strategische Stoßrichtung und mit welchen Aktivitäten umgesetzt?

Diese Komponenten veranschaulichen, dass Strategien **wertegetrieben** sind. Dadurch können die strategischen Leitplanken und Komponenten auch zur **Orchestrierung** instrumentalisiert werden. Eine Strategie ist Voraussetzung für nachhaltigen Erfolg und eine nachhaltige Ausrichtung wird in Zukunft zunehmend fester Bestandteil jeder Unternehmensstrategie sein. Die Aktualität von **Nachhaltigkeit** wird in der Strategieliteratur las bisher „fehlender Baustein" einer Strategie interpretiert:

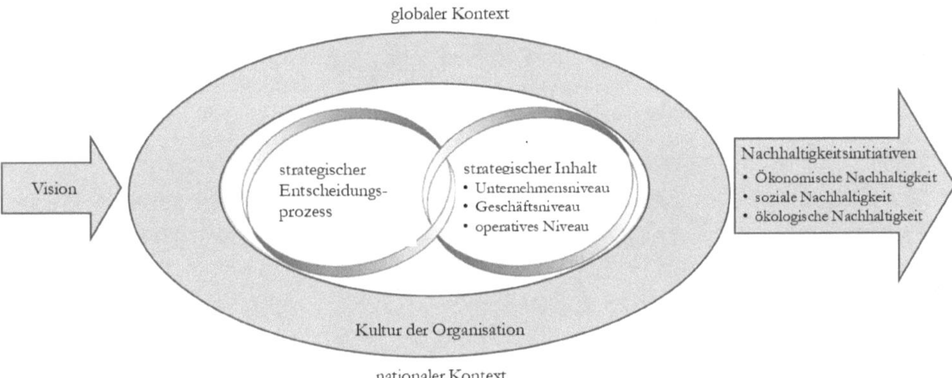

Abb. 41: Nachhaltigkeit als selbstverständlicher Bestandteil einer Strategie (in Anlehnung an Bonn & Fisher 2011)

4.2 Strategisches Management als originäre Führungsaufgabe

In großen Betrieben und Konzernen obliegen das strategische Management und die Erarbeitung einer Strategie den höchsten Führungsebenen. Zur Definition der Strategie und der Wahrnehmung des strategischen Managements, um der Organisation mit vielen Einheiten, Abteilungen und handelnden Personen Orientierung zu geben, kann auf hierfür abgestellte Ressourcen zugegriffen werden (z.B. **Strategieabteilung**, strategische Referenten, Stabsabteilung zur Koordination eines sich wiederholenden strategischen Planungsprozesses). Darüber hinaus ist es gängige Praxis, **externe Berater** bei der Strategieentwicklung einzubinden. Sie versprechen strategisches Handwerkszeug, Einsichten aus anderen Kundenengagements und eine objektive, externe Sichtweise.

In kleinen Betrieben bestimmt der Unternehmer die strategischen Leitplanken und ist für diese und für die operative Umsetzung verantwortlich. Die in Produkt- oder Serviceerstellung versierten und fachlich oder handwerklich geschulten Entscheider in Kleinstbetrieben sind angesichts der steigenden Herausforderungen (Globalisierung, Kundenveränderung, Wettbewerbsdruck u.v.a.m.) gefordert, Managementfähigkeiten zu beweisen und die **Leitlinien bewusst zu definieren**. Vornehmlich in großen Betrieben erprobte und als strategisches Handwerkszeug verinnerlichte Ansätze und Instrumentarien zum strategischen Management werden auf die unterschiedlichen Anforderungen und Kompetenzen kleiner Betriebe angepasst und finden zunehmend Anwendung.

Um Orientierung geben zu können, muss eine Strategie erst erarbeitet werden: Orientierung kann nur gegeben werden, wenn diese auch vorhanden ist! Die Entwicklung einer Strategie ist kein Tagesgeschäft. Kleine Betriebe bekunden eine hohe Relevanz von strategischer Planung, die Realisation wird dem kommunizierten Anspruch aber nicht gerecht. Mangelnde Ressourcen oder Kompetenz in der strategischen Planung sind die primären Ursachen für die Lücke von zugesprochener Relevanz und der Realisation. Eine strategische Basis sollte für Unternehmer eine Selbstverständlichkeit sein. Es ist zielführend, die Strategie in regelmäßigem, möglichst jährlichem Rhythmus zu hinterfragen. Massive Veränderungen in der externen Umwelt oder betriebsinternen Zäsuren (z.B. Generationswechsel) geben ebenso Anlass zur Aktualisierung der strategischen Weichenstellung. Ein Management ohne Strategie lässt die notwendige Orientierung vermissen.

> Im Familienweingut **Dr. Wehrheim** ist es Tradition, dass sich die Unternehmenslenker mindestens jährlich Zeit für einen strategischen Weitblick nehmen. Derartige Strategie-Retreats werden vorbereitet und gelegentlich sind externe Dritte zur Objektivierung der eigenen Wahrnehmung eingeladen. Zudem wird mit befreundeten Premiumweingütern international gereist, um durch die Weingutsbesichtigungen und Verkostungen in anderen Ländern den Horizont für die eigene strategische Weiterentwicklung zu erweitern.

4.3 Bezugsgruppen strategischen Managements

Eine Strategie adressiert Bezugsgruppen im Unternehmen (z.B. Mitarbeiter) als auch unternehmensexterne (z.B. Handelspartner). **Bezugsgruppen (Stakeholder)** haben direkt (z.B. Lieferanten) oder indirekt (z.B. Ökoverband zum Schutz der Natur) ein Interesse und Erwartungen an den Betrieb. Mitarbeiter möchten nicht nur fristgerecht vergütet werden, sondern erhoffen faire Arbeitsbedingungen und Anerkennung ihrer Leistungen. Handelspartner erwarten zuverlässige Lieferungen in vertragsgerechter Qualität. Der Staat erhebt Anspruch auf adäquate Dokumentation und die fristgerechte Zahlung der Steuern. Finanzinstitute bedingen neben vertraglich geregelter Kompensation für ihre Leistungen auch eine Information über die Geschäftsentwicklung. Verunreinigung des Grundwassers beeinträchtigt die regionalen Bewohner und die Natur. Die Vielfalt der Bezugsgruppen und ihrer Ansprüche ist in einer nachhaltigen Strategie zu berücksichtigen.

Bezugsgruppen (Shareholder und Stakeholder) sind **Interessensgruppen**, die in einer Beziehung zu einem Unternehmen stehen und einen Einfluss ausüben können. **Shareholder** ist die Bezeichnung für die Anteilseigner eines Unternehmens. Als Eigentümer haben Shareholder Anrecht auf eine Verzinsung ihres Kapitals und somit Anteil am Ertrag des Unternehmens. **Stakeholder** hingegen sind Personen und Organisationen, die nicht am Unternehmen beteiligt sind, aber dennoch ein Interesse an den unternehmerischen Aktivitäten haben. Während Shareholder definierte Rechte und ein hiermit verbundenes Mitspracherecht oder Machteinfluss haben, üben Stakeholder ihren Einfluss indirekt aus. Shareholder sind somit immer Stakeholder.

Der in der Vergangenheit dominierende und stark von US-amerikanischen Unternehmen geprägte **Shareholder-Ansatz**, bei dem alle Aktivitäten auf die Interessen der **Eigentümer** abgestellt werden, wird zunehmend von einem **Stakeholder-Ansatz** verdrängt. Dieser paradigmatische Wandel beschränkt sich nicht auf einen Adressatenkreis, sondern betrifft auch die Zielparameter. Der ökonomisch geprägte Shareholder-Zentrismus wird bei einer Stakeholder-Orientierung durch soziale und ökologische ausgeweitet. Dies ist ein Ausdruck für steigendes Bewusstsein, dass Unternehmen Umweltinteressen und soziale Belange neben den Renditeansprüchen für die Unternehmenseigentümer zu berücksichtigen haben und von der Unterstützung der externen Umwelt auch abhängig sind. Das Bezugsgruppenmanagement wird zum wichtigen Bestandteil strategischer Aktivitäten.

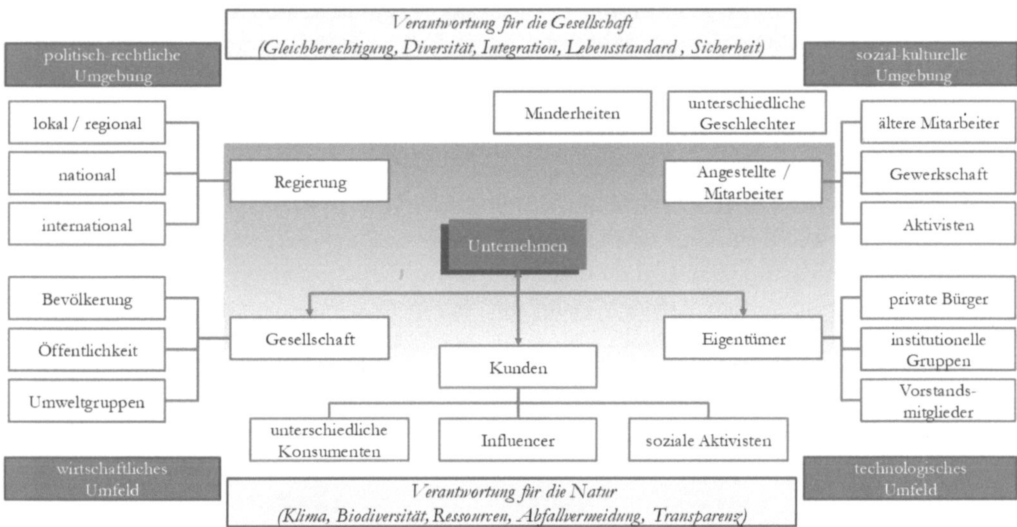

Abb. 42: Bezugsgruppenmanagement – Grundpfeiler für Nachhaltigkeit (in Anlehnung an Carroll et al. 2018)

Viele Konzerne offenbaren trotz permanenter Nachhaltigkeitskommunikation einen historisch verwurzelten Shareholder-Zentrismus: **Amazon** hat sich zu einem gigantischen Unternehmen entwickelt. Offensichtlich wird diese Erfolgsgeschichte zu Lasten eingebundener Partner realisiert. Logistikdienstleister sind ein wichtiger Bestandteil zur Lieferleistung der bestellten Güter. Die Marktmacht von Amazon wird aber genutzt, um den Leistungsdruck auf die Logistiker zu erhöhen. Von den Gewinnen des Konzerns werden keine Steuern in Deutschland gezahlt. Bezugsgruppen könnten politischen Druck erhöhen (z.B. Boykottaufruf) und in Gesetzesinitiativen münden, um das Gebaren des Anbieters zu kanalisieren. Negative Reputationseffekte von Green-Washing, mangelnde Leistung kommunizierter Nachhaltigkeit und Ignoranz von Interessen vermeintlich nicht relevanter Bezugsgruppen sind durch aktives Management und belastbare, strategische Nachhaltigkeit zu vermeiden.

> Eine Pressemeldung veranschaulicht den Einfluss von Bezugsgruppen am Beispiel von **foodwatch**, einer gemeinnützigen Organisation, die verbraucherfeindliche Praktiken der Lebensmittelindustrie entlarvt und für das Recht der Verbraucherinnen und Verbraucher auf qualitativ gute, gesundheitlich unbedenkliche und ehrliche Lebensmittel kämpft: *„Schimmel, wohin das Auge reicht in einer Malzfabrik für das berühmte Bayerische Bier – ein Hygiene-Skandal der Superlative. Der größere Skandal ist jedoch, dass die Kontrollbehörde die katastrophalen Zustände verschwiegen hat. Die Bayerische Staatsregierung muss Konsequenzen aus dem Fall ziehen und für vollständige Transparenz sorgen" fordert foodwatch, die den Skandal aufgedeckt haben.* (Foodwatch 2021)

Aktives Bezugsgruppenmanagement sichert Unterstützung für die eigenen betrieblichen Aktivitäten. Ein unternehmerisches Selbstverständnis, dass eine Verpflichtung nicht nur gegenüber den Anteilseignern, sondern den direkt und indirekt mit dem Unternehmen in Verbindung stehenden Bezugsgruppen berücksichtigt, erhöht die **ethischen Ansprüche** und bildet die **Grundvoraussetzung für nachhaltiges Engagement**. Während Eigentümer mit verbrieften Rechten und direktem Einfluss als planbare Ansprüche in der Strategie berücksichtigt werden müssen, sind die weiteren Bezugsgruppen in Abhängigkeit von Situation bezüglich der **Legitimität** ihrer Ansprüche und des **Machteinflusses** schwieriger zu steuern. Das Bezugsgruppenmanagement ist unternehmens- und branchenabhängig. Während ein staatliches Weingut die Interessen des Landes als Eigentümer verfolgen muss, wirkt die Gebietskörperschaft bei einem privaten Weingut indirekt über Steuern, Abgaben und einer Kontrolle der Einhaltung gesetzlicher Regelungen.

Eine Verantwortung für soziale und ökologische Aspekte wurde in der wirtschaftlichen Praxis lange Zeit vernachlässigt und nur bei erwiesen mutwilliger Zerstörung haben sich Bezugsgruppen zur Durchsetzung gesellschaftlicher Ansprüche vereint. Mittlerweile muss eine Strategie jedoch alle Aspekte der Nachhaltigkeit abdecken und zudem zukünftige Entwicklungen und etwaige Erwartungshaltung von Bezugsgruppen antizipieren. Sportartikelhersteller gehen bei Bekanntwerden von Kinderarbeit in der Produktion ebenso die Gefahr eines Kaufboykotts ein wie Kleidungshersteller nach einem Brand mit Todesfolge in einer sozial völlig unzureichend abgesicherten Kleiderfabrik in Bangladesch. Ölkonzerne werden für Umweltverschmutzung durch Förderung (z.B. BP und Deepwater Horizon) oder Transport von Erdöl (zahlreiche Tankerunglücke) zur Verantwortung gezogen. Aktive Bezugsgruppen haben strengere Maßnahmen und Risikovermeidungsstrategien motiviert, auch um externe Kosten verursachergerecht zu allokieren.

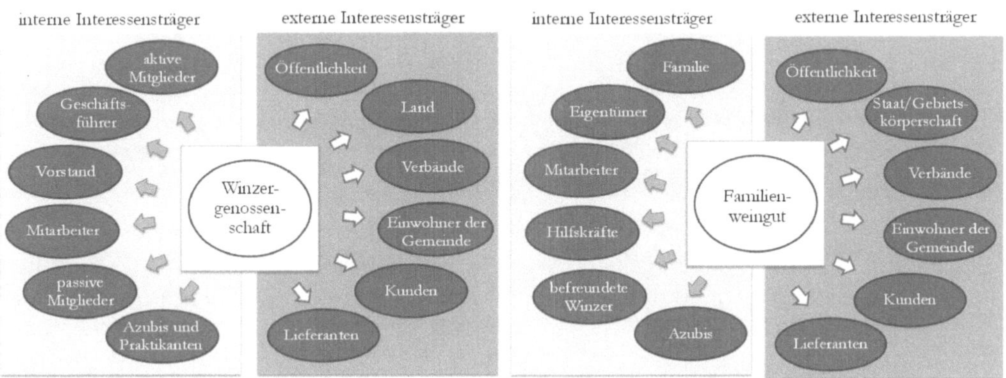

Abb. 43: Bezugsgruppenvielfalt (in- und extern) am Beispiel der Weinbranche

In der Ökonomie werden preisrelevante Aspekte, die selten quantifiziert und nicht in Marktpreisen abgebildet werden, als „**externe Effekte**" bezeichnet. Umwelt- und Gesundheitsschäden verursachen Kosten von 13 bis 19 Prozent der deutschen Wirtschaftsleistung (455–671 Mrd. EUR). (Ariadne 2021) Da diese Kosten bisher von der Allgemeinheit und nicht den Verursachern getragen werden, ist ein verstärktes Engagement von Interessengruppen zur Übernahme der Verantwortlichkeit zu erwarten.

Die zunehmende Relevanz von Bezugsgruppen bei der strategischen Ausrichtung unterstreicht die Bedeutung von Strategie von Kleinbetrieben und Unternehmern, um etwaige Interessenskollision zu vermeiden. Kleine Betriebe sind lokal sehr verwurzelt, so dass somit ein öffentliches Interesse an den unternehmerischen Aktivitäten angenommen werden kann. Für ein erfolgreiches Bezugsgruppenmanagement sind zwei Voraussetzungen grundlegend. Zum einen bedarf es ausgeprägter **Managementfähigkeiten** (Erkennen der Relevanz, Interaktion mit Vertretern der Bezugsgruppen) und zum anderen einer überzeugenden, glaubhaft vermittelten **Strategie mit konkreten Ansätzen zur Nachhaltigkeit**, da Nachhaltigkeit die verschiedenen Bedürfnisse und Interessen der Bezugsgruppen abzudecken vermag.

Pressemeldung: **Dr. Oetker** versteht nachhaltiges Handeln als Teil seiner Unternehmens-DNA. Seine ehrgeizigen Nachhaltigkeitsziele bündelt das Unternehmen nun in der Dr. Oetker Sustainability Charter. *„Als lebensmittelproduzierendes Familienunternehmen mit Produktions- und Vertriebsgesellschaften auf allen Kontinenten dieser Welt, sind wir uns unserer besonderen Verantwortung gegenüber Mensch und Natur bewusst. Mit der Umsetzung der Dr. Oetker Sustainability Charter fördern wir den bewussten Lebensstil unserer Verbraucher, sorgen für faire und nachhaltige Bedingungen entlang der gesamten Lieferkette und minimieren gleichzeitig unseren ökologischen Fußabdruck." Bei der Gestaltung der Ziele hat Dr. Oetker seine Verbraucher einbezogen: „Die Ergebnisse der Befragungen von internen Stakeholdern und unseren Verbrauchern sind neben unserer eigenen Überzeugung wichtige Basis für die Ziele. Die Konsumenten stehen bei Dr. Oetker seit jeher im Mittelpunkt. Daher ist es nur folgerichtig, dass wir ihre Meinung hören und ihre Wünsche einbeziehen. Vor diesem*

> *Hintergrund ist die Dr. Oetker Sustainability Charter auch ein Spiegelbild gesellschaftlicher Entwicklungen, die darauf abzielen, Themen wie Klimaschutz, Tierwohl und Diversität in den Mittelpunkt unseres Tuns zu rücken. Gleichzeitig reflektieren wir mit unserem Handeln das zunehmende Gesundheitsbewusstsein der Verbraucher, denen bewusste und nachhaltige Ernährung immer wichtiger werden. Dem tragen wir mit unseren Nachhaltigkeitszielen Rechnung."*

Während bei großen Unternehmen und Konzernen die Beziehung zu Bezuggruppen anonym und auf Distanz realisiert wird, haben Kleinstunternehmer die Chance, dass sie ihre nachhaltigen Aktivitäten in einer persönlichen Interaktion kommunizieren und argumentieren können.

> **J.J. Berizzi** steht nun für ein Weingut und eine junge, unternehmerische Aktivität. Mit der Übernahme des Weinguts Nicole Graeber in Edenkoben, das über vier Generationen erfolgreich geführt wurde, startet ein neues Kapitel: *„Ist es verrückt, ein bestehendes Weingut mit einer etablierten Marke zu übernehmen? Vielleicht. Warum wir es trotzdem getan haben? Komm vorbei und wir erzählen Dir unsere Geschichte bei einem Gläschen Wein."*

4.4 Planungsbasis und Prognosen

Betriebliche Entscheidungen werden in **strategische** und **operative** unterteilt. Dabei sind der zeitliche Horizont und die Reichweite der Entscheidung für eine Kategorisierung ausschlaggebend:

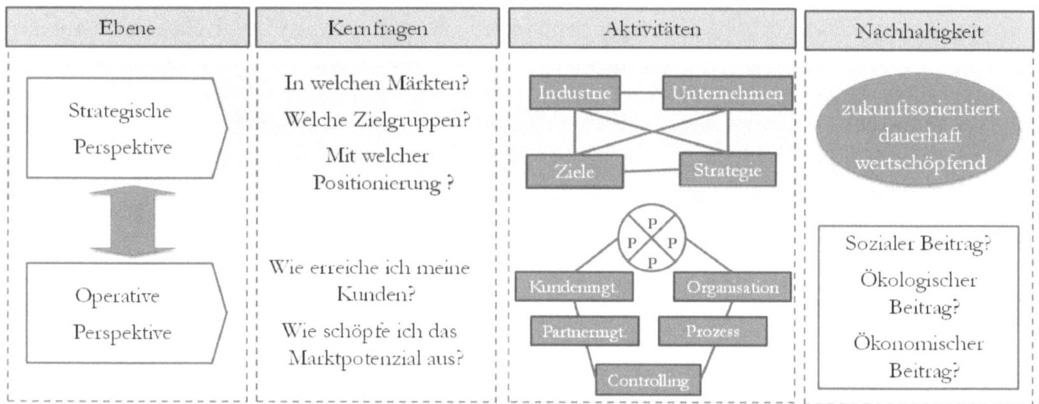

Abb. 44: Abgrenzung operativer und strategischer Perspektiven

Strategische Entscheidungen sind langfristig angelegt, mit konstitutivem und grundlegendem Charakter. Sie bestimmen die Orientierung des Unternehmens:

- Strategische Planung und Analyse der unternehmerischen Ausgangssituation
- Strategieentwicklung mit übergeordneten Zielen.

Operative Entscheidungen wirken kurz und mittelfristig. Sie dienen der Umsetzung der strategischen Vorgaben:

- Orchestrierung der strategischen Vorgaben in einem nachhaltigen Geschäftsmodell
- Funktionale Strategien zur Umsetzung des strategischen Rahmens.

> Die **Umstellung** eines Weinbaubetriebs von konventioneller zu ökologischer Betriebsführung ist **fundamental** für das Weingut und somit strategisch. Eine Entscheidung zur **Pflanzung einer neuen Rebsorte** hat angesichts des damit verbundenen Zeithorizonts von 30 Jahren, dem maßgeblichen Einfluss auf das Sortiment und Profilierung im Markt einen strategischen Charakter. Wird für die Anschaffung eines neuen Transporters im Weingut ein Leasingvertrag abgeschlossen, um die Liquidität im Unternehmen zugunsten anderer Investitionen zu schonen, handelt es sich hingegen um eine operative Entscheidung.

Um strategische Entscheidungen und auch die operativen Maßnahmen nicht erratisch, sondern zukunftsorientiert und stimmig treffen zu können, bedarf es einer Strategie, die Orientierung gibt. Adaption, Anpassung sowie vorausschauendes Denken sichern Menschen, Gesellschaften und Unternehmen einen Bestand in der Zukunft. Es gilt, Veränderungsbedarf oder die Chancen aus sich verändernder Umwelt zu erkennen und zu antizipieren, um für die Zukunft gut aufgestellt zu sein. Bildlich kann die Strategie als **Brücke** in die Zukunft verstanden werden. Um diese Brücke zu konstruieren, muss die Ist-Situation unter Berücksichtigung der Vergangenheit und der aus Unternehmersicht prognostizierten Zukunft aus unterschiedlichen Perspektiven beleuchtet werden, so dass das Unternehmen sich eröffnende Potenziale im Markt und in der Umwelt ausschöpfen kann und für die Veränderungsprozesse gewappnet ist:

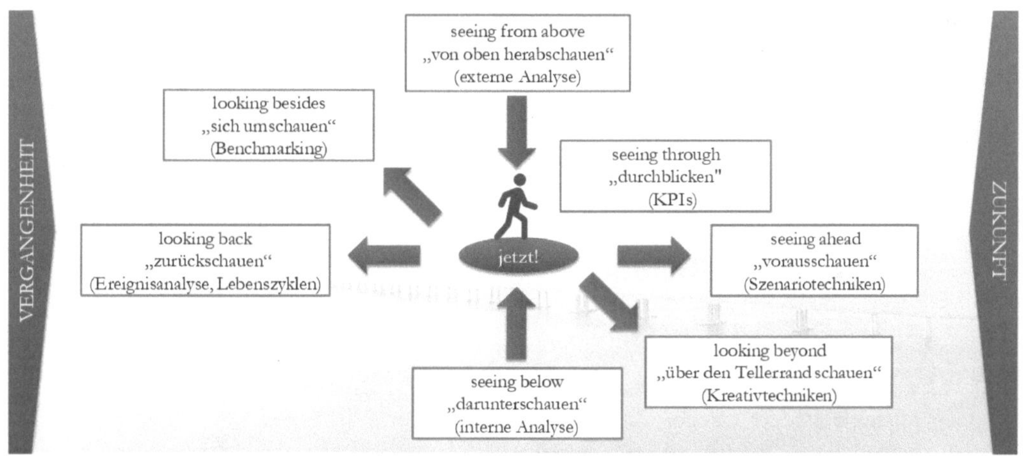

Abb. 45: Konzeptionsperspektiven einer Strategie (in Anlehnung an Mintzberg)

Nachhaltigkeit setzt im Kern langfristig wirkendes Engagement voraus. Dieses Verständnis hat zur Folge, dass einerseits Überlegungen zur Zukunft (**Prognosen**) die Entscheidung prägen und andererseits die Auswirkungen der eigenen Entscheidungen für die Zukunft prognostiziert werden müssen. Prognosen dienen der Voraussage einer künftigen Entwicklung, zukünftiger Zustände und möglicher Verläufe von Entwicklungen. Faktenbasierte Prognosen werden nach quantitativen oder qualitativen Modellen zur Bestimmung der Wirkung von Trends und Zukunftsentwicklungen unterschieden. Auch wenn Kleinstunternehmer nicht zum Zukunftsexperten mutieren sollen und Entscheider auf eine reichhaltige Auswahl an Trendinformationen, Zukunftsszenarien und Entwicklungsdaten zurückgreifen können, dienen Ausführungen zu Prognosemodellen dem Verständnis der **Wirkweisen** und einer Einschätzung der **Belastbarkeit** bzw. **Passfähigkeit** zugänglicher Informationen für die eigenen strategischen Überlegungen.

4.4.1 Quantitativ basierte Prognosen

Der klassische Ansatz für Prognosen basiert auf einer **Fortschreibung erkennbarer und statistisch fundierter Entwicklungen** aus historischen Werten. Es wird versucht, Zusammenhänge von Daten zu verstehen und hierauf basierend erwartbare zukünftige Werte (Extrapolation) zu modellieren. Bei statistisch fundierter Extrapolation werden mathematische Funktionen als Zeitreihen unter Berücksichtigung eventueller Saisonabhängigkeit, Ausreißern und anderer erkennbarer Einflussfaktoren berechnet (z.B. Analyse des Absatzes über den Jahresverlauf).

Auf Annahmen basierte Prognosen hingegen dienen der Hinterfragung und Objektivierung von Entscheidungen: Eine **Break-Even-Analyse** berechnet die Zeitdauer zur Rückgewinnung einer Investition, indem der Investition die prospektiv geplanten Einnahmen und Ausgaben gegenübergestellt werden. Annahmen-basierte Prognosen werden insbesondere bei der Finanzstrategie und im Controlling genutzt, indem Kennzahlen zum Erfolg zur Steuerung der Langfristplanung entwickelt werden. Kostenentwicklungen, Amortisation von Investitionen, Liquidität, eine gesicherte Kapitalstruktur, aber ebenso Absatz- und Umsatzzahlen werden durch Soll-Ist-Vergleiche beobachtet, um bei wesentlichen Abweichungen reagieren zu können.

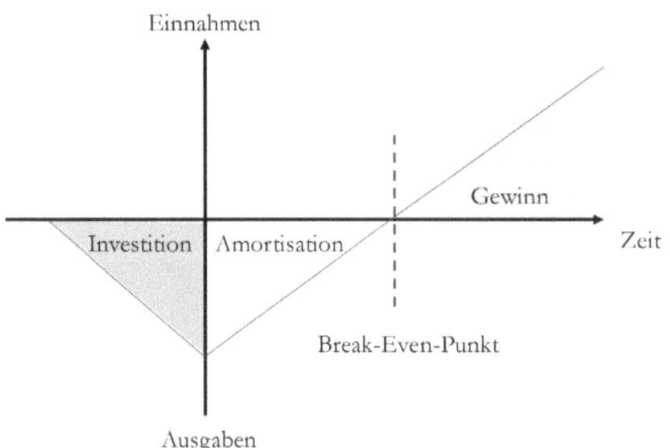

Abb. 46: Break-Even-Analyse als Beispiel quantitativer Prognosen – schematische Darstellung

> **Ertragsmanagement** (Yield-Management) ist ein Instrument zur dynamischen, rechnergestützten Preis- und Kapazitätssteuerung. In Phasen geringerer Nachfrage sichern geringere Preise einen Absatz und bei hoher Nachfrage können die Preise zur Steigerung der Rentabilität wegen geringerer Preissensitivität angehoben werden.

Die statistisch basierten Verfahren werden zunehmend Bestandteil professionellen Managements, um Ressourcen optimiert einzusetzen bzw. die unternehmerischen Weichen zu stellen. Flugunternehmen nutzen Prognosemodelle, um ihre Kapazitäten über Ertragsmanagement zu steuern. Wird die für den Verkauf der Flugtickets ausschlaggebende Auslastung überschritten, dann werden höhere Preise verlangt. Eine Fehlplanung kann eine Überbuchungssituation nach sich ziehen. Drei sich aus Prognosen ableitbare Entscheidungssituationen aus der Weinwelt veranschaulichen mögliche Einsatzgebiete von quantitativen Prognosemodellen im strategischen Planungsprozess, zeigen aber die Herausforderungen des Blicks in die Zukunft mittels quantitativer Prognosen auf:

Die sinkende Anzahl der weinerzeugenden Betriebe in Deutschland über die letzten Jahrzehnte lässt erwarten, dass 2030 nur noch knapp 40% der Weinerzeuger seit 1980 existiert. Bei weitgehend konstanter Rebfläche wachsen die im Markt verbleibenden Betriebe. Wenn ein Anbieter seinen relativen Marktanteil halten will, muss er sich über überproportionale Wachstumsoptionen Gedanken machen.

Deutschland konnte den Export von Wein seit 2000 um über 66% steigern. Dies erfolgte in einem enorm wachsenden globalen Weinhandel. Der Anteil deutscher Weine ist hingegen von damals über 80% auf nur noch ein Drittel des Exportvolumens geschrumpft. Die Perspektiven von deutschem Wein im Ausland sind angesichts der Populations- und Vermögensentwicklung im Vergleich zu Deutschland weiter auszuloten.

Die Demografen sagen für Deutschland bis 2050 eine Bevölkerungsreduktion von 7% voraus. Berücksichtigt man im demografischen Wandel den Weinkonsum, ist ein Verbraucherschwund von 20% bei den stärker konsumierenden Kernzielgruppen zu erwarten. Erzeuger müssen sich des potenziellen Kundenverlusts bewusst sein.

Ertragsmanagement auf Basis von Simulationen und sensitiven Modellen bietet auch für Kleinbetriebe eine Möglichkeit, die Gewinnsituation zu verbessern und die eigenen Kapazitäten optimiert zu steuern. Angesichts begrenzter Weinkapazitäten kann in Kenntnis von Kundenpräferenzen und Nachfrageverhalten gezielte Preisdifferenzierung zur Optimierung von Absatz, Umsatz und Gewinn genutzt werden. Subskription, d.h. die verbindliche Reservierung von Weinen ebenso wie die Einführung einer exklusiven, limitierten Weinlinie zur Ausschöpfung preisunsensibler Kundengruppen könnten als strategische Maßnahmen abgeleitet werden.

4.4.2 Qualitative Prognosen und Szenarienentwicklung

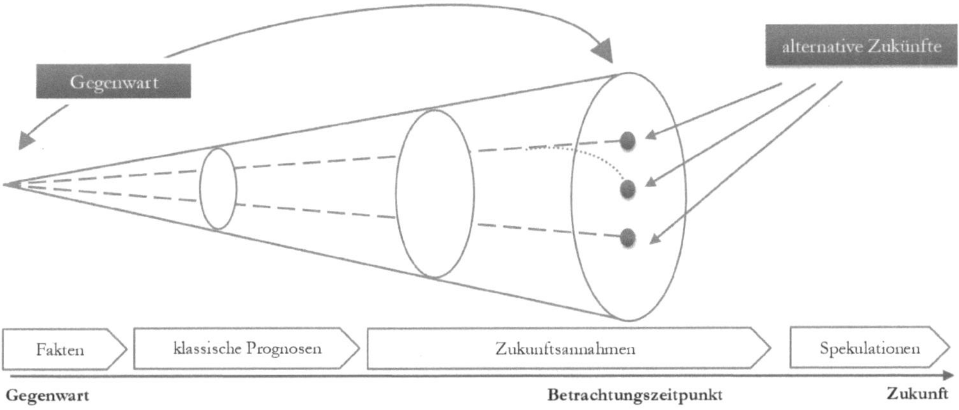

Abb. 47: Schematische Szenarienplanung (in Anlehnung an Fraunhofer 2015)

Neben quantitativen Prognosen sind **Langfristprognosen** zielführend, die auf den quantitativen Daten aufbauen, aber die **vernetzten Trends** berücksichtigen. Qualitative Projektionen dienen der Entwicklung von Szenarien und möglichen **Zukunftswelten**. In Abweichung von den quantitativen Prognosen geht es nicht um die Erkennung von statistisch begründbaren Entwicklungen, sondern um die Kreation von Zukunftsvisionen. Die Methodik der Szenarienplanung fordert eine kreative, gedankliche Weiterentwicklung von Trends mit der Frage, was könnte hieraus in einem weit in der Zukunft liegenden Zeitpunkt heraus entstanden sein, unabhängig von der eigenen Branche. Diese Überlegungen werden dann zu Zukunftswelten verdichtet und mit der Frage verbunden, was das für die eigene Branche und in der Folge für die heutige Weichenstellung im Betrieb bedeuten kann.

Langfristige Prognosen bestehen primär aus der Vorhersage der **sich verändernden Gesellschaft** und Unternehmensumwelt. **Trends** wie Klimawandel, Globalisierung und Digitalisierung sind beispielsweise **Treiber für Veränderungsprozesse**, die erkennbar die Wirtschaftswelt, auch die Weinbranche fortlaufend beeinflussen. Ein Betrieb steht in permanentem Austausch mit der Umwelt und ein Unternehmer muss die Prognosen für zukünftige Entwicklungen in seine strategischen Überlegungen einbeziehen, um auf Veränderungen, die sein Geschäftsmodell betreffen rechtzeitig und adäquat regieren zu können. Es gibt zahlreiche Studien zu Trends, die bei weitreichendem Einfluss als **Megatrends** benannt werden. Dabei wird neuen Trends und einer zunehmenden Verzahnung Rechnung getragen. Die Herausforderung der Analyse der Umwelt besteht für den Unternehmer in einer Reduktion der verfügbaren Informationen und den Überlegungen, inwieweit sich die Rahmenbedingungen für das eigene Unternehmen dadurch verändern. Aktuelle Trends muss ein Unternehmer nicht selbst eruieren. Zahlreiche Unternehmensberatungen und Zukunftsinstitute stellen Informationen zur Verfügung. Die strategische Aufgabe liegt in der Einschätzung der Relevanz für das Unternehmen und das Geschäftsmodell und der Ableitung von Chancen.

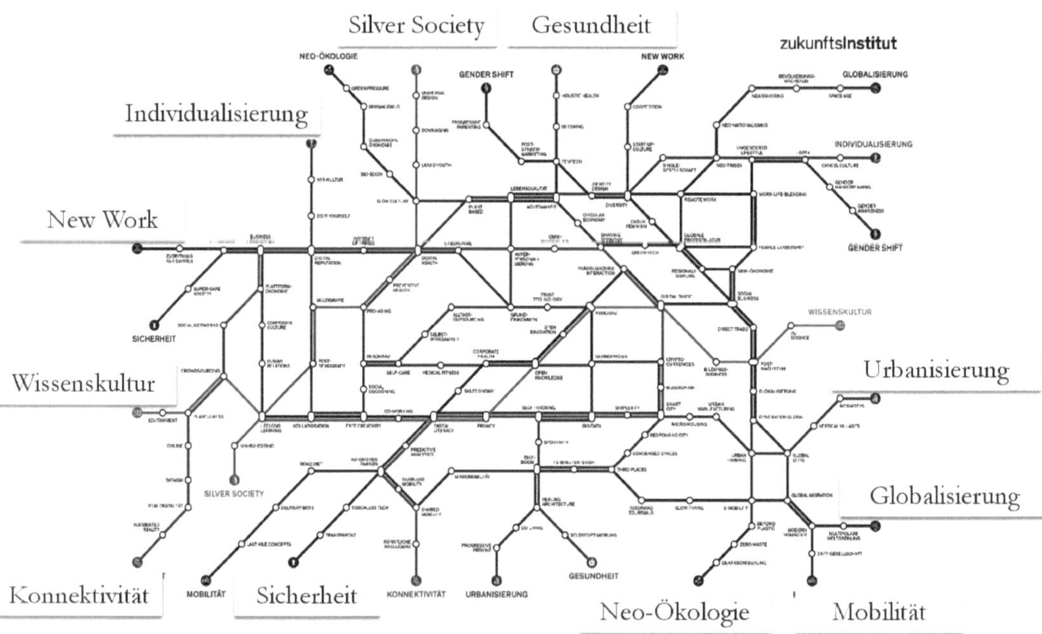

Abb. 48: Verknüpfung von Megatrends (Quelle: Zukunftsinstitut 2021)

Die sich verändernde Umwelt wirkt auch auf den Weinmarkt, was anhand einer Auswahl von Megatrends veranschaulicht wird. Gesellschaftlicher Wandel in saturierten Märkten mündet in **gesünderer Lebensführung** mit geringerem Alkoholkonsum. **Urbanisierung** führt zu kleineren Haushalten ohne Lagerplatz – Weinkühlschränke oder Bedarfseinkauf sind die Folge. **Neo-Ökologie**, Nachhaltigkeit und soziale Verantwortung bewegt die Verbraucher. Transparenz der Produkte, der Produktion und der Logistikprozesse wird eingefordert. Gleichzeitig besteht ein Streben nach **Individualität** und Abhebung von der Masse, so dass individualisierte Produkte Markterfolg haben. Technik und **technologischer Fortschritt** erlauben Effizienzsteigerungen, wie mechanische Bearbeitung im Weinberg zeigt (Vollerntemaschine, maschinelle Laubwandbearbeitung, Steillagenraupen). Rationalisierungsschritte und Qualitätssteigerungen haben schon in den letzten Jahrzehnten zu geringerem Aufwand bei den Erzeugern geführt, die diese Einsparungen zunehmend in Vertrieb und Vermarktung investieren. **E-Commerce**, der Einfluss **neuer Medien, Transparenz** und **Konnektivität** verändern die Gesellschaft sowie Kommunikations- und Organisationskulturen.

In einer Kombination aus **vernetztem**, **zukunftsoffenem** und **strategischem** Denken werden die Trends priorisiert, zusammengeführt und in Szenarien konkretisiert:

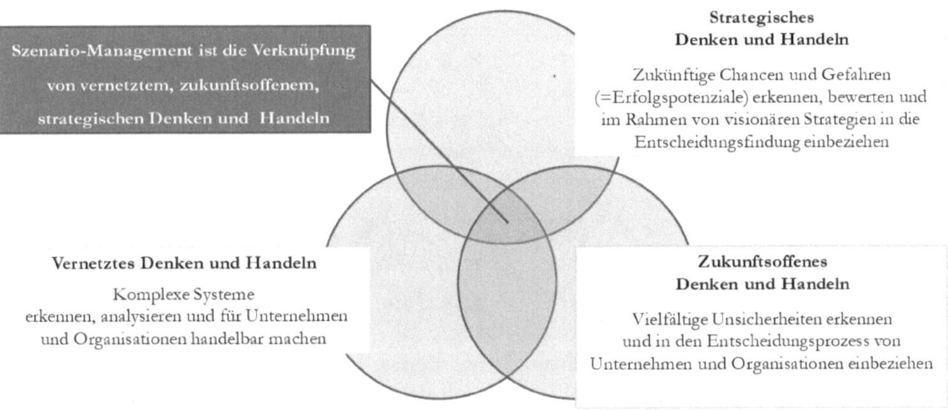

Abb. 49: Szenario-Management verknüpft vernetztes, zukunftsoffenes und strategisches Denken und Handeln (in Anlehnung an Fink et al. 2016)

Überlegungen zu Zukunftswelten dürfen **kreativ** sein. Bewusstes Überzeichnen von Zukunftsdarstellungen und die Einnahme kontroverser Ansichten können Themen und Chancen aufzeigen, die nicht offensichtlich sind. Die **Zukunft** für die Weinwirtschaft wurde 2018 in einem Workshop mit Studenten für ein Filmprojekt erarbeitet.

> **Zukunftsszenarien Wein**: Das „**vertical farming**" hat Einzug gehalten. Die Kultivierung von Reben erfolgt in modernen Gewächshäusern als Folge exzessiver Klimaveränderungen. Dies erlaubt künstliche gesteuerte Erzeugung von Mikroklimata. Parzellierte Bodenzusammensetzungen bekannter „Terroir"-Lagen wurden mit Datengewinnungs- und -verarbeitungsmöglichkeiten reproduziert. Im Außenbetrieb ist die Technologisierung mit Produktivitätssteigerungen bestimmend. Rebstöcke sind mit **Sensoren** zur automatisierten, individuellen Nährstoffzugabe ausgestattet. Die Lese erfolgt selektiv in Abhängigkeit des Reifegrads der Trauben am Stock mittels optischer Qualitätserkennung des Traubenguts durch **Miniroboter**, die mit der automatisierten Traubenannahme zur Vermeidung von Engpässen kommunizieren. **Drohnen** sichern eine gezielte Schädlingsbekämpfung. Neuartige Produkte erfüllen andersartige Erwartungen der Konsumenten. **Individuelle Geschmackspräferenzen** der Kunden bestimmen die Weinbereitung. Über simultane Körpermessung

durch Wearables (Kleidung mit integrierter Sensorfunktion) werden Unverträglichkeiten und körperliches Befinden bei der **Produktadaption** berücksichtigt. Ein Konsument probiert Wein und bekommt alle Information zur chemischen Zusammensetzung und zum Geschmacksprofil gesendet. Die Community seiner Follower wird dann digital darüber in Kenntnis gesetzt, ob die Individual-Cuvée mundet, und bei positivem Signal wird ein Bestellprozess automatisch freigeben. **Digitalisierte Welten** bestimmen den Vertrieb. Virtualität erlaubt trotz lokaler Distanzen gemeinsame Weinproben, wobei der Winzer, sein Weingut und die Rebfläche der verkosteten Weine über **Virtual Reality**-Brillen erfahrbar werden. Der Wein wird in neuartigen, nachhaltigen Verpackungen über Drohnen direkt geliefert werden.

Erarbeitete Zukunftsvisionen werden als **Szenarien** mit Wahrscheinlichkeit des Eintreffens belegt und im Zeitablauf die Wahrscheinlichkeit des Eintritts überprüft. Einige Szenario-Bestandteile, wie beispielsweise die digitale Weinprobe, vor noch nicht langer Zeit von Experten ein für nicht besonders realistisches Szenario befunden, hat sich durch Corona als Katalysator breitflächig durchgesetzt. Unternehmer sind dazu angehalten, die Zukunftsszenarien in Abhängigkeit der prognostizierten Eintrittswahrscheinlichkeit und der individuellen Relevanz zu hinterfragen und sich entsprechend strategisch aufzustellen. Somit behält ein weitsichtiger Unternehmer Entwicklungen im Auge und erkennt Chancen und Risiken. Im Zeitverlauf ist dann zu hinterfragen, ob sich die Szenarien durchsetzen oder andere Zukunftskonstellationen wahrscheinlicher werden – mit entsprechender Adaption der strategischen Maßnahmen.

Film-Link „Wein 2050 – Ab in die Zukunft“:
https://www.youtube.com/watch?v=Dc3N4n1afMo

Während Prognosemodelle dazu dienen, Entscheidungen im Sinne einer planbaren, gestaltbaren Zukunft zu treffen, müssen sich Unternehmen auch mit nicht vorhersehbarer, **disruptiver** Umweltveränderung und häufig destruktiver Wirkung auseinandersetzen. Ebenso ist zu berücksichtigen, dass die physikalische Grundgleichung von Newton („Actio gleich Reactio“ – die Wechselwirkung der Kräfte) in soziodynamischen Systemen nicht gegeben sein muss. Gewünschte Zielzustände folgen nicht immer den initiierten Maßnahmen.

Unternehmerische Entscheidungen benötigen eine Strategie, um das Unternehmen vorausschauend und zielorientiert zu führen:

[1] Gibt es einen langfristigen, strategischen Orientierungsrahmen?

[2] Wurde bei der Ausarbeitung der Strategie in alle Richtungen geschaut (Erfahrungen, Entwicklungen und Trends, andere Unternehmen und Vorbilder ...)?

[3] Kommuniziere ich die Unternehmensstrategie an mein Team? Werden Ideen und Ansprüche meines Teams in die Weiterentwicklung der unterehmerischen Strategie integriert?

[4] Berücksichtigt meine Strategie ausreichend die Ansprüche meiner Kunden, meiner Partner und anderer Bezugsgruppen – auch bei der Zukunftsausrichtung?

[5] Orientiere ich mich bei meinen strategischen und operativen Entscheidungen an diesem Orientierungsrahmen?

[6] Wird die Strategie in regelmäßigen Abständen an veränderte Rahmenbedingungen angepasst und gibt sie auch bei disruptiven Einflüssen einen Handlungsrahmen?

5 Strategische Planung und Analysen

Strategische Betriebsführung kennzeichnet ein Entscheidungsverhalten, welches auf Basis von **Situations- und Zukunftsanalysen** mittel- und langfristig orientierte Entscheidungen in Unternehmen begründet. Dies erfordert eine Auseinandersetzung mit dem eigenen Unternehmen, dem Markt und dem Wettbewerb - der umgebenden Umwelt. Das Unternehmen und dessen Umwelt bilden die zentrale Planungsbasis, wobei die Stärken des Unternehmens gezielt zur Ausschöpfung von Marktchancen über eine entsprechende Positionierung im Markt eingesetzt werden, um nachhaltigen Erfolg im Markt sicherzustellen.

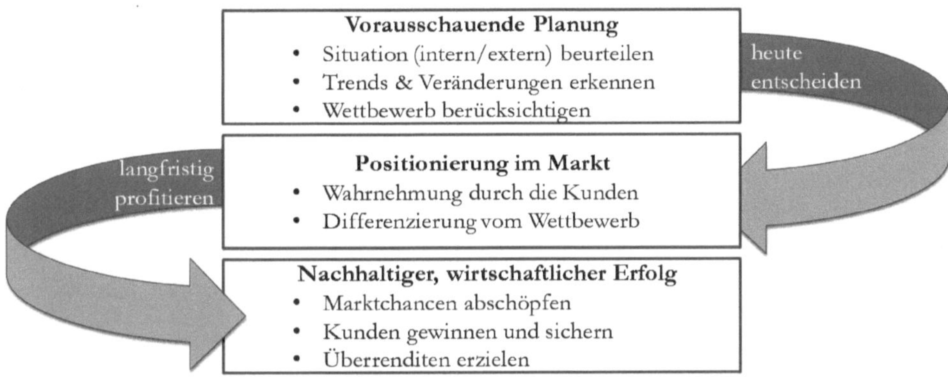

Abb. 50: Grundlogik strategischen Handelns

Um eine Strategie als Zielorientierung oder gewünschten Zielzustand festzulegen, bedarf es einer Analyse der betrieblichen Ausgangssituation. Die strategische Analyse als Grundlage der Planung betrachtet dafür den Betrieb, eingebettet in eine **unternehmerische Umwelt.** Bei der Umweltanalyse wird zwischen einer **unternehmensexternen** und einer **unternehmensinternen Umwelt** unterschieden. Die externen **Umweltfaktoren** sind äußerst vielfältig und reichen von sozialen, gesellschaftlichen und kulturellen Einflüssen, über Politik, Normen und Recht, Ökologie, Ökonomie und Technologie. Die interne Umwelt beinhaltet die Wettbewerbssituation im relevanten Markt mit wiederum charakterisierenden Einflussfaktoren. Ziel der Analysen ist es, eine Positionsbestimmung und eine belastbare Perspektive herauszuarbeiten, die die Chancen und Risiken der externen Unternehmensumwelt unter Berücksichtigung der Stärken und Schwächen des Betriebs im Wettbewerb in ein überzeugendes Handlungsgerüst überführen lässt. Die Entwicklung eines unternehmerisch präferierten Zukunftsszenarios, dessen Bewertung unter Berücksichtigung erkannter oder erkennbarer Veränderungen, bildet die Basis für die Formulierung eine Unternehmensstrategie mit konkreten strategischen Zielen und notwendigen Maßnahmen.

5.1 Anlässe für unternehmerische Bestandsaufnahmen

Die Definition der Strategie und die Ausarbeitung eines strategischen Handlungsrahmens sind trotz der hiermit verbundenen Langfristperspektive eine **permanente** Führungsaufgabe. Der situative Bedarf oder die **Lebensphase** des Unternehmens können dabei den Zeitpunkt strategischer Analysen mitbestimmen. Bei der Gründung eines Unternehmens dient die **strategische Planung** als Basis aller unternehmerischen Aktivitäten und der Validierung des Geschäftsmodells. Die strategische Planung muss fortgeschrieben und permanent überarbeitet werden. Konkrete Anlässe sind vielfältig. Eine neue strategische Ausrichtung kann als Aufhänger zur **Revitalisierung** der Motivation der Mitarbeiter oder zur **Gewinnung** neuer Kunden gewählt werden. In einem Betrieb mit **Restrukturierungsbedarf** kann eine Geschäftseingrenzung den Verkauf von Unternehmensaktivitäten erfordern, oder eine strategische Repositionierung erzwingen.

Der Verkauf der Weinmarke **Blanchet** vom Spirituosenkonzern **Racke** an den Sekthersteller **Rotkäppchen** ist für beide Unternehmen Bestandteil der jeweiligen strategischen Weichenstellung. Zur Verbesserung der Bilanz und der finanziellen Optimierung wurde die Weinvermarktung bei Racke aufgegeben. Für Rotkäppchen ergab sich die Chance, auf Basis einer etablierten Weinmarke neue Kunden zu gewinnen und eine Plattform für die strategische Sortimentsausdehnung nutzen zu können. Auch die Übernahme des Prosecco-Produzenten **Ruggeri** ist das Ergebnis einer strategischen Planung zur Marktausweitung von Rotkäppchen.

Sekthersteller übernimmt Prosecco-Produzenten Ruggeri

Der deutsche Sektmarktführer Rotkäppchen-Mumm hat den Prosecco-Produzenten Ruggeri ubernommen. Das 1856 gegrundete Familienunternehmen Ruggeri zahlt zu den bekanntesten Prosecco-Manufakturen Italiens.

Rotkäppchen Mumm

Die strategische Planung wird in großen Betrieben mindestens in einem jährlichen Zyklus durchgeführt. Zudem gibt es aber auch **Umbrüche** im Unternehmen oder zäsurale Einschnitte, die eine neue Strategie abweichend vom gelebten Planungsrhythmus einfordern. Wenn ein **neuer Unternehmenslenker** die Führung übernimmt, werden neue Akzente und Impulse gesetzt und häufig von den Eigentümern auch erwartet. Im Falle einer unternehmerischen **Schieflage** kann der strategische Handlungszwang auch von externen Bezugsgruppen motiviert werden.

Bei kleinen Betrieben, insbesondere bei Familienbetrieben, muss trotz langjährigem Bestand häufig erst eine strategische **Planungsbasis** geschaffen werden. Die Unternehmen sind organisch gewachsen und das operative Geschäft steht im Mittelpunkt der Aktivitäten. Die Notwendigkeit einer strategischen Planung kann aus einem Handlungsdruck wie in der Corona-Krise (z.B. Wegfall von bisher genutzten Absatzkanälen oder Schließung von Verkaufsstätten) oder aus einem unternehmerischen Impuls resultieren, wie beispielsweise durch die Wahrnehmung neuer Bedürfnisse von Kunden z.B. nach alkoholfreien Weinen. Ein **Generationswechsel** im Betrieb ist ein typischer Meilenstein in der Unternehmensgeschichte, der eine Hinterfragung der strategischen Positionierung initiiert.

Anlass	Beispiele
Führungswechsel	Das **Weingut am Nil** präsentiert die neue Geschäftsführerin als einen „... Entwicklungsschritt – ein stärkerer Fokus auf den Privatkunden prägen den Ausgangspunkt für eine neue strategische Ausrichtung". (Gourmetwelten 2020)
Eigentümerwechsel	„Frederik Freiherr zu Knyphausen (**Draiser Hof**) freut sich auf die Herausforderung. ... Der Grapevault-Weinfonds, der mit einer 50-prozentigen Beteiligung eingestiegen war, und der VDP-Betrieb gehen wegen „strategisch anderer Zielsetzungen" wieder getrennte Wege, sagt Frederik zu Knyphausen. Die zurückgewonnene Selbstständigkeit hat ihren Preis. Das Weingut umfasst noch rund zehn statt bisher 25 Hektar Rebflächen, wobei die Lagenstruktur erhalten bleibe. Die Beteiligung des Partners sei mit Weinbergen abgegolten worden, erläutert der Sohn von Gerko zu Knyphausen" (Minges 2016)
externe Intervention	„Das Traditionsweingut **Schloss Schönborn** gibt seinen Betrieb auf. Paul Graf von Schönborn hat beschlossen, die Arbeit nur noch auf seinem Weingut in Wiesentheid weiterzuführen ... 2013 stand das Weingut unter umfangreichen weinrechtlichen Ermittlungen, bei dem ihm über 20 AP-Nummern entzogen wurde. Seit 2015 hat die Familie nach eigenen Angaben eine erhebliche Summe in die Produktion investiert." (weinplus 28.1.2021)
Ergebnislücke	„Das Familienweingut **Langwerth von Simmern** begründet seinen Entschluss (... zur Aufgabe des Weinguts), dass es heutzutage nicht mehr möglich sei, durch Einkünfte aus Weinbau und Landwirtschaft denkmalgeschützte Höfe, wie den Langwerther Hof mit dazugehörendem Gutspark, zu unterhalten." (Meininger 2018)
Generationswechsel	Weingut **Polz**: „Unsere neue Strategie: Fokus auf das Wesentliche" sagt Erich Polz jun., der das traditionsreiche Weingut von Vater Erich und dessen Bruder Walter übernommen hat. (soj 2021)
Krise / Zäsur	Strategische Weichenstellung und zeitgemäßes Agieren zeigt auch Graf von Plettenberg (**Sektmanufaktur Schloss Vaux**) mit einer Digitaloffensive. Er wirbt nun stärker um Endverbraucher und bietet im Netz Verkostungen an. »Mal mit einem Gitarrenbauer aus Deidesheim, mal mit einem Sommelier und Sternekoch, dann ein Ladys-Abend.« Gleichzeitig setzt er noch mehr auf Fachhändler. (Franz 2021)

Tab. 3: Beispielhafte Anlässe für strategische Weichenstellungen in der Weinbranche (Pressemitteilungen)

Eine strategische Planungsbasis und ein regelmäßiger Strategieplanungsprozess sind aufgrund steigender Komplexität, Transparenz und zunehmender Vernetzungen in der Wirtschaft für Kleinbetriebe essenziell. Unternehmer sollten sich trotz des Drucks im Tagesgeschäft einmal im Jahr Zeit für ein **Revirement** der Ausrichtung in Reflexion der Umwelt nehmen. Eine Analyse der unternehmerischen Ausgangssituation und eine darauf aufbauende, vorausschauende Planung hilft nicht nur bei anstehenden unternehmerischen Entscheidungen, sondern unterstützt maßgeblich die **Kommunikation**, beispielweise für die Vorbereitung von Gesprächen mit den wesentlichen Bezugsgruppen (z.B. Gespräche mit finanzierender Bank), bei Verhandlungen mit Handelspartnern oder bei Einbindung einer unterstützenden Marketingagentur. Die Zeit, die in eine Hinterfragung des Geschäftsmodells investiert wird, ist gut angelegt, denn vermiedene Risiken, die erfolgreiche Abschöpfung erkannter Marktpotenziale, die Überzeugung von Partnern und motivierte Mitarbeiter sind wertschöpfend. Im Sinne von Nachhaltigkeit ist strategische Planung bei Kleinbetrieben ein Muss, um verlässlichen Bestand in der Zukunft sicherzustellen und Nachhaltigkeit auch belegen zu können.

Abb. 51: Gründe einer kontinuierlichen strategische Anpassung

Unternehmerisch zu handeln bedingt eine kontinuierliche und stringente Zielverfolgung. Folgende Fragenstellungen lassen den Bedarf einer Strategieentwicklung oder Strategieanpassung erkennen. Ein etablierter Prozess zur Hinterfragung und Aktualisierung der Unternehmensstrategie sichert nachhaltigen Erfolg.

5.2 Analyse der externen Umwelt

Unternehmen sind in eine Umwelt eingebettet, von der sie abhängig sind. Um Bestand in der Zukunft angesichts dynamischer Umweltveränderungen zu sichern, müssen **Veränderungsbedarf** oder die **Chancen** aus sich verändernder externer Umwelt (Makro-Umwelt) erkannt werden. Zunächst sind eine Bestandsaufnahme der aktuellen Umwelteinflüsse und hierauf aufbauend erkennbare Veränderungen in der Umwelt mit den Implikationen auf den Betrieb festzuhalten. Überlegungen zu den Umwelteinflüssen sollten anhand des **relevanten Marktes** erfolgen. Ein Verbot von Online-Glücksspielen ist für die Weinbranche von geringer Relevanz. Die Aufzeichnungspflicht von Beratungsprozessen bei Finanzprodukten ist für die Banken wichtig, nicht jedoch für den Lebensmittelhandel. Die den Markt beeinflussenden Faktoren sollten umfassend und vorausschauend analysiert werden.

Die Befragungen der Weinbranche zur Umweltwahrnehmung bestätigt ein eigenständiges, charakteristisches Muster der Relevanz von externen Einflussfaktoren, abweichend von anderen Wirtschaftszweigen.

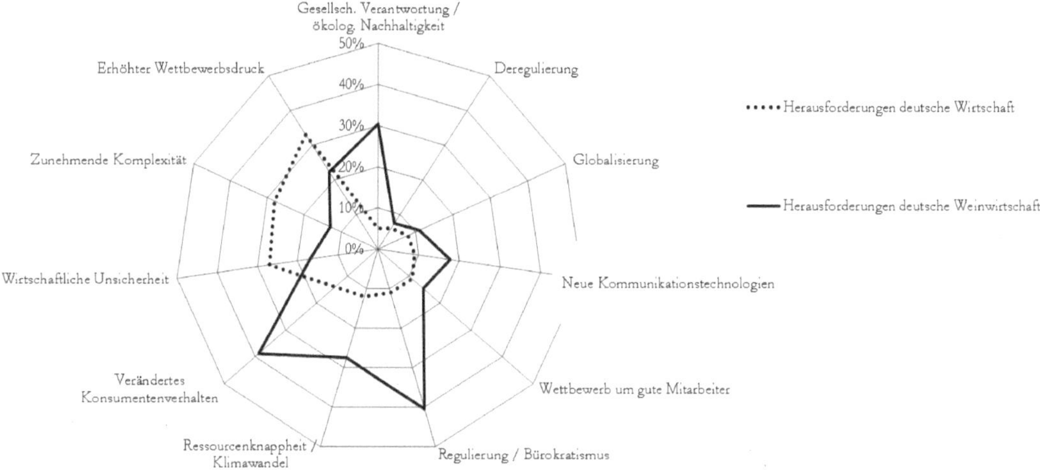

Abb. 52: Externe Umweltherausforderungen Weinwirtschaft versus Wirtschaft allgemein (Befragung 2012; BCG 2009)

Zur Analyse der externen Unternehmensumwelt bietet die betriebswirtschaftliche Literatur strukturierte Ansätze, so dass alle Aspekte der Umwelt beleuchtet werden. Beispielhaft wird auf den häufig verwendeten Ansatz **PESTEL** verwiesen.

PESTEL ist ein Akronym der englischen Begriffe von Einflussfaktoren für eine Hinterfragung der Umwelteinflüsse:

- politisch (**p**olitical)
- wirtschaftlich (**e**conomic)
- sozio-kulturell (**s**ocial)
- technologisch (**t**echnological)
- ökologisch (**e**nvironmental)
- rechtlich (**l**egal)

Eine beispielhafte PESTEL-Betrachtung anhand der deutschen Weinwirtschaft zeigt mögliche Inhalte auf:

Von Ketchup bis Wein

EU stellt Vergeltungszollpläne gegen USA vor

Politisch: Weinbau wird in Deutschland politisch unterstützt und Reglementierungen sind Ausdruck internationaler Bemühungen zum Schutz der Anbieter. Die politisch motivierte Unterstützung ist auch anhand angebotener Förderprogramme ersichtlich. Jüngst erfahrbare Handelshemmnisse hingegen zeigen einen negativen globalen politischen Einfluss auf die Branche, da Wein auch als Vergeltungsmaßnahme genutzt wird (Chinas Einfuhrzölle auf europäische Weine als Reaktion auf EU-Maßnahmen zur Senkung der Solarzelleneinfuhr aus China; ebenso in Handelsstreits mit den USA oder Russland).

Ökonomisch: Deutschland gilt als äußerst stabile und wirtschaftliche Kraft in Europa und in der Welt. Als verlässliche Wirtschaftspartner werden deutsche Produzenten im internationalen Handel begrüßt. Die Niedrigzinssituation in Deutschland motiviert Investitionen, da die Finanzierungskosten geringer sind und Investitionsrechnungen bei niedrigen Zinsen Investitionsüberlegungen begünstigen (geringere Barwerte). Die Schwäche des Euro hat die Waren aus der EU im Ausland begünstigt. Wirtschaftliche Instabilität als Folge der Finanzkrise oder der Coronapandemie erhöhen wirtschaftliches Risiko.

Sozio-Kulturell: Die weinindustriespezifische Unternehmensumwelt ist durch die massiven Veränderungen des Kundenverhaltens geprägt. Neue Einkaufswelten, -kanäle und die steigende Konzentration im Lebensmitteleinzelhandel wirken auf die Weinanbieter – Multikanalangebote und Verhandlungsgeschick sind gefordert. Die Neugier der Weinkonsumenten auch für Produkte aus dem Ausland fördert die Marktvielfalt und den Wettbewerb. Auch wenn Wein als Genussmittel im Gegensatz zu Spirituosen weniger in der Kritik steht, können sich Gesundheitstrends in der Bevölkerung oder Abstinenzinitiativen auf den Weinkonsum nachteilig auswirken.

Technologisch: Die Umstellung von händischer auf maschinelle Weinernte hat im Weinbau eine eindrucksvolle Steigerung der Effizienz erlaubt. Die Lesegeschwindigkeit wurde erhöht und der Aufwand reduziert. Die Abhängigkeit von Lesehelfern konnte gesenkt und die Planungsqualität erhöht werden. In vielen Betrieben ist die Weinlese mit Vollernter zum Standard geworden. Ob ein Weingut eine optische Sortieranlage zur Selektion der Trauben oder den Einsatz von Drohnen erwägen soll, hängt von der Technologieaffinität des Winzers, der Investitionsfähigkeit, dem Entwicklungsstand der Technologie und der Unternehmenssituation ab, so dass die Beurteilung einer Technologie als Chance oder als Risiko im Planungskontext beurteilt werden muss. Digitalisierung hat einen weitreichenden Einfluss auf die Produktion und auf den Absatz, denn alle Schnittstellen können neu konfiguriert werden.

Ökologisch: Der Klimawandel hat auf landwirtschaftliche Produktion einen dominanten Einfluss (neue Weinbaugebiete; Extremwettersituationen) aber auch die hieraus resultierenden gesellschaftlichen Anforderungen, die sich in einer Forderung nach Nachhaltigkeit manifestieren, üben maßgeblichen Einfluss auf die Weinwirtschaft aus. Ein steigender Anteil an biologischer Produktion untermauert den Veränderungsdruck. Während Pestizide in der Vergangenheit als Heilbringer wegen der Steigerung der landwirtschaftlichen Produktivität gefeiert wurden, werden zunehmend die negativen Einflüsse auf Mensch und Tier angeprangert und Ersatzlösungen gefordert.

Rechtlich: Die Weinbranche ist durch nationale und EU-Normen zum Schutz der Anbieter stark rechtlich bestimmt. Es ist definiert, was Wein ist, teilweise wie er zu produzieren (z.B. Anbaugebiete und Pflanzrechte) oder zu vermarkten (z.B. Angaben auf dem Etikett) ist. Die Novellierung des Weingesetzes illustriert die politische Einflussnahme mit einer konkreten Bezeichnungsregelegung (ob der Wein als „Deutscher Wein“, unter Bezug auf den Ort oder auf die Lage vermarktet werden darf, und welche Produktionsanforderungen gelegt werden z.B. Maximalmengen, Alkoholvolumina).

Der erkennbar weitreichende Wandel der Gesellschaft und die vielfältigen Einflussfaktoren auch auf die Produktion bedingen Flexibilität, um auf weitere Veränderungen reagieren zu können. Neue Absatzwege (E-Commerce) und sich veränderndes Kaufverhalten (z.B. Bedürfnis nach Abwechslung und Bequemlichkeit) fordern die Weinbaubetriebe aufgrund des hohen emotionalen, genussorientierten Wertes des Produktes Wein besonders. Gleichzeitig ist die Branche stark von „Bürokratie“ durch Agrarbestimmungen und EU-Regularien eingeengt. Insbesondere das **Spannungsfeld** von **„Bürokratie“** und sich **„veränderndem Kundenverhalten“** bewegt die Akteure. Die dynamischen Veränderungen der Umwelt und die vielfältigen Einflussfaktoren fordern schnelle und unbürokratische Reaktionen. Mit der dominanten Wahrnehmung der Bürokratie deklarieren die Unternehmer die Gefahr einer Einschränkung ihrer Handlungsfreiheiten. Dieser Drang nach Selbstorganisation ist ein entscheidender Hebel für Unternehmertum.

Quantität und Qualität des landwirtschaftlichen Produkts Wein ist von vielen, oftmals schwer prognostizierbaren Wettereinflüssen abhängig, was sowohl situative als auch strategische Reaktionen der Erzeuger bedingt. Der Klimawandel hat weitreichende Auswirkungen auf die Pflanzung, Kultivierung, Erträge, und Wirtschaftlichkeit. Klimatische Veränderungen ermöglichen Weinbau in Regionen, die bisher hierfür nicht geeignet waren und erschweren den Weinanbau aufgrund von Hitze und Wassermangel in traditionellen Weinregionen. Die prioritäre Herausforderung der Weinbranche auf gesellschaftliche Verantwortung durch Nachhaltigkeit zu reagieren ist charakteristisch für Land- und Ernährungswirtschaft, in vergleichbaren Befragungen von Industrieunternehmen bildete dieser Aspekt das Schlusslicht.

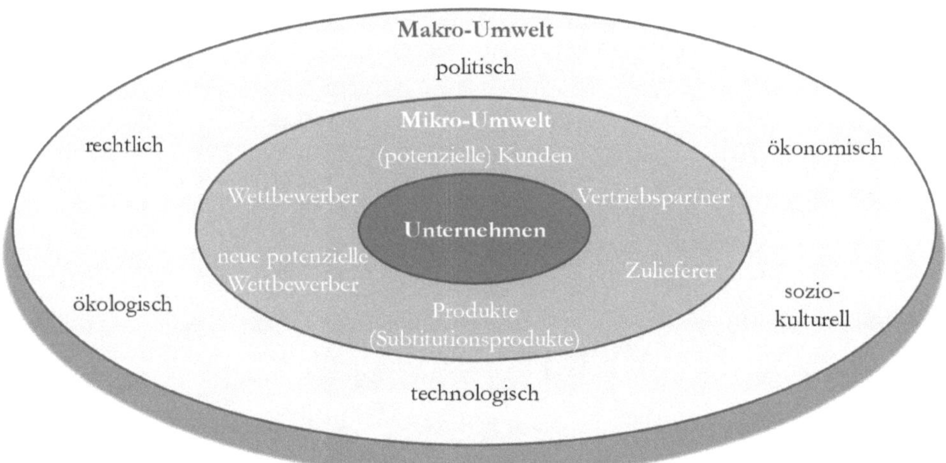

Abb. 53: Externe und interne Umwelt im Überblick (in Anlehnung an Schreyögg & Koch 2014)

Die individuelle Umweltanalyse der Unternehmer kommt bei der Priorisierung der Veränderungen und der Einschätzung von Chancen oder Risikopotenzial zu einem eigenen, von der allgemeinen Betrachtung abweichenden Ergebnis, da diese durch die Persönlichkeit und das Geschäftsmodell beeinflusst werden. Dies gilt sowohl für die **Relevanz** der Einflussfaktoren als auch für die **Einschätzung der Wirkung** auf den Betrieb. So kann beispielsweise ein Unternehmer den steigenden ökologischen Umwelteinfluss als Chance begreifen und eine Umstellung auf pilzwiderstandsfähige Rebsorten als strategische Entscheidung überlegen, um frühzeitig von ihm erwartete Einschränkungen bei der Pestizidbehandlung aufzugreifen. Sieht ein Winzer hingegen ein politisches Risiko im Austritt Großbritanniens aus der EU (sog. Brexit), dann wird er UK nicht als bevorzugte Exportdestination wählen. Weinerzeuger, die nicht im Export aktiv sind, machen sich hierüber weniger Gedanken und fokussieren auf andere Aspekte der Unternehmensumwelt.

Für kleine Unternehmen und Unternehmer bietet es sich an, sich eine planerische Ausgangsbasis zu schaffen, indem zu allen PESTEL-Aspekten die relevanten Themen aufgezeichnet werden. Bei der Umweltanalyse muss der mögliche Einfluss der externen Umweltfaktoren auf das Unternehmen und seine sich direkt umgebende interne Umwelt in Betracht gezogen werden. Diese Umweltwahrnehmung kann dann unterjährig aktualisiert und angereichert werden, indem Überlegungen aus Zeitungs- oder Fachartikeln und Gesprächen eingepflegt werden. Im Rahmen einer jährlichen Strategierevision sollte diese Basis dann zu einem Planungsgerüst verdichtet werden.

Die Beobachtung der externen Rahmenbedingungen sollten eine unternehmerische Selbstverständlichkeit sein, damit rechtzeitig und zielführend auf Veränderungen reagiert werden kann und Trends erkannt werden, wobei folgende Fragestellungen im Zentrum stehen:

[1] Können politische Veränderungen im In- oder Ausland Einfluss auf meine Geschäftsidee und mein Unternehmen haben (z.B. wirtschaftspolitische Maßnahmen, Subventionen, Ein-/Ausfuhrbeschränkungen, Strafzölle, Förderprogramme, sozialpolitische Maßnahmen, Steuerpolitik, Bildungspolitik etc.?

[2] Verändern sich wirtschaftliche Rahmenbedingungen, die meine Branche und mein Unternehmen betreffen können? (Wirtschaftswachstum, Konjunktur, Inflation, Zinsentwicklung, Währungsstabilität, Einkommen und Kaufkraft, Arbeitsmarkt, Verfügbarkeit und Kosten von Rohstoffen, Energie etc.)

[3] Wie verändert sich das Verhalten in unterschiedlichen Gesellschafts-, Kultur- oder Altersgruppen und hat dies Einfluss auf meine Kunden, meine Mitarbeiter oder andere Bezugsgruppen (Demographie, Einkaufsverhalten, Freizeit und Lebensstil, Werte und Normen, Gleichberechtigung, Mobilität, Gesundheit, Bildung etc.)?

[4] Welche technologischen Entwicklungen können meine Infrastruktur, Prozesse, Produkte und Leistungen verändern (Digitalisierung, innovative Produktionsverfahren, innovative Produkte und Services, Logistik- und Transportalternativen, neue technische Standards und Normen etc.)?

[5] Wie verändert sich unsere natürliche Umwelt und welche ökologischen Einflussfaktoren können meine unternehmerischen Aktivitäten beeinflussen (Klimawandel, Naturkatastrophen, Umweltauflagen, umweltbewusstes Einkaufsverhalten, Recycling, Entsorgung, Energie- und Ressourcenverbrauch, Biodiversität etc.)?

[6] Stehen Gesetzentwürfe oder -änderungen auf nationaler, EU-Ebene oder im internationalen Geschäftsverkehr an, die meine Geschäftsaktivitäten betref-

fen (Wettbewerbs-, Arbeits-, Steuer-, Eigentums-, Patentrecht, Umweltschutzgesetze, Genehmiguns- und Kennzeichnungspflichten etc.)?

[7] Die Fortschreibung der Umweltanalyse unterstützt eine vorausschauende und zukunftsorientierte Anpassung der unternehmerischen Strategie.

5.3 Analyse der internen Umwelt

Zur Analyse der sogenannten **internen Umwelt** (Mikro-Umwelt) findet in der Praxis das „**Fünf-Kräfte Modell**" (5-Forces-Modell) Anwendung. Der Managementguru Michael Porter hat dieses Modell zur Bewertung der Attraktivität von Industrien entwickelt, da die Profitabilität der Akteure sowohl von der Branche als auch vom eigenen Geschäftsmodell abhängig ist. Das Modell dient der Analyse der Kräfteverhältnisse in einer Branche und wird auch Branchenstrukturanalyse genannt.

Im „**5-Kräfte-Modell**" erfolgt eine Branchencharakterisierung anhand der Analyse des Machtpotenzials der Marktteilnehmer:

- Zulieferer
- Abnehmer
- Neue Marktteilnehmer
- Substitutionsprodukte
- Marktinterne Rivalität / Wettbewerb.

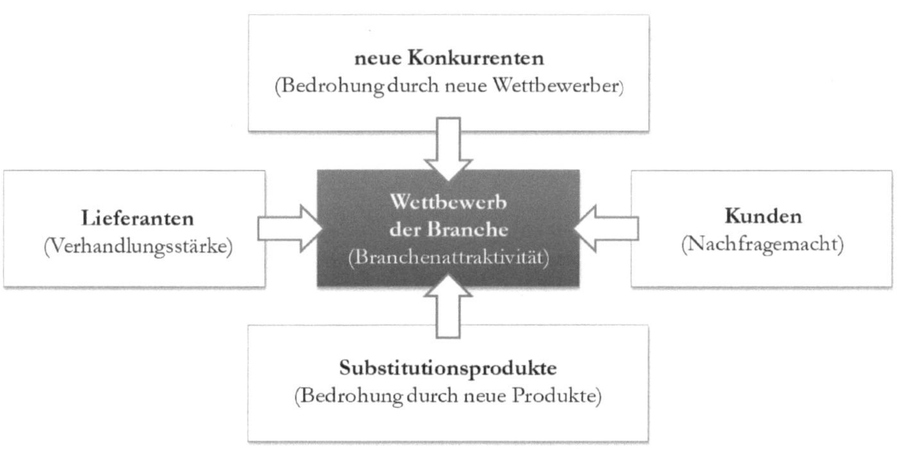

Abb. 54: Fünf-Kräfte-Modell zur Bestimmung der Branchenattraktivität (in Anlehnung an Porter)

Wenn die Macht der **Zulieferer** groß ist, dann besteht die Gefahr einer Abhängigkeit und etwaige Preiserhöhungen bewirken einen Druck auf die eigene Marge. Sollte ein Lieferant die Preise erhöhen, gibt es wenig Substitutionsalternativen (z.B. Turbinen für Flugzeughersteller). Ist die **Markteintrittsbarriere** gering, können neue Anbieter bestehende Anbieter angreifen (z.B. Entwicklung neuer Angebote durch Apps). Wenn die **Wettbewerbsintensität** niedrig ist, wie beispielsweise in monopolistischen Märkten (lange Zeit in der Telekommunikation oder der Energieversorgung), dann können die Anbieter Monopolrenditen realisieren. Haben **Abnehmer** eine starke Verhandlungsmacht, kann dies zu weitreichenden Eingriffen in das eigene Geschäftsmodell oder eine Risikoabwälzung führen: **Zulieferer** in der Automobilindustrie beklagen sich häufig über das Gebaren der Automobilkonzerne und auch in der Weinbranche fordert der Lebensmittelhandel Rabatte, gesicherte Liefermengen und Verkaufsunterstützung durch die Produzenten. **Substitutionsprodukte** gefährden bestehende Angebote: die Schreibmaschine hat den Computer nicht überlebt und das Festnetztelefon verliert zunehmend an Bedeutung.

Auch wenn jeder Anbieter aufgrund seiner strategischen Positionierung, seiner individuellen Wahrnehmung, seines Risikoprofils und des eigenen Geschäftsmodells zu abweichenden Ergebnissen in der internen Branchenanalyse kommt, wird für die deutsche Weinbranche festgestellt, dass das Wachstumspotenzial eingeschränkt ist, der Handel eine starke Marktmacht innehat und eine Marktverdrängung stattfindet:

5-F-Modell am Beispiel der deutschen Weinwirtschaft: Obwohl sich der Weinkonsum in Deutschland im Vergleich zu Absatzrückgang in historisch starken Weinkonsumländern stabil zeigt, ist die deutsche Weinbranche durch strukturellen Wandel charakterisiert. Seit 1980 hat sich die **Anzahl der weinerzeugenden Betriebe** halbiert. Die Vermarktung der Weine erfolgt durch (großteils familiäre) Weinbaubetriebe (mit vornehmlich Abdeckung der gesamten Wertschöpfungsstufen), durch Genossenschaften (Anbau durch die Mitglieder und gemeinschaftliche Produktion und Vermarktung), sowie durch Kellereien (Produktion und Vermarktung gekaufter Trauben oder Weine). Mehr als 10.000 inländische „Marken" buhlen um die Weinkunden. Es herrscht entsprechend **Rivalität**, die durch **ausländische Anbieter** verschärft wird. Die deutsche **Weinproduktion** ist reglementiert und limitiert. Weinanbau bedarf geeigneter Flächen verbunden mit Pflanzrechten. Die verfügbare Weinbaufläche ist aufgeteilt bei nur geringer, gesetzlich begrenzter Ausdehnung. Dieses System soll vor einer Übermenge und hieraus resultierendem Preisverfall schützen. Zudem ist Boden in einem dicht besiedelten Staat wie Deutschland ein knappes Gut. Für ambitionierte Marktteilnehmer hat das zur Folge, dass Wachstum nur durch **Verdrängung** realisiert werden kann. Dies zeigt sich in der kontinuierlichen Betriebsgrößensteigerung von Weinerzeugern. Da die Materialaufwendungen von den Gesamtkosten der Weinproduktion nur einen Bruchteil ausmachen und es für die Zulieferprodukte mehrere Anbieter gibt, ist die Marktmacht der **Zuliefererindustrie** begrenzt. Das muss aber nicht immer und nicht für alle Produzenten gelten, wie zeitweise Engpässe bei Glasflaschen, Qualitätskorken oder auch Bioweintrauben gezeigt haben. Jährlich werden in Deutschland mehr als 2 Milliarden Liter Wein konsumiert. **Weinkonsumenten** geben in Summe jährlich mehr als 13 Milliarden Euro für Wein aus. Der Handel nimmt besonders aus Mengenperspektive eine entscheidende Brückenfunktion zwischen den Produzenten und den preissensitiven Konsumenten wahr. Bei einer ausgabenorientierten Perspektive sind Direktvermarktung der Weingüter, der Fachhandel und die Gastronomie maßgebliche Absatzkanäle. Die Analyse des **Kräfteverhältnisses von Produzent und Abnehmer** hängt vom Geschäftsmodell bzw. der Vertriebsstrategie des Weinproduzenten ab. Der Lebensmitteleinzelhandel (LEH) ist konzentriert, der Handel verfügt über eine starke und steigende Verhandlungsmacht. Situativer Einkauf in mehreren Absatzkanälen (Multikanal) und der Wunsch nach Abwechslung bestimmen zunehmend das **Einkaufsverhalten** der Kunden. Die Konsumenten haben zwar keine starke Verhandlungsposition, aber ein reichhaltiges Angebot und geringer Aufwand beim Wechsel des Anbieters senkt deren Loyalität. Das **Substitutionsprodukt** ist vornehmlich Bier. Craft-Biere lehnen an die Weinbranche an. Mixgetränke, aber insbesondere auch alkoholfreie Produkte, gewinnen an Bedeutung. Das Trendthema Gesundheit hat das Potenzial, Weinkonsum zu mindern. Biologische Produkte gewinnen an Regalfläche und Nachhaltigkeit wird zum mitentscheidenden Kaufkriterium. Der deutsche Weinmarkt ist trotz hoher **Markteintrittsbarrieren** bei klassischen Geschäftsmodellen (z.B. limitierte Rebfläche, Neuanlagen anfänglich ohne Ertrag) auch für **Neueinsteiger** von Interesse, die weniger durch Rentabilitätsüberlegungen, sondern durch Selbstverwirklichung motiviert ist.

In wettbewerbsintensiven Branchen ist die eigene Positionierung zur Profilierung im Markt und zur Gewinnung von Kunden ausschlaggebend. Mit unterschiedlicher Interpretation der internen Umwelt eröffnen sich verschiedenartige strategische Handlungsfelder und -optionen. Eine Winzergenossenschaft, die erfolgreich im LEH vermarktet, mit einem Lesegutscanner ausgerüstet ist und bereits in Projekte zur weinbaulichen Nutzung von Drohnen eingebunden ist, wird sicherlich eine andere Umwelt wahrnehmen als ein kleines Weingut, das primär manuelle, tradierte Prozesse pflegt und sich auf Export konzentriert hat. In Abhängigkeit von den individuell beurteilten Einflussfaktoren der Umwelt sollen die jeweils eigenen Stärken genutzt, eventuelle Schwächen auf Handlungsbedarf geprüft und im Geschäftsmodell bzw. der Vermarktung ausgespielt werden.

Auch bei der internen Umweltanalyse empfiehlt sich für Kleinbetriebe gegebenenfalls eine **erstmalige Analyse zur Schaffung einer Planungsbasis**, zwischenzeitliche Sammlung von aktuellen Informationen aus Presse, Gesprächen oder Beobachtungen und eine **jährliche Zusammenführung** in einem handlungsorientierten Analyseergebnis. Eine bewusste Definition des Marktes und der vergleichbaren Wettbewerber sind für die Analyse des internen Wettbewerbsumfelds notwendige Voraussetzung. Diese Aktivität reduziert sich nicht auf nüchternes Dokumentenstudium oder Wälzen von Büchern. **Täglich können Impulse** für die interne Umweltanalyse aufgenommen werden:

- **Kundenreflexionen** (z.B. Beschwerden, Bewertungen im Internet)
- **Wettbewerberbeobachtung** (z.B. Messen nicht als reine Verkaufsaktivität verstehen, sondern Zeit für Besuch anderer Anbieter einplanen und Eindrücke aufzeichnen, Besuch und Tests der Produkte von anderen Anbietern, Auswertung von Preislisten anderer Anbieter)
- **Händlerinteraktion** (z.B. Einladung von Zwischenhändlern zum Austausch über Branchentrends, Produktbewertung mit Vertrieb / Verkäufern des Handels)
- **Produkttests** (z.B. Kauf von Produkten, die in der Presse gelobt oder auch kritisiert werden, Alternativprodukte wie Bier zum Essen versuchen)
- **Experimente** (z.B. Neuprodukt als Interaktionsmedium mit Kunden, Gemeinschaftsprodukte mit Partnern).

Die Betrachtung der internen Unternehmensumwelt beurteilt die Branchenattraktivität und hilft bei der Erkennung relevanter Aktionsfelder, um langfristig im Geschäftsfeld erfolgreich zu sein:

[1] Wer sind meine Wettbewerber und wie stark ist der Wettbewerb (Rivalität) in meiner Branche und in meinem Geschäftsfeld? (Wieviele Unternehmen mit einem vergleichbaren Angebot gibt es? Wie entwickelt sicht der Markt (Wachstum, Sättigung)? Wie groß ist der Preiskampf? Welche Stärken und Schwächen haben die Wettbewerber? ...)

[2] Welche Nachfragemacht haben meine Kunden? (Ist das Angebot größer als die Nachfrage? Wie preissensibel sind die Kunden? Welche Verhandlungsmöglichkeiten hat der Kunde? Welche Rolle spiele ich in der Wertschöpfung des Kunden? Wie einfach ist es für den Käufer das Produkt oder die Dienstleistung zu wechseln? ...)

[3] Wer sind meine Lieferanten und wie stark bin ich von Ihnen abhängig? (Welche Verhandlungsmöglichkeiten habe ich? Wie groß ist die Abhängigkeit? Welche Bedeutung hat der Lieferant für meine Wertschöpfung? Gibt es Alternativen? ...)

[4] Welche neuen Wettbewerber können meine Stellung im Wettbewerb bedrohen? (Wie attraktiv ist der Markt (Wachstum, Renditen)? Wie einfach lässt sich mein Produkt kopieren? Gibt es Eintrittsbarrieren (Patente, Investitionsbedarf, Erfahrungskurve)? ...)

[5] Wie groß ist die Gefahr, dass mein Angebot durch alternative Lösungen ersetzt wird? (Wie einfach lässt sich mein Angebot ersetzen? Kann das Kundenbedürfnis sich verändern / anders erfüllt werden? Gibt es Innovationen, die neue Angebote fördern? ...)

[6] Alle Kräfte innerhalb meines relevanten Marktes haben Einfluss auf den Wettbewerb und die Attraktivität meines Marktes.

5.4 Analyse der Unternehmenssituation

Um die unternehmerische Ausgangsposition zu beurteilen, empfiehlt sich eine Kombination aus **Eigenbeurteilung** (Eigenbild) und **Betriebsvergleich** (Fremdbild). Die aus eigener Perspektive manifestierte subjektive Sichtweise wird durch einen externen Vergleich mit dem Wettbewerb oder mit Partnern validiert, so dass die strategische Planung im Abgleich des Stärken-Schwächen-Profils mit den aus Unternehmersicht wahrgenommenen Chancen und Risiken des Marktes die Entwicklungspotenziale herausgearbeitet und Pfade zur Ausschöpfung definiert werden.

Eine eigenständige Beurteilung der Leistungsfähigkeit des Unternehmers und des Betriebs, vorhandener Fähigkeiten, Defizite oder bewusster Zurückhaltung in einigen Leistungsfeldern sollte mit einer einfachen Auflistung als **Stärken-Schwächen-Aufnahme** gestartet werden.

Eine weiterführende Stärken- und Schwächen-Analyse bedingt ein **Bezugsobjekt**. In der betrieblichen Praxis hat sich ein Vergleich in Verbindung mit Zielwertorientierung unter dem Begriff Benchmarking (i.S.v. „die Latte setzen“) durchgesetzt. Das Leistungsvermögen wird hierbei nach den Funktionsbereichen hinterfragt und ein Profil generiert.

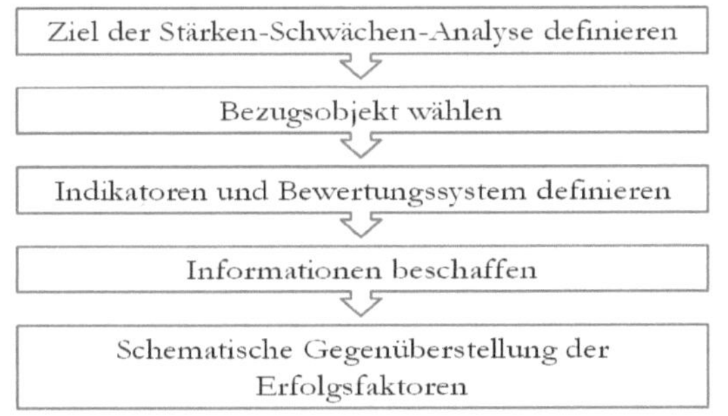

Abb. 55: Schritte zur Erstellung eines Stärken -Schwächen-Profils

5.4.1 Wettbewerbsvergleich und Benchmarking

In der Literatur wird der **direkte Konkurrent** als Vergleichsbasis für einen **Wettbewerbsvergleich** empfohlen. Bei Kleinbetrieben besteht jedoch die Gefahr, dass ein mit dem eigenen Betrieb gleichartig entwickelter Anbieter als Vergleichsobjekt angesichts von Mitläufereffekten den Erkenntnisgewinn minimiert. Mitläufereffekte kennzeichnen ein Verhalten, bei dem Betriebsverhalten imitiert wird.

> Menschen sind soziale Wesen, die sich an den Erfahrungen und der Meinung anderer orientieren. In der Politik wurde beobachtet, dass positive Wahlprognosen die Wählerentscheidung beeinflusst. Dieser **Mitläufereffekt** (Bandwagon-Effekt) bezeichnet den resultierenden Herdeneffekt. Der Begriff wurde durch eine Erfahrung des amerikanischen Clowns Dan Rice geprägt, der Mitte des 19. Jahrhunderts den damaligen US-Präsidentschaftskandidat unterstützen wollte. Rice forderte Mitmenschen auf, seinen Wagen (bandwagon) zu besteigen und ihn bei seiner Reise zu begleiten. Je mehr Menschen sich ihm anschlossen, desto schneller gewann er neue Unterstützer hinzu, nur weil viele andere dies bereits getan hatten. Volkswirtschaftlich erklärt der Mitläufereffekt das Phänomen, dass ein Produkt stärker nachgefragt wird, weil es von anderen Käufergruppen gekauft wird, ohne dass die individuellen Bedürfnisse des Konsumenten für den Kauf ausschlaggebend sind. Ebenso wurde beobachtet, dass Betriebe Innovationen einführen, die keinen erkennbaren Nutzen für das eigene Unternehmen zu haben scheinen. Vermuteter Erfolg bestimmt hierbei die erhöhte Bereitschaft, voraussichtlich erfolgreiche Handlungsweisen zu übernehmen. Es mangelt an einem **objektivierten Referenzbezug**.

Der schrittweise Prozess der strategischen Planung ist für kleine Betriebe und Unternehmer nicht immer einfach zu realisieren, da im Gegensatz zu großen Betrieben keine strategische Abteilung zur Unterstützung herangezogen werden kann. Darüber hinaus muss der Unternehmer sich neben seinem Tagesgeschäft die Zeit nehmen. Unternehmer können sich bei der Einschätzung ihrer Position im Vergleich zum Wettbewerb auch auf ihre intuitive Bewertung verlassen. Dennoch bietet es sich an, Dritte zu integrieren und somit **andere Perspektiven** aufzunehmen. Die Einbindung gleich- und andersdenkender Sparringpartner hilft, strategische Gedanken zu ordnen und zu formulieren. Unterstützung bei strategischen Überlegungen kann der Unternehmer über

Berater und Experten erhalten, aber auch in seinem Bezugsumfeld finden, seien es Familienmitglieder oder Freunde, Mitarbeiter, Vertriebspartner, Lieferanten oder Kollegen, oder auch Kunden, mit denen er seine strategischen Überlegungen diskutiert. Hier zeigt sich erneut die Bedeutung einer nachhaltigen Beziehung zu den Bezugsgruppen. Die Partner kennen nicht nur das Unternehmen, sondern auch die Wettbewerber, die Kunden mit ihren Bedürfnissen und Verhaltensweisen und das globale Umfeld. Es ist nicht nur für den Unternehmer hilfreich andere Meinungen einzuholen, es zeigt Wertschätzung und Anerkennung dem Partner gegenüber und fördert eine langfristige, vertrauensvolle Zusammenarbeit im Sinne sozialer Nachhaltigkeit.

In der Praxis hat sich eine **wertschöpfungsstufenorientierte Hinterfragung** durchgesetzt. Bei Rückgriff auf die Wertschöpfungskettenanalyse nach Porter werden dabei die primären Aktivitäten der Transformationsleistung und die hierzu unterstützenden Wertschöpfungsaktivitäten beleuchtet.

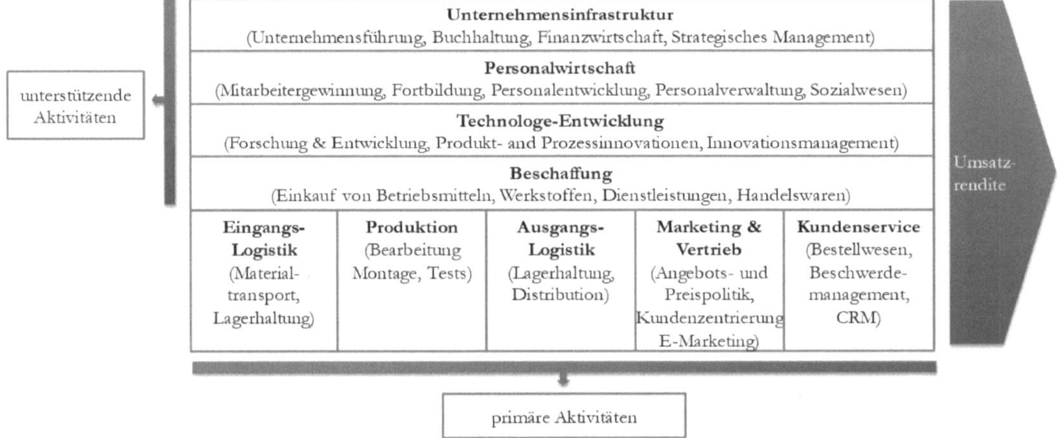

Abb. 56: Analyse der Wertschöpfungskette (in Anlehnung an Porter)

Es bietet sich an, ein visualisiertes Profil mit einer simplen Bewertung der relativen Leistungsfähigkeit anhand einer Skala (z.B. Überlegen (++), Vorteile (+), Neutral (0), Nachteile (-); Unterlegen (--)) festzuhalten. Je nach Fragestellung kann dieses Profil auf mehrere Vergleichsobjekte und hinsichtlich der Bewertungsskala (Punktwert-Modell) ausgeweitet werden (Abb. 57).

In kleinteiligen Branchen, also Märkten mit vielen Teilnehmern, mangelt es neben dem objektivierten Referenzbezug auch an publizierten Informationen für die Stärken-Schwächen-Analyse. In Literatur, Presse und im Internet werden wenig betriebswirtschaftliche Information über einzelne Anbieter zur Verfügung gestellt, so dass ein tiefgehender Wettbewerbsvergleich häufig scheitert und ein oberflächlicher Vergleich nur geringen Erkenntnisgewinn erlaubt. Um dennoch die eigenen Stärken und Schwächen zu beleuchten, sind **Durchschnittswerte** und **Kennzahlen** der eigenen und aus vergleichbaren Branchen dienlich (z.B. Marktforschungsberichte, publizierte Geschäftsberichte). Zugängliche Informationen zu **Leuchtturmbetrieben** ermöglichen, **Vorbilder** zu identifizieren und gezielt anzusprechen. Vergleichende Betriebsbesuche, auch in anderen Ländern, liefern ebenso Anhaltspunkte wie **Kunden- und Expertenmeinungen**.

Ressourcen und Leistungspotenzial	Entwicklung der letzten 5 Jahre	Vergleich zur Konkurrenz	Vergleich zur Marktentwicklung	
	besser gleich schlecht + 10 bis -10	besser gleich schlecht + 10 bis -10	gut schlecht + 10 bis -10	
Betriebsausstattung	+1	+5	+3	+9
Produktionsprozesse	+3	-5	-1	-3
Lieferantenbeziehung	+2	0	0	+2
technische Ausstattung	+4	+2	+2	+8
Kostensituation	-2	+3	+1	-2
Prozessinnovationen	+6	-4	-2	0
Kapazität	0	+2	+4	+6
Mitarbeiterkompetenz	+5	+1	+2	+8
Personalführung	+3	+1	+4	+8
Marketing	+4	-2	0	+2
Vertriebspotenzial	-2	-3	-1	-6
Marktinnovation	+2	0	+5	+7
Kostensituation	-2	+3	+5	-6
Managementkompetenz	+3	-1	+1	+3

Abb. 57: Stärken-Schwächen-Profil (fiktives Beispiel)

Die vergleichende Stärken-Schwächen-Analyse dient einem Erkenntnisgewinn bezüglich der eigenen Leistungsfähigkeit. Darüber hinaus werden Impulse zur Verbesserung und abzuleitende Maßnahmen besonders bei interaktivem Partnervergleich motiviert, ein Kernanliegen des-Betriebsvergleichs durch Benchmarking.

Mit **Benchmarking** wird ein Managementinstrument bezeichnet, bei dem andere Unternehmen als **Vorbild** für eine Optimierung dienen. In Abgrenzung vom Wettbewerbsvergleich wird nicht der direkte Wettbewerber ausgewählt, sondern es wird angestrebt, den oder die jeweils **besten Betriebe** („best practice") als Orientierung und zur Evaluation notwendiger Schritte heranzuziehen. Es wird ein Zielwert abgeleitet, der als Anspruch dient und die tiefgehende Analyse der Prozesse des Vergleichsbetriebs liefert erkennbare Stellhebel. Der Vergleichsbetrieb ermöglicht Orientierung als Blaupause zur Erreichung des derartig gesteigerten Anspruchsniveaus. Benchmarking kann der Orientierung bei Kostensenkungs- oder Digitalisierungsprojekten ebenso helfen wie beim Aufbau von einem Kundenbeziehungsmanagement. Benchmarking weitet den Referenzkreis über die Wettbewerber in der jeweils verankerten Branche aus, da auch branchenfremde Betriebe als Benchmarking-Partner genutzt werden (z.B. bei Logistik-Benchmarking eine Spedition oder ein Logistikdienstleister).

Das spanische Weingut **Sommos** (vormals **Irius**) wurde 2004 mit dem Anspruch gebaut, das weltweit beste Weingut zu schaffen. In der Planungsphase wurden mehr als 300 Betriebe besucht, um die Erfolgsfaktoren, Arbeitsabläufe und notwendige Komponenten der als Vorbilder geltenden Weingüter zu erfahren. Schon beim Bau wurde auf Robotik und Digitalisierung gesetzt, um traubenschonende und effiziente Prozesse zu gewährleisten. Das so entstandene Weingut verfügt beispielsweise über einen teilautomatisierten Barrique-Keller, innovative Verkostungsräumlichkeiten, einen Aroma-Erfahrungs-Raum und ein eigenes Kino zur professionellen Außendarstellung des Weinguts für Besucher.

Strategisches Nachhaltigkeitsmanagement profitiert ebenfalls vom Erfahrungsaustausch zu Maßnahmen und Effekten. Zur **Positionsbestimmung des nachhaltigen Handelns** ist ein Betriebsvergleich ebenso hilfreich, da Nachhaltigkeit komplex und mehrstufig ist. Es gibt **keine absolute Zielgröße**, da Nachhaltigkeit sich mit zunehmendem **Fortschritt** immer weiterentwickelt. Die Anzahl der **Maßnahmen** und deren **Intensität** sind ebenso relevant wie die damit verbundenen **Effekte**. Daher kann im Vergleich mit anderen Betrieben herausgearbeitet werden, was bereits an belastbaren Aktivitäten zur Steigerung der Nachhaltigkeit realisiert wurde oder wo Handlungsbedarf besteht. Im Austausch mit anderen Betrieben erhält der Unternehmer **Impulse** zur Steigerung der Nachhaltigkeit. Ein kontinuierlicher Prozess ist wünschenswert und hilfreich, da fortlaufend innovative Ansätze, Technologien oder Reformen neue Horizonte zum Nachhaltigkeitsmanagement entstehen lassen. Hierbei ist es zielführend, alle drei Säulen von Nachhaltigkeit bei Betriebsvergleichen abzudecken.

Zertifizierungsansätze der Nachhaltigkeit nutzen die Idee der Betriebsvergleiche, um Mitgliedern eine Weiterentwicklung zu ermöglichen. Über eine **Zertifizierung** werden die Leistungen dokumentiert, was in der Außenkommunikation (z.B. Kunden, Handel) vorteilhaft sein kann. Teilnehmer an einer Zertifizierung erhalten eine Orientierung über die eigene Leistung sowie Ansätze zur Verbesserung. Die besten Betriebe werden ausgezeichnet, was einen positiven Effekt auf deren Zufriedenheit hat und als bedeutende Erfolgsdeterminante von kleinen Betrieben zusätzlich motiviert. Zertifizierung ist jedoch aufwändig. Sie bed lesbar, da Auflösung zu gering ist lesbar, da Auflösung zu gering istingt zeitliches und finanzielles Engagement und eine Transparenz bzw. Offenbarung der eigenen Wirtschaftsweise.

> Für kleine Betriebe können Zertifizierungen zur Belastung werden, da hierfür entsprechend Ressourcen und Zeit notwendig sind. So verweist das Weingut **Weingart** auf ihre Nachhaltigkeitsphilosophie und begründet einen Verzicht auf eine externe Überprüfung:
>
> **Nachhaltigkeit**
>
> Nachhaltigkeit, insbesondere im ökologischen Bereich, ist ein umfassendes Ziel unserer Betriebsentwicklung. Wir machen uns seit vielen Jahren Gedanken in dieser Richtung und haben bereits viele Maßnahmen dazu ergriffen, insbesondere beim Neubau unseres Weingutes. Gerade im Kleinbetrieb sind umfangreiche Dokumentationen für Zertifizierungen jedoch unverhältnismäßig aufwendig. Bisher haben wir unsere Kraft und Energie daher vorrangig in die Schaffung nachhaltiger Fakten investiert. Ein gepflanzter Baum ist uns wichtiger als ein Siegel. Wir stehen persönlich für die Ernsthaftigkeit unserer Bemühungen ein. Wenn wir unsere persönlichen Grenzen dieser Nachhaltigkeitsentwicklung erreicht haben, werden wir uns über die Zusammenarbeit mit einem Zertifizierungsdienstleister Gedanken machen. Übrigens, das Hosting dieser Website ist CO2-neutral.
>
> In Anwesenheit von zahlreichen namhaften Persönlichkeiten aus (Wein-)Wirtschaft, Politik und Gesellschaft hat **Fair and Green** e.V. das Weingut **Egon Schmitt** als nachhaltigstes Weingut mit folgender Laudatio ausgezeichnet: *„Ein Weingut, das seine nachhaltige Entwicklung besonders glaubhaft vermittelt und selbst lebt: Das Weingut Schmitt aus Bad Dürkheim. In dem engagierten und vorbildlichen Familienbetrieb werden zahlreiche Ideen entwickelt und Schritt für Schritt umgesetzt – und das bezogen auf alle Säulen der nachhaltigen Entwicklung.“*

Ein erster Schritt ist hierbei die Wahl von Partnern, die ähnliche Ziele verfolgen. Die **Definition von Vergleichskriterien** in allen Nachhaltigkeitsdimensionen sollte gemeinsam und bereits unter Berücksichtigung vorhandener Nachhaltigkeitsaktivitäten und Maßnahmen erfolgen. Teilnehmende Betriebe ergründen ihren Leistungsgrad und im Austausch zu den Hintergründen und Maßnahmen werden Ansätze zur Verbesserung identifiziert.

Es ist zu erwarten, dass insbesondere der Handel bei der Auswahl seiner Lieferanten auch wegen der kundenseitigen Forderung nach belastbarem Nachhaltigkeitsmanagement zunehmend auf Zertifizierungen setzt und diese als Grundbedingung für eine Listung definiert.

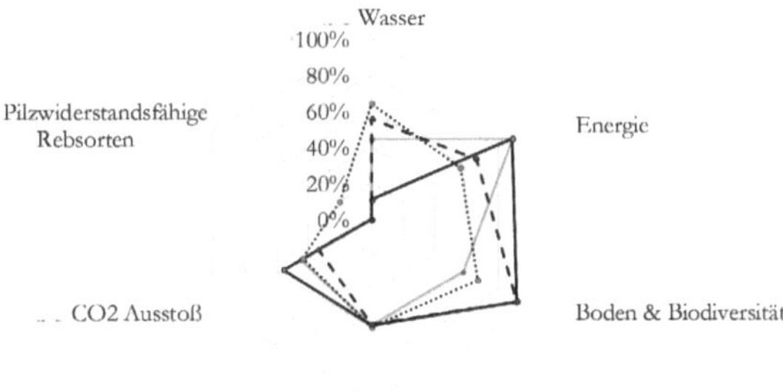

Abb. 58: Beispielhafter Betriebsvergleich ökologischer Nachhaltigkeit von vier Weingütern

5.4.2 Außenwahrnehmung

Kundenbasierte Informationsgewinnung gewinnt an Bedeutung, da das Internet einen schnellen Zugriff auf Meinungen und Beurteilungen erlaubt. **Bewertungsportale** nutzen Kundenmeinungen und diese beeinflussen die Kaufentscheidungen anderer Kunden. Aber auch unternehmensinterne Kundenfeedbacksysteme erlauben Rückschlüsse. Ebenso liefern **Expertenurteile** Orientierung für die Kunden aber auch für die Betriebe.

Bei der Weinbeurteilung durch Gault&Millau wurde das Weingut **Schwarztrauber** bei erstmaliger Teilnahme mit drei schwarzen Trauben ausgezeichnet. Für den Winzer war dieser Test ein Benchmarking-Versuch: *„Das Konzept der Blindverkostung mit einer hochkarätig besetzen Jury hat mich gereizt. Ich wollte wissen, wo ich stehe.“* Das Ergebnis bestätigte die zahlreichen anderen Auszeichnungen (z.B. Erzeuger des Jahres 2020 Mundus vini).

Expertenmeinungen beeinflussen das Renommee von Betrieben und deren Produkte, besonders in der Weinbranche mit asymmetrischem Informationsgefälle (Konsument kein Experte) und Wein als Konsumgut (erst der Verzehr erlaubt eine Qualitätsbeurteilung). Die Entscheidung „schmeckt oder schmeckt nicht“ komprimiert eine komplexe Kaufentscheidung (Preis, Produzent, Rebsorte, Herkunft, Produktaufmachung, Anlass ...) und in Ermangelung einer objektiven Beurteilung wird auf Expertenurteile (z.B. Tests oder Gütesiegel) zurückgegriffen, zunehmend komplettiert durch Kundenrezensionen.

Baron Anton **Longo** hat die familiäre Weinproduktion mit der Zielsetzung reaktiviert, herausragende Weine zu produzieren. Er konnte zwar auf die Trauben, die seit Generationen auf ausgezeichneten Weinbergen in Südtirol angebaut werden, zurückgreifen, Baron Longo musste aber wie ein Start-up-Unternehmen in eine Produktionsstätte, in Kompetenzaufbau und in eine professionelle Produkt- und Vermarktungsstrategie investieren. Dass er seine Zielsetzung erreicht hat, kann er mit Bezug auf eine Expertenwahrnehmung (Falstaff) nach weniger als fünf Jahren seiner Existenz untermauern.

BEST OF WEISSBURGUNDER

93 **KELLEREI TERLAN** Terlaner Weißburgunder Riserva Vorberg DOC 2014

92 **KELLEREI ST. MICHAEL-EPPAN** Südtiroler Weißburgunder Sanct Valentin DOC 2015

91 **WEINGUT ALOIS LAGEDER** Haberle Weißburgunder – Pinot Bianco DOC 2015

91 **TENUTA BARON LONGO** Weißburgunder DOC 2016

Zur Beurteilung der eigenen Prozess- und Servicekompetenz bietet sich ein **kundenbasierter Vergleich** an. **Pirelli** hat beispielsweise ein Marktforschungsunternehmen zum Mystery Research beauftragt, um zu messen, wie sich die Händler präsentieren, wie die Service- & Beratungsqualität insbesondere im Hinblick auf Produktberatung und Nutzenargumentation zu neuen Reifen ausfällt, ob Zusatzverkäufe angeregt werden und über notwendigen Reifenwechsel proaktiv informiert wird.

Mystery Research ist ein Verfahren zur Erhebung von Dienstleistungsqualität. Es kann an jedem **Kontaktpunkt** (Touchpoint) von Unternehmen und Kunden ansetzen und basiert maßgeblich auf Testkäufen. Mystery Research erhebt einen Leistungsprozess, im Gegensatz zu Kundenbefragungen, die Meinungen erheben. Um einen sogenannten Hawthorne-Effekt (in Kenntnis einer Beobachtungssituation wird die Leistung positiv beeinflusst) zu vermeiden, darf der Test nicht erkennbar sein. Beratungsunternehmen treten dabei ohne Hinweis auf den Testkauf als Kunden auf und beurteilen anhand eines festgelegten Kriterienkataloges mit dem Ziel der objektiven Beurteilung. Formen des Mystery Researchs sind beispielsweise **Mystery Shopping** (verdecktes Einkaufen), **Store Checks** (Überprüfung der Warenpräsentation bzw. Angebotsbedingungen), Social Media- oder **Jugendschutz-Tests**.

Mystery Tourists testen in der Hotelbranche, Mystery Patients im Gesundheitssektor oder Mystery Visitors in Museen. Dadurch wird das Qualitätsmanagement der Betriebe komplettiert. Ein abgewandelter Test des Dienstleistungsgeschehens kann auch **eigenständig durchgeführt** werden. Die Beurteilung der Prozessqualität und aller Einkaufsaspekte setzt eine Festlegung, was die unternehmerischen Ansprüche und Erwartungen an den Prozess sind, sowie Offenheit für das Feedback des eingesetzten Testpersonals (z. B. Freunde oder Studenten) voraus. Hierdurch werden viele Impulse gewonnen, die im Sinne eines als Steuerung verstandenen Controllings zur Steigerung der Wertschöpfung implementiert werden können.

Mystery Shopping-Projekt

Verdeckte Testkäufe auch in der Weinwirtschaft
Mystery Shopphing ist laut Definition eine Methode, um die Qualität von Dienstleistungen zu testen. Dabei treten geschulte Personen als sogenannte Testkäufer auf und bewerten die Qualität der Dienstleistungen anhand festgelegter Kriterien. Ein Semesterprojekt am Weincampus Neustadt hat sich mit diesem Thema beschäftigt. Prof. Dr. Marc Dreßler und Anika Kost vom Weincampus Neustadt berichten

Eindrücke eines anonymisierten **Testkaufs** (im Rahmen eines studentischen Seminars): Die Vinothek des Premiumweinguts war um 9.15 Uhr verschlossen, obwohl mit Öffnungszeiten ab 9 Uhr geworben wird. Das Auffinden des Eingangs fiel den Testern schwer und 10 Minuten Wartezeit in der Kälte vergingen bis zur Öffnung der Vinothek, ohne erklärende oder entschuldigende Worte seitens des Personals. Als störend wurde die Musikbeschallung wahrgenommenen und die Tester waren vom Engagement und der Qualität der Beratung in Erwartung einer herausstechenden Erfahrung enttäuscht, da auf geäußerte Wünsche nicht erkennbar ein-gegangen wurde. Bei den Attributen Sauberkeit, Klimatisierung, architektonische Atmosphäre und Fachkompetenz wurde das getestete Weingut hingegen mit sehr gut beurteilt.

Das **anvisierte Leistungsspektrum** muss qualitativ bestimmt, kommuniziert und hinterfragt werden. In Kenntnis der obigen Eindrücke bieten sich für den Betrieb Überlegungen an, die Öffnungszeiten anzupassen, da die Kunden eigentlich erst ab 11 Uhr die Vinothek aufsuchen. Zudem kann überlegt werden, wie der Prozess zur Gewinnung von Neukunden professionalisiert werden kann. Kontaktdaten von Interessenten können über Neukundenangebote, die zudem die Einkaufsmotivation erhöhen, akquiriert werden. Die Servicekompetenz bedingt gegebenenfalls Mitarbeiterschulungen. Schon mit der Konzeption eines Erhebungsdesigns wird eine gewünschte Orchestrierung des Einkaufserlebnisses eingefordert.

Bewertungsbogen Ab Hof Verkauf Weingut

Name
Datum
Uhrzeit

Allgemein

	ungenügend … sehr gut
Erreichbarkeit	☐ ☐ ☐ ☐ ☐ ☐
Anzahl Parkplätze	☐ ☐ ☐ ☐ ☐ ☐

Außenbereich

	ungenügend … sehr gut
Ersteindruck	☐ ☐ ☐ ☐ ☐ ☐
Auffindbarkeit Vinothek	☐ ☐ ☐ ☐ ☐ ☐
Sauberkeit	☐ ☐ ☐ ☐ ☐ ☐

Innenbereich

	ungenügend … sehr gut
Sauberkeit	☐ ☐ ☐ ☐ ☐ ☐
Beleuchtung	☐ ☐ ☐ ☐ ☐ ☐
Klimatisierung	☐ ☐ ☐ ☐ ☐ ☐
Musikbeschallung	☐ ☐ ☐ ☐ ☐ ☐
	traditionell … modern
Einrichtung	☐ ☐ ☐ ☐ ☐ ☐
	beengt … großzügig
Raumempfinden	☐ ☐ ☐ ☐ ☐ ☐

Personal

	ungepflegt … gepflegt
Auftreten/Erscheinungsbild	☐ ☐ ☐ ☐ ☐ ☐
	sehr niedrig … sehr hoch
Engagement/Motivation	☐ ☐ ☐ ☐ ☐ ☐
Hilfsbereitschaft	☐ ☐ ☐ ☐ ☐ ☐
	nein ja
Namensschild	☐ ☐

Beratung

	sehr gering … sehr hoch
Zeit für Kunden	☐ ☐ ☐ ☐ ☐ ☐
Wartezeit	☐ ☐ ☐ ☐ ☐ ☐
Fachkompetenz	☐ ☐ ☐ ☐ ☐ ☐
	sehr aufdringlich … sehr angenehm
Verhalten	☐ ☐ ☐ ☐ ☐ ☐
	nein ja
Verkostung möglich	☐ ☐
Emotionale Produktansprache	☐ ☐
Produktalternativen angeboten	☐ ☐
Eingehen auf Wünsche des Kunden	☐ ☐
Enttäuschung bei Nicht-Kauf trotz Beratung	☐
Nach Zufriedenheit erkundigt?	☐ ☐
Verabschiedung	☐ ☐

Sortiment

	sehr gering … sehr hoch
Auswahl	☐ ☐ ☐ ☐ ☐ ☐
Preisspanne	☐ ☐ ☐ ☐ ☐ ☐
Übersichtlichkeit	☐ ☐ ☐ ☐ ☐ ☐
	nicht ansprechend … sehr ansprechend
Präsentation	☐ ☐ ☐ ☐ ☐ ☐

Bewertung insgesamt

	nein ja
Erwartungen erfüllt	☐ ☐
Weiterempfehlung	☐ ☐
Wiederbesuch	☐ ☐

Anmerkungen:

Abb. 59: Beispiel für einen Bewertungsbogen zur Durchführung eines Testkaufs (studentisches Projekt)

Die Vertriebsmannschaft der **Lauffener Weingärtner e.G.** überprüft permanent, ob ihre Produkte gemäß den Absprachen mit ihrem Handelspartner repräsentiert werden, ob die Ware richtig platziert, sichtbar und ansprechend angeboten wird. Diese visuell geleitete Form des Testkaufs ist ein selbstverständlicher Bestandteil des gelebten Qualitätsmanagements.

Die Analyse der eigenen Unternehmenssituation bildet insbesondere für Unternehmer die Möglichkeit, strukturiert die kritischen Erfolgsfaktoren des Unternehmens zu erkennen und auszuschöpfen. In Abhängigkeit von der Zielsetzung und der Fragestellung kann es aus Ressourcen- und Zeitgründen zielführend sein, sich bei der Einschätzung auf die Meinung von Partnern zu stützen. Die relevanten Fragen dabei sind:

[1] Was ist das Ziel meiner Unternehmensanalye? – Kritische Erfolgsfaktoren: Leistungsvermögen, Wertschöpfung, Angebot, Ressourcen / Kompetenzen, Kunden, Innovation, Nachhaltigkeitsausrichtung.

[2] Was sind meine Bezugsobjekte? – Wettbewerbsvergleich (Direkter Konkurrent), Benchmark (Best-Practise), Kundenorientierter Vergleich, Vergleich zur Marktentwicklung, Vergleich zu meiner Entwicklung in den letzten Jahren.

[3] Welches Bewertungssystem ist zielführend und welche Indikatoren kann ich nutzen? – Kennzahlen, +/- Bewertung, Punktwert-Modell.

[4] Wie kann ich mir die relevanten Informationen beschaffen? – Literatur, Presse, Internet, Partner, Vorbilder, Kunden, Kongresse, Branchen-Networking.

[5] Welche Stärken und welche Schwächen meines Unternehmens lassen sich aus der Beurteilung ableiten? – eigene Fähigkeiten, Mitarbeiter, Finanzkraft, Charisma, regionale Verwurzelung, Vermögenspositionen.

5.5 Strategische Aktionsfelder

Strategische Aktionsfelder werden durch eine Zusammenführung der internen und externen Umweltanalysen unter Berücksichtigung der Trends und Veränderungen sowie der betrieblichen Besonderheiten generiert. Hierzu werden in einer SWOT-Analyse die Unternehmensstärken und -schwächen im Vergleich zum Wettbewerb festgehalten und mit den Chancen und Risiken, die der Unternehmer ableitet, kombiniert und in ein strategisches Zielgerüst überführt.

SWOT ist ein Akronym der Buchstaben zur Beobachtung des Unternehmens in dessen Umwelt im Rahmen der strategischen Planung: **S**trenghts (Stärken); **W**eaknesses (Schwächen); **O**pportunities (Chancen); **R**isks (Risiken).

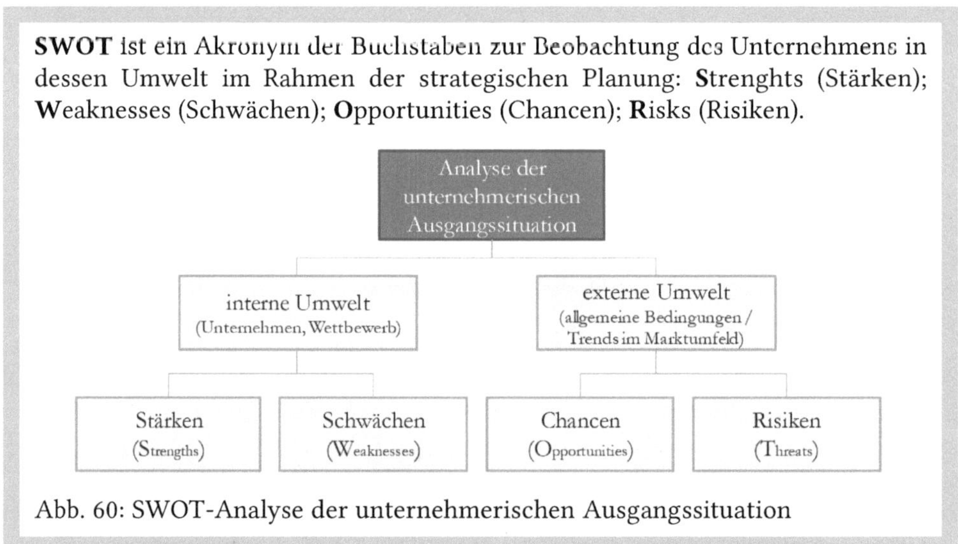

Abb. 60: SWOT-Analyse der unternehmerischen Ausgangssituation

Häufig ist eine Priorisierung notwendig, um im Sinne dieses Instruments Übersichtlichkeit und Handhabbarkeit zu gewährleisten. Eine beispielhafte Illustration zeigt die

Einsatzfähigkeit des Instruments über eine Unternehmensanalyse hinaus. Mit der SWOT-Betrachtung kann eine Wettbewerbssituation, eine Branche, eine Region oder ein Vorhaben prägnant dargestellt werden.

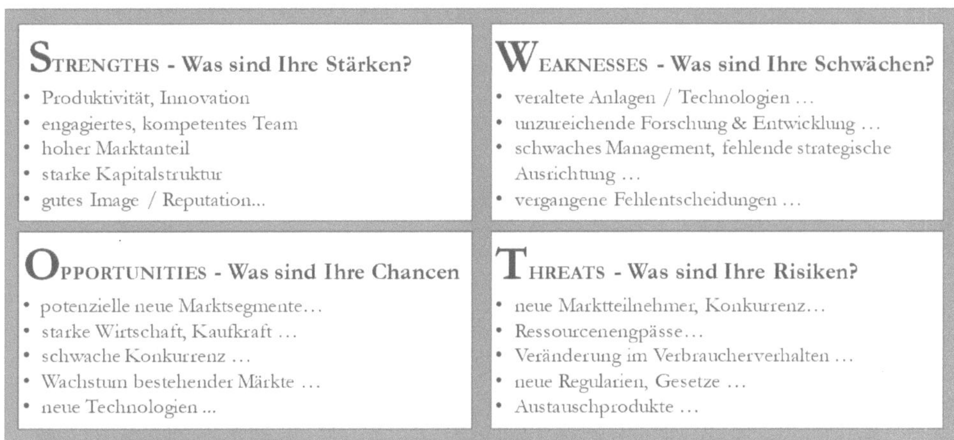

Abb. 61: Beispielhafte Inhalte einer SWOT-Analyse

Die Zuordnung, ob ein Aspekt eine Stärke oder Schwäche oder ein Umweltfaktor eine Chance oder ein Risiko darstellt, hängt von der individuellen Einstellung und den unternehmerischen Zielen ab. 2018 war beispielsweise ein überdurchschnittlich ertragreiches Jahr für deutschen Wein. In einer Befragung im Folgejahr beurteilt fast die Hälfte der Winzer dies als Chance, da Neukundengewinnung und neue Vertriebswege eröffnet werden konnten. 20% der Teilnehmer sehen hingegen primär ein Risiko wegen erwartetem Wettbewerbs- und Preisdruck.

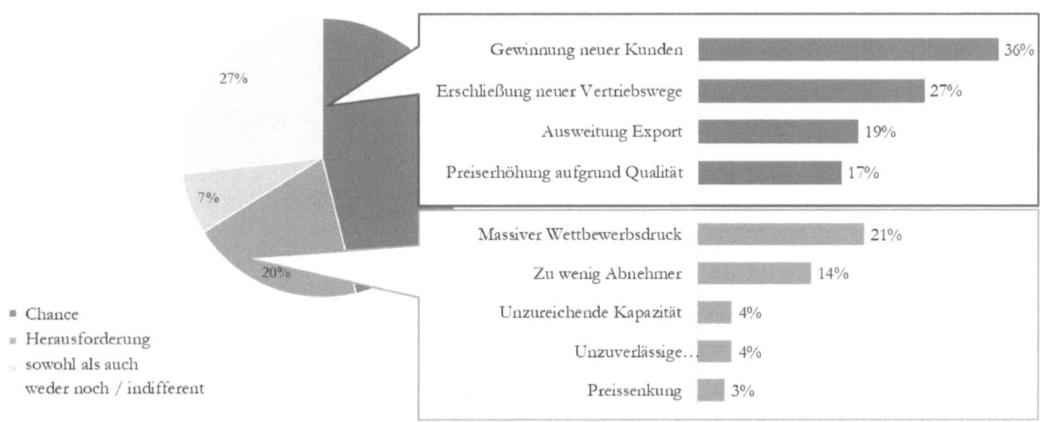

Abb. 62: Individuelle Beurteilung von Umweltfaktoren – Beispiel Bewertung von überdurchschnittlichem Ernteertrag (Befragung 2018)

Modernes Strategie-Denken ist zukunftsgerichtet. Aufbauend auf der verbreitet angewendeten Stärken-Schwächen-Betrachtung anhand der SWOT-Analyse werden über eine TOWS-Betrachtung Handlungsimpulse abgeleitet. **TOWS** (Threats / Opportunities / Weaknesses / Strengths) leitet aus der SWOT über Kernfragen strategische Aktivitäten ab, um Chancen mit Stärken zu bündeln und Risiken und Schwächen zu eliminieren. Schon die durch das Akronym TOWS (statt SWOT) ausgedrückte Akzentuierung von der Umweltentwicklung (Chancen / Risiken) unterstreicht eine Betonung der perspektivischen Umweltaspekte.

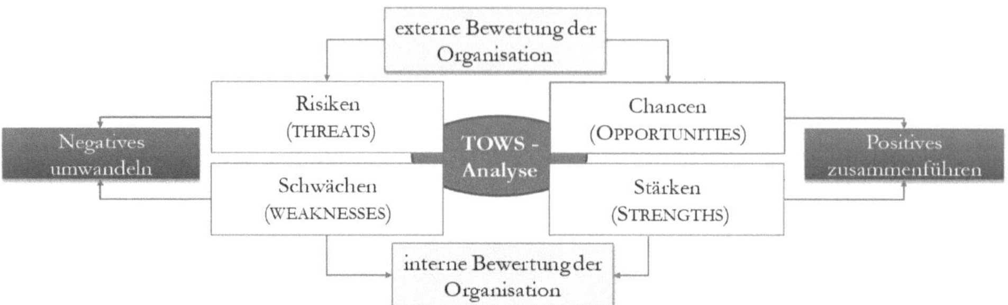

Abb. 63: Schematische Darstellung einer TOWS-Analyse

Entsprechend werden die Dimensionen interne Organisationbeurteilung, externe Umweltwahrnehmung, Gefahrenpotenzial aus den Schwächen und unternehmerische Weiterentwicklung durch Ausspielen des spezifischen Potenzials verzahnt:

- Von welchen Veränderungen der Umwelt kann ich profitieren?
- Welche Stärken kann ich dabei ausspielen?
- An welchen Schwächen muss ich arbeiten?
- Welche Trends und Veränderungen stellen für mich Risiken dar?

Dieser Ansatz forciert Priorisierung und die Validierung von Alternativen. Die strategischen Handlungsalternativen werden definiert, indem die Stärken mit den Chancen abgeglichen werden. Gleichfalls wird ein Kreativprozess angeschoben, bei dem Risiken evaluiert und diese gegebenenfalls maßnahmengetrieben in Chancen überführt werden. Weichenstellungen im Unternehmen werden durch Investitionen zur Schaffung der für nachhaltige Marktbearbeitung notwendig erkannter Voraussetzungen entschieden. Die Attraktivität der Marktchancen und das Gefahrenpotenzial beeinflussen die Investitionsentscheidungen und werden anhand der erfolgten Analysen belastbar priorisiert und quantifiziert. Entscheider refokussieren dadurch von einer stark auf die Ist-Situation geprägten Evaluation auf die Zukunftsgestaltung. Das Ableiten von konkreten, zukunftsbezogenen Handlungsalternativen gewinnt an Planungsrelevanz.

In der strategischen Planung werden die Handlungsmöglichkeiten als **Optionen** mit einem Optionswert verbunden. Es wird nicht nur eine zum Zeitpunkt der Analyse präferierte Handlungsmöglichkeit entschieden und alle anderen verworfen, sondern ein **Portfolio** an Alternativen mit Priorisierung aufgestellt. Gegebenenfalls wird auch im Sinne von Optionen investiert, indem beispielsweise Beteiligungen an Start-ups oder Partnerschaften mit einem überschaubaren Engagement verfolgt werden. Mit fortlaufender Zeit und damit verbundenem Erkenntnisgewinn kristallisieren sich alternative Handlungsoptionen als vorteilhafter oder weniger attraktiv heraus, so dass die Verfolgung der Optionen **repriorisiert** werden kann. Mit diesem Planungsansatz erhält ein Unternehmen Flexibilität und hiermit verbundene **Lerneffekte** stellen ebenso einen Wert dar.

Eine **Option** ist ein als Recht zum Kauf oder Verkauf eines Gutes in einem definierten Zeitraum zu einem festgelegten Preis. Optionen haben sich als finanzwirtschaftliches Instrument etabliert, um Risiken zu minimieren. Beispielsweise werden mögliche Transaktionen im Auslandsgeschäft mit Währungsrisiken abgesichert, indem die erwarteten Transaktionssummen optioniert werden. Damit sichert man sich aktuelle Kurse, vermeidet Verluste nachteiliger Marktentwicklungen und sollte das zugrundeliegende Geschäft nicht realisiert werden, ist das Risiko auf den Optionspreis beschränkt.

Mit dem strategischen Handlungsrahmen wird definiert, in welchen Märkten oder Marktsegmenten man aktiv sein will und welche Stärken man in seiner strategischen Marktbearbeitung ausspielen möchte. Diese Entscheidungen bestimmen die längerfristige Perspektive.

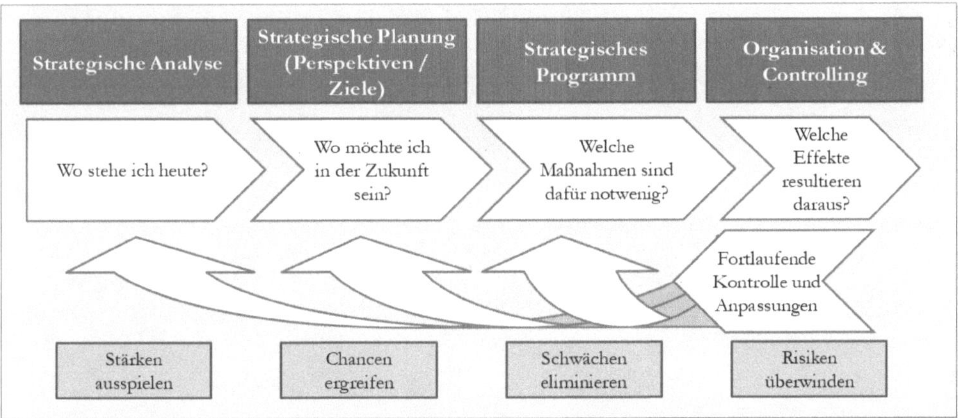

Abb. 64: Kernfragen und Aktionsfelder strategischer Ausrichtung

Zur Kreation, Reflexion und Überarbeitung der Strategie müssen Unternehmer die Kernfragen zur Erkennung notwendiger Aktionsfelder permament verfolgen:

[1] Welche Chancen kann ich auf Basis meiner Stärken ausschöpfen oder müssen im Betrieb erst Voraussetzungen geschaffen werden, um von Chancen zu profitieren?

[2] Welche Risiken aus der Umwelt sind für meinen Betrieb existenzgefährdend, betreffen diese auch eine Schwäche oder kann ich mit einer Stärke diesen begegnen?

[3] Welche Stärken kann ich besser ausspielen und wo ist die Gefahr, dass diese Stärken eingeholt und nivelliert werden?

[4] Welche Schwächen sollte ich wie beheben oder ausgleichen?

[5] Welche der Aktivitäten sind strategisch am wichtigsten und wie kann ich meine strategischen Aktionsfelder priorisieren?

6 Instrumentelle Strategieentwicklung

Strategie ist ein mehrdimensionales gedankliches Konstrukt, das gemäß Porter dem Anspruch gerecht werden soll, einen eigenständigen, wertebasierten Weg zu beschreiten:

> „*Competitive strategy is about being different.*
> *It means deliberately choosing a different set of activities*
> *to deliver a unique mix of value.*“ (Porter 1996)

Aus der Analyse der Ausgangssituation des Unternehmens in seinem externen und internen Unternehmensumfeld ergibt sich eine Landkarte mit strategischen Perspektiven, die Basis für die Entwicklung der Unternehmensstrategie bildet. Die Konkretisierung in unterschiedlichen Komponenten der Strategie, wobei die Bausteine synchronisiert und aufeinander abgestimmt sein müssen, sichert eine nachhaltige strategische Ausrichtung. Diese strategischen Komponenten und Ziele ermöglichen, dass Strategie als Instrument zur Unternehmenssteuerung für eine nachhaltige Ertragspotenzialausschöpfung nutzenstiftend eingesetzt werden kann. Hierbei ist ein Bogen von der wertebasierten Orientierung über eine durch die Kunden wahrnehmbare Positionierung im Wettbewerbsumfeld bis hin zur Konkretisierung eines ambitionierten, nachhaltigen Geschäftsmodells zu spannen.

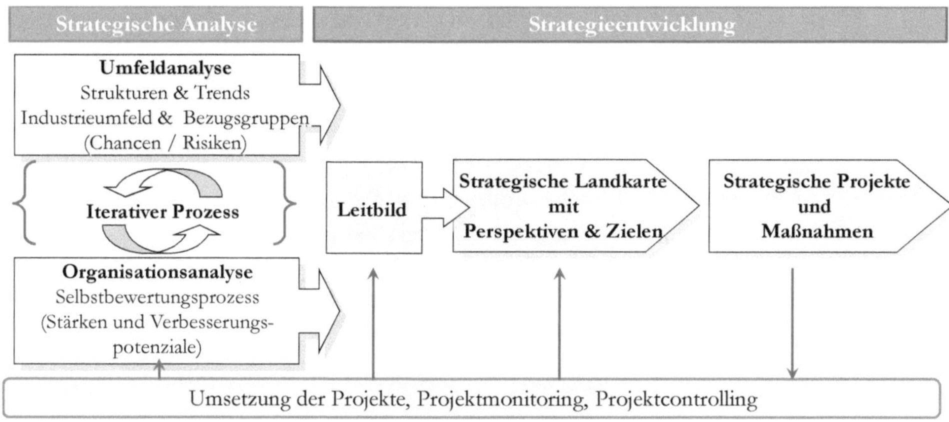

Abb. 65: Phasen und Elemente der Strategieentwicklung auf Basis der strategischen Analyse

6.1 Entwicklung von strategischen Perspektiven und Zielen

Ein Ziel beschreibt einen **gewünschten Zukunftszustand**. Die Zielformulierung hilft, Handlungsmöglichkeiten zu reduzieren und Entscheidungen zu fällen. Bei Handlungsoptionen wird die Alternative mit der besten Zielerreichung gewählt. Die strategischen Ziele und das Zielniveau müssen der Erreichung der gewünschten Zielzustände dienlich sein.

6.1.1 Ziele setzen

Ziele erfüllen ihren Zweck, wenn sie eindeutig formuliert, aber auch erreichbar sind. Zur Definition von Zielen hilft die „**Smart**“-Regel:

- spezifisch (Klarheit, was erreicht werden soll)
- messbar (Messgröße und Zielwert definieren)
- ambitioniert, ausführbar und akzeptiert (Motivation für Engagement geben)
- realistisch (Erreichbarkeit muss gegeben sein)
- terminiert (zeitlicher Rahmen ist festzulegen).

Grundsätzlich wird zwischen **quantitativen** und **qualitativen** Zielen unterschieden. Quantitative Erfolgsvariablen, wie beispielsweise Umsatz oder Gewinn, sind zur Unternehmenssteuerung geeignet, da sie im Rahmen der gesetzlich geforderten Informationspflichten erhoben werden müssen und leicht messbar sind. Die Limitierung strategischer Ziele auf quantitative Ertragsziele (z.B. jährliche Gewinnsteigerung von 10%) reflektiert im Lichte notwendiger Nachhaltigkeit den nicht mehr zeitgemäßen Shareholder-Zentrismus. Eine rücksichtslose Gewinnoptimierung kann vielfältige negative Effekte zeitigen, wie vernachlässigte Sicherheitsmaßnahmen in Zuliefererfabriken oder Missachtung von ökologischen Risiken. Bei quantitativ-fokussierte Zielen wird darüber hinaus eine Priorisierung **kurzfristiger**, ergebniswirksamer Entscheidungen kritisiert, obwohl langfristig sinnvolle und nachhaltige Steuerung Nachhaltigkeit sichert (z.B. Ausnutzung von Preisvorteilen günstiger Stromangebote zur Gewinnerhöhung statt Verwendung von Bioenergie).

Illustration eines Shareholder-zentrierten Ansatzes: Jahresergebniskommunikation **Constellation Brands**.

Zunehmend etablieren sich auch in kleinen Betrieben **qualitative** Ziele (z.B. Mitarbeiter- oder Kundenzufriedenheit) bei der Festlegung eines strategischen Zielrahmens, da qualitative Faktoren Hebel für eine Erreichung quantitativer Ziele bilden. Schon die Betrachtung von Gewinn als Zielbasis veranschaulicht eine Komplexität der hierbei beeinflussenden Stellhebel. Gewinn kann über die Steuerung des Umsatzes (als Multiplikation von abgesetzter Menge mit dem realisierten Preis) sowie der Kosten (fixe als auch variable) realisiert werden. Intensivierung der Marketingmaßnahmen (z.B. Adresskauf und Mailings) ermöglicht die Gewinnung von Kunden und in der Folge eine Umsatzsteigerung, bei nachteiligem Effekt auf die Kosten, da der Aufwand der Vermarktung steigt. Bei Senkung der Serviceleistung (z.B. Abbau von Vertriebsmitarbeitern) werden die Kosten gesenkt, aber die Kundenzufriedenheit wird gefährdet, was sich dann wieder in einem sinkenden Absatz bzw. Umsatz niede-schlägt. Ziele können komplementär zueinander sein und sich gegenseitig verstärken, neutral oder gegenläufig.

Zielkomplementarität	Zielneutralität	Zielkonflikt
Zielerreichung eines Ziels führt zugleich zur besseren Erfüllung des anderen Zieles.	Zielerreichung eines Zieles hat keinen Einfluss auf die Erreichung des anderen Zieles	Zielerreichung eines Ziels ist konträr zur Erfüllung des anderen Zieles
• Qualitätssteigerung • Umsatzsteigerung	• an Kunden angepasste Öffnungszeiten • Nutzung regenerativer Energie	• Personalkosten senken • Beratungsintensität erhöhen

Tab. 4: Zielkompatibilität

In der betrieblichen Praxis bedingen langfristig orientierte Strategien ein Portfolio an Zielen, die quantitative und qualitative Sachverhalte abbilden und auch parallel verfolgt werden. Es gibt eine Vielzahl von individuellen **Zielen zur Erfolgsmessung,** die sich kleine Betriebe setzen können, teilweise abweichend von einer Konzernsteuerung. Die Beurteilung von Marktanteil als qualitative Zielsetzung illustriert dies beispielhaft. Kleine Betriebe können ihren Marktanteil weder belastbar berechnen noch entsprechende quantitative Zielvorgaben definieren. Dennoch kann „gefühlter Marktanteil" unternehmerisch leitend sein. Wenn in einer Reflexion des Unternehmers die Gewinnung renommierter Restaurants oder Weinfachhändler mit gesteigerter Reputation und dem Verkauf von Weinen realisiert wurde, dann ist die unternehmerische Wahrnehmung eines gesteigerten Marktanteils ein dienlicher Indikator. Zur Messung der Zielerreichung kann auf die persönliche Einschätzung des Unternehmers zurückgegriffen werden. Unternehmer verfügen häufig nicht über exakte Werte zu den quantitativen Kriterien. Zur Steuerung des Betriebs ist es aber hilfreich, wenn Zielwerte definiert und somit einen Abgleich von Soll- und Istwerten nach einer definierten Periode ermöglicht wird. Diese auch wissenschaftlich bestätigte Vorgehensweise hat sich auch bei der Erfolgsbeurteilung der Betriebe in der Weinbranche im Rahmen der eigenen Forschung bewährt.

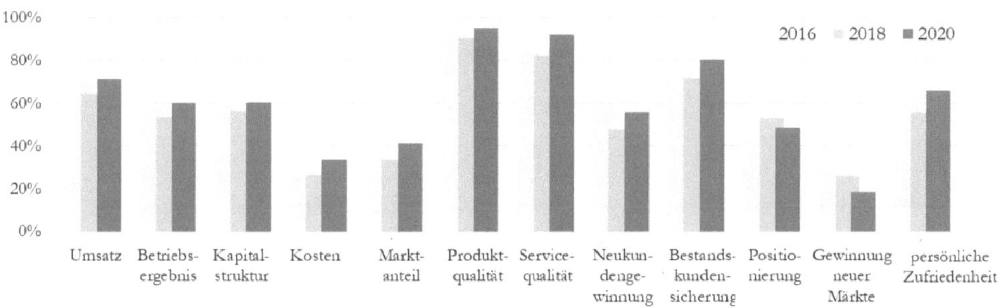

Abb. 66: Erfolgsbeurteilung (‚sehr gut' oder ‚gut') in der Weinbranche (Befragungen 2016, 18, 20)

6.1.2 Strategische Zielformulierung

In der betrieblichen Praxis werden Zielwerte oftmals als **Fortschreibung** der Vergangenheitswerte festgelegt, was jedoch den Anforderungen eines strategischen Konzepts nicht genügt. Die strategische Planung soll den Zielanspruch unter **Reflexion** sich veränderter Umweltsituationen konkretisieren. Angesichts des beobachtbaren Effekts, dass der **Zielanspruch** (Ambitionsniveau) den Erfolg beeinflusst, sichert eine Fortschreibung keine ausreichende Motivation. Die langfristige Ausrichtung der strategischen Zielformulierung soll vielmehr die unternehmerische Ambition für angestrebte Veränderungen bei Nachhaltigkeit, Innovation und Wachstum – auch mit der Alternative sich zu verkleinern – in ein greifbares Zielgerüst konkretisieren. Mit der strategischen Zieldefinition wird ferner eine Basis für eine hierauf aufbauende feingliedrige Steuerung geliefert. Die Steuerung von Veränderungsprozessen ist dabei ein zentrales Anliegen, was mit der alleinigen Wertermittlung am Ende eines Geschäftsjahres und einem Vergleich mit dem Vorjahr nicht möglich ist. Zudem sollte der Zielerreichungsabgleich gleichzeitig eine Ursachenanalyse sichern und Maßnahmen zur Umsteuerung ableiten. Eine diese Anforderungen berücksichtigende Ausarbeitung strategischer Unternehmensziele erlaubt eine Synchronisation des Unternehmens. Den Entscheidungshintergrund für alle Zielentscheidungen bildet das Leitbild eines Unternehmens, mit der langfristigen Zukunftsvision, der Daseinsberechtigung und den orchestrierenden Werten. Hierauf berufend werden die strategischen Ziele definiert und in operative Ziele bis hin zu Maßnahmen überführt.

Abb. 67: Strategische Zielpyramide (in Anlehnung an Meffert)

Die **strategischen Ziele** des Unternehmens reflektieren die gewählten Handlungsalternativen, die aus der Analyse von allgemeiner Umwelt, Wettbewerbsumwelt und der Wahrnehmung der Stärken und Schwächen des Unternehmens abgeleitet wurden. Qualitative, richtungsgebende Zielformulierungen könnten beispielsweise sein:

- Verbesserung der Wahrnehmung im Markt über gezielte Ansprache von Kundengruppen

- Steigerung der Servicequalität, um Kundenanforderungen nach Bequemlichkeit nachzukommen
- Umsatzerhöhung über Preisdifferenzierung durch Bepreisung von zielkundenspezifischen Nutzenerweiterungen
- Konsequentes Nachhaltigkeitsmanagement in allen Wertschöpfungsstufen.

Operative Ziele können als quantitative Ziele formuliert werden, um die strategischen Zielerreichung zu unterstützen:

- Kreation einer Serviceleistung zur Gewinnung von 500 Neukunden
- Erhöhung der Kundenzufriedenheit um 5%
- Realisierung einer Kundenbefragung zum Serviceniveau
- Preiserhöhung in der Produktgruppe x von 10% ohne Verlust von Kunden
- Identifikation von mindestens drei Maßnahmen zur Steigerung der Nachhaltigkeit in jeder Wertschöpfungsstufe.

Dabei werden die strategischen und operativen Ziele in einem Wechselspiel von Top-Down (vom Unternehmer oder der Leitung vorgegeben) und Bottom-Up (von der Mitarbeiter- oder Bezugsgruppen vorgeschlagen) definiert, verfeinert, adjustiert und synchronisiert.

6.1.3 Zielevielfalt managen

Die **Implementierung** von strategischen Überlegungen ist eine Managementherausforderung. Ein Unternehmer ist gefordert, sowohl im Tagesgeschäft als auch durch Orchestrierung der betrieblich relevanten Stellhebel permanent an der Umsetzung der Strategie und gleichzeitig an dessen Weiterentwicklung zu arbeiten. Eigenständiges Einbringen und Veränderungsbereitschaft bilden hierbei die Grundlage, die mit vorausschauendem und passendem Innovationsmanagement und einer synchronisierten Organisationsentwicklung den nachhaltigen Erfolg sichert.

Mehr als zwei Drittel aller Strategien werden nicht umgesetzt. Während die Strategie einen positiven Blick nach vorne aufzeigt, ist die Planung der Umsetzung und die Realisierung harte Arbeit. Gerade Unternehmer und Kleinbetriebe müssen darauf achten, sowohl die Strategie auf einem realistischen Niveau zu definieren als auch eine klare Formulierung konkreter und machbarer Maßnahmen abzuleiten. Neben der zentralen Rolle des Unternehmers bei der Implementierung muss die operative Umsetzung in Funktionalstrategien mit konkreter, zukunftsorientierter Gestaltung stimmig sein. Während bei der Strategieentwicklung die übergeordneten, wertebasierten Ziele bestimmend sind, bedarf es einer eingehenden Beleuchtung der handlungsorientierten Ziele zur organisatorischen, finanzwirtschaftlichen, personalwirtschaftlichen und marketingbasierten Umsetzung. Aspekte der strategischen Verzahnung und des Nachhaltigkeitsmanagements bilden die Klammer für die operative Umsetzung der strategischen Überlegungen.

Planungsstufe	Hauptfrage	Entscheidungs-inhalte	Planelemente
Unternehmens-politik	**Wer** wollen wir sein?	Hauptziele der Rahmenbedingungen festlegen	Vision, Leitbild, Unternehmenskonzepte
Strategische Planung	**Wohin** wollen wir?	Erfolgspotenziale finden und auswählen	Strategische Pläne
Operative Planung	**Wie** erreichen wir die Ziele?	Erfolgspotenziale ausschöpfen und neu aufbauen	Mittelfristplanung Jahresplanung
Disposition	Wie **reagieren** wir bei Störungen?	Korrigieren, um Ziele einzuhalten	Erwartungsrechnung

Tab. 5: Zielorientierte Planungssystematik (in Anlehnung an IGC 2010)

Da Unternehmen **soziale Gefüge** sind, funktioniert eine Steuerung nicht im Sinne einer Programmierung oder nach physikalischen oder mathematischen Gleichungen. Es bedarf einer permanenten Feinsteuerung und Adjustierung aller Stellhebel, bei denen viele Sozialprozesse ablaufen und die eine Analyse der Wirkungsgrade von Aktivitäten bedingt. Der Unternehmer wird zum Orchestrator, der aus einer interdependenten Ausrichtung der Organisation (Struktur, Abläufe, Systeme, Incentivierung ...) und den Mitarbeitern mit ihren Bedürfnissen Verhaltensmuster generiert, die die Zielerreichung sicherstellen. Es empfiehlt sich, neben operativ orientierten Vorgaben auch konkrete Messgrößen als Steuerungsbasis zu nutzen.

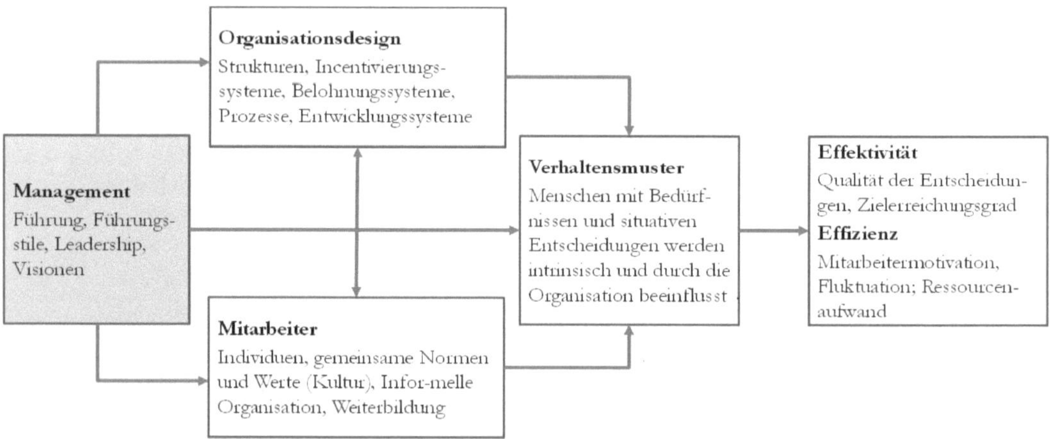

Abb. 68: Steuerungsherausforderungen eines Unternehmens als soziales System

Zur Realisation der Feinsteuerung werden die strategischen Vorgaben in ein operatives Handlungsgerüst überführt. Im Sinne der strategischen Implementierung werden **Funktionalstrategien** (z.B. Preispolitik, Finanzstrategie) abgeleitet, die im Unternehmen der Umsetzung der Strategie dienen. Hierbei ist eine holistische und abgestimmte Steuerung von übergeordneten und operativen Zielen sicherzustellen. Während eine differenzierende Premiumstrategie vielleicht eine Verknappung der Nachfrage über Preissteigerungen umsetzt, kann ein Kostenführer die Übernahme eines Wettbewerbers avisieren, um Marktanteil auszudehnen und die Effizienz im Betrieb durch Zusammenführung der Produktionsstätten beabsichtigen. Die Premiumisierung erfordert Investitionen in die Marke, während eine Übernahme entsprechende Finanzmittel zum Kauf des Unternehmens bedingt. Neben der operativen Zuordnung der Steuerungsimpulse dienen **Kennzahlen** (sogenannte KPIs) einer durchgehenden Feinsteuerung.

Key Performance Indikatoren (KPI) oder Kern-Leistungs-Kennzahlen: relevante, quantitative Messgrößen zur Unternehmenssteuerung. Ziel der Definition von Leistungskennzahlen ist es, die Komplexität zu reduzieren. Anhand weniger Kennzahlen sollen die Leistungsprozesse über definierte Ziele und Messung der Erfüllungsgrade gesteuert werden. Die Kennzahlen wirken als operative Vorgaben und sollen gemeinschaftlich das Erreichen der strategischen Ziele sicherstellen.

Will ein Anbieter von Call-Center-Leistungen die Anzahl der Kunden erhöhen, dann könnte bei gleichbleibender Mitarbeiteranzahl die Zahl der bearbeiteten Anrufe erhöht werden, was eine Verkürzung der Gespräche bedingt. Tatsächlich wird Mitarbeitern in Call-Centern die gewünschte durchschnittliche und maximale Dauer von Bearbeitungsakten vorgegeben. Der Erreichungsgrad wird im Call-Center ebenfalls kommuniziert, da über Monitore – für alle ersichtlich – die Anzahl der Anrufer in Warteposition aber auch die aktuell durchschnittliche Anrufdauer pro Kunde gezeigt wird. In Produktionsbetrieben kann man ebenso den Erreichungsgrad der Kennzahlen den Steuerungstableaus entnehmen (z.B. Auslastungsgrad, Produktionsstand).

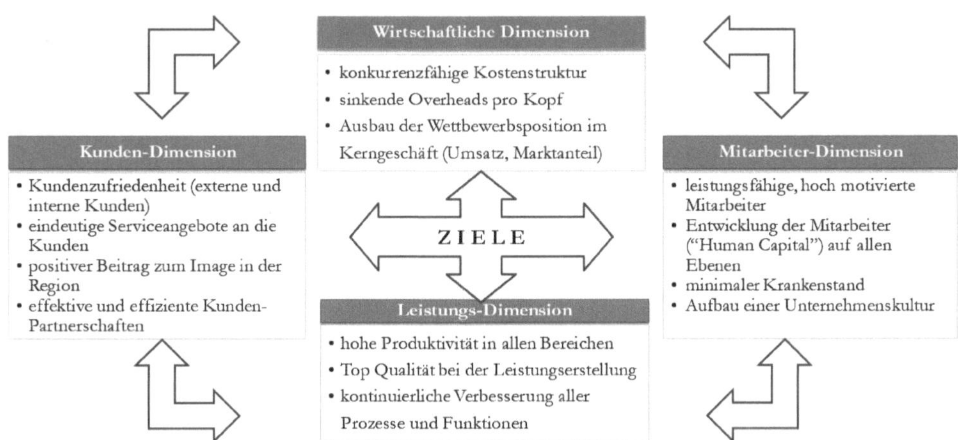

Abb. 69: Balanced Scorecard als vierdimensionaler Zielrahmen

Die Kennzahlen sollen die **relevanten** Steuerungsimpulse geben. Entsprechend sind die Ziele in geeigneten Kennzahlen abzubilden. Da Kennzahlen in der Regel als **Verhältniszahl** formuliert werden (z.B. ROI: return on invest als Kapitalverzinsung), kann sowohl die Stellgröße im Zähler (Nettobetriebsgewinn) als auch im Nenner (investierten Kapitals) zur Zielerreichung beitragen. Da in einem Unternehmen nicht eine Steuerungsgröße alle erfolgsrelevanten Stellhebel abbildet und Ziele nicht immer gleichgerichtet wirken, empfiehlt sich die Definition eines Steuerungstableaus. Hierbei werden die Ziele nach den strategisch entscheidenden Dimensionen gegliedert. Für die Verfolgung unterschiedlicher Ziele, die komplementär (z.B. Umsatz- und Gewinnsteigerung), indifferent (kein Zielzusammenhang) aber auch konkurrierend (z.B. Erhöhung der Rentabilität bei Reduktion des Risikos oder Erhöhung der Mitarbeiterzufriedenheit bei Senkung des Personalaufwands) sein können, dienen **„Balanced Scorecards – BSC“.** Eine BSC erfordert, dass die hauptsächlichen Steuerungsdimensionen definiert und hierzu gewünschte Ziele aufgenommen und mit Handlungsmaßnahmen hinterlegt werden. Bei der „klassischen BSC“ haben sich vier Dimensionen (Finanzen, Kunden, interne Organisation/Prozesse und Mitarbeiter) zur Unternehmenssteuerung durchgesetzt.

Bereich	Ziele	Messgröße	Zielvorgabe	Maßnahmen
Finanzen	Ertragssteigerung	Return on Investment (ROI)	5% ROI	Vermögensumschichtung
Kunden	Neukunden gewinnen	Anzahl Kunden	300 Neukunden	Produktbündel
Prozesse	Energie sparen	Energieverbrauch	Senkung um 15% p.a.	Investition in Dämmung
Mitarbeiter	Steigerung Mitarbeiterloyalität	Mitarbeiterfluktuation	Senkung um 10%	Angebot mobiles Arbeiten

Tab. 6: Beispielhafte Zielvorgaben und Leistungs-Kennzahlen einer BSC

Eine Balanced Scorecard ist industrie- und unternehmensspezifisch zu gestalten:

Kriterium	IST-Zustand	Zielvorgabe
Finanzen		
bereinigte EK-Veränderung	288 %	> 110 %
FK-Quote	17 %	10 %
kurzfristige Verschuldung	0 %	< 5 %
Gewinn pro Flasche (Basis)	0,66 €	0,75 €
Gewinn pro Flasche (Premium)	2,56 €	2,56 €
Kunden		
Absatzentwicklung (ab Hof – Versand – Handel)	32 – 26 – 42 %	40 – 26 - 34 %
Umsatzentwicklung (ab Hof – Versand – Handel)	40 – 24 – 36 %	47 – 24 – 29 %
Neukunden	238 pro Jahr	250 pro Jahr
Veranstaltungen im Weingut	1 pro Jahr	2 pro Jahr
Kundenanschreiben	1 pro Jahr	2 pro Jahr

Prozesse		
Reklamationsquote	n.v.	max. 1%
Beantwortungsdauer Anfragen / Reklamationen	oft > 1 Tag	1 Tag
Mahnungsversand	65 Tage	30 Tage
Artikel im Weinsortiment	48	39
pilzwiderstandsfähige Rebsorten	18%	17%
Mitarbeiter		
Mitarbeiterzufriedenheit	n.v.	mind. gut
Ø Betriebszugehörigkeit	5	Ausbau
Teambesprechungen	unregelmäßig	wöchentlich
Fortbildungstage pro Mitarbeiter	0	2 pro Jahr

Abb. 70: Balanced Scorecard eines Weinguts (beispielhafte Analyse)

Die Kennzahlen und die hierauf aufbauende Balanced Scorecard entfalten Durchschlagskraft, wenn sie kommuniziert und zur Motivation genutzt werden. Dies kann durch eine Berücksichtigung im Gehalt (z.B. Bonuszahlungen) oder in Partnerschaftsvereinbarungen (z.B. Bonifizierung) verankert werden. Die Operationalisierung der strategischen Ziele dient dann der Verhaltenssteuerung.

Abb. 71: Ziele als Motivator – Verankerung in der Führung

Wenn auch der Gedanken von **Nachhaltigkeit** nicht durch die Betriebswirtschaftslehre initiiert wurde, so bedingt die Operationalisierung der Forderung, dass betriebliches Handeln nicht zu Lasten zukünftiger Generationen erfolgen darf, eine moderne Form eines betriebswirtschaftlichen Steuerungstableaus. Die vier originären Perspektiven der Balanced Scorecard (Finanzen, Kunden, Prozesse, Mitarbeiter) bilden Steuerungsaspekte umfassender Nachhaltigkeit nicht ausreichend ab, denn ökologische als auch soziale Ziele erfahren eine wachsende Bedeutung bei unternehmerischen Handlungen und Zielvorgaben. Hierbei ist ein Einklang zu finden aus den ökonomischen, den ökologischen und den sozialen Zielen. Alle drei Aspekte sind in der Strategie zu berücksichtigen und auch mit quantitativen Zielen und Maßnahmen festzuhalten. Ein nachhaltigkeitsorientiertes Steuerungsinstrument erlaubt zudem eine **Abkehr von einer quantitativen Wachstumsorientierung** mit potenziellen Nachteilen für die Umwelt und Gesellschaft hin zu **qualitativem Wachstum**.

Für Kleinbetriebe mangelt es einem passgenauen Nachhaltigkeits-Steuerungstableau. Die Betriebe sind höchst **individuell** und Branchen sehr spezifisch. Zudem leidet die objektive Bewertung der tatsächlichen Nachhaltigkeit unter **Komplexität**, **Intransparenz**, veränderter Beurteilung im Zeitablauf und kommunizierte Informationen scheinen oftmals interessengeleitet. Als Beispiel wird die CO_2-Berechnung in der Weinvermarktung von importierten Weinen aufgegriffen, die die Komplexität einer adäquaten Steuerung aufzeigt. Welche Annahmen werden bezüglich der Importlogistik getroffen (Distanzen, vollständige Berücksichtigung der Logistik, Transportmittel, Verpackungsart, Volumen der Chargen, alternative Modelle wie eine Verschiffung von Fasswein bei anschließender Abfüllung am Destinationsort oder Flaschenweintransport ...)? Müssten die CO_2-Emmissionen zur Bevorratung der Handelsgeschäfte berücksichtigt werden (Bevorratung der Zentrale, dezentrale Versorgung, Kundenwege ...)? Basiert ein vergleichender Direktkauf auf zusätzlichen Wegstrecken für den Einkauf oder ist dies Teil einer geplanten Wegstrecke, welche Entfernungen werden zurückgelegt, welches Transportmittel bzw. Fahrzeugart wurde genutzt? Mit dem Aufzeigen der Fragen wird die Komplexität der Materie veranschaulicht. Es könnte argumentiert werden, dass Export wegen der zurückzulegenden Strecken grundsätzlich weniger nachhaltig als Direktvermarktung ist. Bei Direktvermarktung hält der Produzent die Ware mit kurzer Logistik vor und alle CO_2-schädlichen Aktivitäten der Verteilung zum und innerhalb der Handelstrecken entfallen. Zudem können Erzeuger eine höhere Marge realisieren (Verzicht auf Einschaltung von Absatzmittlern), die Kundenbindung ist erhöht und eventuell profitiert auch die lokale Wertschöpfung (z.B. Tourismus). Andererseits leidet die CO_2-Bilanz im Falle eines nur für Wein anreisenden Kunden, während bei einem Handelseinkauf dem Wein nur die anteiligen CO_2-Emissionen zugerechnet werden können. Eine eigenständige Beurteilung auf Basis solider und relevanter Annahmen ist von Anbieter- und von Kundenseite notwendig, um CO_2-minimierend zu agieren.

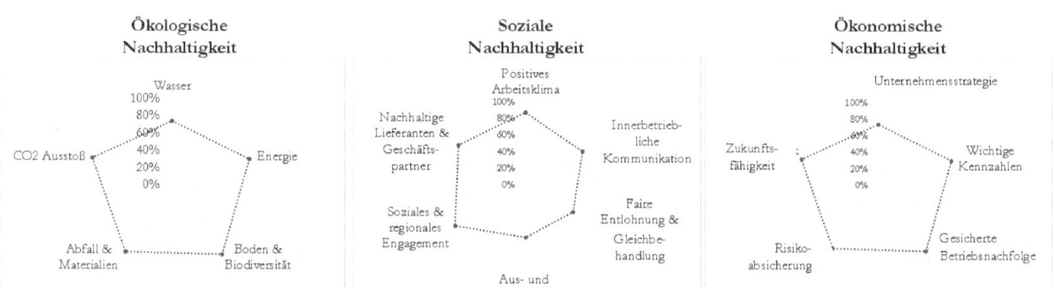

Abb. 72: Nachhaltigkeit als „Drei-Säulen-Scorecard" (beispielhafte Analysen)

In einem Forschungsprojekt wurde eine Balanced Scorecard zur Nachhaltigkeitssteuerung der Weinerzeuger entwickelt. In der Absicht, einen handhabbaren Selbsttest zu kreieren, der dem Erzeuger sowohl eine **Indikation** des eigenen **Nachhaltigkeitsniveaus**, Verbesserungsansätze sowie eine motivierende Unterstützung für etwaige Kundeninterkation zum Thema Nachhaltigkeit ermöglicht, entstand ein Fragebogen mit jeweils 30 bis 40 Fragen zu jeder Nachhaltigkeitssäule. Die mit den Fragen verbundenen Erhebungskriterien wurden nach Relevanz, Messbarkeit, Innovation und Praxistauglichkeit ausgewählt und münden in einem Spinnennetzdiagramm mit jeweils fünf oder sechs Bewertungskriterien. Bei eigenständiger Dateneingabe wird das Leistungsniveau als prozentuale Erreichung in den Leistungskriterien veranschaulicht (Abb. 72).

Die Befragung der Weinbaubetriebe belegt einen positiven **Erfolgseinfluss** von Nachhaltigkeit, der sich zunächst in einer überdurchschnittlichen persönlichen Zufriedenheit bei verstärktem Nachhaltigkeitsengagement niederschlägt. Bis auf die Kosten und die Kapitalstruktur, bei denen die Populationen mit und ohne Nachhaltigkeitsorientierung nahezu gleiche Erfolgswerte erreichen, zeigen alle zehn weiteren Indikatoren höhere Erfolgswerte bei dezidierter Nachhaltigkeitsorientierung. Besonders ausgeprägt ist der Erfolgseinfluss von Nachhaltigkeitsmaßnahmen bei der Gewinnung neuer Märkte und dem Marktanteil.

Richard und Eva Grünewald haben sich aus ethischem Anspruch zur nachhaltigen Führung ihres **Weinguts Grünewald** verpflichtet und schon 2010 einen umfassenden Nachhaltigkeitsbericht erstellt. Dieser Bericht ist als Balanced-Scorecard Interessierten und somit auch Kunden zugänglich und gibt Auskunft über Erreichtes im Sinne der Nachhaltigkeit, aber auch über Defizite im Betrieb. Mit der Umsetzungsorientierung und Schaffung von Transparenz ist das Weingut Vorreiter der Nachhaltigkeitsorientierung.

Bei der Entwicklung von Strategien ist es notwendig, die Sinnhaftigkeit der Ziele zu reflektieren:

[1] Sind meine Ziele „smart"?

[2] Berücksichtige ich sowohl quantitative Ziele als auch qualitative Ziele?

[3] Welche Kern-Leistungs-Kennzahlen (KPIs) sind zur Unternhmenssteuerung zielführend?

[4] Sind die Ziele zueinander komplementär oder neutral und wo kann es zu Zielkonflikten kommen?

[5] Bauen meine operativen Ziele auf meinen strategischen Zielen und dem unternehmerischen Leitbild auf?

[1] Berücksichtigen meine Ziele die Steuerbarkeit in meinem unternehmerischen Umfeld (Management, Organisationsdesign, Verhaltensmuster, Team, Effizienz und Effektivität)?

[2] Habe ich meine Ziele hinsichtlich der Zieldimensionen hinterfragt und ist es sinnvoll, diese in einer Balanced Scorecard zu manifestieren?

[3] Wie kann ich meine Ziele zielführend priorisieren?

[4] Nutze ich die Ziele als Motivation für mich und mein Team und sind Erreichbarkeit und Nachhaltigkeit gegeben?

6.2 Unternehmerisches Leitbild als Orientierungsrahmen

Die Grundlage für eine Unternehmensstrategie ist das unternehmerische Leitbild. Es kommuniziert die Daseinsberechtigung des Unternehmens, einen unternehmerischen Beitrag zur gesellschaftlichen Weiterentwicklung, welche Grundwerte gelebt werden und welche Vision das Unternehmen für die Zukunft verfolgt. Das Leitbild ist eine Art „Visitenkarte", leistet aber auch intern und extern **wertegebundene Orientierung.**

> Eine **Vision** ist ein **Zukunftsbild**. Mit der **Mission** kommuniziert ein Unternehmen den **Existenzgrund** und den alle Entscheidungen leitenden **Unternehmenszweck**. **Werte** bilden die selbstverpflichtende Basis für eine ethische Grundeinstellung, verantwortungsvolles Handeln und respektvollen Umgang miteinander. Im **Leitbild** werden die **Unternehmensgrundsätze** auf der Basis von Vision, Mission und Werten für alle nachvollziehbar verankert.

Abb. 73: Unternehmensleitbild als Basis der Unternehmensstrategie

Die Entwicklung eines Leitbilds fußt auf **authentischen Werten**, dem Daseinszweck und einer Zukunftsvision und sichert das Fundament für die Unternehmensstrategie. Diese elementaren Überlegungen fungieren als Leitplanken zur Kanalisierung der unternehmerischen Tätigkeiten, des Miteinanders im Betrieb, der Identifikation mit dem Unternehmen, einer gemeinsamen Unternehmenskultur und der Beziehungen mit der Umwelt. Das formulierte und kommunizierte Unternehmensleitbild sollte charakteristisch und realisierbar sein und mit gelebter Vision, Mission und Werten im Unternehmen übereinstimmen.

Unternehmen	Starbucks	Patagonia	One Hope Winery
Branche	Kaffee	Outdoor-Bekleidung	Wein
Mission-Statement	To inspire and nurture the human spirit – one person, one cup and some neighborhood at a time	In Business to save our planet: Build the best product, cause no unnecessary harm, use business to inspire and implement solutions to the environmental crisis	Disrupting the wine industry: Building a Force for Good – Our Wine Is a Catalyst for Change
Gelebte Werte / Beispiele	Jeder ist willkommen, Mut neue Wege zu bestreiten, Transparenz, Würde und Respekt, das Beste geben und dabei für das Handeln Verantwortung übernehmen, leistungsgetrieben, aber menschlich; Diversität und Inklusion, Nachhaltigkeit etc.	Werbung fordert in Zusammenhang mit den eigenen Produkten einen Verzicht: „dont buy!"; Hinweis auf Langlebigkeit der Produkte und, Reparaturfähigkeit; Aufruf zu Recycling statt Neukauf/Entsorgung	Purpose Company; Auswahl von Institutionen zur Förderung (Wasser, Nahrung, Bildung, Gesundheit ...); Quantifizierung der summierten Spenden; Unternehmertum zentral; Netzwerkbasierte Ansätze

Tab. 7: Beispielhafte Mission-Statements und Werte

Die Zusammenführung der Daseinsberechtigung, des Zukunftsbilds und der maßgeblichen Werte in einem verdichteten Leitbild bildet die Basis für die strategische Handlungsorientierung und in der Folge operative Ziele und Maßnahmen mit der Absicht, sich positiv im Erfolg niederzuschlagen. Die prominenten Beispiele zeigen die Durchgängigkeit und damit verbundenen Erfolgseinfluss der wertegetriebenen Leitbilder. Alle drei Beispiele können durch ihre wahrnehmbaren Werte Alleinstellung durchsetzen. Mit den Beispielen Patagonia und One Hope Winery wird nachdrücklich veranschaulicht, dass eine **Nachhaltigkeitsorientierung** im Wertekanon wertschöpfend ist und notwendige gesellschaftliche Veränderung initiieren kann. Mit einer Werbung, die dem Kunden die Frage stellt, ob der Erwerb eines neuen Artikels notwendig ist, adressiert Patagonia bei potenziellem Verzicht auf Umsatz den erkennbaren Konflikt unternehmerischer Abhängigkeit von Konsum und damit verbundenen negativen Auswirkungen durch Ressourcenverbrauch und fordert die Umsetzung des Gedankens von **Wiederverwendbarkeit** (Circular Economy) und minimiertem Ressourcenverbrauch. Die One Hope Winery stellt die durch Weineinnahmen realisierten gemeinnützigen Aktivitäten als zentrale Daseinsberechtigung in den Vordergrund. Ein erhöhtes Preisniveau wird zwar auch mit bester Weinqualität begründet, aber Kunden und für das Weingut gewonnene Unternehmer (die als Handelsvertreter akquiriert werden) akzeptieren die Preise, da Gewinne einem guten Zweck zugeführt werden.

Das **Wine and Culinary Center** im US Bundesstaat Washington formuliert als Zukunftsbild eine gemeinschaftliche und somit nutzenstiftende Genusslandschaft. Ihre Mission besteht in der Förderung der lokalen Weinindustrie und -kultur. Die Wertbasis wird mit Gastlichkeit, Innovation, Wissen, Zusammenarbeit und Anpassungswille konkretisiert.

Mission

Our mission is to champion the culture, history, and industry of Washington wine.

Vision

Washington wine and food is celebrated, enjoyed, and shared.

Values

Hospitality, Innovation, Inclusion, Knowledge, Collaboration, Adaptability

Ein wertegebundenes **Leitbild** sichert Unterstützung durch externe Bezugsgruppen. Es steigert die Akzeptanz für das unternehmerische Handeln. Wenn das Weingut **Van Volxem** im visionären Ansatz die eigene Daseinsberechtigung mit der Rückführung des regionalen Weins an die Weltspitze (unter Rückgriff auf belastbare Argumente und gewinnende Maßnahmen) begründet, dann wird ein „Wir-Gefühl" angesprochen und bei gleichartigen Werten der Bezugsgruppen und insbesondere der Kunden auch eine Unterstützung für den unternehmerischen Anspruch gefördert.

Wiltingen/Biebelhausen. Roman Niewodniczanski ist ein umtriebiger Mensch. Rastlos und unermüdlich arbeitet der 47-Jährige für seine Vision, den Saarwein wieder dort zu positionieren, wo er seiner Meinung nach hingehört: an die Weltspitze - wie in der Blütezeit um 1900. Um dieses Ziel zu erreichen, schmiedet er viele Pläne. Einer davon ist der Bau einer neuen Weinmanufaktur auf dem Schlossberg. Zu klein und zu eng sind die Produktionsgebäude seines wachsenden Weingutes mitten in Wiltingen geworden.

Film-Link: Unternehmensleitbild **Weingut Balthasar Ress**: https://www.youtube.com/watch?v=_4TS1mJ8XQU

Nachhaltigkeit muss explizit als Grundwertekommunikation in Vision, Mission oder Leitbild verankert werden. D**er aktive Beitrag zur Zukunftsgestaltung und zur Sicherung von Nachhaltigkeit** wird dadurch dokumentiert und durch alle Bezugsgruppen einforderbar. Wissenschaftliche Studien untermauern, dass die Nachhaltigkeitsverankerung mit allen Wettbewerbspositionierungen, wie sie im Folgenden eingehender dargelegt werden, kompatibel ist und jeweils gezielt die damit verbundene Wertschöpfung unterstützen kann. Die Auswahl und Betonung des Wertekanons sollte unternehmensspezifisch sein, bei Konkretisierung in allen Elementen des Leitbilds, der Strategie, in den operativen Maßnahmen und in der erlebbaren Interaktion bzw. den Schnittstellen, was über eine Beantwortung der Kernfragen gewährleistet wird.

Ein unternehmerisches Leitbild konzentriert unternehmerische Ansprüche aus folgenden Fragen:

[1] Wie kann ich in knappen, verständlichen Worten meine Daseinsberechtigung formulieren (Was ist der Zweck meines Unternehmens und unser Versprechen gegenüber unseren Anspruchsgruppen?).

[2] Welche wahrnehmbaren unternehmerischen Aktivitäten untermauern die Daseinsberechtigung des Unternehmens?

[3] Für welche Werte stehe ich als Unternehmer auf Basis meiner ethischen Grundeinstellung, meinem Wunsch nach verantwortungsvollem Handeln und respektvollen Umgang im Team, mit Kunden, Partnern und der Natur?

[4] Werden die Werte durch mich als Unternehmer und im Team gelebt und sind sie von außen wahrnehmbar?

[5] Wo sehen wir unser Unternehmen in der Zukunft und was wollen wir in der Zukunft erreichen bzw. erreicht haben?

[6] Ist der Nachhaltigkeitsgedanke ausreichend im Leitbild verankert?

6.3 Strategische Positionierung

Im Zentrum der strategischen Zielentwicklung steht die Überlegung, wie der Unternehmer sich in seinem Markt positionieren will und inwieweit er sich von seinen **Wettbewerbern abgrenzt**.

6.3.1 Generische Wettbewerbsstrategien

Die Zuordnung zu einer sogenannten **generischen Strategie** hilft zur Konkretisierung der vom Unternehmen gewünschten Positionierung. Dies bildet den Prüfstein für den strategischen Handlungsrahmen des Betriebs. Generische Strategien können in einer Matrix mit den beiden Entscheidungsperspektiven a) Wettbewerbsvorteil und b) Marktabdeckung veranschaulicht werden. Gemäß Porter wird diese Grundlage für weitere Planungsschritte anhand von zwei elementaren Grundfragen erarbeitet:

- Soll das eigene Unternehmen vornehmlich über Differenzierung (Andersartigkeit) oder über Kostenvorteile wahrgenommen werden?
- Wird der Gesamtmarkt oder eine Nische angesprochen?

Die generischen Strategien sind (1) Kostenführerschaft, (2) Differenzierung und (3) Fokus. **Kostenführer** liefern ein überragendes Leistungsangebot für die Masse, bei dem alle Stellhebel zur Senkung des Preises realisiert werden (z.B. Billigfluganbieter). Bei einer **Differenzierung** hingegen werden den Kunden besondere Leistungsmerkmale geboten, die das Angebot einzigartig werden lassen (z.B. Produkteigenschaften, Qualität, Designmerkmale, Leistungsfähigkeit). Beim **Fokus** wird ein Nischensegment im Markt identifiziert und das Leistungsangebot auf die anvisierte Kernzielgruppe maßgeschneidert (z.B. Sportleruhren, die Herzfrequenz messen und GPS-gesteuerte Routenanweisungen übermitteln, wodurch die Zeitinformationsfunktion in den Hintergrund rückt). Nischenstrategien können über regionale Eingrenzung (z.B. nur Direktvermarktung vor Ort) oder über spezifische Käufergruppen (z.B. Senioren) definiert werden. Wiederholt haben Wissenschaftler nachgewiesen, dass nicht die gewählte generische Strategie den betrieblichen Erfolg bestimmt, sondern eine **Festlegung** und eine **konsequente Umsetzung durch ein stimmiges Geschäftsmodell**. Absenz einer klaren Positionierung birgt die Gefahr eines „Steckenbleibens in der Mitte", mit nachteiligen Auswirkungen auf das Ergebnis.

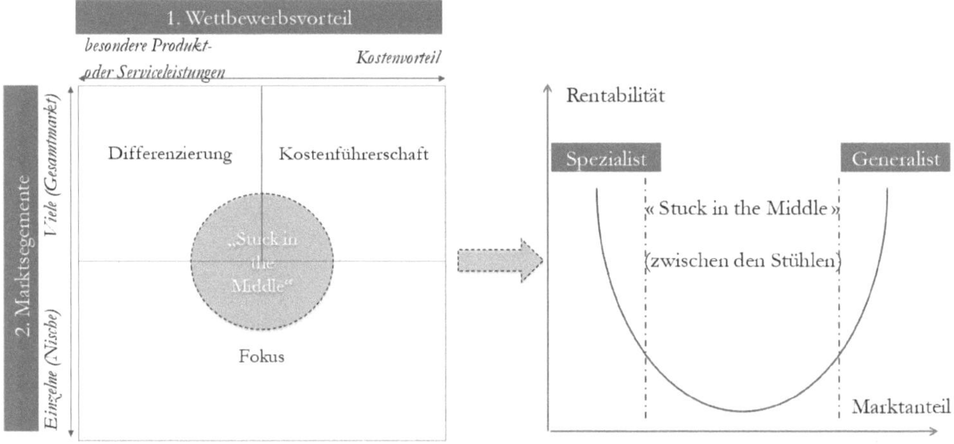

Abb. 74: Generische Strategien und Marktbearbeitungsimplikation (in Anlehnung an Porter)

Generische Strategien zwingen Anbieter zur **Konzentration** der strategischen Aktivitäten. Kostenführer sind gefordert, **Marktanteil** zu gewinnen, um über einen erhöhten Absatz und somit einen höheren Produktionsausstoß die Stückkosten zu senken. Differenzierer hingegen müssen die Alleinstellungsmerkmale herausarbeiten und sicherstellen, dass die **Besonderheit** für die Kundschaft werterhöhend ist und dass die versprochene Differenzierung auch geliefert wird. Je einzigartiger das Leistungs- und Nutzenversprechen ist, desto besser wird das Unternehmen von den Kunden wahrgenommen. Nischenanbieter hingegen müssen die **Zielkundschaft** eingrenzen und deren Bedürfnisse verstehen, um sicherzustellen, dass ein Leistungsangebot passgenau ist und nicht durch schon existente Angebote abgedeckt wird.

Domaine de la Romanée-Conti, **Château Pétrus** oder das **Château Lafite-Rothschild** sind in der Weinindustrie weltberühmte Vertreter einer Premiumstrategie. Sie verfügen über internationales Renommee und Bekanntheitsgrad. Die Weine sind beliebte Sammlerstücke und erreichen bei Auktionen Höchstpreise. Die Knappheit des Gutes ist ein wichtiger Faktor für diese Premiumstrategie, denn die Weine sind schon vor der Fertigstellung verkauft. Für ein Gourmet-Restaurant kann die Verfügbarkeit eines Weins von Romanée-Conti profilbildend sein, da hiervon nur ca. 6.000 Flaschen pro Jahr produziert und diese zugeteilt werden – ein Schatz in der Weinkarte.

E. & J. Gallo bietet ebenso weltweit Weine an. Das größte Weingut der Welt verfügt über Markenvielfalt und liefert dem Handel global preisgünstige Weine. Sie bieten, Weine in der Welt für alle Familien verfügbar zu machen und somit attraktive Massenware zu produzieren. Die Weine kosten einen Bruchteil von denen der Premiumanbieter.

Der **Sektproduzent Rotkäppchen** ist in der Lage, ein preisgünstiges Produkt mit gleichförmiger Qualität herzustellen. Da nach Abzug der Sektsteuer und aller Vorleistungen, Produktions-, Logistik- und Vermarktungsaufwendungen nur wenig Gewinn oder Deckungsbeitrag pro Flasche übrig bleibt, sind ein hoher Produktionsausstoß und ein Mengenabsatz für eine auskömmliche Wertschöpfung unabdingbar. Mit nahezu 200 Millionen Flaschen pro Jahr wird dies erfolgreich realisiert.

Barefoot, heute Teil des Gallo-Imperiums, hat mit einem Nischenansatz den US-Markt gewinnen können. In einer Waschküche ins Leben gerufen, sollten in einer Verbindung aus Spaß und Unkompliziertheit Biertrinker für Wein gewonnenen werden.

Carl Jung stellt seit mehr als 100 Jahren alkoholfreie Weine her. Inspiriert bei Himalaya-Expeditionen mit schnell siedendem Wasser bei extremen Höhen gelang dem Weingut 1907 das Vakuum-Extraktions-Verfahren. Ihr Claim spricht für Nischenorientierung: *„...Menschen, die auf Alkohol verzichten wollen oder müssen, schenken wir damit ein Stück Lebensqualität und ein Genusserlebnis besonderer Güte"*.

Die Nischenstrategie von „**That Girl Wines**" wird schon im Namen mit „junge Frauen" konkretisiert, was auch der Werbeslogan betont: *„Sweet, fun-loving, you. Just a girl, looking for a wine, asking it to taste good"*.

In der **strategischen Wettbewerbslandschaft** der deutschen Weinbranche finden sich die generischen Strategien in fünf wesentlichen Strategie-Gruppierungen wieder. Die Preis-Leistungsstrategie, welche über ein verlässliches Preis-Leistungsverhältnis Kunden zu gewinnen und binden beabsichtigt, ist am häufigsten ausgeprägt. Qualitätsführer grenzen sich im Wettbewerb primär über Qualitätsvorteile ab. Auch diese strategische Gruppierung ist stark vertreten, mit sinkender Tendenz. Eine Premiumstrategie bedingt hochwertige

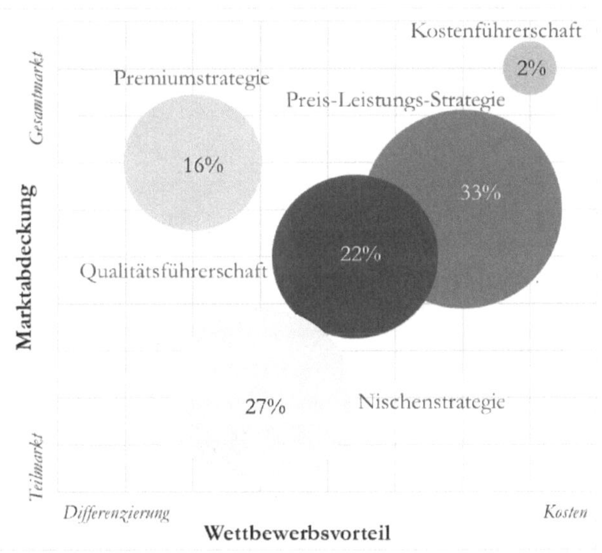

Abb. 75: Strategielandschaft deutscher Weinerzeuger (Befragung 2020)

Produkte und Serviceleistungen mit abgestimmten Marketingaktivitäten zur Erfüllung anspruchsvoller Kundenbedürfnisse und entsprechende Markenbildung. Nischenstrategien, mit Mehrwert und Zusatznutzen für ausgewählte Kundengruppen oder Teilmärkte, werden zunehmend verfolgt. Kostenführer, bei denen das Ziel kostengünstiger Produktion und effizienter Prozesse zur Realisierung attraktiver Preise dominiert, stellen in der Weinbranche einen geringen Anteil der Anbieterlandschaft. Auch wenn alle Strategievarianten sich in allen Betriebsformen und Größen wiederfinden, lassen sich charakteristische Eigenschaften erkennen. Dass Kellereien glaubhafte Vertreter der Kostenführerschaft sind, wird durch deren Größe bestätigt, wodurch die Stückkosten in der Weinproduktion gesenkt werden können. Genossenschaften sind auch aufgrund ihrer Größenvorteile sowohl bei der Kostenführerschaft als der Preis-Leistungs-Strategie vertreten. Nischenstrategien bieten besonders für kleinere und jüngere Betriebe eine Chance, sich im Markt zu positionieren. Managergeführte Betriebe profilieren sich überdurchschnittlich häufig über eine Premiumstrategie. Jeder zweite Premium-Anbieter bewirtschaftet ökologisch oder biodynamisch, während es bei den Preis-Leistungsanbietern nur jeder Vierte ist. Ein Drittel der Kostenführer und ein Viertel der Preis-Leistungsanbieter wirtschaften konventionell, bei den Nischenanbietern sind es weniger als 7%.

Die strategische Landschaft der Weinbranche offenbart einen **Produktfokus**, da Preis-Leistungs-Anbieter, Qualitätsführer und Premiumanbieter die Produktqualität in den Mittelpunkt der strategischen Positionierung stellen. Für Weinerzeuger ist eine hohe Qualität der Produkte ein Hebel zum Markenaufbau und für Reputation, die wiederum die Wahrnehmung des Weins beeinflusst. Eine hohe Qualität wird als Differenzierungsmerkmal bei gesteigertem und hohem Qualitätsniveau jedoch nivelliert. Eine Abgrenzung zum Wettbewerb und eine Wahrnehmung durch die Kunden erfordern zunehmend wahrnehmbaren Mehrwert. Um als Premiumlieferant glaubhaft positioniert zu sein, muss das gesamte Angebot und die Marke Premiumleistung liefern. Weingüter streben mit Auszeichnungen, Prämierungen und qualitätsorientierter Kommunikation an, ein überdurchschnittliches Qualitätsniveau zu untermauern.

Der **Verband deutscher Prädikatsweingüter** (VDP) ist ein für Weinkonsumenten erkennbarer Premiumzirkel. Eine Zugehörigkeit zum VDP bedingt das permanente Einhalten von Qualitätsparametern, einheitliches Marktverhalten und gemeinschaftliche Positionierung. Premiumanbieter müssen Serviceleistungen und Nachhaltigkeitsausrichtung den Qualitätsversprechen anpassen.

Ob auf dem Flaschenhals oder auf der Fahne vorm Weingut – der VDP.Adler ist sicheres Zeichen dafür, dass hier erstklassige Winzer mit ihrer ganzen Leidenschaft Weine machen, die zu entdecken und probieren in jedem Fall lohnt.

Die Profilierung im Sinne einer generischen Wettbewerbspositionierung zeigt sich erwartungsgemäß im **Preisniveau**. Die strategische Gruppe der Premiumanbieter kann im Durchschnitt mehr als den doppelten Preis der Kostenführer durchsetzen. Damit ist aber nicht unbedingt eine höhere Profitabilität verbunden. Mit der strategischen Gruppe werden auch das Leistungsniveau und die von Kunden mit der Strategie verbundenen Erwartungen verankert. Ein höheres Preisniveau eines Premiumanbieters wird akzeptiert, wenn entsprechende Leistungen von Produktqualität, Marke, Services, Verfügbarkeit u.a.m. geliefert wird. Diese Leistungsbestandteile erhöhen

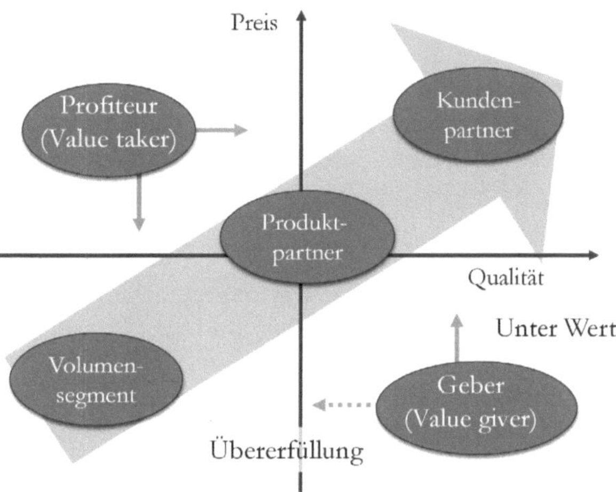

Abb. 76: Preis-, Qualitäts- und Leistungsbeziehungen

den Aufwand, so dass nicht per se ein höherer Gewinn mit höherem Preis verbunden werden kann. Kenntnis über die strategische Gruppierung, die Zielkundschaft und verbundene Leistungsmerkmale und Differenzierungen sind ausschlaggebend, um wirtschaftlich und unternehmerisch erfolgreich zu sein. Von allen Teilnehmern und marktunabhängig wird ein attraktives Preis-Leistungsverhältnis erwartet. Bei niedrigen Preisen, die gemäß der volkswirtschaftlichen Preis-Nachfragefunktion eine erhöhte Nachfrage zur Folge hat (Volumensegment), werden geringere Leistungs- und Qualitätserwartungen gestellt. Mit zunehmendem Preis steigt die Qualitätserwartung, wobei sich diese im Hochpreissegment statt in reiner Produktlieferung (Produktpartner) in einem qualitativ hochwertigen ganzheitlichen Angebot offenbart (Kundenpartnerschaft). Langfristig zwingt der Markt die Anbieter, nicht gerechtfertigte Preis-Qualitäts-Leistungen anzupassen. Überzogene Preise (Value-Taker) bedingen entweder eine Leistungs- und Qualitätssteigerung oder Preissenkungen, da nicht wettbewerbsfähige Angebote aus dem Markt gedrängt werden. Unternehmen können kurzfristig Strategien mit einer überhöhten Qualität oder Leistung (Value-Giver) beabsichtigen, um sich Marktanteile einzukaufen oder Neukunden zu gewinnen. Insbesondere Preis-Leistungs-Anbieter gehen das Risiko ein, im permanenten Anspruch „faire" Preise anzubieten, die notwendige Rentabilität zu verfehlen. Der deutsche Markt ist angesichts der Preissensitivität der Konsumenten hierbei eine Herausforderung, wie die Weinpreistabelle veranschaulicht.

Konsumland	**Preisniveau in Euro**	**Vergleich Deutschland**	**Vergleich Argentinien**
Singapur	18,67	373%	738%
Norwegen	14,34	287%	567%
USA	10,11	202%	400%
Großbritannien	8,20	164%	324%
Frankreich	7,00	140%	277%
Deutschland	5,00	100%	198%
Argentinien	2,53	51%	100%

Tab. 8: Weinpreisniveau (durchschnittliche Weinkategorie) ausgewählter Länder (numbeo.com)

Die dargelegte Wettbewerbslandschaft der deutschen Weinwirtschaft mit Produktfokus und einer Konzentration „in der Mitte" fordert eine permanente Reflexion der Marktteilnehmer und die Evaluation eventueller Steigerung der Wirtschaftlichkeit durch **Repositionierung**. Hierbei ist auch die die strategische Gruppierung charakterisierende Umweltwahrnehmung prägend, was sich in der Weinbranche deutlich zeigt: Für Kostenführer sind die politischen Leitplanken und Rahmenbedingungen, die den eigenen Marktanteil betreffen (z.B. Liberalisierung des Marktes) prioritär, da sie auf Skaleneffekte bei Wegfall von Beschränkungen hoffen. Kundenveränderungen sind für Nischenanbieter bestimmend, da Zielgruppenorientierung im Zentrum der Strategie steht. Preis-Leistungsstrategen blicken verstärkt auf technologische Veränderungen, da Effizienzsteigerungen zur Wahrung ihres Preisniveaus essenziell sind. Premiumanbieter bewegt besonders der Klimawandel und zunehmende Komplexität. Diese Charakteristika begründen spezifische Strategien und Maßnahmen.

Planung ist eine Gratwanderung mit vielen Unbekannten – wie beispielsweise die Wahrnehmung von Leistungsangeboten durch die Kunden. Dies kann zu neuer Interpretation von Positionierungsaktivitäten, neuen Geschäftsmodellen oder auch **Angebotsadaptionen** führen, wie anhand der Brandpositionierungen von Markenweinen im US-amerikanischen Markt illustriert wird.

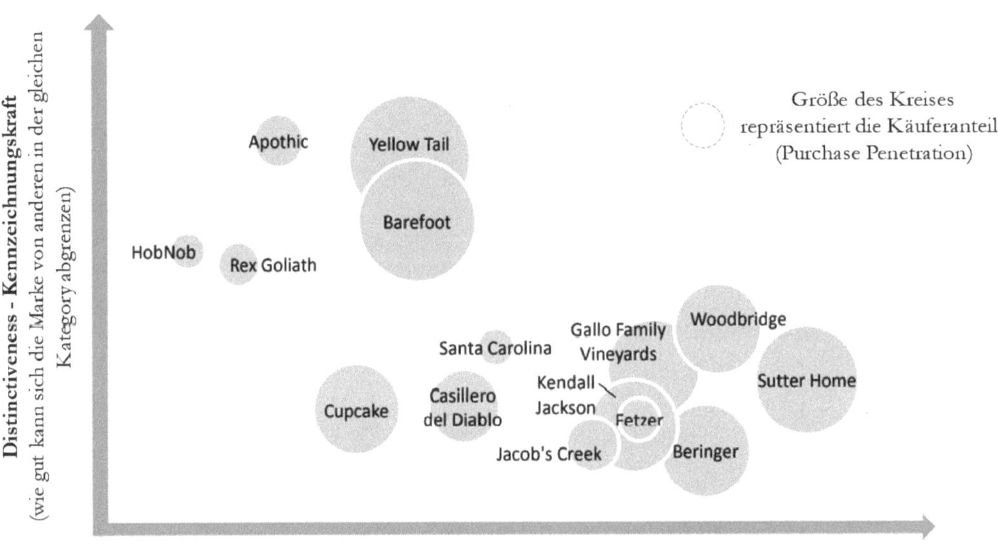

Abb. 77: Marke / Zielkunden / Penetration – Beispiel US-Weinmarkt (Vinitrac 2016)

6.3.2 Persönlichkeit als strategieprägende Komponente

In der durch Unternehmertum und Kleinbetriebe charakterisierten Weinbranche ist die Persönlichkeit der Akteure ein strategiebestimmendes Element. Die **Persönlichkeit** des Unternehmers prägt die Profilierung, besonders eines Kleinbetriebs. Risikoaverse Menschen neigen zu einer dominanten Wahrnehmung möglicher Gefahren während risikofreudige Menschen diese teilweise ausblenden. In Unternehmen beeinflusst die Persönlichkeit zudem Unternehmenskultur, Ambitionen, Innovationsfreudigkeit und Nachhaltigkeitsinteresse. Dieses schon vom Soziologen Max Weber geprägte Verständnis ist eine Abkehr von der durch den Ökonomen Joseph Schumpeter geprägten Sichtweise, der den Unternehmer als sozial wurzellos definierte. Persönlichkeitsbezogene Merkmale zeigen sich auch im Unternehmertum: Wer technikaffin ist, steigt schneller in Themen wie Digitalisierung oder Künstliche Intelligenz (KI) ein. Wer privat begeistert Social Media nutzt, sieht Potenziale der Netzwerkplattformen für sein Unternehmen. Wer gerne reist, erkennt im Export eher eine attraktive unternehmerische Perspektive. Unternehmer, die gerne Sport machen oder sich damit beschäftigen, könnten dazu neigen, eine sportive Kundenzielgruppe anzusprechen. Wenn die Entscheider an Kunst oder musikalisch interessiert sind, dann dürften kulturell orientierte Zielgruppen die unternehmerische Ausrichtung mitprägen. Dies offenbart sich in der Außendarstellung und im **Markenmanagement** von Weingütern.

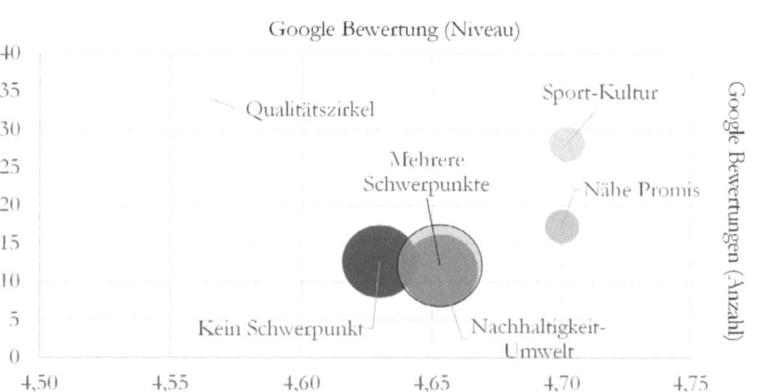

Abb. 78: Positionierungsschwerpunkte und Bewertungseinfluss (Analyseergebnis)

Die durch die Unternehmerpersönlichkeiten in der Weinwirtschaft beeinflussten Positionierungen spiegeln sich in der Kundenbeziehung und finden Ausdruck in der **Leistungsbeurteilung** durch die Kunden. Während eine Positionierung über Exklusivität und Qualitätszirkel zu einer hohen Anzahl von Bewertungen führt, sichert eine Differenzierung über Sport und Kultur viele Bewertungen und zudem ein hohes Bewertungsniveau. Nachhaltigkeit hat sich mittlerweile als Markenkriterium bestätigt, mit Entwicklungsmöglichkeiten im Bewertungsniveau und in der -anzahl. Derartige Profilierung unterstützt eine gesteigerte Identifikation in den sozialen Medien, da die Schlagwortkombinationen den eigenen Betrieb (z.B. Sport & Wein) in einer Trefferliste priorisieren. Im Falle diffuser Positionierung zeigt sich eine weniger ausgeprägte Kundenwahrnehmung. Bei einer begleitenden Auswertung der Kommentare der Kunden rückt im Falle mangelnder Schwerpunkte der Preis ins Zentrum der Kundenkommunikation – ein Effekt, der sicherlich nicht im Interesse der Anbieter ist.

In kleinen Betrieben bestimmt das Wertegefüge der handelnden Betriebseigentümer das Unternehmen. Die Persönlichkeit wird zum Leitbild. In der Weinwelt sind die handelnden Persönlichkeiten sehr präsent. Die Webseiten der Weingüter sind gefüllt mit Bildern von den verantwortenden Personen. Bei Weinproben und Verkostungen im Weingut werden die Winzer und Familienvertreter erwartet. Ein **personenzentriertes Leitbild** hat den Vorteil, dass es erlebbar ist. Die Worte der Unternehmer, das Erscheinungsbild, die Art der Kommunikation, die Aussagen und der Habitus lässt die Werte wirken, während verschriftliche Leitbilder von größeren Betrieben auch bei guter Gestaltung diesen bleibenden Eindruck und eine Verankerung beim Kunden schwerer erzielen. Die Personifizierung des Leitbilds erschwert hingegen die Fungibilität des Unternehmens (z.B. ein Verkauf, wenn die Marke ist an die Persönlichkeit gebunden ist) und führt zu einer Eingrenzung der Flexibilität der Leitbildträger, da das persönliche Verhalten beobachtet und gewertet wird.

> Leo **Hillinger** bezeichnet sich selbst als Unternehmer mit Engagement und Leidenschaft. Der „Weinbauer" war Model und stellt mittlerweile auch Showmasterqualitäten in einem Fernsehformat unter Beweis. Seine Biografie mit dem Titel „Konsequenz, Konsequent, Konsequenz" und sein buchbarer Vortrag *„von 0 auf 100"* unterstreichen die extrovertierte, unternehmerische Persönlichkeit. Dynamik und sein visionärer Ansatz *„mehr als Wein"* zu liefern, haben ein enorm gewachsenes Weingut, moderne Weinshops und trendige Weinbars Wirklichkeit werden lassen. Aus einem verschuldeten Weinhandel wurde auch dank seiner Persönlichkeit in weniger als 30 Jahren ein Weingut mit einem Markenwert von geschätzten 10 Millionen Euro.
>
> In der Laudatio zur Verleihung einer Auszeichnung als Weinunternehmer des Jahres wurde der prägende Charakter des Firmenchefs des Weinguts **Robert Weil** betont: *„Wie kaum ein anderer Winzer gilt Wilhelm Weil als Innovator und penibler Vermarkter, der ein feines Gespür für den Zeitgeist hat. Wilhelm Weil schuf eine der ersten Marken für den deutschen Wein. Er hat aus dem Weingut seines Urgroßvaters nicht nur ein Flaggschiff des deutschen Weinbaus geschaffen, sondern auch dem Riesling ein neues Image verliehen. Es gibt kaum ein Weingut, bei dem die gesamte Erscheinung den Begriff Weltklasse so verdient, wie das Weingut Weil."*

Nachhaltigkeitsinteresse und Ambitionen im Nachhaltigkeitsmanagement werden maßgeblich durch die handelnden Personen und ihre **Werteinstellungen** geprägt. Umgang mit natürlichen Ressourcen, ökonomische Ansprüche, Work-Life-Balance Orientierung sind nur Beispiele der persönlichen Beeinflussung. Eine intrinsische Nachhaltigkeitsorientierung unterstützt die Authentizität und die positive Wahrnehmung von außen wie auch am praktischen Beispiel Inklusion und Lebensmitteleinkauf illustriert wird:

> *"Ich möchte alle Unternehmen dazu ermutigen, inklusive Arbeitsplätze einzurichten. Die Voraussetzungen sind hierbei ein gutes Arbeitsklima und gelebte Kommunikation. Wir sind ein Familienbetrieb und sehen das Team aus Mitarbeitern, Auszubildenden und unseren Kindern als eine große Familie an. Die Inklusion von Menschen mit Behinderung passt sehr gut zu unserer Betriebsphilosophie"*, resümieren Michaela Wolff und Marc Linden, Geschäftsführer des **Weinguts Sonnenberg**.
>
> Für die Familie **Galler** des gleichnamigen Bio-Weinguts ist eine ökologische Lebensweise bei derartiger Betriebsführung selbstverständlich. *„Sie beziehen ihre Lebensmittel von kleinen Bio-Produzenten in der Region. Eine „Kühlschrankkontrolle" würde bestätigen, dass die Überzeugung auch persönlich gelebt wird."*

6.3.3 Strategische Balance: Legitimierung oder Einzigartigkeit

Ein weiterer Aspekt der strategischen Profilierung im Markt wird mit strategischer Balance bezeichnet, bei der die **Nähe** oder **Distanz** zu den in der eigenen Gruppe agierenden Betrieben ausschlaggebend ist. Die Betrachtung strategischer Balance ist unter dem Aspekt von Reputation relevant. Mit Nähe zu Wettbewerbern wird auf eine **Legi-**

timierung und somit eine Berufung auf Reputationsvorteile des als vergleichbar kommunizierten Marktteilnehmers gezielt. **Distanz** hingegen sichert eine Differenzierung und betont die **Alleinstellungsmerkmale** (USP – Unique Selling Proposition). Reputation entsteht aus einem Zusammenspiel der individuellen Reputation, die durch die unternehmerische Positionierung und hierauf basierende Kommunikation des Erzeugers steuerbar ist, und der kollektiven Reputation durch mehrere Anbieter bzw. marktteilnehmerübergreifende Effekte. Da kleine Betriebe durch beschränkte Ressourcen charakterisiert sind und über begrenzte Marketingbudgets verfügen, ist die strategische Balance unter dem Aspekt von Synergieausschöpfung mit anderen Anbietern aber auch der Differenzierung zur Steigerung der Wahrnehmung äußerst relevant.

Das ursprünglich als Stigma gedachte Kennzeichnung „**Made in Germany**" ist ein plakatives Beispiel für **kollektive Reputation**. Zu Beginn der industriellen Revolution wurde in Großbritannien festgelegt, dass bei überwiegendem Produktionsanteil aus Deutschland eine derartige Deklaration Pflicht ist. Erwartete Minderwertigkeitswahrnehmung sollte so gestärkt werden, um die heimischen Produkte zu fördern. Diese Kennzeichnung hat sich zu einer wertsteigernden, gemeinschaftlichen Reputation entwickelt. Deutsche Produkte, insbesondere im Investitionsgüterbereich, werden mit überlegener Qualität verbunden und ermöglichen entsprechende Preisaufschläge. Das **Silicon Valley** in Kalifornien wird mit Innovationsgeist und Gründermentalität verbunden. Während ein Winzer als Premiumanbieter auftreten kann und Auszeichnungen bei Leistungswettbewerben entsprechend zur Bestätigung seiner Marke und zur Ausprägung seiner individuellen Reputation einsetzt, wird beispielsweise regionale Herkunft als kollektive Reputation wahrgenommen. Mit Schaumwein aus der Champagne verbinden Konsumenten Qualität und Wertigkeit. Entsprechend können sich Champagner hochpreisig positionieren. Die Wirkung der kollektiven Reputation zeigt sich in vielen Initiativen zur Durchsetzung von herkunftsbasierten Bezeichnungsrechten (z.B. Schwarzwälder Schinken, Cassis de Dijon).

Da es für Winzer aufgrund der Produkt- und Anbietervielfalt und limitierter Marketingressourcen schwer ist, sich eine starke Marke aufzubauen, steigt die Relevanz der kollektiven Reputation des Produzenten. Dies zeigt sich auch im Konsumentenentscheidungsverhalten, bei dem die Herkunft (Weinregion) eine wesentlich größere Rolle spielt als die Marke.

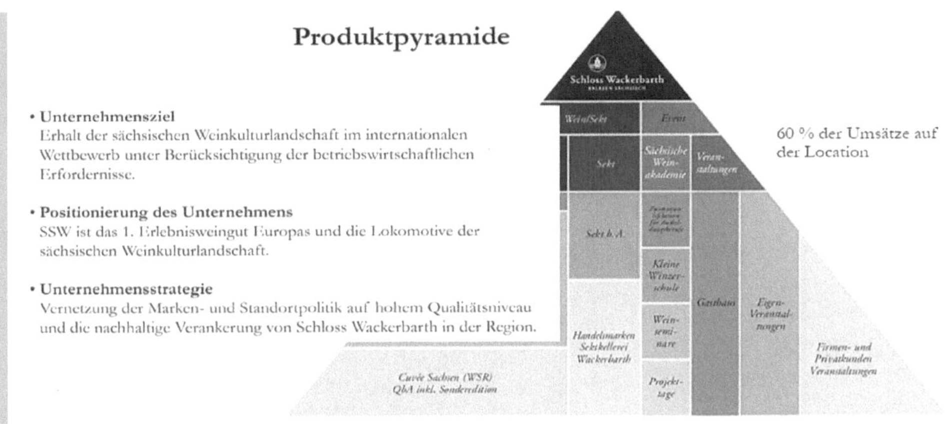

Schloss Wackerbarth setzt bei der Positionierung sowohl auf Abgrenzung als auch auf die gemeinsame Reputation der sächsischen Weinkulturlandschaft.

Pressemeldung: Die schsische Winzerschaft kommt nicht zur Ruhe. *Auch sechs Monate nach Bekanntwerden des Weinskandals ist die Sache nicht vom Tisch. Dass noch immer nur drei von mindestens sechs Kellereien mit belasteten Weinen öffentlich bekannt sind, verunsichert die Verbraucher. ... Georg* ***Prinz zur Lippe****, der Betreiber von Sachsens größtem Privatweingut sagte: „Ross und Reiter müssen meiner Meinung nach in der Öffentlichkeit klar und vollständig benannt werden." Nur so könnte der Generalverdacht gegen alle sächsischen Winzer abgewehrt werden. Obwohl sein Weingut Schloss Proschwitz gar nichts mit der Affäre zu tun habe, bekäme der Betrieb die Zurückhaltung der Kunden zu spüren und müsse allerlei Fragen beantworten.* (Müller 2016)

Die kollektive Reputation der regionalen Herkunft in der deutschen Weinwelt lässt sich anhand eines Vergleichs der Weinbauregionen hinsichtlich Qualitätsvermutung und durchschnittlichem Preisniveau ablesen. Regionen wie der Rheingau, die Ahr oder Mosel werden mit einer erhöhten Qualität verbunden, dies kann im Durchschnitt höhere Preisniveaus erlauben. Über die historische Prägung hinaus wird die kollektive Reputation auch durch die **gemeinschaftliche Werbung** gestaltet, die Profile zu etablieren oder zu festigen versucht. Neben der Region gibt es weitere Merkmale, die kollektive Reputationseffekte auslösen können, wie beispielsweise die **Unternehmensform**.

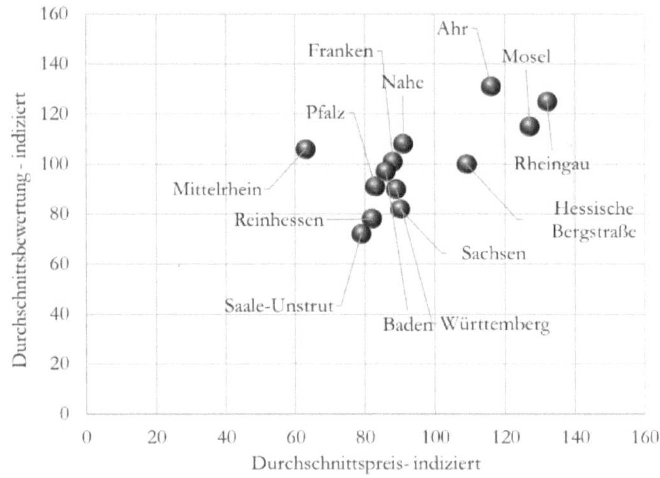

Abb. 79: Kollektive Reputation – deutsche Weinanbaugebiete (Analyseergebnis)

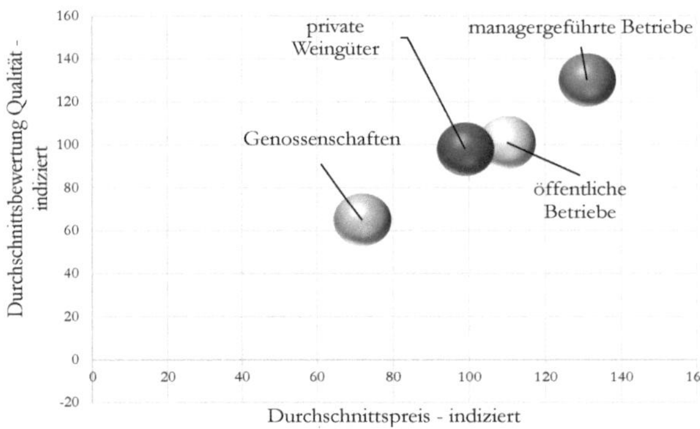

Abb. 80: Kollektive Reputation – Unternehmensformen Weinwirtschaft (Analyseergebnis)

Managergeführte Betriebe können ihre Dynamik und Professionalität offensichtlich in Nutzen für die Weinkonsumenten überführen. Die primär von **Genossenschaften** gewählten Strategien der Preis-Leistung oder Qualitätsführerschaft sind wettbewerbsintensiv. Das oftmals überlegene Qualitätsmanagement der Genossenschaften

kann angesichts eines Geschäftsmodells mit vielen Produzenten und deren Partikularinteressen offenbar nicht ausgespielt werden, so dass Genossenschaften **Umfirmierungen** anstreben (z.B. Weinmanufaktur oder Kunstnamen). Mit der neuen Namensgebung wird beabsichtigt, eine größere Distanz zu den anderen, kollektiv verbundenen Partnern zu schaffen. Unter Nachhaltigkeitsaspekten sollten genossenschaftliche Organisationsform punkten können, da der Kollektivgedanke Ansätzen sozialer und ökonomischer Nachhaltigkeit entspricht. Weingüter in öffentlicher Hand profitieren von positiven Reputationseffekten im Sinne von Nachhaltigkeit, denn diese Betriebe sind oftmals **nicht gewinnorientiert** oder mit einer Betonung **sozialer Aktivitäten** im Markt aktiv. Durch strategisches Management können die Positionierung und Reputationseffekte gesteuert werden. Ein Blick in nachbarschaftliche Weinländer zeigt beispielsweise Genossenschaften in Südtirol, die als Premiumweingüter etabliert sind. Der genossenschaftlich organisierte Champagnerproduzent **Jacquart** in Frankreich beeindruckt durch seine Wachstumsdynamik.

Auch in Deutschland können kollektive Reputationseffektive durch gezielt abgeschöpft werden. Gemeinschaftliche Aktivitäten werden in einen markenstützenden Effekt überführt (z.B. Generation Riesling, Generation Pinot).

Die **Bergsträsser Winzer** führen ein spezielles Label für die robusten Rebsorten der Zukunft ein. „wine4future".

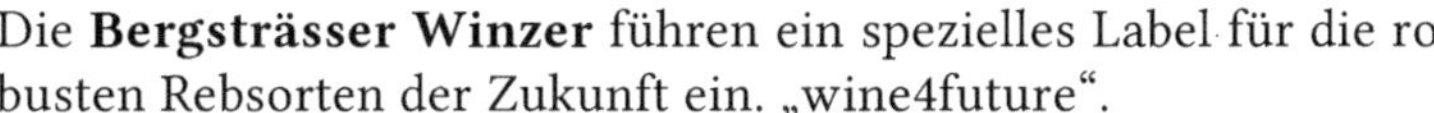

Ein **Ausbrechen** aus den kollektiven Reputationsmustern bedingt eine Akzentuierung der individuellen Distanz zum gleichartigen Wettbewerber. Wählt ein Anbieter eine möglichst starke Abgrenzung von Anbietern mit gleicher generischer Strategie oder kollektiver Reputation, indem die Einzigartigkeit in der Positionierung betont wird, kann ein Abgrenzung bei Kunden oder anderen Partnern von Mitbewerbern erreicht und gegebenenfalls die Anzahl als relevant betrachteter Wettbewerber reduziert werden. Eine Strategie, bei der man Nähe zu gleichartig agierenden Unternehmen betont, dient der Legitimierung. Mit einer Positionierung unter Bezug auf andere Betriebe besteht die berechtigte Hoffnung, dass man von deren Reputation profitieren kann.

Beim Besuch der Vinothek des Weinguts **Kendall Jackson** in Kalifornien wurde in der kostenpflichtigen Verkostung ein Wein mit dem Argument angepriesen, dass dieser Wein sich am Konkurrenzprodukt „**Opus One**" orientiere, aber günstiger sei. Diese Verkaufsargumentation illustriert eine Profilierung nahe am Wettbewerb, denn Opus One ist ein hochpreisiges Weingut als Gemeinschaftsunternehmen von Robert Mondavi und Baron Rothschild. Eine Orientierung am Premiumprodukt eines Anbieters mit gleicher strategischer Ausrichtung dient der Legitimierung für die eigene Qualität und das damit verbundene Preisniveau.

Das Weingut **Chat Sauvage** wurde 2000 in der Weinbauregion Rheingau neu gegründet. Ein kommunizierter Anspruch, besondere Weine zu produzieren und das

Preisniveau sprechen für eine generische Strategie als Premiumanbieter. In Abgrenzung zum Wettbewerb wurde aber entschieden, statt der für die Region historisch charakteristischen und mit über 80% der Bepflanzung der Anbaufläche dominierenden Rebsorte Riesling, die sich sicher als Basis für Premiumprodukte eignet, auf Weißweine aus der Chardonnay-Traube und betont auf Rotwein zu setzen.

Die strategische Balance zeigt sich besonders in der **Kommunikation**. Eine stark auf Legimitierung basierende Profilierung kann am Beispiel der Weinregion Bordeaux in Frankreich veranschaulicht werden. Die Etiketten der Anbieter lehnen sich Großteils an die bekannten Traditionsweingüter an, um von deren Positionierung zu profitieren.

Diese Strategie der Legitimierung entspricht dem Wunsch, über klassische Stilmittel **Hochwertigkeit** und Premiumangebot zu kommunizieren. Ebenso sprechen die Eindrücke der strategischen Landschaft der deutschen Weinerzeuger mit einer Produktfokussierung und einer Dominanz von Preis-Leistungsstrategien für eine Positionierung **nahe am Wettbewerb**.

Angesichts des sich intensivierenden Wettbewerbs, steigender Verdrängung und wachsender Illoyalität der Kunden, sind eine Herausstellung von individuellen Leistungskomponenten und die Betonung von Besonderheiten notwendige Voraussetzung zur Kundengewinnung. Darüber hinaus kann auch die Flexibilität erhöht werden, denn Legitimierung beschränkt den eigenen Aktionsradius.

Wenn in der Weinfachpresse über die Winzerin **Juliane Eller** geschrieben wird, „*... die junge Winzerin wollte vieles anders machen. Radikal anders. Eine, die keine Lust mehr auf das konservative Stammkundengeschäft ihrer Eltern hatte. Zumal sich Juliane Eller bewusst war, dass diese als sicher geglaubte Absatzform ihre Tücken hat ...*“, wird Andersartigkeit und Differenzierung konstatiert. (Brinkhoff 2021)

Die sichtbare Wahrnehmung im relevanten Markt ist insbesondere für kleine Betriebe eine unternehmerische Herausforderung. Die angestrebte strategische Positionierung im Wettbewerb muss konsistente Antworten auf Fragen zur wettbewerblichen Einordnung geben:

[1] Möchte ich den Gesamtmarkt bearbeiten oder mich auf regionale oder kundenzielgruppenorientierte Nischen konzentrieren?

[2] Welche Wettbewerber bewegen sich in meinem Markt und über welche wettbewerblichen Vorteile kann ich mich im Wettbewerb abgrenzen? (andersartige, einzigartige Leistung(en), attraktive Preise über kosteneffiziente Prozesse, qualitativ herausragendes Premiumangebot, zielgruppenorientiert maßgeschneidertes Nutzenversprechen, verlässliches Preis-Leistungs-Angebot...)

[3] Welcher generischen Wettbewerbsstrategie ordne ich mich auf Grund dieser Überlegungen zu? (Kostenführerschaft, Qualitätsführerschaft, Premium-Strategie, Nischen-Strategie, Preis-Leistungs-Strategie)

[4] Birgt meine Positionierung die Gefahr, mich „in der Mitte“ zu verlieren?

[5] Reflekiert sich meine strategische Positionierung in meiner preislichen Positionierung im Vergleich zum Wettbewerb?

[6] Ist es zielführend, von gemeinschaftlicher Reputation zu profitieren oder möchte ich mich bewusst distanzieren?

[7] Entspricht die unternehmerische Positionierung meiner Persönlichkeit und kann ich sie über meine Einstellungen, Interessen und Werte bekräftigen?

[8] Berücksichtigt meine angestrebte Positionierung die Veränderung der Rahmenbedingungen in meiner internen und externen Umwelt?

[9] Von welchen strategischen Umweltveränderungen profitiere ich mit der gewählten strategischen Positionierung und welche könnten nachteilige Effekte haben?

6.4 Nachhaltigkeit als strategischer Leitgedanke

Nachhaltigkeit sollte ein Leitgedanke unternehmerisch, ethischen Handelns sein. Nachhaltigkeitsüberlegungen können neue Geschäftsmodelle, aber ebenso Repositionierungstrategien etablierter Anbieter motivieren. Bereits in einer empirischen Studie aus dem Jahr 2009 wurde aufgezeigt, dass strategisch verankerte Nachhaltigkeit über viele Hebel ökonomischen Nutzen generiert (beispielsweise mindert die ökologisch orientierte Einsparung von Ressourcen die Ausgaben), dass aber der primäre Nutzen in der **gesteigerten Reputation** und der **Aufwertung der Marke** liegt.

Nachhaltigkeit kann besonders für Kleinbetriebe Überlegungen zu strategischer Ausrichtung motivieren und eine strategische Klammer bilden. Die drei Säulen verbinden marktorientiertes Handeln zur Sicherung der wirtschaftlichen Perspektive (Erschließung neuer Märkte, Risikomanagement, Erkennen neuer Innovationsfelder) mit gesellschaftlichen, sozialen Überlegungen (Ausrichtung der Unternehmensstrategie auf Bedürfnisse der Gesellschaft, Arbeitsbedingungen und Arbeitgeberattraktivität) und ökologischen Aspekten (Sicherstellung möglichst geringer Emissionen und Implikationen) (Abb. 81).

In gemeinnützigen Organisationen oder „Purpose Companies“ (Zweckunternehmen) bildet Nachhaltigkeit den zentralen Anker des unternehmerischen Selbstverständnisses. Diese Unternehmen sehen ihre Daseinsberechtigung und ihre Wertschöpfung alleinig in der Aufgabe, die Umwelt und die Gesellschaft zu fördern.

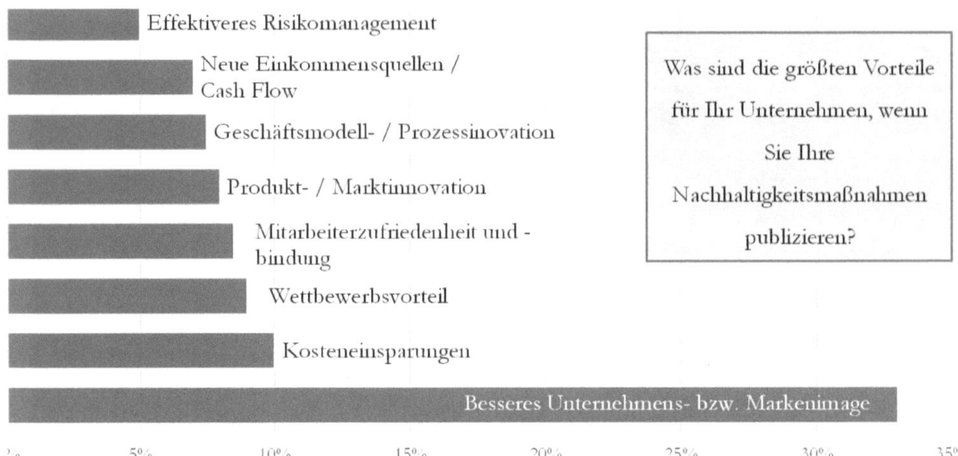

Abb. 81: Beweggründe für Nachhaltigkeitsausrichtung (in Anlehnung an Berns 2009)

Corporate Purpose drückt den Zweck eines Unternehmens, die Daseinsberechtigung aus. Hierbei steht der durch das Unternehmen im Sinne der Gesellschaft zu kreierende Mehrwert und somit ein Beitrag für alle Bezugsgruppen im Vordergrund.

Abb. 82: Schematische Darstellung Entwicklung Nachhaltigkeitsmanagement

Der **Entwicklungspfad von strategischer Nachhaltigkeit** kann als sich aufbauendes Schema skizziert werden. Als Basisstrategie wird Nachhaltigkeit vornehmlich zur Risikovermeidung (z.B. Reduktion möglicher Negativimplikationen bei Aufdeckung von sozialer Ausbeutung durch Zulieferer) interpretiert. In einem hierauf aufbauenden strategischen Verständnis von Nachhaltigkeit wird unternehmerische Verantwortung gegenüber der Gesellschaft und hiermit verbundenes Bezugsgruppenmanagement strategisch verankert. Eine holistische Nachhaltigkeitsstrategie erkennt Nachhaltigkeit als den entscheidenden Werttreiber zur Gestaltung der Unternehmenszukunft. Wachstum, Kundengewinnung, Kostensenkung und alle weiteren Maßnahmen werden aus den Nachhaltigkeitsambitionen heraus motiviert und von diesen überlagert.

> Das Weingut Alfons **Hormuth** kommuniziert stolz: *„Wir sind das erste klimaneutrale Weingut Deutschlands!" und benennt die vielen Maßnahmen zum Erzielen dieser auch differenzierenden Positionierung: Ökostrom, eigene Photovoltaikanlagen, Stromspeicher, organischen Düngung, Weinflaschenpfandsystem, Elektroauto für Kurzstrecken ...*" Ebenso wird auf eine schon 2017 realisierte Zertifizierung mit dem Nachhaltigkeitssiegel von Fair Choice hingewiesen.

Zentraler Leitgedanke der Nachhaltigkeit ist eine langfristige Zukunftssicherung des Unternehmens unter Wahrung der Umwelt für zukünftige Generationen. **Nachhaltigkeitsprofilierung** ist der Differenzierung dienlich, da Konsumenten zunehmend auf Nachhaltigkeit Wert legen. Im wettbewerbsintensiven Umfeld wird Nachhaltigkeit aber zunehmend für alle Anbieter eine strategische Gestaltungskomponente, um auch zukünftig als möglicher Anbieter in Betracht gezogen zu werden.

6.4.1 Nachhaltige Positionierungs-Cluster

Das Halten von Bestandskunden und die Gewinnung von Neukunden sind bei fehlendem Marktwachstum zentrale Erfolgsdeterminanten. Nachhaltigkeit kann der entscheidende **Hebel zur Zukunftsgestaltung** werden. Die Forderung der Konsumenten nach einer nachhaltigen Produktion wird immer lauter. Studien verweisen darauf, dass mittlerweile mehr als die Hälfte der Konsumenten beim Lebensmitteleinkauf nachhaltig handeln wollen und Bereitschaft signalisieren, für die Produkte auch mehr Geld auszugeben. Dies wird auch von den Handelsketten stärker bespielt und ist kein Strohfeuer, sondern ein Dauerthema.

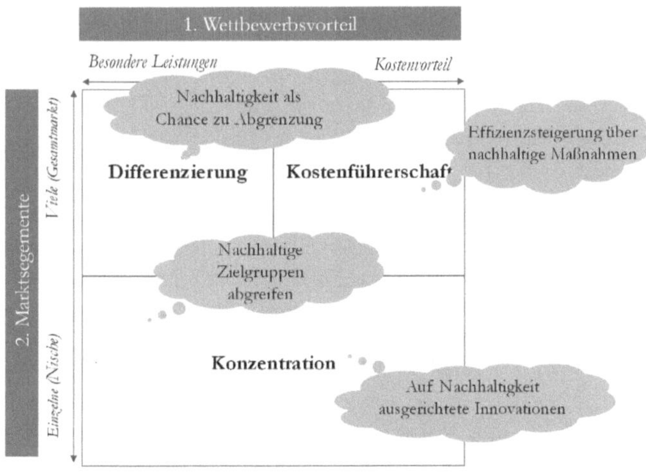

Abb. 83: Nachhaltigkeit als Positionierungshebel (aufbauend auf Porter)

Nachhaltigkeit ist für alle generischen Strategien relevant und kann akzentuiert zur Steigerung der Wertschöpfung beitragen. Nachhaltigkeit unterstützt Differenzierung maßgeblich und bietet sich als Hebel zur Nischenadressierung an. Mit Nachhaltigkeit lassen sich dezidierte Zielgruppen ansprechen. Eine bedeutende Zielgruppe für eine strategisch verankerte Nachhaltigkeitsausrichtung sind **LOHAS** (Life of Health and Sustainability), deren Einstellung und Verhalten explizit durch Nachhaltigkeitsstreben charak-terisiert wird. LOHAS sind Genussmenschen, die ihre hedonistische Lebensweise zum eigenen Vorteil (Gesundheit) aber ohne Belastung der Gesellschaft (Nachhaltigkeit) ausleben wollen. LOHAS haben ausreichend Einkommen oder Vermögen, um einen anspruchsvollen Lebensstil zu leben und zeigen Bereitschaft, für nachhaltige Produkte Preisaufschläge zu zahlen.

Dom Perignon startet eine Kampagne mit Lady Gaga (Foto: Dom Perignon)

WEIN, ERZEUGER

Dom Pérignon kooperiert mit Lady Gaga

Die Champagnermarke Dom Pérignon setzt auf Lady Gaga als Testimonial. Wie das Unternehmen heute ankündigte, soll die Kooperation am 6. April starten mit einer Werbekampagne, Flaschen in limitierter Auflage und einer von Lady Gaga gestalteten Skulptur.

»Heute braucht die Welt mehr als zuvor die Kraft kreativer Freiheit. Eine Kraft, die neue Horizonte eröffnet und uns weiterbringt. Eine Kraft, die Lady Gaga und Dom Pérignon in einem gemeinsamen Projekt vereint«, schreibt das Haus. »Hiermit feiern wir die Art und Weise, wie das Versetzen alter Grenzen, das Neuerfinden des Bekannten und ein leidenschaftliches Engagement uns alle, individuell und als Kollektiv, motivieren können.«

Das Projekt soll zudem die Arbeit der Stiftung »Born This Way Foundation!« von Lady Gaga unterstützen, die sich für das psychische Wohl junger Menschen einsetzt. red

(Quelle: Meininger 2021)

Für weitere wertvolle, teilweise preissensiblere Zielgruppen ist die Nachhaltigkeit von Angeboten, Leistungen und Unternehmensstrategie zunehmend ein Entscheidungsfaktor. Insbesondere jüngere Menschen, wie die von Schülern und Studenten ausgehende Bewegung „**Fridays for Future**" zeigt, entscheiden nach Nachhaltigkeitsgesichtspunkten.

Nachhaltigkeit ist entsprechend für alle generischen Strategien von Relevanz. Unsere Befragungen in der Weinbranche bestätigen, dass bei Premiumstrategien, nicht zuletzt aufgrund der Bedeutung der Zielgruppe LOHAS, Nachhaltigkeit eine zentrale, strategische Rolle einnimmt. Ein erkennbarer Einfluss von Nachhaltigkeit auf die Preispolitik, insbesondere bei den Strategien Preis-Leistung-Strategie und Qualitätsführerschaft bestätigt, dass Nachhaltigkeit bei der Argumentation von Preisen Aussagekraft hat. Für Kostenführer sichert nachhaltiges Handeln Wertschöpfung durch die Vermeidung von Aufwand und durch **Ressourcenschonung** gesteigerte **Effizienz**. Zudem vermeiden Kostenführer das Risiko, dass sie ohne die Erfüllung von Nachhaltigkeitsansprüchen einen Teil ihrer Kunden verlieren und den Gesamtmarkt nicht mehr ausreichend abdecken, mit Nachteilen für den für diesen Strategietyp wichtigen Marktanteil. Nischenanbieter profitieren von einer zielgruppenfokussierten Nachhaltigkeitspositionierung.

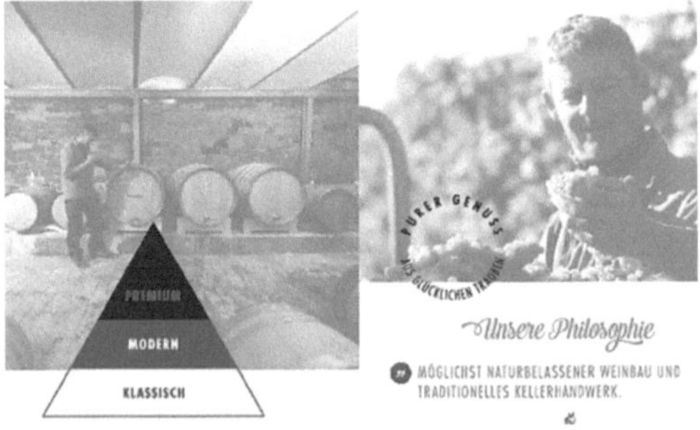

„Purer Genuss aus glücklichen Trauben": Beim Bioweingut **Galler** steht die biologische, naturnahe Arbeitsweise im Mittelpunkt der Außenkommunikation. Die Weine werden kreativ in Abweichung von herkömmlichen Qualitätspyramiden bezeichnet (z.B. Heinrich, Feodora, Kunigunde) und auch der Anbau neuer Rebsorten untermauert den Wunsch nach Differenzierung, da man sich gezielt Qualitäts- und Preiswettbewerb mit anderen Produzenten abgrenzen möchte.

Zur Einschätzung der Effekte von Nachhaltigkeit hinsichtlich der Nähe oder Distanz zum Wettbewerb liefert ein Blick auf die **Genese der ökologischen Betriebsführung** wertvolle Hinweise. Ökologische Differenzierung ist ein relevanter Aspekt strategischer Balance. Ökologische Betriebsführung kann der Differenzierung und der Rechtfertigung für Preisaufschläge dienen, andererseits wird hiermit auch eine Orientierung im Wettbewerb möglich. In einer zeitlichen Betrachtung haben die Pioniere anfänglich eine Distanz zur Branche aufgebaut und mit zunehmender Penetration von Bioangebot wurde Legitimierung verfolgt. Dies gilt besonders für die Landwirtschaft und Ernährungsindustrie, aber auch für alle anderen Branchen. Die Betrachtung der **ökologischen Bewirtschaftung** in der Weinwirtschaft illustriert die Relevanz von strategischer Balance als auch hiermit verbundenes strategisches Gestaltungspotenzial. In den Anfangsphasen wurde der ökologische Weinbau von **Idealisten** vorangetrieben, die mit **ökologisch geprägtem Lebensstil** eine **Andersartigkeit** leben wollten und dies auch im Betrieb unter Beweis stellten. Mit steigendem ökologischem Bewusstsein in der Gesellschaft und einem wachsenden Kundenverständnis, dass ökologischer Wein alle Qualitätsmerkmale erfüllen kann, wurde der Nutzen ökologischer Positionierung von weiteren Anbietern erkannt, die zur strategischen Legitimierung auf Bio-Weinbau umstellen.

> **Weingut Zähringer**: *Damals Pioniere, heute voll im Trend: Mit der Natur arbeiten und nicht gegen sie: Um erfolgreich Bioweine herzustellen braucht man Zeit, jede Menge Idealismus sowie Kunden, die das Handwerk schätzen. Was heute dem Nerv der Zeit entspricht, klang vor 30 Jahren auch unter Experten ein bisschen verrückt."*
>
> Auch Richard **Schmidt** schildert die Herausforderungen der ersten Tage und das Wechselspiel von eigenem Weg und Reputation: *„Trotzdem die Gemeinde Eichstetten schon damals ein Vorreiter war für den Bioanbau, zum Beispiel beim Gemüse, waren die ersten Jahre hart. Auch im Dorf war es nicht einfach, der Biowinzer zu sein. Nach ein paar Jahren, als klar war, dass unsere Weine auch qualitativ gut sind, war es leichter, da waren wir anerkannt."*

Die **ökologische Positionierung** verzweigt sich in drei unterschiedliche Strategiecluster. Das erste Cluster wird durch ein tiefgehendes ökologisches Selbstverständnis der Unternehmer begründet. Es umfasst neben den **„Öko-Pionieren"** auch Betriebe, bei denen die Unternehmer ökologisch bewusst leben und dies auch in ihrer betrieblichen Praxis als unabdingbar betrachten. Die Zielkunden dieser Anbieter sind entsprechend Konsumenten, die ökologisches Handeln als nutzenstiftend für sich erkennen und bei denen Ökoprodukte im Warenkorb dominant vertreten sind. Anbieter mit dieser Positionierung sind in der Lage, einen Preisaufschlag für die ökologische Bewirtschaftung durchzusetzen. Im zweiten Segment sind Premiumanbieter vertreten, die ökologische Betriebsführung als grundlegend für die Umsetzung ihrer Terroir- und Qualitätsstrategie verstehen. Dabei betonen diese Vertreter ihre ökologische Bewirtschaftung nicht explizit, sie ist Teil des **stimmigen Gesamtbildes von naturbasiertem Weinbau**, das der Anbieter glaubhaft vermitteln möchte. Vertreter dieses Segments erzielen hohe Durchschnittspreise nicht aufgrund der ökologischen Bewirtschaftung, sondern über die erfolgreich verfolgte Qualitäts- und Premiumstrategie. Ein drittes Segment greift das Thema zur Abschöpfung von Wettbewerbsvorteilen auf (z.B. Preisdurchsetzung, Finanzhilfen, Umstellungsunterstützung) Ökologische Orientierung bietet somit die Möglichkeit, **Teilmärkte** zielgenauer anzusprechen, was an-gesichts einer weiten Verbreitung gleichartiger Positionierungen in der Weinwirtschaft zielführend erscheint. Das Aufgreifen von den Trends Nachhaltigkeit, Regionalität und Ökologie bietet damit Möglichkeiten zur Positionierung mit differenzierten Angeboten und Erfolgspotenzial für die Anbieter.

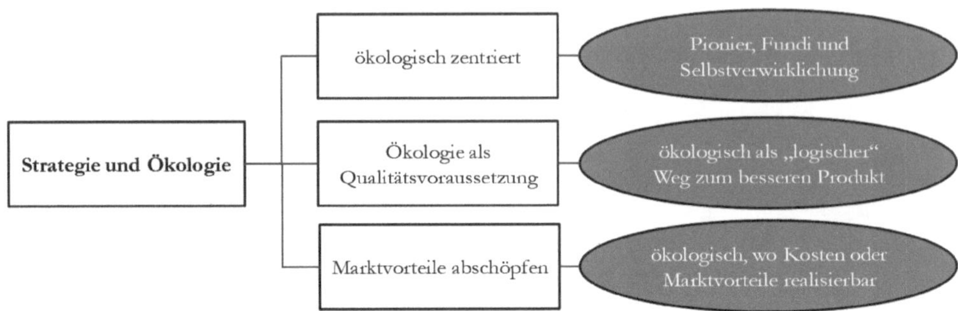

Abb. 84: Strategische Vielfalt ökologischer Positionierung

Nachhaltigkeit wird gleichartig die strategische Balance von einer distanzbildenden Startphase hin zu einer übergreifenden Legitimierung durchlaufen. Als Schlagwort hat Nachhaltigkeit die Ökologie bereits abgelöst.

Für die deutsche Weinbranche zeigen sich charakterisierende Nachhaltigkeitsstrategien mit **Vorreitern**, **Nachhaltigkeitsfokussierten** und **ausgewählt aktiven** Vertretern.

Nachhaltigkeits-Cluster	Geschäftsmodell	
"Vorreiter"	Ecopreneur oder Bioneer	nachhaltiges Unternehmertum
"fokussiert"	kundenzentriert	sozialfokussiert
"aktiv"	finanzkennzahlen-getrieben	marktorientiert

Abb. 85: Nachhaltigkeitstypologie deutscher Weinerzeuger (Analyseergebnis)

Einige Weingüter positionieren sich auf Basis eines umfassenden „nachhaltigen Unternehmertums" mit einer weitreichenden Verankerung von Nachhaltigkeit im Geschäftsmodell. Auch wenn ökologische Steuerungsaspekte bei diesen Vertretern ausgeprägt sind, werden die anderen Dimensionen von Nachhaltigkeit bei den strategischen Leitplanken vollumfänglich berücksichtigt. Die zudem als Vorreiter identifizierten Cluster „**Ökopreneur**" und „Bioneer" zeigen eine stärkere Akzentuierung hinsichtlich der ökologischen Nachhaltigkeit, wobei letztere neben der Ökologie die Wertsteigerung des Weinguts, das Risiko- und das Innovationsmanagement stärker betonen. Zwei Nachhaltigkeitscluster setzen **Akzente** entweder bei sozialem Engagement oder bei Innovation. Diese Vertreter wurden in „kundenzentrierte Nachhaltigkeitsvertreter" (Dominanz der kundenorientierten Variablen) und „sozialfokussiert“ (Sozialaspekte neben den ökonomischen Aspekten im Vordergrund) benannt. Zwei Geschäftsmodelle greifen Nachhaltigkeit **primär aus wirtschaftlicher Perspektive** auf. Ein Typ wurde wegen der starken Betonung quantitativer, ökonomischer Nachhaltigkeitsaspekte “Finanzkennzahlengetrieben” getauft und das zweite Cluster ist durch eine Mischung aus qualitativen und quantitativen, marktorientierten Werten charakterisiert und entsprechend als „Marktorientiert“ tituliert. Diese Gruppen negieren die Relevanz von Nachhaltigkeit nicht, die Verfolgung ist jedoch weniger holistisch als bei den anderen Typen und die kommunikative Darlegung der Nachhaltigkeitsaspekte wirkt primär rechtfertigend.

Die Typologie mit mehreren strategischen Ausformungen gibt Hinweise auf eine **Transition** auf dem Weg von produktzentrierten Geschäftsmodellen in der deutschen Weinwirtschaft hin zu holistischem Unternehmertum mit Nachhaltigkeitsausprägung. Eine gesteigerte strategische Wertschätzung von Nachhaltigkeit treibt die organisationale Umsetzung und entsprechendes Managementverhalten. Dadurch werden Fähigkeiten zum Nachhaltigkeitsmanagement ausgeprägt und führen zu zunehmender Beherrschung der Komplexität nachhaltiger Unternehmensführung, in Erfüllung von Ansprüchen unterschiedlicher Bezugsgruppen und gesellschaftlicher Erwartungen.

Film-Link „Erstes CO_2-neutrales Weingut“: https://www.swrfernsehen.de/natuerlich/erstes-klimaneutrales-weingut-deutschlands-100.html

6.4.2 Strategische Steuerung und Erfolgseinfluss von Nachhaltigkeit

Eine akzentuierte **Nachhaltigkeitssteuerung** ist in allen Wertschöpfungsstufen zielführend. Die stufenweise Realisierung unter Berücksichtigung der Kapazitäten und Ressourcen, ist in den operativen Nachhaltigkeitszielen festzuhalten und zu verfolgen. Jede Maßnahme ist der Nachhaltigkeit dienlich, denn die Summe aller Aktivitäten sichert gesellschaftliche Veränderung. Zudem haben Maßnahmen von Unternehmern auch Vorbildcharakter und motivieren, Kunden, Partner und den Wettbewerb nachhaltigkeitsbewusster zu agieren. Nachhaltigkeit kann über eine strategische Zielsetzung in alle Stufen der Wertschöpfung von Kleinunternehmen einfließen, über die 3-Säulen und auf Basis der 17 Ziele für nachhaltige Entwicklung, mit unterschiedlichem Einfluss.

Abb. 86: Befragung von KMU zum Beitrag nach Nachhaltigkeitszielen (IHK 2017)

Die Befragungseinsichten zu Nachhaltigkeit in der deutschen Weinbranche unterstreichen die Relevanz eines umfassenden, aber auch maßnahmengetriebenen Engagements:

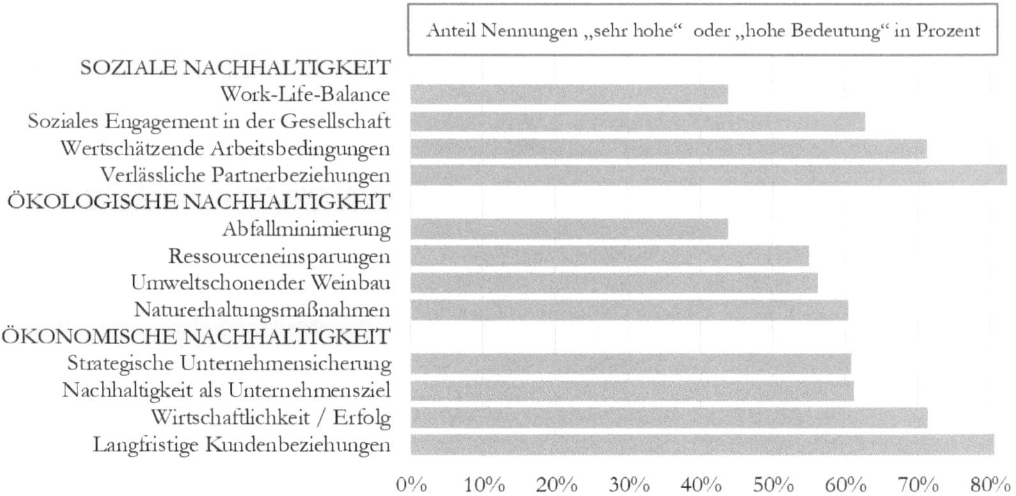

Abb. 87: Dominante Themen von Nachhaltigkeit bei Betrieben in der Weinwirtschaft (Befragung 2018)

Eine gesteigerte beigemessene Bedeutung der ökonomischen Nachhaltigkeit und Betonung wirtschaftlicher Faktoren schlägt sich in höherem Ergebnis und geringerem Aufwand nieder. Ebenso wird bei der sozialen Nachhaltigkeit ein starker Zusammenhang zwischen Erfolgsfaktoren und dem erreichten Zielniveau im Betrieb erkennbar. Das soziale Engagement bei deutschen Weinbaubetrieben – auch im internationalen Vergleich – hat einen äußerst hohen Stellenwert. Je erfolgreicher ein Betrieb ist, desto mehr Mittel werden für soziale Nachhaltigkeit verfügbar und eingesetzt. Damit gehen positive Effekte in der Reputation und Außenwirkung einher, die wiederum insbesondere den Erfolg auf der Markt- und Kundenseite steigern. Für Unternehmen in der Weinwirtschaft, die stark von der Natur abhängig sind und die Folgen des Klimawandels im eigenen Betrieb wahrnehmen, ist ökologische Nachhaltigkeit eine konsequente Orientierung zur Sicherstellung der eigenen Zukunft mit maßgeblichem, positivem Effekt auf die persönliche Zufriedenheit, einer der wchtigsten Steuerungsparameter.

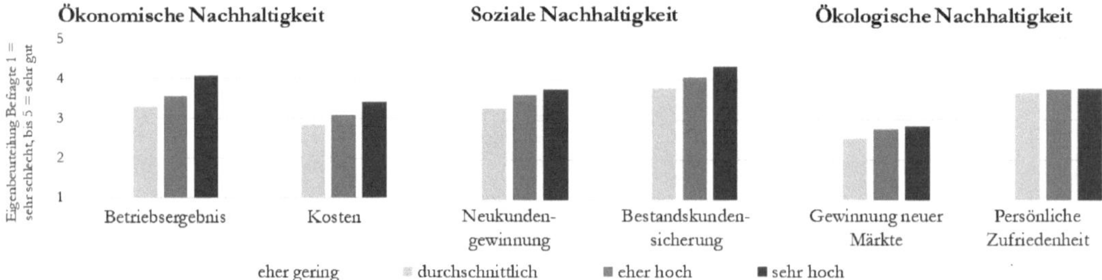

Abb. 88: Bedeutung der 3 Säulen von Nachhaltigkeit und dedizierte Erfolgsindikatoren am Beispiel Weinwirtschaft (Befragung 2020)

Die **Komplexität von Nachhaltigkeit** erschwert eine eigenständige, konsequente Umsetzung von strategischen Nachhaltigkeitsambitionen, die Adaption der eigenen Wertschöpfungsaktivitäten bzw. die Anpassung des Geschäftsmodells und die hierfür notwendigen Verbesserungsmaßnahmen. Schon für die strategische Festlegung ist die Umsetzung des Nachhaltigkeitsmanagements entscheidend. Als Negativbeispiel wird auf den Ölkonzern BP verwiesen, der sich als Nachhaltigkeitsvorbild positionierte und dann eine Umweltkatastrophe verursacht hat.

> Im April 2010 hat die von **BP** betriebene Ölplattform Deepwater Horizon im Golf von Mexiko in den USA eine Ölpest verursacht. Kurz zuvor wurde der Konzern in der Finanzwelt als Vorbild für Nachhaltigkeit gepriesen. Alleine die gerichtliche Regresszahlung von 21 Mrd. US $ zeigt das Ausmaß dieser Katastrophe. Alle bis dahin betriebenen aufwändigen strategischen Maßnahmen, BP als nachhaltiges Unternehmen zu positionieren, wurden pervertiert.

Wichtig ist, keine Angriffsfläche im Sinne von „**Green Washing**" zu bieten, da dies einen lange wirkenden negativen Einfluss auf die Reputation des Unternehmens hat, wodurch das Kaufverhalten der Konsumenten negativ beeinflusst wird. Dies ist der Fall, wenn vermeintlich ökologisch vorteilhafte Maßnahmen sich als nachteilig für die Umwelt herausstellen. Kunden erwarten beispielsweise von Bioprodukten, auch in der Weinwirtschaft, nicht nur eine durchgängig ökologisch vorteilhafte Produktionsweise, sondern auch eine ökologische Ausrichtung in allen anderen Wertschöpfungsstufen. Gleiches gilt aber auch für die anderen Dimensionen der Nachhaltigkeit. Ein unternehmenseigener Kindergarten ist eine vorbildliche soziale Maßnahme, wenn dies aber primär der Verlängerung der Arbeitszeit der Mitarbeiter über das angemessene Maß hinaus dient, wird dem Anspruch an Nachhaltigkeit nicht entsprochen – was durchaus in internationaler Praxis beobachtet werden kann. Eine Handlungsmatrix mit den Achsen „**Weite und Tiefe des nachhaltigen Engagements**" und „**Intensität der Kommunikation**" teilt die Nachhaltigkeitsorientierung in vier Segmente. Bei einer bewussten Wahl von Nachhaltigkeit als werttreibender Bestandteil der Strategie ist es unabdingbar, alle Maßnahmen zu ergreifen und das Unternehmen so auszurichten, dass vorbildlich im Segment der „ganzheitlich Engagierten" geleistet wird.

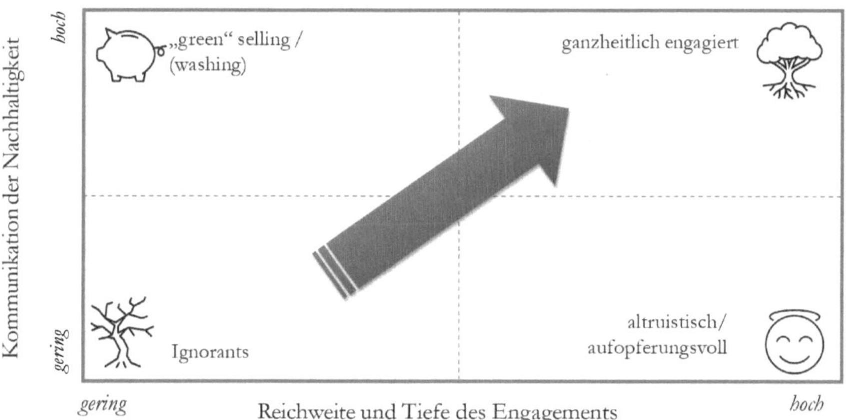

Abb. 89: Strategischen Optionen nachhaltigen Engagements und dessen Kommunikation (schematische Darstellung)

Nachhaltigkeit sollte in jeder Strategie verankert sein, um eine langfristig erfolgreiche Zukunft des Unternehmens ohne Benachteiligung zukünftiger Generationen sicherzustellen. Unternehmer müssen ihre persönlichen Einstellungen und Werte berücksichtigen, damit die Nachhaltigkeitsstrategie im Unternehmen gelebt wird und glaubhaft ist:

[1] Welche persönlichen und unternehmerischern Werte treiben meine Nachhaltigkeitsambitionen?

[2] Wo ordne ich mich mit meinen strategischen Nachhaltigkeitsambitionen ein – sind wir durch vermittelbare Aktivitäten in ausgewählten Nachhaltigkeitsaspekten herausragend, konzentrieren wir uns auf bestimmte Nachhaltigkeitsfelder oder ist unser Anspruch, umfassender Nachhaltigkeitsvorreiter zu sein?

[3] Sind unsere Nachhaltigkeitsambitionen im Unternehmensleitbild mainfestiert? Reflektiert das Agieren und Handeln Unternehmen unser gemeinsames Leitbild?

[4] Welche Nachhaltigkeitsziele priorisiere ich in den drei Säulen Ökonomie, Ökologie und Soziales?

[5] Welche Beiträge zur Steigerung der ökolgischen Nachhaltigkeit kann ich in meinen internen, kunden- und marktorientierten Prozessen und Leistungen konkretisieren?

[6] Werden meine sozialen Nachhaltigkeitsambitionen in allen Hierarchien meines Teams und auf allen Ebenen meiner Partnerschaften und Bezugsgruppen kommuniziert und gelebt?

[7] Nutze ich meine Nachhaltigkeitsaktivitäten zur Außenkommunikation und zielgrichteten Positionierung im Markt?

[8] Bin ich in meiner Außenkommunikation authentisch, transparent und konsistent hinsichtlich meines Handelns?

[9] Wo biete ich eventuell Angriffsfläche von übersteigerten, komplementären oder unrealistischen Nachhaltigkeitsambition und welche Maßnahmen sollten zur Absicherung ergriffen werden?

6.5 Innovation als strategische Gestaltungskomponente

Mit Innovation wird eine Neuerung bezeichnet. Innovation wird in der betrieblichen Praxis eine äußerst hohe Relevanz beigemessen, da sie als **Motor** von wirtschaftlicher und gesellschaftlicher Weiterentwicklung, als **Differenzierungstreiber** im Wettbewerb und als Medium zum **Wecken und zur Befriedigung neuartiger Bedürfnisse** gesehen wird. Erfolgreiches Unternehmertum zeichnet sich durch individuelle und der eigenen Umfeldanalyse angepasste Innovations- und Managemententscheidungen aus.

Innovation ist die Erfindung, Entwicklung oder Einführung von etwas Neuem. Innovation kann im Produkt, in einer Dienstleistung, im Angebot, im Prozess, in der Organisation, einer Technologie, einer Denkweise oder einer gesellschaftlichen Einführung Ausdruck finden.

Das sich permanent verändernde Umfeld bedingt Innovationsmaßnahmen unter Berücksichtigung der eigenen Ausgangssituation und der strategischen Ambitionen. Kreativität und Innovationskraft bilden dabei den Nukleus unternehmerischen Handelns, um bei zunehmender Wettbewerbsintensität und sich verändernden Kundenanforderungen betriebliche Perspektiven zu gestalten.

6.5.1 Innovationsausrichtung und -typen

Eine Innovation kann **unterschiedliche Aspekte** und **Reichweite** im Unternehmen abdecken: ein neues Produkt oder eine neue Prozesstechnologie, aber auch eine Innovation in der Organisation oder eine andere Erstmaligkeit im Geschäftsmodell kann als betriebliche Innovation umgesetzt werden, wobei in der Folge zwischen kundenorientierter bzw. marktlicher sowie innerbetrieblicher bzw. prozessorientierter Innovation unterschieden wird.

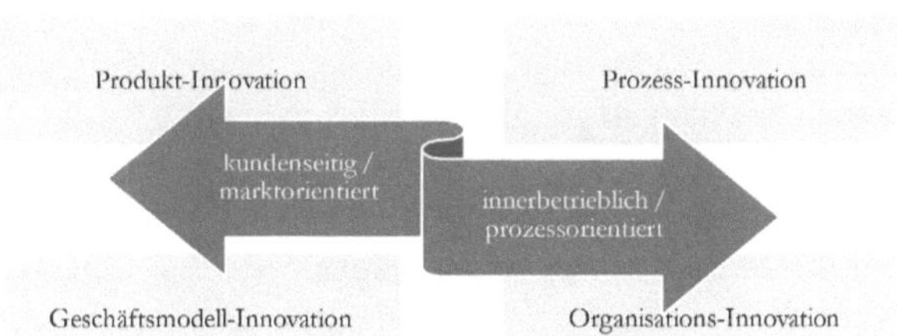

Abb. 90: Dimensionen von Innovation

Wenn ein Betrieb eine Neuerung einführt, die in der gesamten Branche bereits **Standard** ist, dann liegt kein ausgesprochener Innovationscharakter vor. Der **Innovationsgrad** begründet eine Unterscheidung in **radikale** oder **inkrementelle** Innovation. Bei ersterer führt ein Technologiesprung zu einer Aufgabe bisheriger Praktiken – der Computer hat die Schreibmaschine ersetzt, die Innovation war radikal und disruptiv. Für die mit Innovation mögliche Veränderungskraft wurde von Joseph Schumpeter der Begriff der **schöpferischen Zerstörung** (Creative Destruction) geprägt.

Die Wirkkraft von **Innovation als strategischer Hebel** und als Erfolgsfaktor ist unbestritten. Entsprechend zeigt sich auch in den empirischen Analysen zu Strategie und Innovation in der Weinwirtschaft ein Zusammenhang von Motivation, Innovation und Erfolg. Ein höheres Ambitionsniveau befruchtet das Innovationsmanagement.

Der Innovationsgrad wird mit steigender **Ambition** erhöht. Durch bewusste kundenorientierte Innovation sichern sich Anbieter die **Wahrnehmung im Wettbewerb**, eine bessere Bestandskundenpenetration und Neukundengewinnung. Die zentralen Hebel für Wachstum werden dadurch bespielt. Zudem sind die Anbieter in dem preissensiblen Markt gefordert, über **Effizienz** und innovative innerbetriebliche Prozesse ihre **Kosten** zu senken. Innovationen haben entsprechend einen positiven Einfluss auf die Betriebsergebnisse. Effizienzsteigerungen in den Prozessen erlauben notwendige Investitionen zur Gewinnung der Kunden.

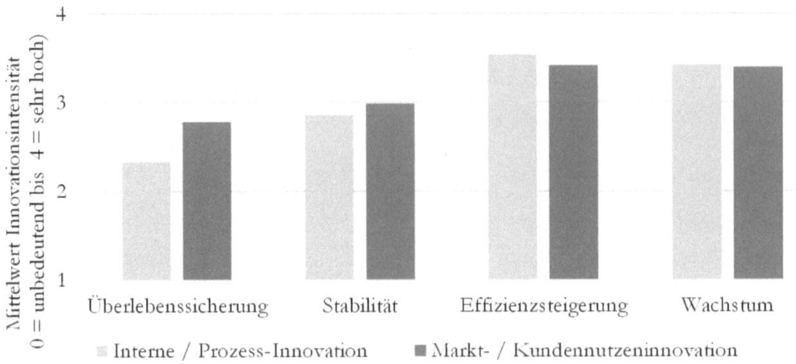

Abb. 91: Ambitionsniveau und Innovationsintensität in der Weinwirtschaft (Befragung 2014)

Innovation wird in der Literatur als der entscheidende Stellhebel deklariert, um einer zunehmend turbulenten Umwelt und daraus resultierender Komplexität zu begegnen. Innovation ist dabei zugleich **Treiber der Veränderung als auch Lösung**. Mit der Entwicklung von neuen Technologien sind Betriebe gefordert zu investieren, um eine Verbesserung ihrer Prozesse, Effizienzsteigerungen oder neue Angebote zu ermöglichen. Kleine Betriebe müssen Innovation auch unter dem Aspekt limitierter Ressourcen und einer Aufwand-Nutzen-Betrachtung strategisch angehen. Nicht jede Innovation ist für alle Betriebe zielführend, was den strategischen Wert von Innovation untermauert. Unreflektierte Nachahmeffekte sollten vermieden werden. **Passgenaues Innovationsmanagement** und dies bei permanenter Reflexion ist gefragt, da neue Lösungen bisherige Innovation zum allgemeinen Standard werden lassen. Anhand einer Innovationsanalyse kann der Istzustand und ein gewünschtes Sollprofil abgeleitet werden (Abb. 92).

Innovationsgrad

hoch innovativ

Innovationsgrad	Anlage/Pflanzung	Bewirtschaftung	Lese/Verarbeitung	Ausbau/Produktionsverfahren	Betriebsorganisation	Vermarktung	Logistik/Produktausstattung	Kundenmanagement/After Sales
10	Minimalschnitt Vermehrung von	Wine Scout, Steillagenraupe,	optische Sortiermaschine, Vollernter mit Entrapper, Steillagenvollernter	Blauer Wein, iFerm App, integrierte Pump-Over Geräte	Aktiver Kunde, Nischenstrategie, Crowdfinding, Patente/Lizensierung	Weinautomat	Trinkfertiger Wein im Glas/ kleine Flasche, Outsourcing, RFID im Prozess integriert	Produktbewertungen, Zusatzangebote, WeinBank
9	Piwis Bewässerung mit integrierter Düngung	PS- mit Tunnel-Anhängesprühgerät, Cane Pruner/Kobold	Schwingpendel-abbeermaschine, Lese bei Nacht	Winescan, Grapescan, Dichte (DMA mit RFID), Barriquemanagement	Auslagerung von Wertschöpfungsschritten, spezialisiertes Personal mit Fachkompetenz	Online-Weinprobe mit Exklusiv-Event	Leichtglasflasche, Grüne Weinbox, VinoLok,	Wine Club,
8	neue Sorten/ Klonvielfalt	Ausblasgerät, hohe Mechanisierung	moderne Pressen (Pressprogramm wählbar)	Ferm. Assist (Software), Staves, Cross-Flow Filtration	Partnerschaften, nachhaltige Betriebsführung	Onlineshop, Weingut als Event, (Gondelfahrt, Bike-Tour)	Bag-in-Box, Twist-Verschluss (Holzlinse)	Videos im Web, Weinlehrpfad
7	GPS-Pflanzung	Entlauber, Stammbürste, Vorschneider, Heftmaschine, Scheibe	Entrapper ROTVib, Vorlese/Sortierband	Überdrucktank, Rührwerktank, Tauchertank	Solaranlagen, Photovoltaik, moderne Vinothek	moderne Architektur, Mitgliedschaften&Koop. mit anderen Weingütern	Halshülsenentferner Mehrwegflaschen, Software	Probepakete, Barriquepatenschaften, Rebstockpatenschaften
6	Hochstamm,	Walze, Begrünungen, PS -Injektor/Antidrift-	schonender Trauben-transport Austrag mit	Tannine, Enzyme, Kaltmazeration, Dichte (DMA)	effizienter Wassereinsatz	WEB 2.0 (Blog), Twitter, Instagram	Label Vegan	QR-Code
5	Zeilenbreite	Überzeilen-Laubschneider	Vollernter	Barrique mit Kühlung, Kühlungssysteme	Verwaltungssoftware (z.B. weinbauonline.de)	moderne Website, Verkaufsräume, Kartenzahlung	Schraubverschluss	Kundenbetreuung (Newsletter, Kundenbriefe/mails)
4		Kreiselegge	Trockeneis	Weißwein im Holz	biodynamische Bewirtschaftung	Auszeichnungen	Labels (Bio, Fair Trade, VDP etc.)	Kundenkartei
3	Spaliererziehung, lange Zeilen	PS-Hohlkegel	Sortieren/ Selektion	Pump-Over Chips	biologische Bewirtschaftung	Hoffest	Glasflasche	Gewinnspiele
2	großes Vorgewende	niedrige Mechanisierung	alte Pressmodelle	Barrique	Keller unterirdisch	Website	viele Abfüllschritte	
	kompakte Klone	Mulcher		Hand unterstoßen Maische stampfen		Weinproben	Korkverschluss	Statische Beschwerdefunktion auf Webseite

nicht innovativ

Abb. 92: Innovationslandkarte zur Bestimmung von Innovationsgrad am Beispiel der weinwirtschaftlichen Wertschöpfungskette (beispielhafte Analyseergebnisse)

Die empirischen Analysen bestätigen, dass ein **akzentuiertes Innovationsmanagement** den betrieblichen Erfolg positiv beeinflusst. Die aus anderen Studien resultierende Erkenntnis, dass bei Kleinunternehmen eine hohe Innovationsintensität die Liquidität und Finanzstruktur kurzfristig negativ beeinflussen, wird auch anhand der Beobachtung zur Weinbranche bestätigt. Unternehmertum fordert ein kreatives und flexibles Management, so dass trotz oder gerade wegen des Veränderungsdrucks mit **gegebenen, eingeschränkten Mitteln kreative Lösungen** geschaffen werden. In der Unternehmertum-Forschung wird dieses Verhalten als ressourcengetriebenes Handeln („Effectuation") bezeichnet.

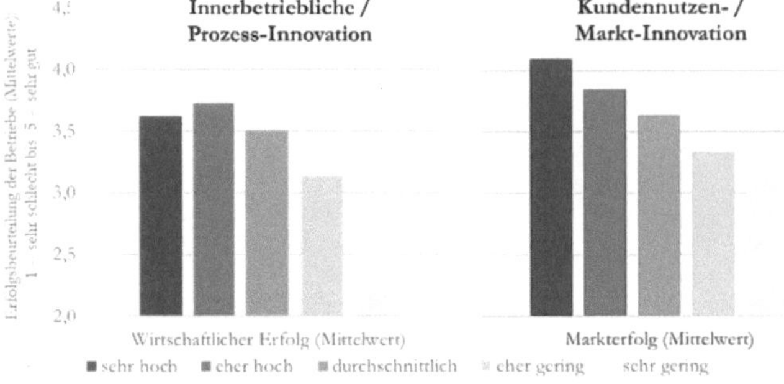

Abb. 93: Innovationsaktivität und Erfolgseinfluss am Beispiel Weinwirtschaft (Befragung 2020)

Die **Diffusion** von Innovation gleicht einem Lebenszyklus mit einer Einführung, der Verbreitung, der Etablierung (bis hin zur Bildung eines Standards), einer Substitution und einer anschließenden Ablösung. In Abhängigkeit von der zeitlichen Umsetzung der Innovation durch Unternehmer und Unternehmen wurden diese in fünf Innovationstypen kategorisiert. Bei den **Innovationstypen** stehen **Pioniere** für mutige und visionäre Innovatoren, die das Risiko einer Ersteinführung oder Erprobung tragen. Sie sichern eine erste Markterprobung bei hohem Ausfallrisiko, um sich zu verwirklichen und von Wahrnehmbarkeit, Effizienzvorsprung oder Markteinführungsrenditen zu profitieren. **Frühe Adaptoren** steigen nach ersten positiven Erkenntnissen zur Innovationseinführung ein. Sie wollen als Vorreiter wahrgenommen werden, zeigen aber im Vergleich zu Pionieren eine geringere Risikoaffinität und weniger Visionskraft. Bei sich weiter verbreitender Diffusion werden **Pragmatiker** (Early Majority) aktiv, wenn sie den nun erprobten Vorteil für sich erkennen. Sie sind nicht die Treiber von Veränderungen. **Konservative** (Late Majority) sind zögerlich, wollen aber nicht ins unternehmerische Abseits geraten. In der unternehmerischen Typologie von Miles & Snow charakterisiert diese Reagierer (Reactors) eine Zurückhaltung bei Innovationen, die erst bei gesicherter Erfolgsaussicht aufgegeben wird. **Skeptiker** (Laggards oder Defender) sind äußerst kritische Verteidiger ihrer vermeintlich sicheren Geschäftsbasis. Sie wollen Veränderungen vermeiden oder hinauszögern. Diese Innovationstypen werden gleichartig auch für konsumseitige Klassifizierung verwendet.

Die deutsche Weinwirtschaft ist mit mehr als der Hälfte der Betriebe als **ambitionierte Innovatoren** innovationsfreudig. Dies ist sicherlich auch durch die Branche bedingt, da jedes Jahr mit neuen Weinen sowie Reaktion auf unvorhersehbare Wettereinflüsse von den Betrieben Flexibilität und Veränderungsbereitschaft abverlangt wird.

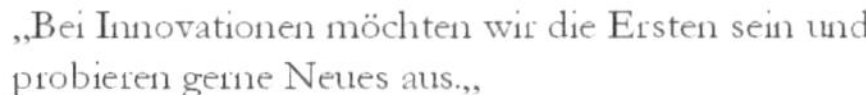

„Bei Innovationen möchten wir die Ersten sein und probieren gerne Neues aus.„

„Wir übernehmen Innovationen möglichst früh, um auf dem neuesten Stand zu sein.„

„Wir schauen uns Innovationen eine Zeit lang bei Kollegen an, bevor wir sie übernehmen“

„Wir sind zurückhaltend bei Innovationen und übernehmen sie erst, wenn wir voll überzeugt sind.“

„Innovationen realisieren wir nur, wenn es unbedingt notwendig ist.„

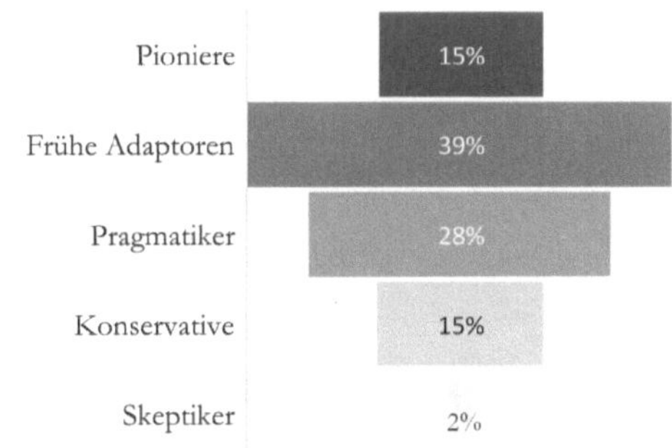

Abb. 94: Innovationsanspruch deutscher Weinerzeuger (Befragungen 2020)

Kleine Unternehmen sind **Innovationsmotoren**, aber auch **Getriebene**. Die Innovationsbereitschaft und Wachstumsüberlegungen fordern aufgrund beschränkter Ressourcen strategische Weichenstellungen. Hierbei können Kreativität, aber auch Verzicht geeignete Lösungsoptionen sein. Kreative Überlegungen eröffnen Perspektiven, neue marktfähige Produkte zu generieren.

Während der Weinernte 1993 beim renommierten Bordeaux Pessac-Léognan **Château Smith Haut Lafitte** wurde die Idee geboren, aus Traubenkernen Kosmetikprodukte zu kreieren. Mathilde Thomas-Cathiard, die Tochter der Château-Eigentümer, entwickelte Schönheitsprodukte durch Verwertung der leistungsstarken Antioxidatien der Weintraubenkerne. Die weltweit geführte Marke **Caudalie** von Natur-Kosmetik wird durch eine innovative, nachhaltige und emotionale Ausrichtung geprägt.

1993

DIE BEGEGNUNG

Während der Weinernte im Château Smith Haut Lafitte begegneten wir Professor Joseph Vercauteren, Leiter des Forschungslabors an der pharmazeutischen Fakultät von Bordeaux. Von ihm erfuhren wir, dass die Traubenkerne die leistungsstärksten Antioxidatien aus der Pflanzenwelt enthalten. Seitdem arbeiten wir mit ihm zusammen.

Kleine Unternehmer zeichnen sich durch das sogenannte „Tüfteln“ oder **Bricolage** aus. Dieser unternehmerische Ansatz bedeutet, aus gegebenen Mitteln bestmögliche Entfaltung zu sichern. Technologisierung und Digitalisierung erlauben dabei die Kreation neuer Lösungsansätze.

Digitalisierung hilft, dass Kleinbetriebe Innovation kreieren und umsetzen können, wie das Weingut **Hörner** berichtet: *„Auch hier beschreiten wir neue Wege. Hier eine unserer Innovationen. 3D-gedruckte Fliegenfallen zur Bekämpfung der Kirschessigfliege. Vom CAD-Design bis zur Fertigung, alles im Weingut.“*

Unsere empirischen Analysen offenbaren ein mögliches strategisches Spannungsfeld zur Realisation von Wachstumsambitionen, so dass Weingüter sich für eine strategische Option (z.B. Export vs. Tourismus) entscheiden und gegebenenfalls auch Verzicht üben müssen. Ebenso zeigen sich Innovationsakzente in Abhängigkeit der gewählten generischen strategischen Gruppe. Kostenführer realisieren primär innerbetriebliche Innovationen. Nischenanbieter sind bei kundenorientierter Innovation Taktgeber. Premiumanbieter realisieren ihr Leistungsniveau durch innovatives Angebot und optimierte Prozesse. Sie sehen ein Entwicklungspotenzial in Serviceinnovation. Innovation sichert das Erreichen von Qualitätsversprechen und Leistungsfähigkeit, insbesondere bei wachsenden Betrieben. Ein auf die strategische Positionierung abgestimmtes Innovationsmanagement leistet einen positiven Erfolgsbeitrag.

6.5.2 Nachhaltigkeit als Triebfeder für Innovation

Nachhaltigkeit ist ein Treiber für Innovation. Langfristige Orientierung erfordert eine Beschäftigung mit Veränderungen, Chancen und der Überwindung von Barrieren. Viele unternehmerische Neugründungen haben die **Lösung von Nachhaltigkeitsproblemen** zum Unternehmenszweck. Innovative Lösungen profitieren dann von schnell wachsender Nachfrage, da Nachhaltigkeit zunehmend gefordert und hiermit verbundene Lösungen gerne beansprucht werden.

Hemant Chawla löst Nachhaltigkeitsprobleme durch verzehrbares Besteck. Auf einem Festival in seinem Heimatland Indien wurde ihm Brot anstelle eines Löffels gereicht, da kein Besteck mehr verfügbar war. Hieraus hat Chawla die Idee von Brot-Besteck mit dem Start-up **Kulero** verwirklicht. Ein Beitrag zur Reduktion von Plastikmüll, was die Basis des primär eingesetzten Einwegbestecks bildet: *„Kulero bedeutet Löffel in Esperanto. Das Motto unserer Produkte lautet ‚benutz mich, verputz mich', man hinterlässt keinen Müll."*

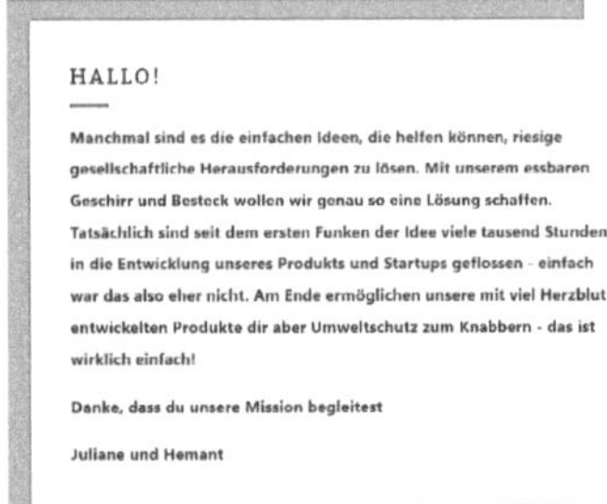

HALLO!

Manchmal sind es die einfachen Ideen, die helfen können, riesige gesellschaftliche Herausforderungen zu lösen. Mit unserem essbaren Geschirr und Besteck wollen wir genau so eine Lösung schaffen. Tatsächlich sind seit dem ersten Funken der Idee viele tausend Stunden in die Entwicklung unseres Produkts und Startups geflossen - einfach war das also eher nicht. Am Ende ermöglichen unsere mit viel Herzblut entwickelten Produkte dir aber Umweltschutz zum Knabbern - das ist wirklich einfach!

Danke, dass du unsere Mission begleitest

Juliane und Hemant

Innovation ist der Hebel, um Umweltbelastungen zu minimieren. In der Land- und Weinwirtschaft können hierfür unzählige Ansatzpunkte in allen Innovationsdimensionen aufgezeigt werden. Neue Technologien wie Drohnen erlauben zielgerichtete Ausbringung von pflanzenschützenden Applikationen, ohne dass der Boden in Mitleidenschaft gezogen wird. Dünnwandige Weinflaschen helfen, Energie zu schonen. Eine Wiederbelebung des Recyclings von Flaschen kann einen Beitrag leisten, energieaufwändige Glasproduktion zu mindern.

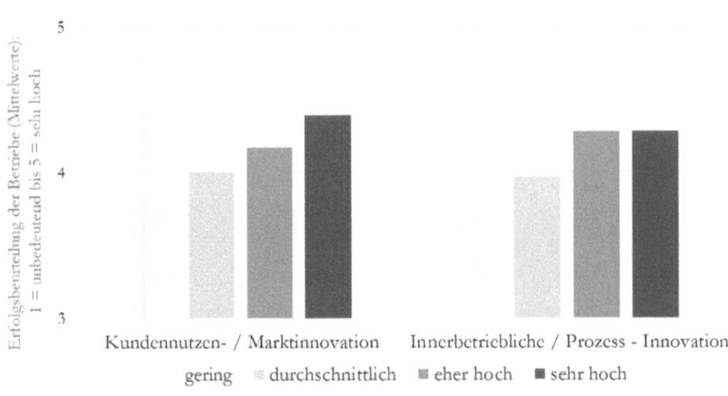

Abb. 95: Bedeutung von Nachhaltigkeit und Innovationsintensität am Beispiel der Weinwirtschaft (Befragung 2020)

Im Weinbau entscheidet die Pflanze (Weinrebe) nicht nur über Produkteigenschaften von Wein, sondern bestimmt auch betriebswirtschaftliche Parameter. Mit einer Rebenzüchtung in Kenntnis der vegetativen Herausforderungen (z.B. Schädlingsbefall) wird möglichst widerstandsfähiges Pflanzmaterial entwickelt (**pi**lz**wi**derstandsfähige Weinrebe = **Piwi**), was Pflanzenschutzmaßnahmen mindert. Neben genetisch verankerter Robustheit wird auch auf aufrechten Wuchs und Lockerbeerigkeit Wert gelegt, so dass Widerstandsfähigkeit (z.B. geringere Fäulnisanfälligkeit), Flexibilität durch ein längeres Lesefenster aber auch stabile Erträge resultieren. Diese robusten Rebsorten bieten eine weinbauliche Antwort auf den Klimawandel.

Neue Rebsorten mit pilzwiderstandsfähigen Eigenschaften sind eine innovative Maßnahme mit strategisch weitreichender Bedeutung für die **Nachhaltigkeitssteuerung** der Weinbaubetriebe. Die Reduktion von Pflanzenschutzmitteln und deren Ausbringung schont die Umwelt und betriebliche Ressourcen, da auf viele Ausbringungsfahrten zum Pflanzenschutz verzichtet werden kann. Die Vermarktung ist aber fordernd, da Konsumenten mit den Rebsorten nicht vertraut sind. Obwohl diese nachhaltig vorteilhaften Rebsorten bisher nur 2% der deutschen Rebfläche beanspruchen, hat unsere jüngste Befragung in der Weinwirtschaft Rebsortenpflanzung als relevante strategische und nachhaltige Maßnahme identifiziert. Nahezu die Hälfte der Teilnehmer plant eine Neupflanzung oder Ausweitung robuster Rebsorten, während für 40% der Betriebe Neue Rebsorten nicht in Betracht gezogen werden. Die ökologische Wirtschaftsweise der Betriebe ist dabei nicht das ausschlaggebende Argument, sich für oder gegen Neue Rebsorten zu entscheiden. Bei der Entscheidung spielen vor allem strategische Aspekte der Nachhaltigkeit und der Innovationscharakter eine Rolle. Innovationsbetriebe sehen eine Profilierungschance unter Vereinnahmung ökonomischer Vorteile.

Auch auf Nachhaltigkeitsbestrebungen zurückzuführender Verzicht auf Konsum oder Eigentum ist ein Motivator für neue Geschäftsideen: Teilen statt Kaufen (**Sharing Economy**) verringert Konsum und Ressourcenverbrauch. Eine strategische Umorientierung von bisher auf Autoabsatz fokussierten Anbietern hin zu Mobilitätsdienstleistern, die auch Car Sharing anbieten, illustriert die damit verbundene Innovationskraft. Auch in der Weinwirtschaft werden kundenseitige und innerbetriebliche Innovationen durch Nachhaltigkeitsambitionen befruchtet. **Ressourcenrestriktionen** können Innovation initiieren, besonders unter dem Leitgedanken Nachhaltigkeit. Im Wunsch, Ressourcenverbrauch zu minimieren, sind Überlegungen zielführend, ob Abfallprodukte nicht neuen Anwendungen zugeführt werden können. Der Leitgedanke dieses Ansatzes wird über den Begriff **Kreislaufökonomie** kommuniziert.

Die **Kreislaufökonomie** („Circular Economy“) ist Ausdruck einer Vermeidung von Abfall. Alle Produkte sollen am Ende ihres originären Lebenszyklus einer neuen Verwendung zugeführt werden. Dies wird anhand der Maxime realisiert, dass aus Abfall Wertstoff zu kreieren ist. Es umfasst Aufarbeitung, Recycling und Neuverwendung.

Sowohl Heimbrauer als auch große Hersteller erleben das gleiche Ergebnis des Bierherstellungsprozesses: Berge von übrig gebliebenem Getreide. Nachdem alle Aromen aus Gerste und anderen Getreidesorten extrahiert werden, bleibt ein protein- und ballaststoffreiches Pulver übrig, das normalerweise als Viehfutter verwendet oder auf Mülldeponien entsorgt wird. Wissenschaftler berichten über einen neuen Weg, das Protein und die Ballaststoffe aus Biertreber zu extrahieren und daraus neue Arten von Proteinquellen, Biokraftstoffen und mehr zu erzeugen.

RebenGlut ist ein Unternehmen, das Rebenholz als Grillkohle anbietet. Dieses recycelte Material aus den Weinbergen veranschaulicht eine Kreislaufwirtschaft, bei der Abfallprodukte einer neuen Verwendung zugeführt werden.

Film-Link zu einer Markteinführung eines neuen, nachhaltigkeitsorientierten Piwi-Weins (Reh Kendermann): Piwi (piwi-wein.de); https://www.piwi-wein.de/

Innovationen und Massenproduktion widersprechen dabei nicht grundsätzlich dem Gedanken von Nachhaltigkeit. Nachteilig wirkt sich eine Verkürzung von Nutzungs- bzw. Lebensdauer von Produkten aus, denn dies kann ohne den Verbrauch wertvoller Ressourcen nicht geschehen und erhöht das Abfallaufkommen.

1819 hat Michael **Thonet** seine erste Werkstatt in Boppard am Rhein eröffnet. Der aus einer Gerberfamilie stammende Thonet hatte viele Experimente mit Holzlatten angestellt, bis es ihm gelang, Holz in einem Leimbad erhitzt zu biegen. Die Idee war dem Schiffsbau entlehnt und der dabei entworfene Bistro-Stuhl hat in kurzer Zeit den Weltmarkt erobert. Leicht, zusammenfügbar, schön, robust und günstig. Diese damals visionäre Idee ist jetzt mit einem Nachhaltigkeitspreis ausgezeichnet. Ausschlaggebend waren die Aspekte Reparierbarkeit, Zeitlosigkeit, Langlebigkeit, Materialinnovation, ressourcenschonende Verpackung, Kreislauffähigkeit und Recyclierbarkeit.

Mit zerlegbaren, rechteckigen Mehrweg-Barriquefässern gelingt dem Startup **rebarriques** eine nachhaltige Innovation, die mit einem Innovationspreis ausgezeichnet wurde und den traditionellen Weinausbau in Barriquefässern revolutionieren soll. *„Wie reduziert man wirkungsvoll und nachhaltig klimaschädliches Kohlenstoffdioxid bei der Produktion eines Massenproduktes – denn nichts anderes sind runde Eichenholzfässer und Barriques – und was können Winzer und Verbraucher dafür tun? rebarriQues sind echte Mehrwegfässer! Je nach Häufigkeit der Retoasts und Wiederbelegungen, reduziert sich der Anteil der einzuschlagenden Bäume erheblich....“*

Eine zur Strategie und zum Unternehmer passende Innovationsstrategie dient der Wahrnehmung von unternehmerischen Chancen und ist eine Voraussetzung für eine konsequente Nachhaltigkeitsorientierung zur Sicherung der Zukunft.

[1] Wie ist mein Innovationsanspruch: Möchte ich Innovationstreiber sein, als innovativ gelten, aber erste Markterprobung abwarten oder führe ich Neuerungen in meinem Unternehmer erst ein, wenn Risiken ausgetestet wurden?

[2] Wie schätze ich meinen Innovationsgrad im Unternehmen ein und entspricht er sowohl meinen Ambitionen als auch unseren Kompetenzen und Kapazitäten?

[3] Kann ich im Rahmen meiner Organisation eigene Innovationen und Ideen entwickeln?

[4] Wie informiere ich mich über Innovationsfortschritt? Welche Aspekte muss ich im Markt hinsichtlich relevanter Innovationen beobachten?

[5] In welchen Wertschöpfungsaktivitäten liege ich über und in welchen unter meinen Zielen (Marktdurchschnitt - Vorbilder) und welche Maßnahmen helfen mir den Innovationgrad zu steigern?

[6] Wie unterstützt meine Innovationsstrategie meine unternehmerischen Ziele und Ambitionen?

[7] Welche innovativen Nachhaltigkeitsmaßnahmen kann ich beanspruchen oder entwickeln?

[8] Genügen meine Innovationen dem Anspruch von Nachhaltigkeit (Nütze ich mit dem, was ich mache jemanden (mir, meinem Unternehmen, meinen Bezugsgruppen, meinem Umfeld oder der Umwelt)? Schade ich jemanden?

6.6 Strategische Entwicklungspfade und Wachstumsambitionen

Wachstum gilt volkswirtschaftlich als erstrebenswert. Wachstum sichert **Beschäftigung** und erhöht den **Lebensstandard** der Bevölkerung. Wachstum wird als Voraussetzung für prosperierende Gesellschaften postuliert. Gemäß dem Ökonomen J.M. Keynes hat „*... Wachstum die Menschheit davon erlöst, den Kampf um die Erhaltung der Art als oberstes Ziel zu betrachten*“. Dies gilt auch für Unternehmen. Die Marktkapitalisierung (Börsenwert) des Elektroautoherstellers Tesla übersteigt den von General Motors (GM), obwohl Tesla nur einen Bruchteil im Vergleich zu GM produziert und lange Zeit mit einem täglichen Verlust von Millionen von Dollar Schlagzeilen produziert hat. Der Marktwert wird durch die **Wachstumsperspektive** gerechtfertigt.

Bevölkerungswachstum erweitert die Anzahl der möglichen Konsumenten und über eine steigende Kaufkraft kann eine **Konsumintensivierung** Wachstum auslösen. Auch staatliche Intervention kann zu Wachstum führen, beispielsweise durch Investitionen oder Förderprogramme. Das volkswirtschaftliche Wachstum wird im **Bruttoinlandsprodukt**, der Summe aller erstellten Güter und Dienstleistungen, gemessen. Wachsende Volkswirtschaften bieten auch für nicht in dem Land ansässige Anbieter Potenzial zur Absatzsteigerung, indem Waren exportiert, Lizenzen an Produzenten in den Wachstumsländern vergeben oder Produktion (Direktinvestitionen) in Wachstumsdestinationen realisiert wird.

Neben dem volkswirtschaftlichen Wachstum sorgen prosperierende **Branchen** für unternehmerisches Wachstum. Dynamische Wachstumsmärkte sind beispielsweise die Industrierobotik, digitale Anwendungen oder E-Bikes, mit jährlichen Wachstumsraten von 15% und mehr. In Verbindung mit der eigenen strategischen Positionierung ist die Branchenattraktivität mit ausschlaggebend für den wirtschaftlichen Erfolg von Betrieben.

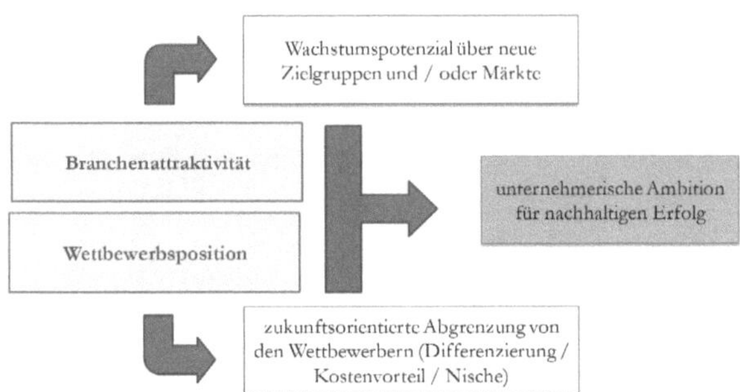

Abb. 96: Einflussfaktoren auf nachhaltigen wirtschaftlichen Erfolg (in Anlehnung an Besanko et al. 2009)

Die unternehmerischen Ambitionen und strategisch ausgerichtete Betriebsführung sichern, dass in der Branche und eingebettet in volkswirtschaftliche Rahmenbedingungen die maßgeblichen Erfolgsfaktoren zur Ausschöpfung von Potenzialen und Überrenditen abgedeckt werden.

6.6.1 Ambition als Erfolgsfaktor

Viele Studien beschäftigen sich mit der Frage nach den Erfolgsfaktoren von Wachstumsunternehmen. Für Wachstum von Klein- und Mittelständlern kommt zum Ergebnis, dass die wesentlichen Treiber das **Humankapital** mit gut ausgebildeten Mitarbeitern, **Ambitionen** zur Erweiterung der regionalen Reichweite, eine **Innovationsstrategie** sowie eine kleine **Unternehmensgröße** sind (Zimmermann 2017).

Wenn ein Anbieter im umkämpften deutschen Weinmarkt seinen relativen Marktanteil halten möchte, muss er sich über Wachstumsoptionen Gedanken machen, da die Wettbewerber über **Verdrängung** ihren Marktanteil steigern. Wachstumsoptionen in der Weinwirtschaft zeigen einen signifikanten Einfluss der unternehmerischen Ambition auf den Erfolg. Betriebe, die wachsen wollen, realisieren bei unterschiedlichen Erfolgskriterien ein besseres Ergebnis. Lediglich bei den Kosten wirkt eine Zieleinschränkung auf Existenzsicherung vorteilhafter als bei ambitionierteren Wachstumsansprüchen, was durch den für Wachstum notwendigen Investitionsbedarf erklärt werden kann. Die positiven Wirkeffekte eines **höheren Zielniveaus** zeigen sich im strategischen Erfolg, besserer Preisdurchsetzung und einem höheren nachhaltigen Gewinn. Auch die persönliche Zufriedenheit steigt, mit Motivationseffekt für den Unternehmer. Ein rein auf Überleben reduziertes Unternehmensziel wirkt hemmend. Besonders langfristig zahlen sich die positiven Effekte bei der Positionierung, der Neukundengewinnung und einer besseren Bestandskunden-

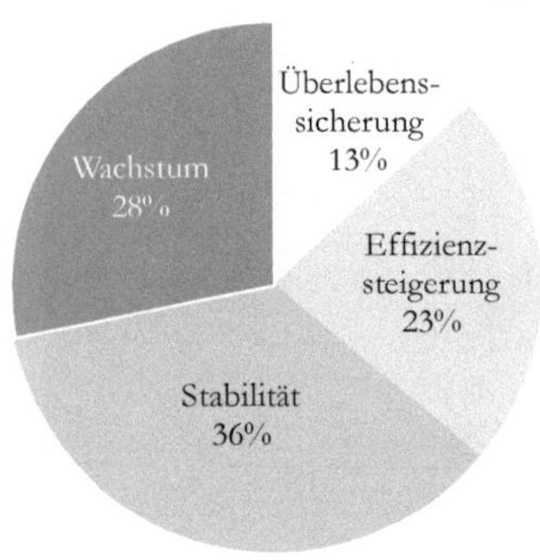

Abb. 97: Wachstumsambitionen in der Weinbranche (Befragung 2014)

sicherung in einem Verdrängungsmarkt aus. Der signifikante Einfluss von Wachstumsambition auf die Gewinnung neuer Märkte ist angesichts der herausfordernden Marktsituation sehr relevant.

> Das **Weingut Leitz** berichtet auf der Webseite über 30 Jahre Wachstum und unternehmerische Meilensteine.
>
> 
>

6.6.2 Lebenszyklus und Perspektiven

Der **Lebenszyklus** von Unternehmen beginnt mit der Gründung. Es folgen Phasen des Wachstums und der Etablierung. Mit der Übernahme durch eine neue Generation oder Eigentümer kann ein Unternehmen in die Fortführung geleitet werden. Im Falle mangelnder Perspektive oder wirtschaftlich bedingt wird mit einer Auflösung oder Liquidation der Lebenszyklus eines Unternehmens beendet. In Abhängigkeit von der Lebensphase werden strategische und operative Entscheidungen geprägt. **Gründungsunternehmen** befinden sich vornehmlich in einer Strategiefindungsphase mit charakteristischer intensiver Überarbeitung der strategischen Pläne, einem Fokus auf Realisation überzeugender Geschäftsmodelle und durch Erkenntnisfortschritt sich ändernde Annahmen. **Expansive** Unternehmen erweitern das bisherige Geschäftsmodell, um Wachstum zu generieren. **Etablierte Unternehmen** können auch Strategien der Kontraktion verfolgen, um ihre Profitabilität zu erhöhen, besonders bei Restrukturierungsbedarf zur Gesundung des Betriebs. Bei der Nachfolge steht hingegen die Revitalisierung oder eine Neuausrichtung des Unternehmens im Fokus der strategischen Überlegungen. In der Beendigungsphase dominiert die Verwertung.

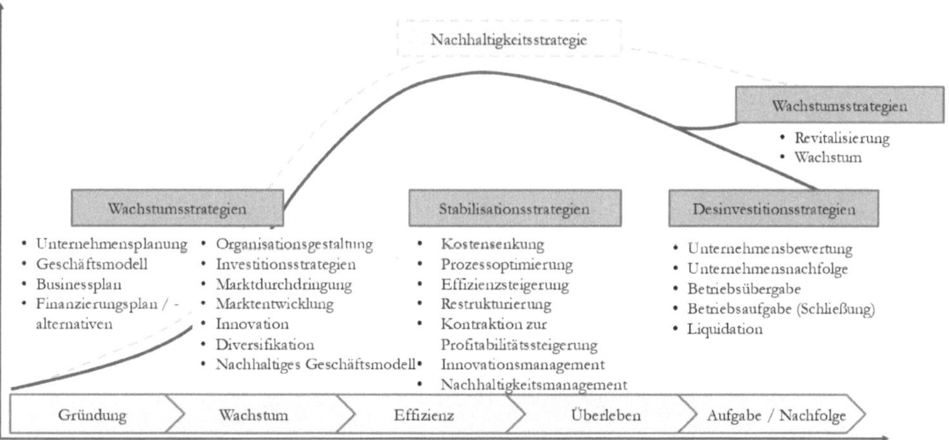

Abb. 98: Strategische Themen unter Berücksichtigung von Lebenszyklen

Der **Lebenszyklus der Industrie** (stabile, wachsende oder schrumpfende Märkte) bzw. der primär wirkenden **Produkte** ist bei den strategischen Ambitionen zu berücksichtigen. Soll im Rahmen der Industriekontraktion ebenso konsolidiert werden oder traut sich ein Unternehmer eine Verdrängung andere Marktteilnehmer zu? In der Managementliteratur hat sich eine Entscheidungsmatrix etabliert, die von der Managementberatung Boston Consulting Group (BCG) in Anlehnung an Erkenntnisse der PIMS-Studien kreiert wurde (Henderson, 2006). Die eigene **Marktposition** (Marktanteil) sowie die **Wachstumsperspektive** des Geschäftsfelds determinieren das strategische Engagement, da bei positiver Beurteilung beider Dimensionen ein hoher Renditeanspruch verwirklicht werden kann.

PIMS (Profit Impact of Market Strategy) bezeichnet einen auf die 60er Jahre zurückgehenden Ansatz von Wissenschaft und Praxis (General Electric, später Havard Business School), den Erfolgseinfluss von Strategie empirisch zu messen. Neben dem beanspruchten Ergebnis, mit circa 40 Einflussfaktoren ungefähr 80 Prozent der Varianz von Rentabilität erklären zu können, wurden Wettbewerbsposition (Marktanteil, Produktqualität), Marktcharakteristik (Wachstum, Konzentration) und Kapitalintensität als Determinanten für strategische Investitionen in Geschäftsfelder (sogenannte strategische Geschäftseinheiten) postuliert.

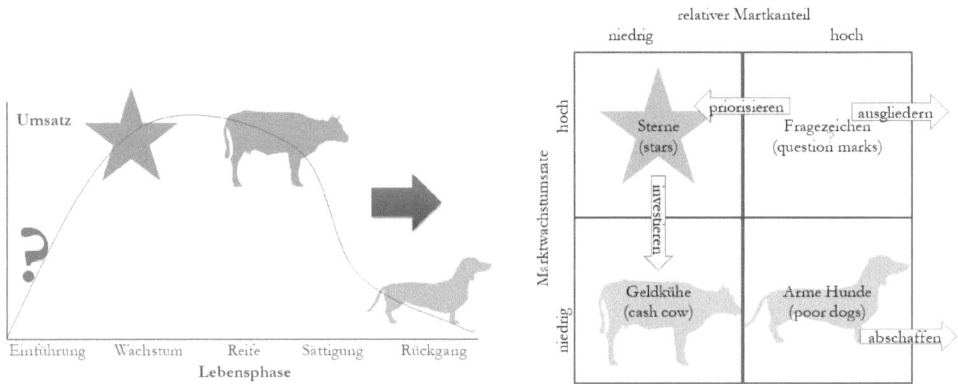

Abb. 99: Lebenszyklus und Geschäftsfeld-Investitions-Matrix (in Anlehnung an Henderson 2006)

Die Investitions- oder Desinvestitionsempfehlungen werden mit illustrierenden Symbolen veranschaulicht:

- Stars (**Sterne**): in das Geschäftsfeld investieren, da die Wachstumsperspektiven attraktiv und die Marktposition des Unternehmens vorteilhaft sind.
- Cash Cows (**Melkkühe**): die durch einen hohen Marktanteil im Geschäftsfeld realisierbaren Erträge sollten in andere, wachstumsträchtigere Aktivitäten investiert werden.
- Question Marks (**Fragezeichen**): angesichts eines geringen Marktanteils aber positiver Wachstumsperspektiven sollte entweder in das Geschäftsfeld

investiert werden, um die Marktposition zu verbessern oder ein Rückzug aus dem Geschäftsfeld erwogen werden.

- Poor Dogs (**Arme Hunde**): da weder die eigene Marktposition vorteilhaft noch das Marktwachstum vielversprechend ist, empfiehlt sich eine Desinvestition und eine Mittelnutzung bei den Sternen oder den Fragezeichen.

Bei der Beurteilung der Marktperspektive ist der **Produktlebenszyklus** (Einführung, Wachstum, Reife, Sättigung und Rückgang) ausschlaggebend. Durch neue Technologien oder Anwendungsgebiete können die Lebensphasen jedoch revitalisiert oder auch verkürzt werden. Die Schreibmaschine wurde durch den Computer ersetzt. Die Automobilindustrie setzt auf eine wiederbelebende Absatzperspektive von Fahrzeugen mit Elektroantrieb. Unter Rückgriff auf die lebenszyklusbasierten Investitionsempfehlungen wird die deutsche Weinbranche als eine **Cash Cow** charakterisiert: der stabile Markt erlaubt Bestandsunternehmen bei guter Marktetablierung auskömmliche Perspektiven, aber für Investitionen (z.B. Übernahme von Marktteilnehmern) werden dynamische Märkte als attraktiver bewertet.

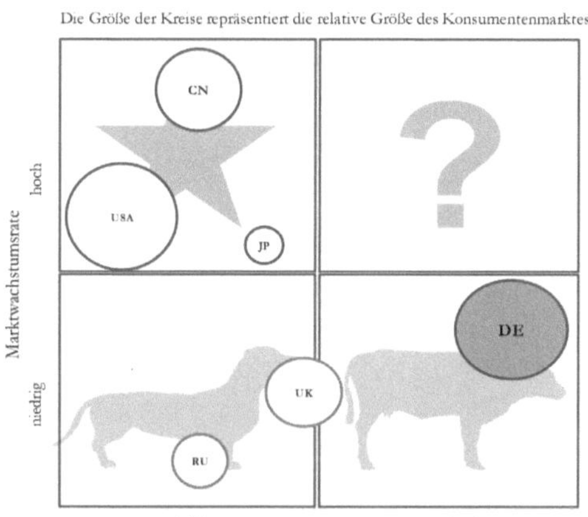

Abb. 100: Beurteilung des deutschen Weinmarktes im Wettbewerb (in Anlehnung an Cogea 2014)

Der deutsche Sekthersteller **Henkell** illustriert mit der Übernahme von **Freixenet**, dem dominierenden Produzenten von Cava (spanischer Sekt), dass Marktanteil auch in der Weinbranche strategischer Stellhebel und Ambition sein kann. Die begleitende Pressemeldung der FAZ ist mit „*Der größte Sekthersteller der Welt entsteht*" tituliert.

Gallo hat wesentliche Teile von **Constellation Brands** erworben. Eine gänzliche Übernahme ist am Veto der Kartellbehörde gescheitert – ein Signal für die damit verbundene Marktmacht.

Die Getränkesegmente Bier und Sekt veranschaulichen, dass Lebenszyklusbetrachtungen auch für strategische Innovationsüberlegungen zielführend sind. In beiden Märkten erfahren Mischgetränke und alkoholfreie Produkte einen steigenden Absatz. Der Absatz alkoholfreier Biere hat sich seit 2007 fast verdreifacht und vereint einen Marktanteil von fast 7 Prozent. Anbieter konnten durch strategische Weichenstellungen hin zu innovativen Produktkonzepten profitieren, bei Kannibalisierung des eigenen Absatzes.

Nachhaltigkeit hat zudem Einfluss auf die Lebenszyklen. Die Atomstromindustrie in Deutschland war kurz vor dem Fukushima-Unglück, verursacht durch den Tsunami vor der japanischen Pazifikküste, angesichts erfolgreicher Verhandlungen zu Laufzeitverlängerungen der Atommeiler von einer Verlängerung des Lebenszyklus ausgegangen. Diese Hoffnungen wurden mit der politisch motivierten und von Nachhaltigkeit getriebenen Abkehr von dieser Energiequelle jäh beendet – der Lebenszyklus wurde schlagartig verkürzt. Aber auch Maßnahmen zur Eindämmung des Klimawandels, zur Reduzierung von CO_2-Ausstoß, Ressourcenverschwendung und Müll können einen massiven Einfluss auf Lebenszyklen nicht nur von Produkten, sondern auch Unternehmen haben. Eine konsequente und auch vom Gesetzgeber eingeforderte Kreislaufwirtschaft (Circular Economy) erweitert die Verantwortlichkeit der Erzeuger (z.B. Rücknahme von Produkten) und gefährdet existente Geschäftsmodelle, beflügelt aber ebenso viele Start-Ups und Innovationen. Schwerpunkte der Nachhaltigkeit nach Lebenszyklus zeigen sich auch in der Weinbranche, wie beispielsweise eine starke Betonung sozialer Nachhaltigkeit in Über-/Aufgabephasen aber starker ökonomischer Orientierung bei Wachstum.

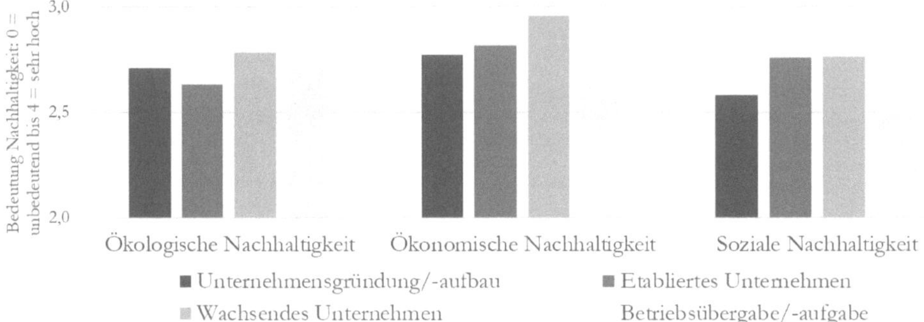

Abb. 101: Nachhaltiger Ausrichtung und Unternehmens-Lebenszyklus in der Weinbranche (Befragung 2018)

6.6.3 Produkt-Markt-Matrix zur Bestimmung von Wachstumsoptionen

Eine Matrix mit vier Feldern schematisiert die betrieblichen **Wachstumsoptionen** nach Ansoff. Wachstum im bereits bearbeiteten Markt mit bestehenden Produkten bedingt eine stärkere Marktdurchdringung. Mit dem bestehenden Produktportfolio können aber neue Märkte bedient werden. Eine Ausdehnung des Angebots durch neue, innovative Produkte kann Wachstum im bestehenden Markt ermöglichen, da neue oder andere Kundenbedürfnisse abgedeckt werden. Wenn ein Betrieb neue Märkte mit neuen Produkten angeht, dann spricht man von Diversifikation. Jede Ausdehnung der unternehmerischen Aktivitäten erhöht auch das Risiko, besonders beim Betreten von betrieblichem Neuland.

Viele Betriebe setzen auf Wachstum durch eine gesteigerte **Marktdurchdringung**. In wettbewerbsintensiven und besonders stagnierenden Märkten müssen dafür Anbieter **verdrängt** werden. Derartiges Wachstum erfordert gewinnende Strategien, Differenzierung, überlegene Vermarktungs- und Marketingkonzepte, die Übernahme von Konkurrenten oder Preiszugeständnisse – und ein überdurchschnittliches Engagement. Der Verweis auf eine ausgezeichnete Produktqualität reicht für die Gewinnung von Marktanteilen nicht aus.

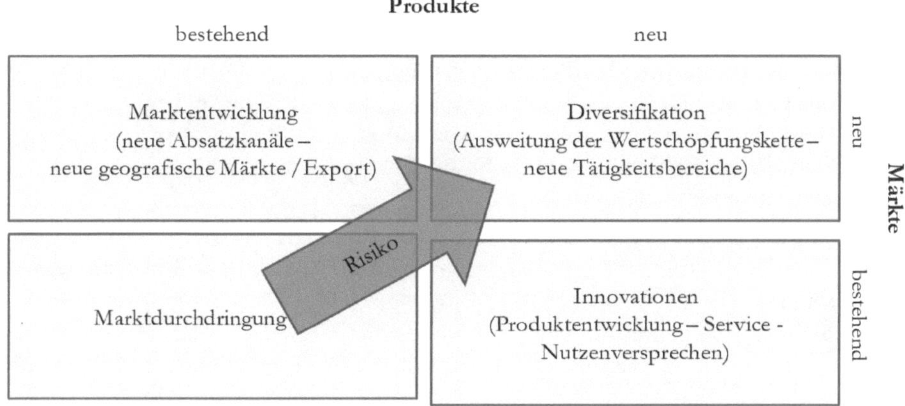

Abb. 102: Produkt-Markt-Wachstumsmatrix (in Anlehnung an Ansoff)

In einem nicht wachsenden Absatzmarkt wie Wein in Deutschland gehen dynamische Anbieter innovative Wege. Sie schöpfen ihre Marke beispielsweise über neue Produktlinien aus, was in Ermangelung verfügbarer Rebfläche oder aus Gründen der Flexibilität durch Weinzukauf umgesetzt wird. Das Premiumweingut **Robert Weil** hat eine Weinmarke **Weil Junior** mit Distribution über den Lebensmittelhandel kreiert.

Die **Expansion** durch Gewinnung neuer Märkte mit bestehendem Produktportfolio, kann durch neue Vertriebskanäle, die Abschöpfung neuer Kundenzielgruppen oder durch regionale Ausdehnung, auch in andere Länder, realisiert werden. Internationalisierung wird als ein wesentlicher Treiber für Wachstum und Erfolg für KMUs deklariert. Andere Länder versprechen Wachstumsperspektiven, wenn der Markt für das bestehende Produkt noch nicht gesättigt ist und der Wettbewerb geringer ist, aber auch durch steigende Bevölkerungs-, Einkommens- und Konsumentwicklungen. Die deutsche Volkswirtschaft ist von Export abhängig geworden, die Unternehmen können von der kollektiven Reputation als Land der Technologie und Verlässlichkeit profitieren.

Die Wachstumsstrategien finden sich in der Weinbranche wieder. Jeder vierte Betrieb (28%) sieht Wachstum als maßgeblich an, wobei eine Marktdurchdringung über Marketingmaßnahmen, gefolgt von der Übernahme anderer Betriebe oder deren Flächen die größte Bedeutung hat. Gleichzeitig setzt nahezu der Hälfte der Betriebe zur Realisierung ihres Wachstums auf Innovation.

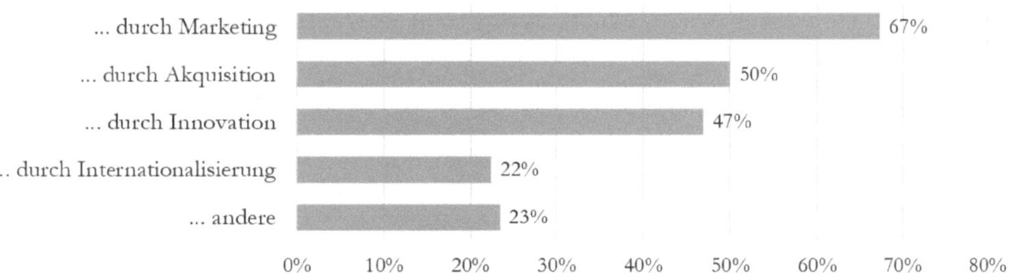

Abb. 103: Wachstum als strategische Ambition in der Weinbranche (Befragung 2014)

„**Markus Molitor** hat 1984 mit gerade 20 Jahren und 1,5 Hektar Rebfläche begonnen, Weinbau an der Mosel zu betreiben. Sukzessive hat er Gelegenheiten zum Kauf und zur Pacht von Rebflächen ergriffen und so ein Portfolio von über 100 Hektar, ausschließlich in den Schiefer-Steillagen an Mittelmosel und Saar, zusammengestellt. Mit dem Kauf der Staatlichen Weinbaudomäne Serrig an der Saar konnte er 2016 weiterhin beträchtliche 23 Hektar zusammenhängende Rebfläche erwerben." (Interview 2021)

Mit dem Kauf des Weinguts **Schloss Rheinhartshausen** hat die Unternehmerfamilie **Lergenmüller** aus der Pfalz einen neuen Standort auf der gegenüberliegenden Rheinseite im Weinbaugebiet Rheingau integriert. Dieser Erwerb ermöglichte den Verkauf eines Inselweins der „Mariannenau" im Rhein. Kombiniert wurde die regionale Erweiterung im Anschluss mit einer neuen Produktgattung, da nun auch ein Bier aus eigenem Hopfen von der Insel gebraut wird.

Wachstum kann zudem über **neue Produkte** realisiert werden. Ein proaktives und unternehmerisches Innovationsmanagement führt zu neuen, kreativen Ideen. Die Erweiterung des Angebotsspektrums kann durch Sortimentsaustausch (neue Produkte ersetzen bisher geführte Ware) oder -erweiterungen (Kernartikel, aber auch Zusatzartikel wie beispielsweise Essig oder Schokolade in Ergänzung des Weinsortiments, Merchandising-Artikel) oder die Erweiterung des Geschäftsmodells zum Beispiel um ein gastronomisches Konzept erfolgen. Wenn Wachstum durch neue Produkte oder neue Geschäftsmodellkomponenten in Kombination mit der Ausdehnung der eigenen betrieblichen Reichweite realisiert wird, liegt eine **Diversifikation** vor. Eindrucksvolle Beispiele aus der Weinbranche unterstreichen, dass Diversifikation zur Erfüllung von Wachstumszielen zunehmend auch in der Weinwirtschaft angestrebt wird. Eventkonzepte wie Weinbars und -lounges stellen geselligen Konsum in modernen Erlebniswelten in den Mittelpunkt und dienen sowohl der Kundenbindung als auch der Erweiterung des Kundenkreises.

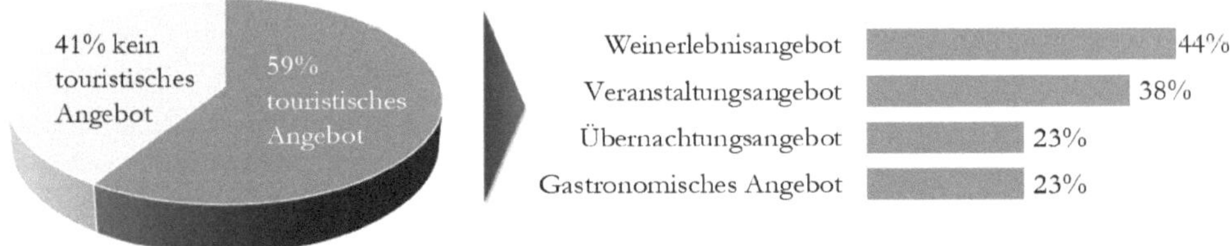

Abb. 104: Diversifikation der Weinbranche durch Tourismus (Befragung 2018)

Wein und Tourismus hat sich als Erfolgsrezept für Diversifikation in der Weinbranche erwiesen. Zielgruppenbezogene Angebote im Veranstaltungsbereich über eine neue Vinothek, die Verbindung von Weinvermarktung mit einer Gastronomie und einem Übernachtungsangebot kann dabei vielfältige Perspektiven und Synergien eröffnen. Über die Befriedigung spezifischer Kundenbedürfnisse werden neue Zielkunden gewonnen oder die Bestandskundschaft mit zusätzlichen Leistungen stärker penetriert. Umsatz und Erträge der Direktvermarktung von Wein werden gesteigert und über das touristische Angebot können rentable Zusatzeinnahmen generiert werden.

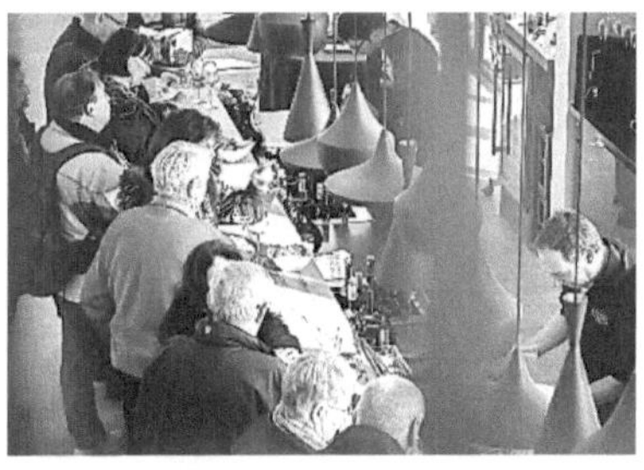

Die **Winzergenossenschaft Herxheim** hat im Rahmen eines Umbaus eine Wein-Lounge mit Event-Konzept und Life-Musik realisiert. Über den Slogan „dem Himmel so nah“ wird die Besonderheit der Aussicht kommuniziert. Damit wurde auch der private Weinverkauf angekurbelt. Insbesondere Wein in Verbindung mit Tourismus eröffnet hierbei vielfältige Perspektiven und Synergien: Vinotheken bedienen Lifestyle-Bedürfnisse mit angeschlossenen Weinwelten neue und weinorientierte Urlaubsambitionen. Über die Geschäftsmodellerweiterung konnte sich die Genossenschaft erfolgreich in dem neuen Segment im Markt positionieren.

Dem Weingut **Holz-Weisbrodt** ist es gelungen, unterschiedliche Zielgruppen und eine Erweiterung der Zielkundschaft zu realisieren, ein roter Faden für die Kunden: *„Gemütlichkeit, Spaß, Entspannung wird mit der Secco-Hütte geboten. Traditionell, authentisch, pfälzisch charakterisiert das „Stammhaus“. Und das Artrium ist eine Vinothek, die in einem exklusiven Ambiente mit mediterranem Flair zum Wein erleben, wohlfühlen, durchatmen einlädt. Auch die Weinlinien sind nach den drei Locations benannt und ermöglichen dem Gast eine intuitive Einordnung des Charakters der Weine. In der Stammhaus-Linie finden sich die Pfälzer Klassiker für jeden Tag, natürlich auch Schorleweine. In der Edition "Artrium" sind die exklusiveren, komplexeren Weine für unkomplizierten und wertigen Genuss vertreten. Die Premiumweine sind nach dem Weinmacher "Sebastian" benannt. Ergänzt wird das Angebot um Seccos, analog der Secco-Hütte.“* (Interview 2021)

Film-Link: Leo Hillinger – „more than wine“:
https://www.youtube.com/watch?v=8enA12G3Mro

Da kleine Betriebe in ihren Ressourcen beschränkt sind, können nicht alle Optionen gleichzeitig realisiert werden. Unsere Studienergebnisse illustrieren, dass in der Weinbranche ein strategisches Spannungsfeld von Wachstum durch entweder verstärkten Export oder durch Intensivierung der Tourismusausrichtung bestehen kann. Wachstumsinitiativen sind mit Finanzierung bzw. einer Ressourcenreallokation sicherzustellen. Alle Wachstumsstrategien setzen unternehmerisches Engagement und das Eingehen von Risiken voraus.

6.6.4 Strategieanalogie der roten und blauen Ozeane

Erfolgreiches Unternehmertum kann Wachstum durch eine **Kreation neuer Bedürfniswelten** realisieren. Dabei orientieren sich in derartigem Managementverständnis Unternehmer bei ihrer Strategie nicht an den Wettbewerbern. Sie eröffnen sich mit ihren Ideen neue Marktfelder, die als **„blaue“ Ozeane** tituliert werden und langfristige Wachstums- und Wertschöpfungsperspektiven versprechen. In dieser Managementphilosophie wird der Ozean metaphorisch als ein Aktionsfeld, ein Markt oder eine Industrie bezeichnet. Wettbewerbsintensive Märkte, bei denen sich die Wettbewerber gegenseitig mit gleichartigen Angeboten bekämpfen, repräsentieren rote Ozeane, in denen Anbieter sich wie Haie im Raubfischbecken verhalten und deren Kampf zu blutigem Gewässer führt. Ein blauer Ozean dagegen beschreibt ein neues, weniger umkämpftes Aktionsfeld, das Entfaltungsmöglichkeiten eröffnet, wobei die Welle erkannt werden muss, um sie zu surfen. „Rote Ozeane" sind gesättigte Märkte mit ausgeprägter Konkurrenz, „blaue Ozeane" hingegen stehen für unberührte Märkte, die es zu entwickeln gilt und die profitables Wachstum der Marktteilnehmer erlauben.

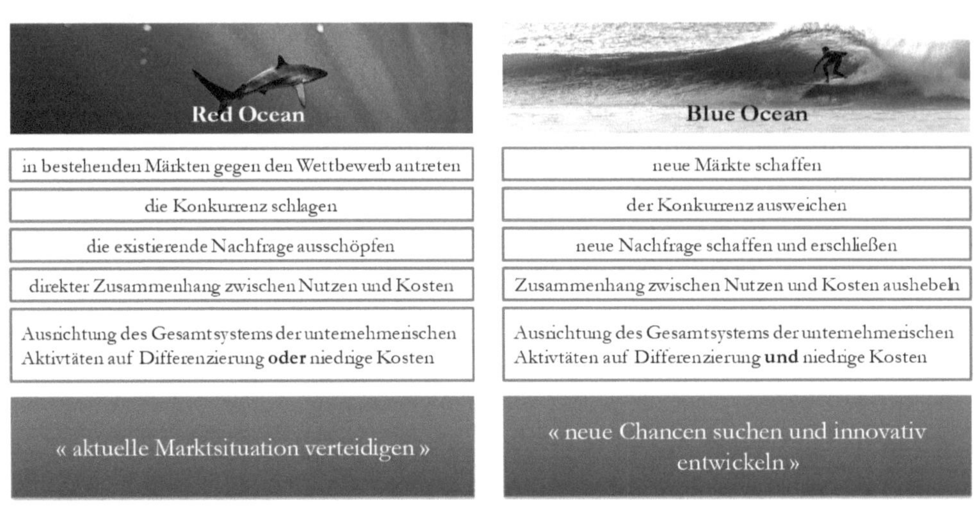

Abb. 105: Merkmale „roter und blauer Ozean-Strategien" (in Anlehnung an Kim & Mauborgne 2014)

Während bei roten Ozeanen das Schlagen des Konkurrenten eine notwendige Voraussetzung für Wachstum ist, werden bei der Marktbearbeitung im Sinne blauer Ozeane **neue Bedürfnisse geweckt und gestillt. Nutzengenerierung** bestimmt die Konzeptgestaltung. Die Ozeanphilosophie wird mittels plakativer Fallbeispiele veranschaulicht. So wird auf den Erfolg von **Cirque de Soleil** verwiesen, da deren Unterhaltungsangebot als neue Veranstaltungsform es erlaubte, dem ruinösen Zirkuswettbewerb zu entgehen. Die Kombination von Kunst, Unterhaltung, Live-Musik und Mystik hat konkurrenzfreie Marktpotenziale eröffnet. Auch die Weinindustrie wird als prominentes Beispiel für den Erfolg von differenzierter Markterkennung und -bearbeitung angeführt. Der Markterfolg der australischen Weinmarke **Yellowtail** in den USA wird als erfolgreiche Eroberung eines blauen Ozeans erklärt. Während bis dato in den wettbewerbsintensiven roten Ozeanen der amerikanischen Weinwelt Anbieter entweder mit

Abb. 106: Anpassung der Wertschöpfungskurve (in Anlehnung an Kim & Mauborgne 2014)

hochwertigen, komplexen Premiumprodukten oder anspruchslosen Billigweinen gegenseitig bekämpften, hat Yellowtail mit dem Ansatz „easy drinking“ mit australischem „laid-back Flair“ einen neuen Markt definiert und erobert. Das Wachstum von Yellowtail beeindruckt. In weniger als 15 Jahren wurden mehr als eine Milliarde Flaschen abgesetzt. Yellowtail zählt zu den profitabelsten Weinmarken weltweit und vereinnahmt ein Drittel der USA-Weinimporte aus Australien.

Eine Ausdehnung der eigenen betrieblichen Reichweite durch neue Geschäftsmodellkomponenten kann mit der mangelnden Wachstumsdynamik der Branche aber auch mit attraktiver Wertschöpfung in anderen Branchen begründet werden und wird in der Weinbranche zunehmend realisiert. Neben innovativen Tourismuskonzepten gibt es ansprechende Beispiele für kreative Angebotserweiterungen.

> Mit der WineBank des Weinguts **Balthasar Ress** wurden bisher nicht angesprochene Kundenbedürfnisse erfüllt. Die Urbanisierung in der Gesellschaft führt zu verminderter und nicht geeigneter Lagerfläche. Ein begehbarer Weinkeller mit Infrastruktur erlaubt geselligen Weinkonsum in erweitertem Freundes- oder Geschäftspartnerkreis. Ein Blick auf die gelagerten Weine benachbarter Fächer inspiriert oder kann zur Interaktion ebenso beitragen oder Statusambitionen erfüllen. Intelligent werden dadurch aktuelle Bedürfnisse wie „networking“ und „sharing“ angesprochen. Die Geschäftsmodellerweiterung war so erfolgreich, dass sie über ein Franchisesytem zu einem exklusiven Weinclub mit weltweiten Standorten ausgeweitet werden konnte.

Kunden zeigen Neugier, indem bisher nicht gekaufte Produkte getestet und **neue Konsumwege** beschritten werden. Dabei ist nicht nur der wachsende Anteil von Online-Einkäufen ein relevanter Trend, sondern auch eine Dynamik bei den Betriebsformen im Handel mit neuen Konzepten oder neuen Anbietern. Bei Modehäusern kann zum typenabhängigen Outfit der passende Wein bestellt werden. Mit der Angebotserweiterung kann eine neue strategische Positionierung des Betriebs begründet werden.

> **Fritz Müller**: *Deutscher Perlwein, 2009 geboren. ... Kann Müller-Thurgau Dolce Vita? fragte sich Guido Walter, als alle Welt Prosecco kaufte. Der Müller-Thurgau war in den 80ern zum billigen Massenwein mutiert. Er war alt geworden und in Vergessenheit geraten. Winzer Jürgen Hofmann zweifelte nie an der soliden Rebe. Die hatte sein Vater schon angebaut. Und vielleicht brauchte der Müller einfach einen kleinen Kick? Müller-Thurgau in frizzante – kurz: Fritz Müller. Ein mit handwerklichem Geschick verperlter Weißwein. ... Als schlicht leckerer Perlwein im* coolen Design der 20er-Jahre wird Fritz Müller heute von Rheinhessen in sieben Länder verkauft!“ (Unternehmensinformation 2021)

6.6.5 Effizienz und Prozessoptimierung im strategischen Fokus

Die Angebotsüberlegungen sind aber nicht auf die Frage zu beschränken, was angeboten werden soll, sondern was nicht oder nicht mehr angeboten werden soll. Auf welche nicht wertschöpfenden Aktivitäten oder Bestandteile des Angebots kann **verzichtet** werden, um die Bedürfnisse **möglichst ressourcenschonend** zu befriedigen und im Sinne der Kunden und des Unternehmens Wertsteigerung sicherzustellen? Unter Rückgriff auf die Strategie der blauen Ozeane wird Wertschöpfungskurve aus Kundensicht definiert. In der Automobilindustrie hat ein modulares Denken, bei dem Bauteile in verschiedenen Fahrzeugen eingesetzt und somit Kosten gespart wurden, erfolgreich durchgesetzt. Variierende Ausstattungspakete vereinfachen die Entscheidungssituation der Kunden und hiermit verbundene Komplexitätsreduktion senkt die Kosten. Reduktion von ungenutzten Servicekomponenten senkt den Aufwand. Dies erfolgt jedoch nicht mit der Zielsetzung, im ruinösen Preiswettbewerb zu überleben, sondern um optimierte Angebote im Sinne des Kundennutzens zu schaffen. Wenn Weinerzeuger Öffnungszeiten anbieten, die nur selten beansprucht werden, dann wäre ein Ersatz durch ein Angebot einer individuellen Absprache vorteilhaft, da für die Leerzeiten keine Ressourcen vorgehalten werden müssen.

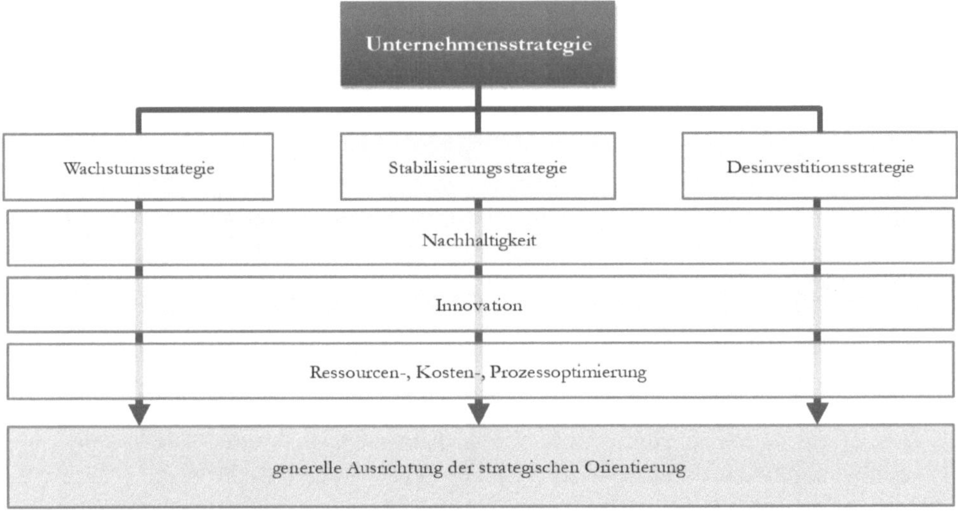

Abb. 107: Varianten der Strategieentwicklung

Ressourcenknappheit und negative Effekte von Wachstum, wie beispielsweise die Kohlendioxydbelastung durch eine Zunahme an Kraftfahrzeugen oder der Verbrauch von Rohstoffen bei wachstumsinduzierter Warenherstellung erlauben die Frage der **Sinnhaftigkeit der paradigmatischen Wachstumsforderung**. Im Rahmen von Nachhaltigkeitsstrategien wird zunehmend eine kritische Haltung gegenüber quantitativem Wachstum eingenommen. **Qualitatives** Wachstum bietet eine Alternative zu ressourcenverbrauchender Mengensteigerung. Hierbei können sich auch Strategien als zielführend identifizieren, bei denen ein Schrumpfen in Menge aber eine Steigerung von Qualität, Nachhaltigkeit und Kundennutzen realisiert werden Dies kann durch entsprechende Messgrößen wie Preis, Kundenzufriedenheit, Risikopositionen oder Gewinn begleitet werden. Ein permanentes Ressourcen- aber auch **Kostenmanagement** sichert strategieübergreifend die Ausschöpfung von Gewinn- und Nachhaltigkeitszielen.

> Pressemeldung Reh Kendermann: *„So viele Vorteile neue, widerstandsfähige Rebsorten haben, so unbekannt sind sie unter Verbrauchern. Das wollen wir ändern", sagt António Ribeiro, Senior Category Buyer Wein bei der* ***REWE Gruppe****. „PiWi treffen den Zeitgeist und entsprechen den Bedürfnissen moderner Verbraucher, denn deren Anspruch auf verantwortungsvollen Genuss wächst zunehmend." Alexander Rittlinger (****Reh Kendermann****) hebt hervor: „Wir sind vom Erfolg dieses nachhaltigen Weines überzeugt. PiWi ist eine Win-Win-Situation für die Natur, für die Winzer und für die Konsumenten."*

Die Effizienzsteigerung bedingt Kreativität, Innovation und ein Infrage stellen bisheriger Prozesse.

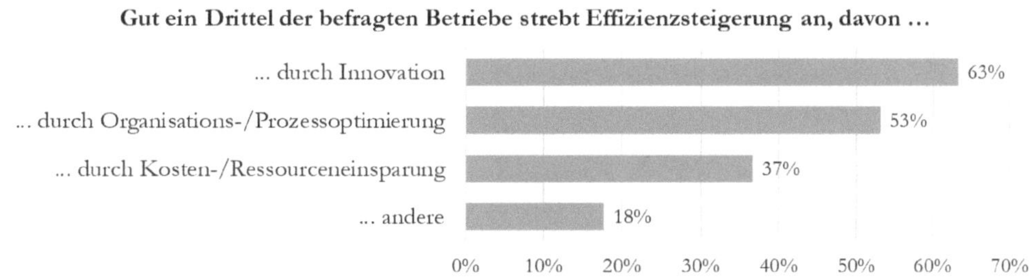

Gut ein Drittel der befragten Betriebe strebt Effizienzsteigerung an, davon ...

... durch Innovation	63%
... durch Organisations-/Prozessoptimierung	53%
... durch Kosten-/Ressourceneinsparung	37%
... andere	18%

0% 10% 20% 30% 40% 50% 60% 70%

Abb. 108: Effizienzsteigerung als strategische Ambition in der Weinbranche (Befragung 2014)

Kostenführerschaft bedingt eine permanente Optimierung zur Ausschöpfung etwaiger Kostensenkungspotenziale in allen Prozessen – häufig wird aufwändige manuelle Arbeit durch Maschinen ersetzt (z.B. Vollernter). Ebenso wird ein Kostenführer bei den Prozessen auf Flexibilität und höhere Kapazitäten achten, denn eine steigende Produktionsmenge senkt die Stückkosten. Nischenstrategien werden bei der Prozessgestaltung sicherstellen, dass die spezifischen Bedürfnisse der Kunden im Zentrum der Überlegungen stehen. Prozessgestaltung bei Premiumstrategen wird unter Aspekten der Individualisierung der Produkte, der Effektivität der Prozesse, aber vor allem einer adäquate Abdeckung der Serviceansprüche der Kunden erfolgen.

Nachhaltigkeit liefert Impulse das **Geschäftsmodell attraktiver, aber auch schlank zu gestalten**. Die Komfortzone des Unternehmers und die Langfristorientierung werden gestärkt.

6.6.6 Strategische Betriebsübergabe

Die **Betriebsübertragung** ist ein Meilenstein im Lebenszyklus von Unternehmen. Obwohl in der Praxis bei Kleinunternehmen die erbrechtlichen Fragestellungen dominieren, ist die Betriebsübergabe in erster Linie eine strategische Managementherausforderung. 15% der deutschen klein- und mittelständischen Unternehmen stehen innerhalb von fünf Jahren vor einer Übergabe – mehr als 70.000 Betriebe jährlich. Auch bei unserer Befragung in der Weinbranche gab fast jeder zehnte Betrieb an, sich in der Phase der Auf- oder Übergabe zu befinden. Ambitionierte Zielsetzungen der Übergabe werden oft nicht erreicht:

- Mehr als die Hälfte der übertragenen Unternehmen realisieren trotz positiver Beurteilung der Nachfolger kein Umsatzplus, sie verlieren sogar Marktanteil.
- Betriebe, die vor einer Übergabe stehen, senken ihre Investitionen. Damit werden auch die Erwartungen der Nachfolger an Steigerung der Profitabilität schwer erfüllbar.

Eine Betriebsübergabe bietet die Chance zum professionellen Veränderungsmanagement. Die strategische Relevanz wird auch durch den positiven Einfluss einer frühzeitigen Nachfolgeregelung beim **Rating** durch Finanzinstitute untermauert. Wird die Übergabe emotional gesteuert und aus dem Bauch herausgetrieben, steht nicht die Unternehmenszukunft im Vordergrund, sondern die Motive der „verhandelnden Parteien". Voraussetzung für eine langfristig erfolgreiche Übertragung ist, dass der Handlungsraum analysiert wird und dass die Übertragung anhand der Erwartungshaltungen, der Handlungsszenarien und der Ziele und Optimierungsansätze nachvollziehbar und iterativ gestaltet wird.

Liebe Freunde unserer Weine,

eine neue Generation übernimmt Verantwortung. Unser Sohn Franz Wehrheim ist nach seinen Abschlüssen an der Universität Mannheim in Betriebswirtschaft und am DLR Neustadt in Weinbau und Önologie am 01.07.2015 offiziell in die Leitung des Weingutes mit eingetreten.

Wir freuen uns, dass sein jugendlicher Elan in positive Anregungen mündet, wie es beim Eintritt einer neuen Generation üblich ist. Im Anbau, in der Kellertechnik und im Marketing pflegen wir einen intensiven Meinungsaustausch, der bereits zu einer Reihe Veränderungen geführt hat. In der Kellertechnik beispielsweise werden wir die Kaltmazeration unserer Trauben mit neuester Technik unterstützen und dadurch noch bessere Fruchtigkeit bei unseren Weinen erreichen. In der Vermarktung sind wir dabei, unsere Flaschenausstattung zu ändern. Sie wird nicht nur modernisiert, sondern auch drucktechnisch auf den neusten Stand gebracht, ohne die starke Corporate Identity der Marke „Wehrheim" zu verändern. Im Gegenteil!

Grundvoraussetzung für eine **Fortführung des Betriebs im Familienkreis** sind geeignete Nachfolger, die die fachlichen und persönlichen Voraussetzungen erfüllen und auch gewillt sind, die Übernahme anzutreten und unternehmerische Risiken zu tragen. Die Zielsetzung einer Übertragung in der Familie zur Positionierung eines Betriebs „in x-ter Generation" kann verständliche Erwartungshaltung des Übergebers sein. Dennoch zeigt sich gerade in der Weinbranche, dass auch bei grundsätzlich möglicher Übertragung innerhalb der Familie potenziell abweichende Perspektiven eine Übergabe scheitern lassen. Der Winzer prägt die Ausrichtung des Betriebes und der Produkte bis hin zur Markenbildung maßgeblich mit seiner Persönlichkeit – eine Hürde für den Nachwuchs. Eine **Übertragung außerhalb der Familie** (i.e. Verkauf) kommt als Alternative in Betracht, wenn kein Nachfolger vorhanden ist, die potenziellen Nachfolger kein Interesse zur Übernahme haben oder keine Einigung erfolgt. Zunehmend zeigen sich marktbasierte Übertragungen auch in der Weinwirtschaft. Neben Mitarbeitern oder bisherigen Konkurrenten kommen auch Fonds oder andere Investoren als mögliche Käufer in Frage.

Eine **„Aufgabe des Unternehmens"** ist oftmals das Resultat einer gescheiterten Übergabe an Nachfolger und einem in der Folge gescheiterten Verkauf. Dabei ist auch die Aufgabe nur augenscheinlich eine Alternative ohne Aufwand. Es besteht aktiver Managementbedarf, um die Stilllegung zu realisieren und Wertvernichtung zu vermeiden.

Eine professionelle Übergabe fußt auf einem professionellen Prozess und einer Strategierevision. Im Prozess werden die jeweiligen Erwartungen, bestimmt durch die **Lebensplanungen**, was dann auch die Übergabekonditionen bestimmt. Sie können Ursache für Konflikte und emotionale Beeinträchtigung der Zukunftsgestaltung sein. Die entscheidenden Kriterien für die Übernahme aus Sicht des **Nachfolgers** sind Selbstverwirklichung und Wunsch nach Selbständigkeit. Die strategische Analyse sollte die Zukunftsfähigkeit des Betriebs, gegebenenfalls über neue Wege und Akzente evaluieren und im Ergebnis den Kaufpreis rechtfertigen. In Analogie zu Gründungsvorhaben ist Nachhaltigkeit zunehmend ein Motivator und manifestiert sich in der in Verbindung mit der Übernahme zielführenden strategischen Analyse und Planung zur zukünftigen Weichenstellung des Betriebs. Die Strategiedefinition wird maßgeblich vom Übernehmer bestimmt, wobei die Erfahrung und Wahrnehmung des Übergebers wertvoll sein kann. Nachhaltigkeit bietet sich als Prüfstein bei der Strategiegestaltung und auch einer Kommunikation der Betriebsübernahme an, besonders bei einer Übernahme des Kundenstamms.

Die **Unternehmensanalyse** objektiviert die Wertfindung, da Übergaben durch Emotionalität geprägt sind. Naturgemäß geht der Übergeber von einer höheren Werthaltigkeit aus als ein Empfänger. In der Praxis sprechen potenzielle Nachfolger oftmals von „maroden Betrieben" oder „Betrieben ohne Perspektive", während die scheidende Generation von einer hohen Werthaltigkeit ausgeht. Transparenz auf Basis einer strategischen und wertbasierten Analyse des Unternehmens unter Berücksichtigung der Positionierung, der Veränderungsfähigkeit, der Potenziale und der damit verbundenen Investitionen und Maßnahmen schafft Abhilfe. Der Investitionsbedarf hängt von eventuellem Investitionsstau ab. Dabei kann gerade aus steuerlichen Gesichtspunkten ein Vorziehen von Investitionen vor die Übertragung sinnvoll sein. Bei der **Wertfindung** existiert eine Methodenvielfalt. Ausgangspunkt bildet die Wertfeststellung auf Basis vorhandenen Vermögens – sogenannte **Substanzwerte**. Zentral ist jedoch die Prognose zukünftiger Gewinne unter Berücksichtigung hierfür notwendiger Investitionen, die anhand einer barwertigen Betrachtung den **Ertragswert** bestimmt.

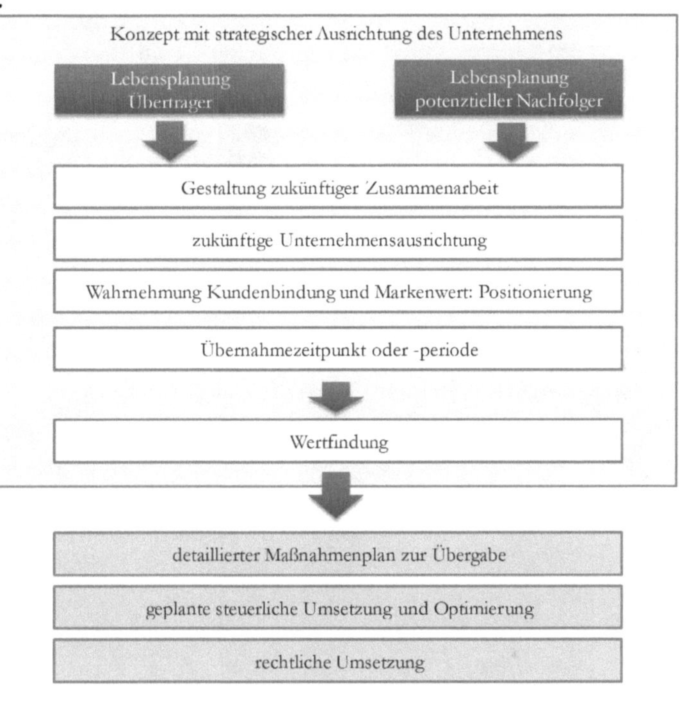

Abb. 109: Strategische Betriebsübertragung

> *„Die junge Winzerin Pauline Baumberger-Brand verarbeitet Trauben des Traditionsweinguts ihrer Familie im Naturweinverfahren. Der Gegenwind aus der Branche ließ nicht lange auf sich warten. Naturweine werden nicht filtriert oder geschönt, Spontangärung ist die Regel. Für die Region, aus der zuvor keine Naturweine kamen, eine Premiere mit Mehraufwand und ein gerade am Anfang schwer zu kalkulierendem Risiko. Ein Risiko aber, von dem sie ihre Familie überzeugte. „Als wir nach* der Weinlese erstmals die Behälter öffneten, roch der ganze Raum nach Erdbeeren. Mein Vater meinte,

> er habe so etwas noch nie gerochen. Wenn wir es schafften, das alles im Wein zu behalten, würde alles gut." (Baghernejad 2020)

Einem strategisch fundierten Wertverständnis folgt die **prozessuale** Übergabe. Hier bieten sich neben gleitenden Übergängen auch zäsurale Ansätze (z.B. Neupositionierung oder verändertes Preisniveau) an. Der Umsetzungspfad ist abhängig von den unternehmerischen Vorstellungen und Ambitionen der Nachfolger. Auf der einen Seite sind Know-how, Erfahrung und Kundenbindung der scheidenden Generation relevante Faktoren, auf der anderen Seite zeigen erfolgreiche Praxisfälle, dass eine gezielte Strategie zur Gewinnung neuer Segmente entstehende Verluste von Bestandskunden aufgrund eines neuen Auftritts erfolgreich kompensieren kann und die Basis für langfristiges Wachstum legt.

> Ein gleitender Generationsübergang wird beispielsweise in der Pressemeldung vom Biowein-Spezialisten **Peter Riegel** vermeldet: „*Sohn Felix hat einen Großteil meiner Aufgaben schon im Lauf der letzten zwei Jahre übernommen. Ich werde, vom Tagesgeschäft befreit, das Unternehmen weiterhin beratend und als Gesellschafter begleiten.*" (Meininger 2021)

Der unternehmerische Anspruch ist eine Leitplanke für die Strategie und für den Erfolg bei der Umsetzung der Strategie:

[1] Wie ist mein Anspruchsniveau? – leiten mich ambitionierte Ziele, deren Erreichung viele als wenig wahrscheinlich einschätzen, oder verfolge ich weniger anspruchsvolle Ziele, bei denen eine Zielerreichung gesicherter ist?

[2] Wo stehe ich im Produkt- und Unternehmenslebenszyklus und welchen Handlungsbedarf kann man hieraus ableiten?

[3] Wie bedeutend ist Wachstum für mich und mein Unternehmen? Wie vertragen sich meine Wachstumsziele mit meinen Nachhaltigkeitsambitionen?

[4] Von welchen Märkten oder Entwicklungen können wir profitieren und welche Implikationen hätte dies für den Betrieb?

[5] Welche Leistungsaspekte sind bei der eigenen Profilierung eventuell verzichtbar und welche könnten bei Steigerung welche Effekte haben, auch unter Berücksichtigung von nachhaltigen Trends?

[6] Wie kann Innovation sowohl bei der Reduktion als auch bei der Ausweitung von Prozessen, Produkten und Märkten dienlich sein?

[7] Welche Nachhaltigkeitsaktivitäten führen Sie zur Untermauerung der strategischen Weichenstellung an?

[8] Genügen alle Aktivitäten meiner langfristigen strategischen Ambitionen meinen Nachhaltigkeitsansprüchen?

[9] Sind meine Nachhaltigkeitsambitionen ausreichend, um die Zukunft meines Unternehmens langfristig zu sichern und die Zukunft nachfolgender Generationen nicht zu gefährden.

7 Nachhaltiges Geschäftsmodell

Die strategischen Ambitionen und Vorgaben werden durch ein **Geschäftsmodell** umgesetzt und marktwirksam. Das Geschäftsmodell bildet die Basis der unternehmerischen Aktivitäten und ist ausschlaggebend für die Erreichung gesetzter Ziele und den Erfolg des Unternehmens.

Abb. 110: Geschäftsmodell und strategische Maßnahmen als Schritte der Strategieentwicklung

Das Geschäftsmodell bestimmt, mit welchem **Angebot** welche **Zielgruppen wie** erreicht werden sollen und definiert zudem, wie das Angebot **erzeugt** wird. Unternehmer sind gefordert, Aufmerksamkeit für ihr Angebot zu generieren. Kunden zu gewinnen und zu halten ist ein aufwändiger Prozess und unter bestmöglicher Nutzung vorhandener Ressourcen und Partner zu gestalten. Das Geschäftsmodell wird über eine fortgeschriebene **Ertragsbetrachtung** validiert und adjustiert. Das Geschäftsmodell ist der Nukleus einer nachhaltigen Strategie.

Geschäftsmodell

Partner	Angebot / Value Proposition		Kundenbeziehungen
Risikoreduzierung, wirtschaftliche Optimierung (Ressourcen, Aktivitäten), Flexibilität	Problemlösung und Bedürfnisbefriedigung kundenzielgruppenbezogene Produkte und Serviceleistungen		zur Gewinnung und Bindung bedeutender Kundensegmente
Vertriebskanäle	**Ressourcen**	**Aktivitäten**	**Kundensegmente**
zur bestmöglichen und kosteneffizienten Erreichung bedeutender Kundensegmente	zur Erzielung eines wertschöpfenden Angebots	zur Erzielung echter Wert- und Nutzenversprechen	Definition wichtigster und erfolgreichster Kundenzielgruppen
Kostenstrukturen		**Einnahmequellen und -ströme**	
Welche Kosten beeinflussen das Geschäftsmodell maßgeblich? Und welchen Fokus lege ich bei meiner strategischen Ausrichtung (Kosten versus Werte)?		Für welchen Wert / Nutzen sind die Kunden bereit, wieviel zu zahlen? Fokus (Kosten / Werteversprechen) bei der strategischen Ausrichtung	

Abb. 111: Business Model Canvas zur Strukturierung der Eckpfeiler eines Geschäftsmodells (in Anlehung an Osterwalder & Pigneur 2010)

Mit dem **Geschäftsmodell** wird die spezifische Logik der Leistungsgestaltung anhand der charakterisierenden Elemente beschrieben. Es zeigt auf, welche Ressourcen und Kompetenzen zur Leistungserbringung maßgeblich sind. In Abgrenzung zu **Wertschöpfungsbetrachtung** /-kette basiert das Geschäftsmodell nicht auf einer prozessualen Darlegung der Transformationsschritte und -leistungen, sondern einer Übersicht der Kernelemente und der hiermit verbundenen Leistungsaspekte aus Sicht des Betriebs. Hinter der Idee einer **Business Model Canvas** (übersetzt: Geschäftsmodellleinwand) verbirgt sich eine plakatartige Darstellung der Schlüsselelemente eines Geschäftsmodells.

Ein gewinnendes Geschäftsmodell sorgt für eine Umsetzung der strategischen Leitplanken zur Kundenzentrierung und Nachhaltigkeit.

7.1 Von Produktzentrierung zu kundenorientierter Nachhaltigkeit

Der Schlüssel zum Erfolg liegt im Erkennen der Kundenbedürfnisse und der Generierung von **Mehrwert** – für die Kundschaft und für den Betrieb – durch ein attraktives Angebot und eine professionelle Umsetzung. Somit werden durch das Geschäftsmodell die **Ertrags-**, die **Kosten-** und die **Wertschöpfungsaspekte** der betrieblichen Leistung gestaltet. Das Geschäftsmodell dient dem Erreichen der strategischen Ziele, bei gesellschaftlich geprägtem Wandel von Produktfokus hin zu Nachhaltigkeitsorientierung. Die zentrale Ausrichtung des Angebots auf Zielgruppen und damit die Kundenzentrierung aller Stellhebel des Geschäftsmodells sind grundlegend für Markterfolg, zunehmend mit Nachhaltigkeit verbunden.

Abb. 112: Zeitliche Entwicklungen strategischer Ausrichtung

Früher haben Anbieter von einem „**Verkäufermarkt**“ (*market-pull*) profitiert. Hergestellte Waren, Produkte oder Services waren knapp und haben aufgrund eines Nachfrageüberhangs selbstredend Absatz gefunden, ohne dass Individualisierung oder Marketinganstrengungen seitens der Anbieter notwendig waren. Produziert wurden in der Folge zunehmend Massengüter, um den primär durch Populations- und Vermögenswachstum steigenden Konsumbedarf schnellstmöglich zu befriedigen. Das erste massenhaft hergestellt Auto, das Ford Model T, wurde in schwarz und identischen Ausstattungsmerkmalen produziert. Ein Verzicht auf Varianten oder besondere Wünsche sicherte Effizienz in der Produktion und ist ein Merkmal von Massenproduktion. Effizienz und Kostenminimierung sind bei der der **Produktionsorientierung** zugrundeliegenden Geschäftsmodellgestaltung ausschlaggebend.

> *Mit schwarzer Farbe zu Höchstgeschwindigkeit:* ***Tin Lizzy****, wie das Auto liebevoll von seinen Besitzern genannt wurde, verkaufte sich von Anfang an blendend, die Produktionszahlen gingen förmlich durch die Decke. Im Jahr 1909, dem ersten vollständigen Verkaufsjahr, wurden rund 10.600 Stück vom Ford Modell T hergestellt. Zum Vergleich: Im selben Zeitraum verließen im Deutschen Reich 9444 Autos die Fabriken – allerdings von 50 verschiedenen Herstellern. Bis zum Mai 1927, als die Produktion offiziell eingestellt wurde, verkaufte sich das Modell T 15 Millionen Mal – ein Rekord, der erst 1972 vom VW-Käfer überholt werden sollte.* (Sager 2008)

Mit steigender Produktivität der Betriebe, höherem Produktionsausstoß, Technologisierung und zunehmendem Wettbewerb wurde das Angebot in Menge und Vielfalt reichhaltiger. Begleitet von wachsenden Kundenansprüchen wurden in dieser Phase der **Absatzorientierung** neue Angebote geschaffen, um durch Variantenvielfalt den Absatz zu erhöhen. Der Absatzorientierung folgte eine **Verkaufs- und Marketingorientierung**. Kunden wurden bei der Auswahl aus einem reichhaltigeren Angebotsportfolio von vielen Anbietern besonders durch Marketingmaßnahmen im Sinne von Werbung und Vertrieb zum Kauf motiviert (*market-push*). Die heute dominierenden Verdrängungsmärkte, die einen „**Käufermarkt**“ signalisieren, erfordern eine individualisierte Erfüllung spezifischer Bedürfnisse, kundengerechte Ansprache, Lösungsansätze statt Massenprodukten und proaktive, flexible Angebotsgestaltung unter Rückgriff auf Daten und Digitalisierung.

"All value begins and ends with the customer" Philip Kotler

Um dem kundenzentrierten Strategieverständnis zu entsprechen, wurde das Verständnis des **Marketing-Mixes** erweitert. Das bereits in den 60er Jahren entwickelte „**4P**“-Modell mit einprägsamen vier Gestaltungsparametern Produkt, Distribution (Placement), Preis und Werbung/Kommunikation (Promotion) zur Detailplanung der strategischen Vorgaben wird in der praxisorientierten Literatur beispielsweise ein „**7P**“-Modell mit zusätzlichen strategischen Stellhebeln (z.B. People, Processes, Physical facilities) proklamiert. Weitere Marketing-Mix-Konzepte stellen den Kunden in den Mittelpunkt der Gestaltungsansprüche. Das „**4C**“-Modell reflektiert beispielhaft Gestaltungsbedarf zur Befriedigung in den Vordergrund tretender Bedürfnisse (z.B. Bequemlichkeit) oder das **SAVE**-Konzept setzt an der Kreation von Lösungen statt der Lieferung von Produkten an. Marketing beansprucht zunehmend Gestaltungsraum, der im strategischen Management verortet ist.

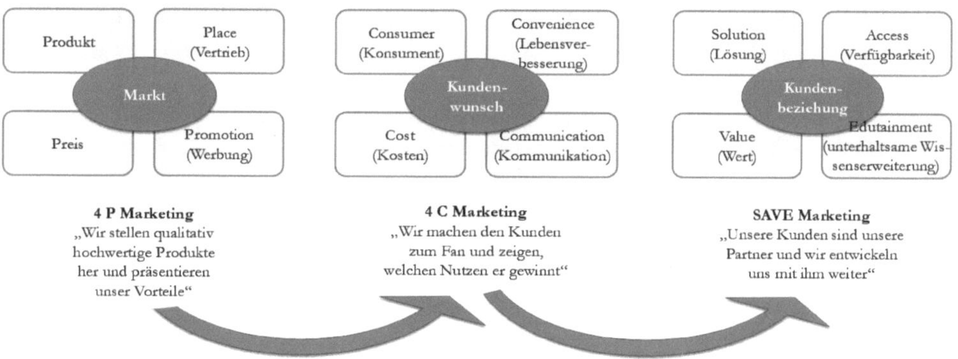

Abb. 113: Weiterentwicklung des Marketing-Mix

Was in den Vorphasen, die durch Absatz- oder Verkaufsziele maßgeblich geprägt waren, durch Werbung und in der Folge einen integrierten Marketing-Mix sichergestellt wurde, erfordert heute im Anspruch, Kunden zu Liebhabern der Marke zu machen, eine **kundenzentrierte Geschäftsmodellausrichtung**.

Ein **nachhaltiges, wertgetriebenes Geschäftsmodellverständnis** wird anhand integrativer Komponenten konzipiert. Kundenorientiertes Nutzenversprechen und partnerschaftlich, vernetzte Prozesse auf Basis eines tiefgehenden Nachhaltigkeitsverständnisses bilden dabei die Geschäftsmodelleckpfeiler. Kunden als **Fans**, einen Beitrag zur Nachhaltigkeitssteigerung und mit einem zukunftsfähigen Betrieb attraktiv zu sein, bilden die Fixpunkte in Abkehr von primär ökonomisch getriebenem Absatzdenken. Eine Orientierung an **zukünftigen Kunden- und prospektiven Betriebsbedürfnissen** sichert ein überzeugendes **Nachhaltigkeitskonzept** als festen Bestandteil der Unternehmensstrategie, woraus innovative Impulse zur Gestaltung eines nachhaltigen, kundenzentrierten Geschäftsmodells abgeleitet werden.

Abb. 114: Nachhaltigkeit im Kontext von Bedürfnissen und Marketing (in Anlehnung an Emery 2012)

Vier zentrale Fragen begleiten die Geschäftsmodellmodellierung, die insbesondere Unternehmer kleiner Betriebe unterstützen, konkrete Maßnahmen zur Realisierung der nachhaltigen Unternehmensstrategie zu formulieren:

- Wer sind unsere Kunden? – Maßnahmen zur Festlegung von Kundenzielgruppen und zum Aufbau von **langfristigen Kundenbeziehungen**
- Was bieten wir den Kunden? – Maßnahmen zur Sicherstellung eines bedürfnisorientierten Angebots mit **nachhaltigem Wert- und Nutzenversprechen** und Alleinstellungsmerkmalen
- Wie werden die Leistungen erbracht? – **Nachhaltige Nutzung von Ressourcen** und Orchestrierung aller Aktivitäten zur **nachhaltigen Leistungserstellung** und zur Erreichung der Kunden unter Einbeziehung von Partnern
- Wie generieren wir Wert? – Ausschöpfung der Einnahmequellen und -ströme unter Berücksichtigung der Kosten **zur nachhaltigen Unternehmenssicherung** und als **Beitrag zur Sicherung der Zukunft für nachfolgende Generationen**.

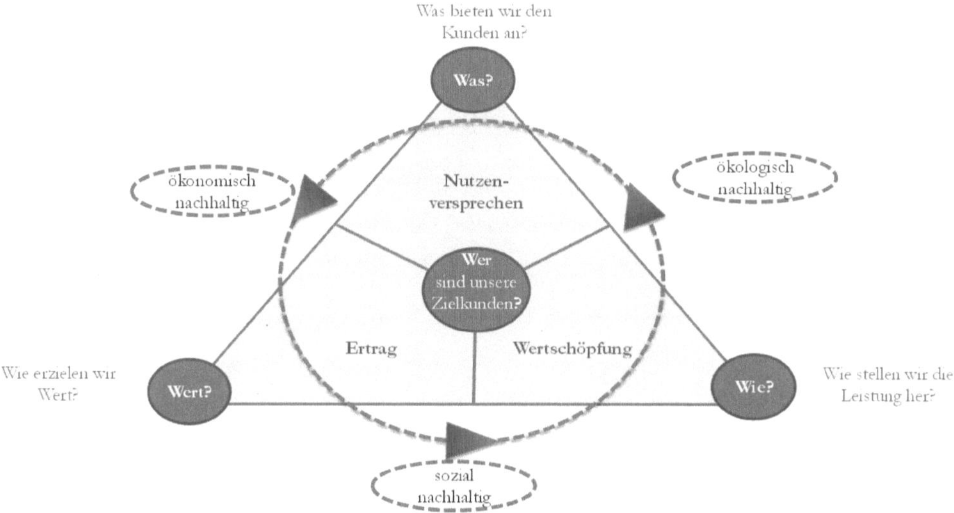

Abb. 115: Gestaltung eines nachhaltigen Geschäftsmodells (in Anlehnung an Gassmann et al. 2013)

Antworten auf diese Fragen, mit besonderem Augenmerk auf Innovation und Nachhaltigkeit und einem Rückgriff auf die Strategie, unterstützen die Orchestrierung der funktionalen Maßnahmen zur Sicherstellung eines erfolgreichen, nachhaltigen Geschäftsmodells.

7.2 „Wer": Kunden und Bedürfnisse

Produkte und Services dienen der **Bedürfnisbefriedigung**. Die Bedürfnisse von Kunden werden zunehmend individueller und entwickeln sich dynamisch, was sowohl kundenseitig bedingt als auch anbietergetrieben ist. Technologische Entwicklungen ermöglichen Innovationen, neue Lösungen oder Produktadaptionen. Steigende Lebenserwartungen, geminderte Fatalität und steigende Gesundheit, Vermögenszuwachs und gesellschaftliche Weiterentwicklungen lassen ebenso neuartige Bedürfnisse entstehen. Eine zunehmende Transparenz und Vernetzung steigert die **Bedürfnisvielfalt** ebenso wie den **Anspruch** an die Bedürfnisbefriedigung.

Kunden sollen mit einem gezielten Angebot gemäß ihrer Wünsche und Bedürfnisse bedient werden. Dies setzt voraus, dass **Informationen über Kunden und Zielgruppen** generiert und aktualisiert werden und hierauf passende und überzeugende Inhalte das **Kundenbeziehungsmanagement** bestimmen. Auf Basis eines tiefgehenden Kundenverständnisses können langfristige Kundenbeziehungen aufgebaut werden und der Kunde auf seinem Weg, vom ersten Kennenlernen eines Produktes bis hin zur Kaufentscheidung und darüber hinaus, begleitet werden. Gleichzeitig steigt der hiermit verbundene Aufwand, um bei Nutzung der datenbasierten Infrastruktur, den zunehmenden und verzahnten Interaktionsmöglichkeiten und der entstehenden Datentransparenz positive Kundenkontakte an allen Schnittstellen wie gewünscht zu realisieren. Professionelles Kundenbeziehungs- und Kundenkontaktpunkt-Management stellt die gewünschte Umsetzung der strategischen Ambitionen sicher.

7.2.1 Zielkundenorientierung

Angesichts der Vielfalt und Dynamik von Kundenbedürfnissen und der zunehmenden **Individualisierung** sind Anbieter gefordert, tiefgehend die Bedürfnisse ihrer Kunden zu ergründen und zudem über Zielgruppen passgenaue Lösungen und Angebote zu kreieren. Es ist nicht mehr ausreichend, über Marktbefragung oder Conjoint-Analysen vermeintliche Kundenpräferenzen zu erfragen. Ein tiefgehendes Verständnis der absoluten Bedürfnisse unter Berücksichtigung von Einstellungen und Verhalten ist für eine erfolgreiche Marktbearbeitung Grundvoraussetzung. Dies kann mit der Metapher des Eisbergs veranschaulicht werden, da beim Eisberg bekanntlich nur die Spitze sichtbar ist.

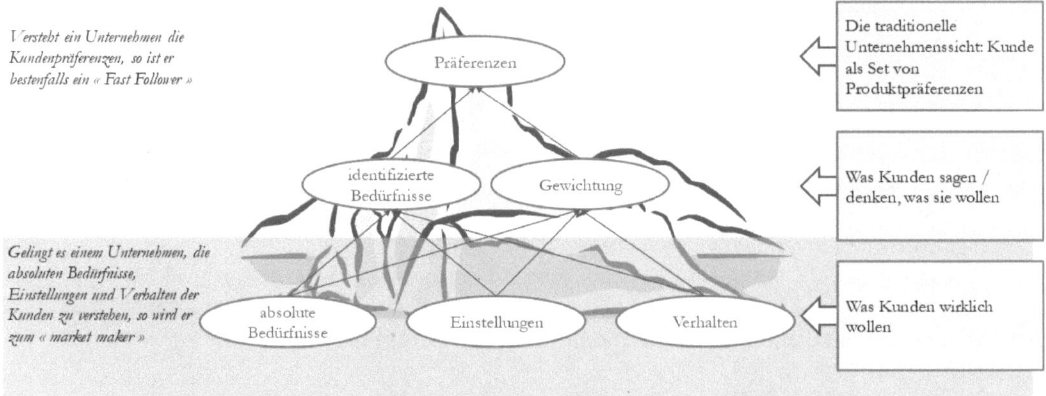

Abb. 116: Kundenbedürfnisse verstehen (Eisberg-Analogie)

Es reicht nicht zu wissen, ob der Kunde lieber Weiß- oder Rotwein, mild oder trocken trinkt, ob er nach einer Flasche mit einem modernen oder traditionellen Erscheinungsbild greift. Kundenkenntnis beschäftigt sich mit tiefergehenden Fragen: Warum trinkt der Kunde Wein (Geselligkeit, Genussmomente, Geschmackserlebnis, Etikette)? Bei welchen Gelegenheiten trinkt er Wein (alleine zu Hause, auf Festen mit Freunden, im Restaurant mit Firmenkunden)? Wie ist die Lebenssituation des Kunden? Wie ist sein Vorratsverhalten zu Hause (Weinkühlschrank, Keller)? Welche Preissensitivität und welches Wertegefüge prägen ihn? Ist ihm Weinkompetenz, Naturerlebnis, Nachhaltigkeit wichtig? Wie ist die generelle Einstellung zu Alkohol? Die beispielhaften Fragen verdeutlichen die Komplexität von Kundenverständnis und den Wert jeder Information über Bestandskunden. Besonders Kleinbetriebe profitieren von einer **Reduktion der Komplexität**, wenn statt eines weit gespannten Marktanspruchs auf Zielgruppen fokussiert wird.

> Mit einer **Zielgruppe** wird die primär anvisierte Kundschaft definiert: Wen kann und will der Betrieb gewinnen, was zeichnet diese Zielgruppe aus, was sind die Bedürfnisse dieser Kunden und wie erreiche ich diese Kundengruppe? Je kleiner der Betrieb und die Kundenanzahl, desto größer die Chance, die Kunden persönlich kennenzulernen und zu verstehen.

Als erster Segmentierungsschritt bietet sich eine Unterscheidung der Kundenart nach Geschäftskunden (Business-to-Business – B2B) und Privatkunden (Business-to-Consumer – B2C) an. Die Zielkunden sind dann weiter zu konkretisieren. Bei den B2C-Kunden können beispielsweise deskriptive **Segmentierungskriterien** wie Alter, Geschlecht, oder verhaltensorientierte (z.B. Lebensgewohnheiten, bevorzugte Einkaufsstätten) oder andere Kriterien genutzt werden. Marktforschungseinsichten und Zukunftsinstitute liefern nützliche Informationen zur Generierung von Kunden- und Verhaltensclustern (z.B. Risikobereitschaft, Geselligkeit, ökologischer Anspruch). Bei Firmenkunden müssen neben den spezifischen Unternehmensanforderungen auch die Bedürfnisse der Menschen, die für den Bestell- und Anschaffungsprozess zuständig sind, berücksichtigt werden.

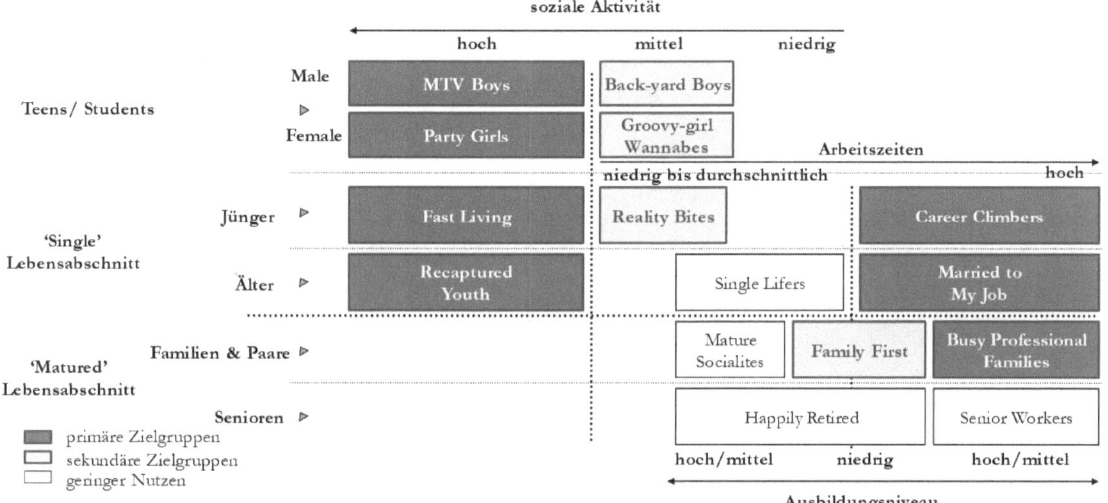

Abb. 117: Beispielhafte Darstellung einer Zielgruppenlandschaft

Um die Kundenkenntnis zu erhöhen, sollten **Interaktionen** und Kontakte mit den Kunden zur Generierung detaillierter Informationen genutzt werden. **Daten** werden als das „neue Gold“ definiert. Unternehmen, die auf Basis von Daten kundenorientierter werden, Marktchancen erkennen können oder spezifische Leistungen kreieren, eröffnen sich einen unschätzbaren Wettbewerbsvorteil. Amazon hat mit dem durch Datenauswertung realisierten Ansatz, dass nicht verkäuferseitig, sondern auf Basis objektiver Algorithmen das Kaufverhalten anderer Kunden als Orientierung dienen kann (im Sinne von „der Kunde, der dieses Produkt gekauft hat, hat auch diese anderen Produkte gekauft“) Kaufentscheidungen revolutioniert. Auch kleine Betriebe können im Bewusstsein dieser Stellhebel strategischen Wert generieren.

7.2.2 Ganzheitliches Kundenmanagement

Digitalisierung und Wertewandel eröffnen **neue Horizonte der Gestaltung des Kundenmanagements**, unternehmens- und kundenseitig, zur Umsetzung der strategischen Überlegungen. Mit der Weiterentwicklung von neuen Medien werden die Ansätze und Instrumente im Marketing erweitert. Neu kreiertes, englischsprachiges Fachvokabular erschwert es Kleinunternehmern, Schritt zu halten. Im Kontext der strategischen, nachhaltigen Unternehmensführung müssen Unternehmer reflektieren, welche Akzente gesetzt und wie diese instrumentell verankert werden, um ganzheitliches Kundenbeziehungsmanagement sicherzustellen.

> Ein elektronisches, softwarebasiertes **Kundenbeziehungsmanagement** (Customer-Relationship-Management, CRM) gibt Auskunft über den Kundenbestand und dessen Einkaufsverhalten. Als gut gepflegtes System liefert es Informationen zur Anzahl, den Adressen, dem Kaufrhythmus, dem getätigten Umsatz und dem jeweiligen Warenkorb der Kunden.

Da alle Umsätze in Unternehmen datenbasiert erfasst werden, sollte im System auch ein **Profil der Kunden** abgelegt sein. Diese Daten generieren die notwendige Transparenz und belastbare Impulse für strategische Überlegungen (z.B. Zielgruppendiskussion, ABC Analyse) und für operative Aktionen (z.B. Versand von kundenspezifischen Newslettern, Vorbereitung auf eine Verkostung). Sie können dann zur Absatzanalyse (produkt- und zeitpunktbezogene Absatzmengen, Preisdurchsetzung) und zur Analyse der Kunden (Einkaufsmenge, -häufigkeit, -zeitpunkt) genutzt werden. Im CRM-System werden **Kundenstamm**- (z.B. Name, Adresse) und die jeweiligen **Transaktionsdaten** (z.B. Kauf, Reklamation, Informationsaustausch) gepflegt.

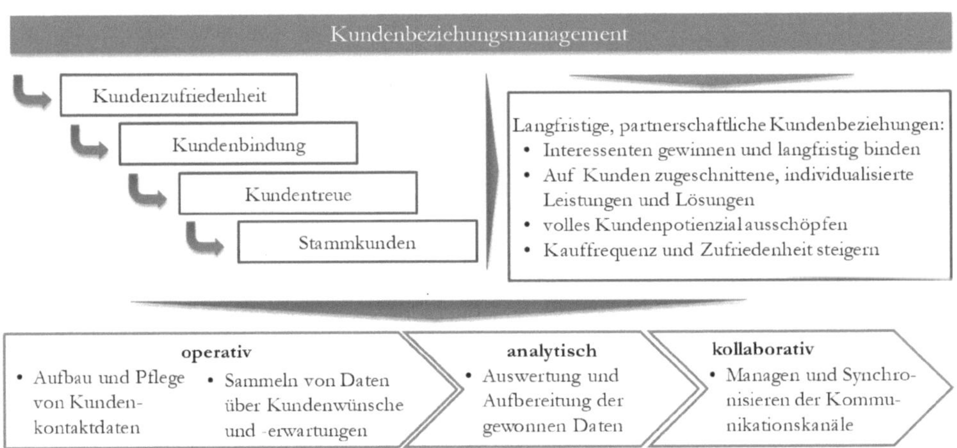

Abb. 118: Ganzheitliches Kundenbeziehungsmanagement

Bei konsequenter Systemnutzung sichert die resultierende Datenbank eine optimierte Informationsbasis zur Kundenbetreuung. Aus Kundengesprächen werden relevante Entscheidungsparameter aber auch persönliche Informationen zur Systembereicherung gewonnen, deren Nutzung es ermöglicht, Kunden in ihren Kaufüberlegungen zu begleiten und positiv zu überraschen. Newsletter können passgenau nach Kundenpräferenzen und nach der Phase im Kaufentscheidungsprozess versendet werden. Wenn das CRM-System mit anderen Steuerungssystemen (z.B. Warenwirtschaftssystem) verknüpft wird, werden die betrieblichen Prozesse datenbasiert optimiert (z.B. Warenverfügbarkeit).

CRM-Systeme können ihre Unterstützungsfunktion zur optimierten Kundenbetreuung jedoch nur erfüllen, wenn relevante und aktuelle Daten eingepflegt werden. Dies bedingt, dass alle Transaktionen zu einer **Aktualisierung** genutzt werden und die **Datenvalidität** in Abständen geprüft wird. Hierbei ist eine vorausschauende Datennutzung zielführend, da die Auswahl gewünschter und zu erhebender Daten, die Kategorisierung (z.B. Kundensegmentzuordnung) und das Datenmanagement (was soll wie in welchen Abständen ausgewertet werden?) nur liefern kann, wenn konsequent und auf Basis einer strukturierten, überschneidungsfreien Datengrundlage gearbeitet wird. Jeder Verkauf ohne Adressaufnahme schränkt Auswertungen zu Kundenanzahl, Kundentreue oder deren geografischer Verteilung ein.

Eine ergänzende **Kundenbefragung** informiert über Zufriedenheit, liefert Ansätze für mögliche zusätzliche Leistungen oder eventuell verzichtbare Komponenten. Diese Art der Informationsgewinnung wird als Primärmarktforschung bezeichnet. Bei einer professionellen (z.B. Vertraulichkeit der Daten, Kürze, Prägnanz, Tonalität) aber auch empathischen (z.B. Befragung im Rahmen von Verkostungen oder persönliche Anschreiben und Danksagung) Durchführung fühlen sich die Kunden geschätzt und sind für die damit verbundene Aufmerksamkeit dankbar. Dadurch wird die Loyalität gesteigert.

Eine Visualisierung möglicher Interaktionspunkte zur Entwicklung relevanter Inhalte und zur Kreierung von positiven Erlebnissen anhand von Personas hilft Unternehmern beim Verständnis der Kunden.

> Eine „**Persona**" bildet eine fiktive Persönlichkeit ab. Das hierdurch erstellte Nutzer- und Bedürfnisprofil charakterisiert eine Zielgruppe und dient der Hinterfragung des Leistungsangebots bzw. der Ausgestaltung von Angebot, Interaktionen und Schnittstellen.

Richy Riesling (junger, sportlicher Genießer)

- Richy (25) lebt nach Abschluss seines Studiums in der Nähe von Frankfurt. Er hat seinen ersten Job, der ihm Spaß macht, aber auch zeitintensiv ist. Richy hat eine feste Freundin und einen vielfältigen Freundeskreis.
- Richy reist viel und gerne insbesondere in Ski- und Surfregionen. Er zeltet mit Freunden, mit seiner Freundin macht er eher Städte- oder Strandreisen. Er spricht mehrere Sprachen, ist sehr sportlich und hat Spaß am Kochen.
- Richy trinkt mit seinen Freunden mal Bier, mal Mixgetränke und mal Wein. Seine Freundin mag es, wenn er kocht und gemeinsam trinken sie dabei auch gerne ein Glas Wein. Als Student hat er meistens den günstigsten Wein aus dem Supermarkt gekauft. Durch seine Eltern hat er auch hochwertige Weine aus unterschiedlichen Weinregionen kennen und schätzen gelernt.
- Richy kauft sowohl im Discounter als auch im Ökoladen. Sehr gerne geht er auch auf den Markt, um frisches Obst und Gemüse zu kaufen.
- Die sozialen Medien nutzt er, aber wenig. Er findet es eher lästig, ständig aktiv sein zu müssen.

Abb. 119: Beispiel einer Persona für ein Weingut

Anhand der Personas kann die Kundenerfahrung nach Kanalnutzung konzipiert und dann durch Experimente und **Tests** validiert werden. Winzer können beispielsweise über diese Gedankengänge ihre Websiteinhalte verbessern (Was erwartet welche Kundenzielgruppe, wenn sie meine Seite anklickt), die sozialen Medien zielkundengerecht belegen (Welche Informationen finden meine Kunden interessant und fördern das Interesse an meinen Produkten?) und die Wahrnehmung in den Vertriebskanälen unterstützen (Welche Informationen brauchen Gastronomie und Handel, damit sie ihre Kunden für meine Produkte begeistern können?).

> So berichtet beispielsweise Carsten Witteck von Milupa Nutricia: „*Wir haben in Konsequenz der intensiv und mit viel Zeit entwickelten Personas sogar zwei unterschiedliche Facebook-Seiten als Touchpoints für zwei unterschiedlich positionierte Produkte entwickelt. Die Ansprache wäre über einen gemeinsamen Kanal gar nicht möglich. Die Interessen und Bedürfnisse sind einfach zu unterschiedlich.*“ (Glattes 2016)

Über professionelles Schnittstellen-Management mit persönlichen Kontakten erhalten Unternehmer ein Vielfaches an Resonanz von Kunden. Ein auf die Zielgruppe abgestimmtes **Content-Marketing** steuert gezielt informierende, beratende oder unterhaltsame Inhalte bei. Diese Rückkopplung dient der Reputations- und Markenführung. Die Kundenloyalität steigt und neue Kunden können über die viral basierte Kommunikation gewonnen werden. **Mund-zu-Mund** Propaganda sichert über digitale soziale Medien exponentielle Effekte. Beispielsweise nutzte die Telekommunikationsindustrie Datenauswertungen zur Identifikation von Meinungsbildnern. Besondere Angebote oder Aufmerksamkeit für die Leitpersonen löst einen kommunikativen Schneeballeffekt (**virales Marketing**). Dies gilt jedoch für positive ebenso wie für negative Eindrücke, die ungefiltert geteilt werden. Ein unzufriedener Kunde beeinflusst das Siebenfache an Kontaktpersonen, verglichen mit einem zufriedenen Kunden.

Virales Marketing basiert auf der Idee, dass eine Kommunikation in Netzwerken in Analogie zu Verbreitung von Viren, schneeballartig Aufmerksamkeit generiert. Digital basierte soziale Netzwerke und Medien haben virales Marketing befeuert, denn Informationen werden im Freundeskreis, in Interessensgruppen (Communities of Interest), von Meinungsbildnern, **Bloggern** und **Influencern** abgesetzt und per Knopfdruck an viele potenzielle Interessenten gesendet, die wiederum an ihre Kontakte weiterleiten. Diese Kommentare informieren erhöhen die Aufmerksamkeit für Marken, Produkte oder eine Kampagne.

> Wang Shenghan, bekannt unter einem Markennamen „Betrunkener Schwan“ und Chefin von **Lady Penguin**, der einflussreichsten Weinwissensplattform in China, wird von Winzern aller Nationen umgarnt, denn von ihrer Bewertung erhoffen sie sich eine Öffnung der Pforten zum Markt China. Die junge Influencerin beschäftigt hierfür alleine 80 Angestellte zur professionellen Umsetzung durch Social-Media-Kanäle und Online-Shops.
>
> **Toni Askitis** motiviert junge Menschen in sozialen Medien für die Weinwelt: „*Jüngst unter die 50 besten Sommeliers Deutschlands gewählt und mit reichlich (sterne-)gastronomischer Erfahrung bepackt, ist Toni von #asktoni, Sommelier aus Leidenschaft. Der Skater*

> *und HipHopper nähert sich dem Weinthema wortgewandt und mit geballtem Fachwissen: „Wein soll Bock machen und verbinden“.* (weintour.net 2021)

Während größere Betriebe Marketingprofis im Haus vorhalten oder gezielt Experten einbinden, müssen sich kleinere Betriebe ihrer Kapazitätsgrenzen und der notwendigen Investitionen zu aktueller Bespielung der Touchpoints bewusst und fokussiert sein. **Medienaffine Unternehmer** können eine Profilierung im Wettbewerb erreichen. Dies setzt ein Beherrschen der Instrumente, verwendeter Sprache und Generierung abwechslungsreicher Inhalte ebenso voraus wie eine permanente Aktualisierung der Inhalte. Die Gewinnung von Meinungsbildnern (Multiplikatoren) im Freundes-, Kunden- und Partnerkreis oder die Integration von motivierten Personen im persönlichen Netzwerk bieten sich unterstützend oder alternativ zu einer professionellen Unterstützung durch Marketing-Dienstleister an. Eine minimalistische oder akzentuierte Nutzung neuer Kommunikationsmedien kann bei Kleinunternehmern ressourcen- oder zielgruppenbedingt oder aus persönlichen Gründen eine zielführende strategische Entscheidung sein.

> Pressemeldung, dass die beiden Weltklasseweingüter **Château Ausone** und **Château Cheval Blanc** aus der Klassifikation austreten. *„Wenn es mehr auf Marketing-Aktivitäten als auf das Terroir ankommt und in den Social Medias entschieden wird, wer ein Premier Cru ist, anstatt sich auf international relevante Weinbewertungen zu verlassen, dann wird diese Art der Klassifikation in Zukunft weniger relevant, als die Tradition der Spitzenbetriebe es verdienen«, so … Pauline Vauthier von Château Ausone, »was kommt dann als Nächstes? Da muss man nicht dabei sein.“* (Moser 2021)

Jeder Kontakt mit dem Kunden ist zum Aufbau und zur Intensivierung einer langfristigen Kundenbeziehung wertvoll. Bei allen **Schnittstellen** bietet sich die Chance, die Kunden emotional zu adressieren, indem persönliche und unternehmerischen Werte, Ambitionen und Nachhaltigkeitsanstrengungen kommuniziert werden. Bei geschichtenartiger Inhaltsdarlegung wird im Marketing von **Storytelling** gesprochen. Hierbei werden Bilder und Charaktere verankert, die eine unterbewusste Markenwahrnehmung begünstigen. Auch klassische Werbung nutzt diese Erinnerungseffekte.

> **Storytelling** nutzt die Dramaturgie, um Inhalte zu vermitteln und zu verankern. Das Ziel der Identifikation mit der kommunizierten Geschichte und besonders den Protagonisten oder den Erzählern schafft die gewünschte emotionale Bindung zur Marke.

> Das Weingut **Hamm** erzählt die Geschichte von Familie und ökologischer Ausrichtung nicht nur auf der Website, sondern macht sie auf dem Weingut, bei Events und in den sozialen Medien erlebbar.

Unser familiengeführtes BioWeingut

Mitten im Herzen des Rheingaus bauen wir auf kleinen, feinen 7 ha Rebfläche 10% Spätburgunder und 90% Riesling aus, von trocken über feinfruchtig bis edelsüß- Weine der höchsten Qualität. Bereits in vierter Generation wird der Traditionsbetrieb in der Familie geführt und unter der Leitung von Tochter Aurelia ist die neue Generation im Weingut Hamm eingeläutet.

. Seit 1990 ist unser Weingut ökologisch zertifiziert - ein wahrer Meilenstein unserer Geschichte. Bereits seit über 25 Jahren ver-wirklichen wir eine nachhaltige Veränderung - als es noch alles andere als Trend war!

Wahre Passion, zukunftsgerichtete Pionierarbeit und dem Revolutionieren des konventionellen Weinbaus beflügelte Senior Karl-Heinz für die Umstellung des Betriebs auf ökologischen Anbau und kann seine einzigartigen Erfahrungen nun an seine Kinder weitergeben.

Die Relevanz aller Interaktionen zeigt sich zunehmend in Kundenkommentaren. **Bewertungen von Kunden** beeinflussen die Kaufentscheidung von Interessenten. Aus den Kommentaren zu eigenen Angeboten oder den Leistungen des Wettbewerbs können Verbesserungspotenziale identifiziert, aber auch Zielkundenbedürfnisse erkannt werden. Die Plattformen Amazon und Ebay haben Kundenbeurteilungen als maßgeblichen Entscheidungsfaktor etabliert. So wird die Anbieterqualität über die Anzahl und das Niveau der Bewertungen kategorisiert, auch wenn die Objektivität der Urteile kritisch hinterfragt wird, denn das Erwartungs- und Beurteilungsverhalten von Menschen variiert stark und mittlerweile haben sich Angebote etabliert, die Einfluss auf die Beurteilungen bei entsprechender Bezahlung versprechen.

Kleinbetriebe können von **Streuungseffekten** über die Interaktionsanlässe profitieren, dies bedingt aber Ressourcen und Aufmerksamkeit zur Steuerung, um gewünschte Effekte auch langfristig zu erzielen. Nachhaltigkeit kann hierfür ein Impulsgeber sein, denn mit zunehmendem Bewusstsein für Nachhaltigkeit werden hierauf zurückführende Phänomen attraktiv. Zudem kann die Zielgruppe, die sich über Nachhaltigkeit definiert, gewonnen werden.

Kunden stehen im Mittelpunkt aller unternehmerischen Aktivitäten. Aus einem konkreten Kundenverständnis resultieren wertvolle Erkenntnisse und unternehmerische Maßnahmen:

[1] Wer sind meine Kunden und welche Zielkundengruppen möchte ich mit meinem Leistungsangebot ansprechen?

[2] Entsprechen unsere Bestands- bzw. neu gewonnenen Kunden unseren Vorstellungen von unseren Zielkundengruppen?

[3] Kann ich Zielkundengruppen unter Berücksichtigung typischer Eigenschaften, Verhaltensweisen und hinsichtlich ihrer Bedürfnisse einordnen und voneinander abgrenzen (Erstellung einer Kundenlandschaft)?

[4] Wie kann die Kenntnis über Bedürfnisse meiner Zielkundengruppen ausgebaut und weiterentwickelt werden (Nutzung kreativer Ansätze z.B. Personas)?

[5] Nutze ich ein Kundenbeziehungsmanagements, das alle relevanten Kundendaten sammelt und strukturiert (Aufbau eines CRM-Systems, Schnittstellen zur systematischen Datenbereicherung z.B. ERP-System)?

[6] Welche möglichen physischen und virtuellen Kontaktpunkte mit dem Kunden gibt es (Integration, Nutzung und Ausbau dieser Informationen im Kundenbeziehungsmanagement)?

[7] Wie gut sind die Kundenkenntnisse bei mir und bei meinem Team? Suchen wir den aktiven Kundenkontakt und nutzen wir alle Kontaktmöglichkeiten, um unsere Kenntnisse der Kunden zu erweitern und unsere Kundenbeziehung zu intensivieren?

[8] Wie können wir unsere Kundenbeziehung zu bestehenden Kunden verbessern und neue Kunden gewinnen?

[9] Wie sehen unsere strategischen Ziele zur Bestandskundensicherung und zur Neukundengewinnung aus? Welche Aktivitäten mit welchen Ressourcen und welchen Verantwortlichkeiten in welchem Zeitrahmen resultieren daraus?

7.3 „Was“: Wert- und Nutzenversprechen

Um in wettbewerbsintensiven Märkten Kunden zu gewinnen und zu binden, ist es notwendig, dass das Angebot von potenziellen Kunden trotz der Vielfalt und der Reichhaltigkeit an Konkurrenzangeboten wahrgenommen wird. Besonderheit steigert die Aufmerksamkeit. Die herausragenden Leistungsmerkmale, durch die sich ein Angebot deutlich vom Wettbewerb abhebt, werden **Alleinstellungsmerkmale** (USP – Unique Selling Proposition) genannt. Ein Alleinstellungsmerkmal wird nicht durch die Produkteigenschaften, sondern als ganzheitliches, abgestimmtes Angebot, verbunden mit einem überzeugenden Wert-, Nutzen- oder Leistungsversprechen (Value Proposition) definiert.

Der englische Begriff **Unique Selling Proposition** (USP) steht für ein "einzigartiges Verkaufsversprechen". Dabei wird eine Angebotskomponente als Alleinstellungsmerkmal herausgestellt, was eine Differenzierung vom Wettbewerb sicherstellen soll. Die **Unique Value Proposition** oder das einzigartige Wertversprechen ist eine Weiterentwicklung des Gedankens eines Alleinstellungsmerkmals, indem der Mehrwert breiter und bei Integration von emotionalem Nutzen definiert wird.

Um die gewünschte Zielgruppe zu gewinnen, muss das Angebot attraktiv und vor allem passgenau sein. Kernelemente des Angebots sind Produkte (Sortiment), Serviceleistungen, Verfügbarkeit und Zugang, Marke und Erfahrungs-/Erlebniswelten, die dem Kunden eine Lieferung des Wert-, Nutzen- und Leistungsversprechens zur Bedürfniserfüllung sichern.

7.3.1 Kundenzentrierte Angebotsgestaltun

Das Angebot bestimmt, was an Produkten und Serviceleistungen wie im Markt offeriert wird. Hierbei sind die Bedürfnisse bestehender und potenzieller Kunden ausschlaggebend. Entsprechend wird der Fokus auf Produkte im Angebot zunehmend durch hiermit verbundene **Lösungsansätze** aus Sicht der Kunden verwiesen.

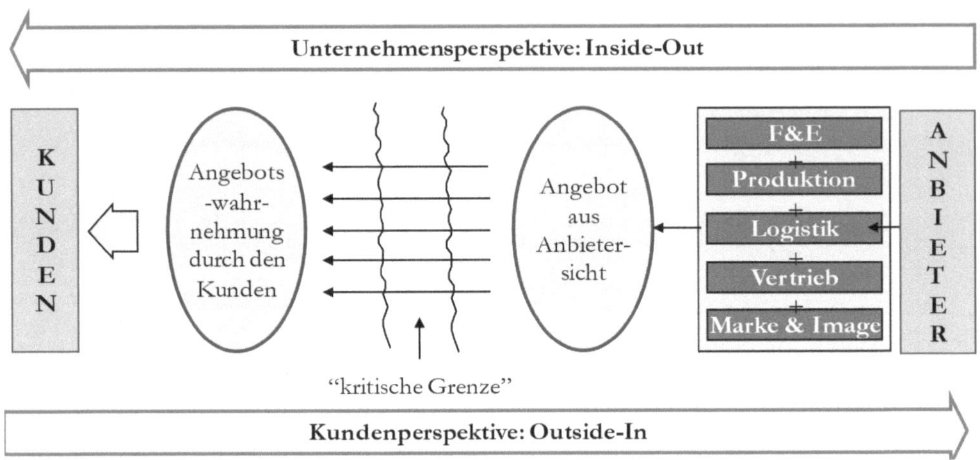

Abb. 120: Paradigma der Angebotswahrnehmung aus Kunden- versus Anbietersicht

In der Weinwirtschaft macht das Sortiment an Weinen den Kern des Angebots aus. Beim Sortiment sind die Breite und die Tiefe festzulegen. Dies ist sowohl durch die Kundenstruktur als auch die persönliche Einstellung des Anbieters beeinflusst.

Die **Sortimentsbreite** wird durch die Anzahl der Produktkategorien festgelegt. Bei vielen verschiedenen Produkten spricht man von einem breiten, bei wenigen Kategorien von einem schmalen Sortiment. Die **Sortimentstiefe** gibt an, wie die Auswahl unter den Produktkategorien gestaltet ist. Ein flaches Sortiment ist durch wenige und ein tiefes Sortiment durch viele Varianten einer Produktgattung charakterisiert.

Im **Lebensmitteleinzelhandel** ist die Weinabteilung mit oftmals bis zu 1.000 unterschiedlichen Artikeln und somit vielen Varianten einer Herkunft, einer Rebsorte und vielen Anbietern sowohl breit als auch tief. Ein **Weinfachhändler** hat ein weniger breites aber oftmals noch tieferes Sortiment, wenn beispielsweise Weine aus ausgewählten Destinationen besonderes Augenmerk gelegt und hierfür eine reichhaltige Auswahl präsentiert wird. Im **Getränkemarkt** wird eine große Sortimentsbreite bei Getränken vorgehalten, im Weinbereich sind die Alternativen jedoch eher beschränkt, das Sortiment ist somit vornehmlich flach.

Ein breites und tiefes Angebot ermöglicht der Käuferschaft, alle Bedürfnisse mit dem Besuch einer Einkaufsstätte zu befriedigen. Dies erfüllt deren Wunsch nach Bequemlichkeit und Effizienz. Ein schmales und flaches Sortiment hingegen deckt den Kundenwunsch nach Übersichtlichkeit und spricht für Konzentration auf Kernkompetenzen des Anbieters. Gleichfalls bestimmt die Angebotsgestaltung auch die betriebswirtschaftlichen Grundparameter. Ein breites Angebot erlaubt Umsatzsteigerung, indem Kunden mehrere Artikel oder Produktkategorien erwerben (**Cross-Sales-Effekt**). Eingeengtes Angebot reduziert hingegen die Kosten (**Komplexitätskosten**). Dies gilt ebenso für ein breites Sortiment gleichartiger Artikel, charakteristisch für viele Weinerzeuger. Häufig werden viele Rebsorten über alle Qualitätsstufen in unterschiedlichen Ausbauarten und Geschmacksprofilen angeboten. Preislisten mit mehr als 50 Weinen für nur einen Jahrgang sind keine Seltenheit, die mit verfügbaren Weinen aus Vorjahren bereichert werden.

> Die New Yorker Professorin Sheena Iyengar hat es in ihrem „**Marmeladenexperiment**“ bewiesen. Auf zwei Versuchstischen wurden Marmeladen angeboten. Auf dem ersten Tisch sechs, auf dem zweiten 24 Sorten. Während sich deutlich mehr Kunden um den Tisch mit der Vielfalt an Sorten scharen, kaufen letztendlich mehr Kunden an dem mit den sechs. (Iyengar & Lepper 2000)

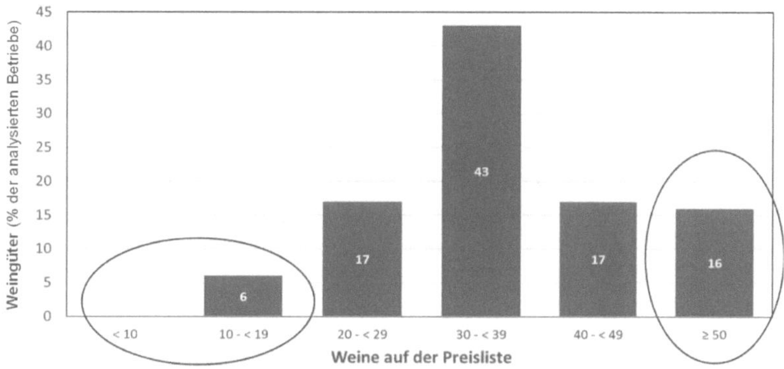

Abb. 121: Sortimentstiefe in der Direktvermarktung von Weingütern (Analyseergebnis)

Angebotserweiterung durch Sortimentsbestandteile, die zusätzliche Bedürfnisse befriedigen, ist bei synergetischen Produkten oder Serviceleistungen gegeben. Ergänzende Zusatzprodukte bei Winzern können nutzungsnah zum Kernprodukt (z.B. Weinkühler, Korkenzieher, Dekanter, Sachbücher, Bildbände und Romane zum Wein und zur Region) aber auch weitgehender (z.B. Haushalts-, Geschenk- oder Luxusartikel wie Handtaschen, Tücher, Antiquitäten, Kunst) sein.

> „**Delaire Graff** *gehört zu den renommiertesten Weingütern Südafrikas und ist eine der weltweit führenden Destinationen für Kunst und Kulinarik. Außerdem bietet das Weingut eine hervorragende Möglichkeit zur Entspannung in den verschiedenen Lodges und dem hauseigenen Fitnesscenter. Hinzu kommen der Juwelier und die Modeboutique mit exklusiven Kollektionen für den Liebhaber von extravaganter Kleidung sowie Accessoires. Man kann auf Delaire Graff voll und ganz den sinnlichen Momenten des Lebens frönen.*“ (capreo 2020)
>
> 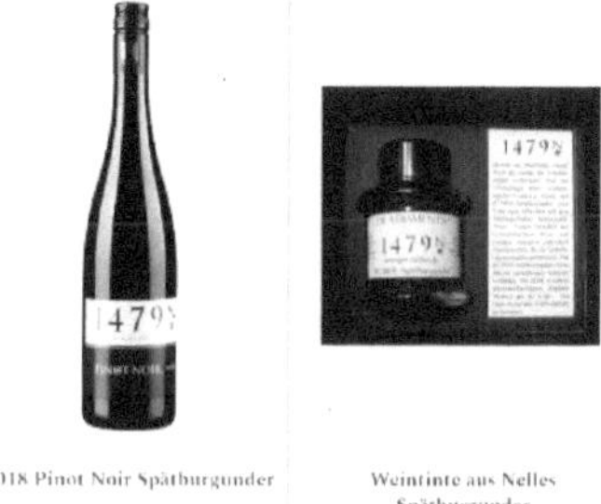
>
> Auch beim Weingut **Nelles** gibt es Kunst, aber auch ein Produkt zur künstlerischen Betätigung: Weintinte aus dem eigenen Rebensaft.

Da Wein oftmals auch als wertiges Geschenk Nutzen stiftet, können **Merchandisingartikel** (z.B. mit Aufdruck der Weingutsmarke) als ergänzende Umsatzbringer in das Sortiment aufgenommen werden. Neben den Zusatzeinkünften wird die Präsenz der Marke gestärkt.

Beispielhaftes Accessoire der **Sektmanufaktur Schloss Vaux** und Weingut **Hug**. Merchandising-Artikel können hinsichtlich der Preissensitivität unterschiedliche Kundengruppen ansprechen.

Eine nutzenbasierte Angebotsdefinition setzt voraus, dass die Perspektive des Kunden eingenommen wird.

„We stopped selling motorbikes –
we now offer life philosophy, the bike is for free!"
Jeffrey Bleustein (ehemaliger CEO von **Harley Davidson**, dem ein Turnaround von drohender Insolvenz zu Wiedererlangung einer Marktdominanz und Profitabilität des Motorradherstellers zugeschrieben wird)

Das Angebot sollte mit einem Wertversprechen für den Kunden konkretisiert werden. Eine anschauliche Ausformulierung des Wert- und Nutzenversprechens stellt sicher, dass die Kundenperspektive tatsächlich berücksichtigt wird, so dass ein Wertbeitrag nicht nur für den Betrieb wertschöpfend ist.

Die Geschäftsidee von **Nespresso** hat in stagnierenden Kaffeemärkten durch ein ausgeklügeltes Geschäftsmodell gleichzeitig eine Erhöhung der Kaffeepreise und beeindruckendes Wachstum ermöglicht. Das Wertversprechen, qualitativer Kaffeegenuss für höchste Ansprüche, wird durch ein synchronisiertes Angebot umfassend geliefert: portionierter Kaffee, vakuumverpackt zum Erhalt der Aromen, neu entwickelte und leistungsfähige Kaffeemaschinen, luxuriöses Design (Kaffee, Maschine, Stores ...), Auswahlmöglichkeit aus Kaffeesorten und Aromen, Lifestyle-orientierte Verpackung mit bekannten Persönlichkeiten als Werbeträger usw. Die Kaffeemaschinen werden mit Markenführern und vielen Patenten entwickelt. Beim Vertrieb des Kaffees wird auf Direktvermarktung (Online und Konzeptläden) und Club-Konzepte gesetzt. Die Gestaltung aller Elemente erfolgte unter dem Anspruch auf Wertigkeit und Luxus. Das Konzept bedient Trends zu Bequemlichkeit und Genusswelten. Mit der Umstellung auf das Nespresso-System werden Kunden gebunden und durch die Direktvermarktung wird das Einkaufsverhalten für den Anbieter einsehbar. Die gegenüber herkömmlicher Kaffeebereitung massiv gesteigerten Kaffeepreise ermöglichen Investitionen in aufwändiges Marketing. Kritik an der Aluminiumverpackung wird mit kompensierenden Nachhaltigkeitsinitiativen entgegnet.

Bedürfniszentrierte Angebotserweiterung kann von zunehmender **Überschneidung von Industrien und Branchen** profitieren: Kommt das **iCar,** ein autonom fahrendes Auto vom ursprünglich auf Computer spezialisierten Konzern **Apple**, da Autos sich zum Software-bestimmten Mobilitätsprodukt entwickeln?

„Weil Autos immer stärker rollenden Rechnern gleichen, werden IT-Konzerne zu Autozulieferern – und die Autozulieferer wandeln sich zu Softwarehäusern. Über 20.000 Software-Ingenieure arbeiten bei Conti an den neuen Lösungen für die Autoindustrie. Bosch hat im vergangenen Jahr sogar eine eigene Software-Sparte mit 17.000 Entwicklern gegründet."
(Handelsblatt Morning Brief v. 25.08.2021)

Neue Anwendungsgebiete ergeben sich dabei auch durch technologische Weiterentwicklungen, Start-up-Unternehmertum und neue Nutzungsideen.

> **BASF** bietet neben Schädlingsbekämpfungsmitteln auch digitale Optimierungshilfe für die Agrarwirtschaft: *„Mit unserer digitalen Plattform unterstützen wir Landwirte, mit weniger Aufwand besser zu wirtschaften. Der Field Manager ermöglicht eine einfache Kontrolle aller Anbauaktivitäten auf dem Feld. Pflanzenschutzmittel werden so optimal dosiert und zum richtigen Zeitpunkt ausgebracht – das schont die Umwelt, spart Zeit und Geld."* (Unternehmenangabe 2021)

Das Potenzial einer Nutzensteigerung über Qualitätsverbesserung der Produkte ist begrenzt. In der Weinbranche unterstreicht dies die sehr ausgeprägte Zufriedenheit mit der eigenen Produkt- und Servicequalität. Eine Steigerung des Mehrwerts bedingt hingegen die Wahrnehmung durch die Kunden und Abgrenzung vom Wettbewerb auf Basis zielkundenorientierter und innovativer Geschäftsmodelladaptionen, bei dem die Anbieter weniger Zufriedenheit zeigen. Eine paradigmatische **Abkehr vom Produktfokus** ist bei der Konkretisierung des Wertversprechens ausschlaggebend.

"We are not in the coffee business serving people, but in the people business serving coffee." Schultz, CEO **Starbucks** Coffee

> Natürlich serviert **Starbucks** guten Kaffee, aber für die Erfolgsgeschichte und das beeindruckende Wachstum von Starbucks war das **gewinnende Konzept** eines loungigen Kaffeegenusses, eines neuartigen Serviceansatzes und eines passgenauen Angebots ausschlaggebend. Der Coffeeshop wird zum bequemen und ansprechenden Aufenthaltsort. Die Alleinstellung ist nicht das reichhaltige Kaffeeangebot, Starbucks vermittelt den Eindruck von Convenience und Aufmerksamkeit. Durch die Beschriftung der Kaffeebecher mit Vornamen wird Interesse und Nähe vermittelt, obwohl dies ein einfaches Mittel der Organisation ist, um die Getränke nicht zu vertauschen. Das begleitende Sortiment zum Verzehr ist überschaubar. Die ansprechende Aufmachung und ein bedürfnisgerechtes, gleichbleibendes und qualitativ hochwertiges Angebot sichert einfache Entscheidungsfindung. Bei Zeitdruck kann vorbestellt und am Drive-in oder am Counter abgeholt werden. Das Team vermittelt Coolness und Freude am Service.

Kundenzentrierung erfordert in allen Branchen eine Kombination von **Lösungsansatz und Serviceleistungen auf Basis sehr guter Produkte**. „Wertgenerierung statt Wertverteilung" und „Prozessqualität statt Effizienz" mündet in einem **beziehungsbasierten Geschäftsmodell** mit Loyalität und Langfristigkeit. Fluggesellschaften haben mit Kundenbonusprogrammen (z.B. Lufthansa Miles & More) Flugreisen auch bei höherem Preisniveau durchsetzen können, da die Kunden die mit den Meilen verbundenen **Serviceleistungen** (z.B. Zugang zu Lounges, bevorzugte Buchungen, Zubringerservice zum Flugzeug in einem Luxusauto) gerne beanspruchen –

aus Bequemlichkeit aber auch aus **Statusgesichtspunkten**.

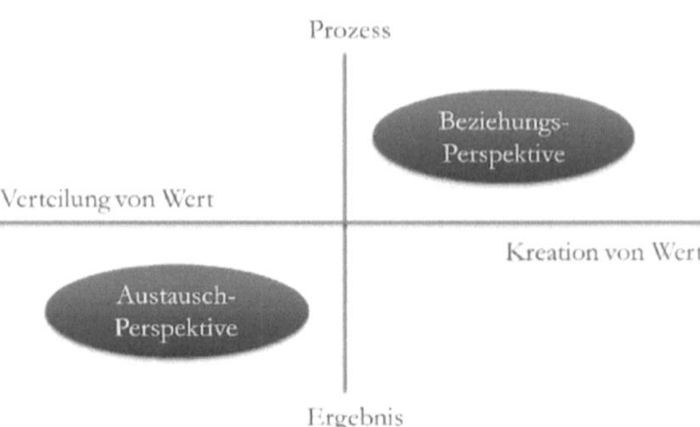

Abb. 122: Transformation der Wertgenerierung (in Anlehnung an Grönroos 2007)

Serviceleistungen zur Differenzierung und zur Kundenbindung halten auch in produktzentrierten Branchen Einzug. Lagerplatz auf dem Weingut oder in Event-Räumlichkeiten als Serviceangebot befriedigt Kundenbedürfnisse, die aus mangelnder Lagermöglichkeit in modernen Wohnformen resultieren. Bei Weingütern in Nordamerika erweisen sich Kundenclubs als äußerst erfolgreich. Preisliche Vorteile beim Einkauf sind hierbei nicht der primäre Werttreiber, sondern **Exklusivität** und der **Zugang** zu besonderen Leistungen sind die Erfolgsgaranten. Ein Grillabend mit den Weingutsbesitzern, die Nutzungsmöglichkeit einer privaten Terrasse, eine besondere Behandlung bei der Weinverkostung oder Verfügbarkeit von limitierten Weinen motiviert zum zahlungsbereiten Beitritt in den **Club**, um Teil der Gemeinschaft zu sein (Community-Bedürfnis). Derartige Kundenmotivation resultiert in einer hohen Loyalität der Kunden, einem gesicherten und gesteigerten Absatz und sichert eine Erhöhung des Anteils am Kundeneinkauf, da die Kundschaft sich wie Fans beim Sport als Teil eines Vereins oder Teams fühlen.

Liebe BR-Freunde!

Saar, Rheingau, Sylt - Es geht auf die Insel!

Zusammen mit Christian Ress und Günther Jauch vom VDP. Weingut Von Othegraven laden wir Sie zum **wineBANK Community Table Summer Edition** ein. Üblicherweise sind die Plätze am Community Table nur wineBANK Mitgliedern vorbehalten - dieses Mal haben auch Sie die Chance **exklusiv** von Zuhause daran teilzunehmen.

Das Angebot sollte neben qualitativen Ansprüchen hinsichtlich der Aufmachung (Design, Benutzerfreundlichkeit), Serviceleistungen oder eventueller **Zusatzangebote** (z.B. Gastronomie- oder Übernachtungsangebot) durchdacht werden. **Mehrwert** aus Kundensicht kann in der Einzigartigkeit, Passgenauigkeit oder Neuheit der Produkte, Leistungen oder Services und bestehen. Ebenso ist für Kunden die Nutzbarkeit, die Bedienungs- oder Nutzungsfreundlichkeit oder ein einfacher Zugang (Convenience) von wachsender Bedeutung. Im Entscheidungsprozess der Kunden gewinnen Spaß- oder Erlebnisfaktoren an Relevanz. Auch Nachhaltigkeitsansprüche müssen als Teil des Angebots zunehmend erfüllt werden.

Emotionale Erlebnisse sind besonders aufgrund der wachsenden Vielfalt an Angebot, steigendem Anspruch der Kunden und schnelllebiger Zeiten für Kundengewinnung und -bindung entscheidend. **Erfahrungen** nehmen einen immer wichtigeren Gestaltungsraum ein, da Kunden zunehmend **Erlebniswelten** in Form von spannenden Herstellungseinblicken, kreativen Impulsen zu Produktanwendungen oder innovativen Angebotsinszenierungen als Teil der Einkaufserfahrung erwarten. Bilder und Eindrücke sichern eine tiefergehende Verankerung im Gehirn. Während produktseitig Qualitätssteigerung und hiermit verbundene Differenzierung begrenzt ist, eröffnen Erlebniswelten Potenzial zur Kundengewinnung: 80% der Unternehmen sind davon überzeugt, ausgezeichnete Erlebnisse zu bieten, was nur 8% der Kunden bestätigen.

Abb. 123: Beispielhafte Nutzen- und Wertkomponenten

Drei renommierte Weingüter haben aus ihren besten Weinen eine gemeinsame Cuvée kreiert, die als Erlebniswein in der Gastronomie dienen soll. Der Name ist Programm: »**Unser Aufbruch**«. Der Wein wird nicht verkauft, sondern an ausgewählte Gastronomen verteilt, wobei gemeinsam mit den Stammgästen zum Aufbruch in die neue Freiheit zu festgelegten Terminen und mit prominenten Gastrednern – vom Ex-Minister über Schauspieler hin zu Zukunftsforschern – angestoßen wird. Für die Veranstaltungsreihe „Unser Aufbruch" haben die drei Winzer Dirk Würtz, Wilhelm Weil und H. O. Spanier hochkarätige Gäste und Impulsgeber aus verschiedenen Branchen und Bereichen gewonnen.

Eine Auswertung der von Weinerzeugern verwendeter Schlüsselwörter (Markenpersönlichkeit durch Analyse der Webseiten) und der Kundensicht (Markenbild als Kundenbewertungskommentare) offenbart Steigerungspotenzial zur Differenzierung und zur Kundenzentrierung, charakteristisch für kleinteilige Branchen. Die Anbieterkommunikation ist von Produktzentrismus (z.B. Traube) dominiert, während die Kunden den Wunsch nach emotionalen Erlebnissen kommunizieren. Die Synergie von Wein und Tourismus eröffnet Optionen zur integrierten, übergreifenden Angebotsausdehnung, um Kundenbedürfnisse besser und effizienter zu erfüllen (z.B. Übernachtung und Gastronomie im Weingut, Wohnmobilstellplätze im Weinberg, Weinerlebnisangebote mit Kellerführungen, Wanderungen und kulinarischen Weinverkostungen).

Die **Durbacher Winzergenossenschaft** hat bei der Neugestaltung der Vinothek in Mobiliar investiert, das verschiebbar und unterschiedlich kombinierbar ist. Mit einer Neugestaltung der Räumlichkeit in kurzen Abständen wird sichergestellt, dass auch Stammkunden wechselnde Erlebniswelten wahrnehmen können und zum häufigen Besuch motiviert werden.

Erlebnisse reduzieren die **Preissensitivität**. Produkte sind leicht vergleichbar, da das Gut bestimmbar und Preisinformationen zugänglich sind. Besonders das Internet hat die Transparenz erhöht und Preisvergleiche gefördert. Eigens kreierte Apps (z.B. pix.wine) gewährleisten weltweite Datenverfügbarkeit. Erlebniswelten und -events sind einzigartig und vergleichbare Angebote nicht existent oder nicht zugängig. Winzer in Napa Valley berichten von reißendem Absatz bei höchsten Preisniveaus für ihre Luxus-Weinverkostungen. **Exklusivität** stellt dabei einen Wert dar und erlaubt, die Preissensitivität der Kunden weiter zu senken.

Pressemeldung Juni 21: „*Napa vintners say demand for luxury wine-tasting experiences has never been higher, with their loftiest offerings priced at $500 or more selling out in record speed. ... A conscious desire for social distancing may be one factor behind the soaring demand for more private, exclusive experiences, as well as people hankering after once-in-a-lifetime adventures. ... eyewatering price tags of around $13,000 per couple as being far from unusual right now.*" (Neish 2021)

Erlebniswelten sind dabei nicht an physische Elemente gebunden. Angesichts zunehmender Einkaufsverlagerung in Online-Welten werden Erlebniswelten auch **digital** geliefert. Beide Erlebniswelten sind zu synchronisieren.

Der Online-Wineshop **Geile Weine** hat den Weineinkauf im Internet aus Kundensicht konzipiert und erlebnisorientiert gestaltet. Der Kunde wird nicht gefragt, welchen Wein er gern möchte, sondern für welchen Anlass ein Wein gesucht wird. Schrittweise werden dann zum Anlass, den Weinpräferenzen und typenorientiert Vorschläge für Weine generiert. Über zielgruppenorientiertes E-Mail-Marketing wird den Kunden saisonspezifisch ein Weinangebot mit kreativen Ideen für persönliche Weinerlebnisse mit Freunden vorgeschlagen. Der direkte Kontakt zum Kunden wird über deutschlandweite Weinevents hergestellt. Einer Weinlieferung von Geile Weine liegt eine handgeschriebene Postkarte des verpackenden Mitarbeiters bei.

7.3.2 Marke als Bestandteil des Wertversprechens

Neben den objektiven Produkt- und Serviceeigenschaften eines Angebots, spielen auch subjektive Wahrnehmungen eines Unternehmens und seiner verbundenen Leistungen durch die Kunden bei Kaufentscheidungen eine wichtige Rolle. Unternehmensimage und **Marke** werden vom Anbieter über informierende, emotionale, gestalterische oder assoziative Merkmale gestaltet und durch das Handeln und den Auftritt in allen Kundenschnittstellen erlebbar gemacht, um sich nachhaltig von gleichartigen Angeboten der Wettbewerber zu differenzieren. In Abhängigkeit von der Zielgruppe können auch Statusaspekte oder Markenpositionierung und -wahrnehmung den Kern eines Wertversprechens bilden.

Branding wird mit **Markenführung** übersetzt. Ein Brand oder die Marke soll bei Konsumenten eine **Erkennungsfunktion** auslösen und über die unterbewusst mit der Markenführung verbundenen Werte die Kaufentscheidung zugunsten der Markenprodukte wirken lassen. Ursprünglich geht der Begriff auf das Brandmarken zur Wiedererkennung und Eigentumskennzeichnung (z.B. Vieh) zurück. Die Marke stützt Imagebildung, erlaubt Differenzierung aber auch Preisdurchsetzung. Marken stellen für Unternehmen einen immateriellen Wert dar und basieren auf Vertrauen auf die mit der Marke verbundenen Wertvorstellungen und Nutzenversprechen. Dies führt zu einer emotionalen und wirkungsvollen Bindung an die Marke.

Der Fälscher und Betrüger Rudy Kurniawan „*... hat die teuersten Weine der Welt gefälscht, Romanée-Conti oder auch Clos St. Denis vom Weingut Domaine Ponsot. ... Ihm wurden Weinfälschungen im Wert von mehr als 20 Millionen Dollar nachgewiesen. Der Staatsanwalt machte aus Kuriawan gar den „größten und erfolgreichsten Weinfälscher der Welt“... Immer wieder kam Kurniawan auf Romanée-Conti zurück, ein Weingut, das nur 1,8 Hektar groß ist und weniger als 6000 Flaschen im Jahr produziert. ... Kurniawan war so versessen auf diese Weine, dass sein Spitzname „Dr. Conti“ war.*“ (von Hiller 2014)

Marken helfen den Kunden, sich insbesondere auch bei Produkten mit subjektiver Wahrnehmung der Qualität (z.B. Wein) zu orientieren, da das Risiko von Fehlkäufen über die das Vertrauen in die Marke, die Qualitäts- und Erfahrungsversprechen und die übermittelten Werte minimiert wird. Die Marke wird über Bilder, Logos, Worte und Stories erlebbar. Schon kleine Kinder erkennen auf Distanz das Markenzeichen der Fast-Food-Kette von McDonalds. Markenpiraterie, d.h. das Nachahmen bzw. Fälschen von Produkten, ist ein strafbarer Tatbestand. Auch in der Weinwirtschaft ist dieses Phänomen existent und untermauert den Wertbeitrag, der durch Marke und Reputation beim Wein generierbar ist.

Bei der Markenstrategie in der Weinbranche wird Homogenität und gewünschte Orientierung am Wettbewerb erkennbar. Dies wird über klassische **Designkomponenten** und **traditonelle Farbgestaltung** ebenso betont, wie eine produktbezogene **textliche Profilierung** der Weingüter auf ihren Webseiten (z.B. Weinbau, Traube, Weinberg).

Die Produkt- und Angebotsgestaltung sollte eine Wiedererkennung und Charakterbildung der Marke gewährleisten. Bei Weingütern ist das **Weinetikett** ein zentraler Anker der Produktgestaltung und der Markenführung und kann den Einkauf beeinflussen.

Abb. 124: Analyse der Gestaltungsansätze von Marken in der Weinbranche (Analyseergebnis)

Markenführung im Sinne einer „**Wiedererkennung bei Vielfalt**" dominiert in der deutsche Weinerzeugerlandschaft, gefolgt vom „Mehrlinienportfolio", bei der innerhalb einer Weinlinie eine einheitliche Kennzeichnung erfolgt. Die in der Literatur geforderte Einheitlichkeit einer Markenführung ist weniger ausgeprägt. Ein **puristischer Ansatz** der Markenführung mit starker Wiedererkennung wird vornehmlich von kleinen Weingütern mit schmalem Produktportfolio realisiert. Neuartige und innovative Angebote müssen erkennbar in die Markenführung integriert werden. Eine Sortimentsergänzung mit Abweichung vom Corporate Design kann den Markenwert des Weinguts verringern. Die Markenpflege ist übergreifend und im **Detail** auf das Unternehmensziel und die Wertvorstellungen abzustimmen.

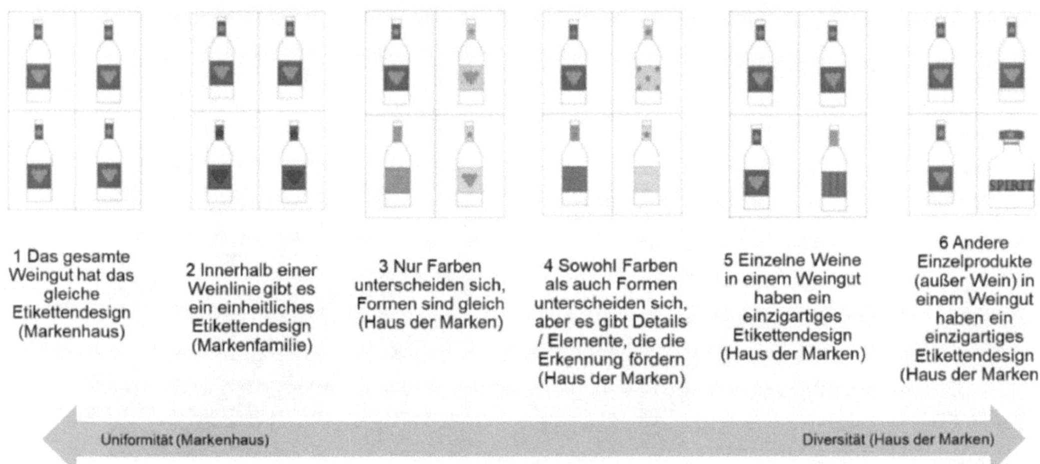

Abb. 125: Analyse von Sortimenten von Weinanbietern aus Markenführungsperspektive (Analyseergebnis)

Bei der Winzergenossenschaft **Markgräfler Winzer** erfolgt die Kommissionierung anhand einer Packanleitung und dabei wurde sowohl die Optik als auch die Haptik (z.B. Anfühlen) festgelegt, so dass die Weinpakete dem Markenanspruch gerecht werden. Gleichzeitig wird so Qualitätsmanagement verankert.

Weingüter werden häufig mit den handelnden Persönlichkeiten und der durch sie vermittelten Informationen eingeprägt. Zudem wirken der Internetauftritt und Social-Media-Aktivitäten, um die Markenpersönlichkeit und die Storys zu verankern. Es wurde beispielhaft festgestellt, dass Konsumenten von hochwertigen Bordeaux-Weinen technische Weinbegriffe nur dann schätzen, wenn die Informationen erzählerisch in eine Story verpackt werden. Mit dem über Storyline und in Kombination mit Persönlichkeiten geschaffenen Markenbild können trotz der vielen Anbieter in der Weinbranche Marken geschaffen und von Markenwert profitiert werden.

Interview mit **Juliane Eller**: *„Auf den meisten Fotos bist du selbst zu sehen. Wie fühlt es sich an, Gesicht einer Marke zu sein? Das habe ich von Anfang an bewusst so gemacht, die Marke und ich sind eins. Aber ich hätte nie gedacht, dass es durch Instagram diese Dimension annimmt, dass die Marke fast nur noch mit meinem Gesicht verbunden wird."* (Brinkhoff 2021)

Günther Jauchs Weine beim Discounter Aldi: *„Die Weine tragen nicht nur den Namen des Showmasters und seine Unterschrift auf dem Etikett. Damit auch dem Letzten klar wird, worum es geht, ist auf dem Etikett auch der charakteristische hohe Stuhl zu sehen, auf dem Jauch in seiner Erfolgsshow «Wer wird Millionär?» sitzt. Jauch verwendet für den Aldi-Wein nicht die Trauben seines eigenen Edel-Weinguts von Othegraven, sondern zugekauftes Material. Produziert wird in einer Großkellerei. Doch beteuerte Jauch bei der Vorstellung der Aldi-Weine sein ganz persönliches Engagement. «Ich habe einen Rotwein kreiert und einen Weißwein», sagte er bei der Präsentation der ersten Jauch-Weine.“* (dpa / Reimann 2020)

7.3.3 Nachhaltiges Nutzen- und Leistungsversprechen

Nachhaltigkeit kann sich in zusätzlichen Leistungskomponenten (z.B. Verpackungsalternativen), Verringerung des Angebots (z.B. Verzicht auf Produkte oder Produktkomponenten, die dem Nachhaltigkeitsanspruch nicht gerecht werden) und einer neuartigen Angebotskommunikation mit Betonung der Nachhaltigkeitsaspekte in Produktion, Logistik und Vertrieb manifestieren. Langlebigkeit oder eine vielseitige Nutzbarkeit sind im Sinne **nachhaltiger Wertversprechen**. Ökologische und soziale Nachhaltigkeit kann durch Auswahl von Materialien oder Verzicht auf kostengünstige, aber nicht nachhaltige Praxis auch zur Argumentation von Preisen oder Differenzierung genutzt werden.

„Sustainability is more than just a buzzword or trend for me.
It's something absolutely essential.“
Jochen Dreissigacker (vom namensgleichen Weingut)

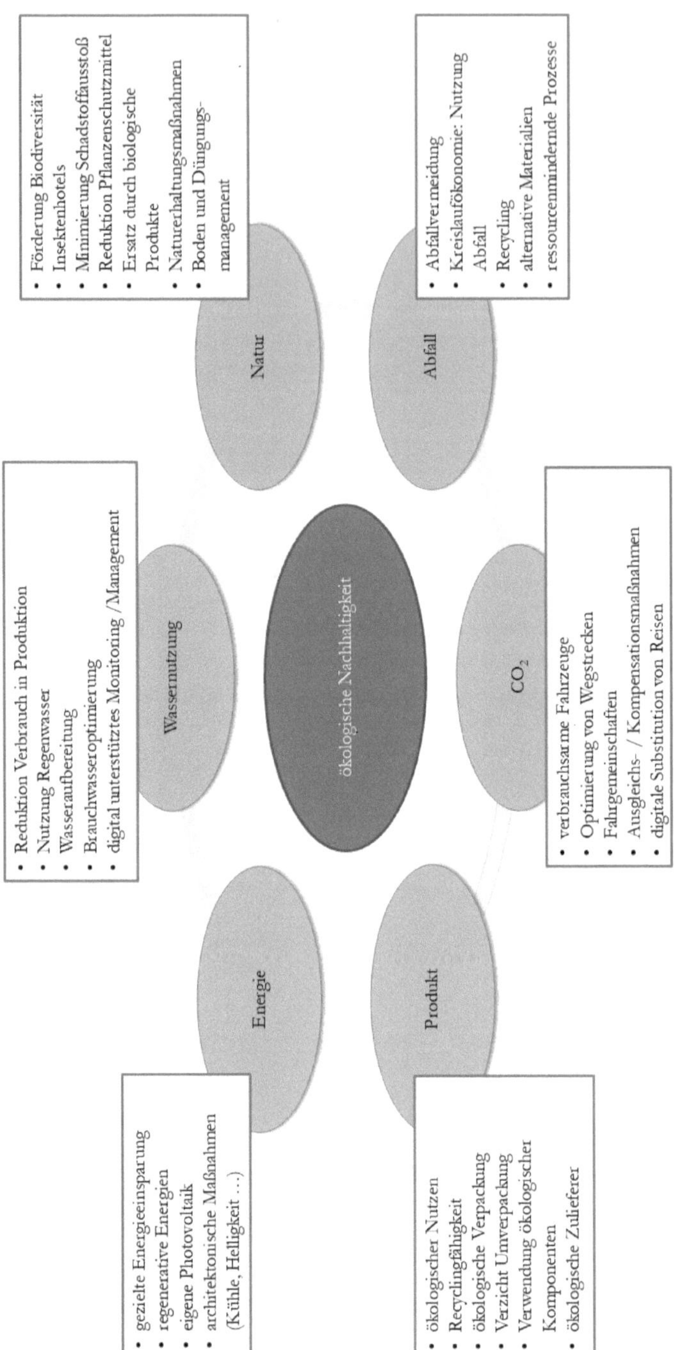

Abb. 126: Beispielhafte Aspekte zur Steuerung ökonomischer Nachhaltigkeit

Die Geschäftsleitung von **Aldi** will nach eigenen Angaben ein "Versprechen" geben und neue Wege beim Verkauf von Frischfleisch einschlagen. Sie plant, bis 2030 Frischfleisch nur noch aus den Tier-Haltungsformen drei und vier (Außenklima- und Bio-Haltung) einzuführen. In diesen Stufen haben die Tiere mehr Raum, mehr Luft und werden mit Futter ohne beziehungsweise mit weniger Gentechnik gefüttert.

Nachhaltigkeit bis hin zu alternativer Verpackung: „*Das italienische Weingut **Cantina Goccia** hat einen Wein in einer Flasche aus Recyclingpapier auf den Markt gebracht. Die Flasche namens "Frugal Bottle" besteht aus 94 Prozent recycelter Pappe, ist ... bis zu fünfmal leichter als eine normale Glasflasche, (mit) bis zu 84 Prozent geringerem CO2-Footprint. Auch der Wasserverbrauch ist mindestens viermal geringer als der von Glas. Die Flasche lässt sich leicht wiederverwerten.*“ (Neue Verpackungen 2020)

Kunden, für die Nachhaltigkeit ein gewichtiges Kaufargument bildet, sind bei der Auswahl der Anbieter wählerisch. Dies liegt in der **mit Nachhaltigkeit verbundenen Vertrauenssituation** zusammen. Eine objektive Überprüfung der tatsächlichen Leistungsfähigkeit von Anbietern bezüglich der Nachhaltigkeitsaspekte ist limitiert. Im Falle von mangelhafter Lieferung (z.B. Lebensmittel- oder Umweltskandale) wird diese Vertrauensposition zerstört. Wenn Kunden begeistert über den Winzer ihres Vertrauens und dessen Nachhaltigkeitswert sprechen, dann ist dieser Vertrauensvorschuss ein wertvolles Gut. Entsprechend müssen die Anbieter permanent ihre Leistungsfähigkeit hinterfragen. Erfolge und Maßnahmen sollten kommuniziert werden, so dass eine Interaktion mit Kunden möglich wird und Aktualität sichergestellt wird.

Eine Kombination aus Unternehmer und Nachhaltigkeit als Kern der Markenprofilierung charakterisiert das **Weingut Egon Schmitt**, mit Betonung von Familie und Nachhaltigkeit.

Der strategische Aufbau eines kundenzentrierten Angebots mit nachhaltigem Wert- und Nutzenversprechen erfordert eine Vielzahl verknüpfter Maßnahmen. Ein Denken in kundenorientierten und nachhaltigkeitsambitionierten Lösungen statt Produkten fordert Kreativität, Zukunftsorientierung und Selbstkritik. Unternehmer brauchen hierfür neben Willen auch Freiraum und Unterstützung (z.B. Familie, Freunde, Netzwerk, Coach), um sowohl die Attraktivität sicherzustellen als auch das Angebot auf Nachhaltigkeit bzw. zur Nachhaltigkeitssteigerung notwendige Veränderung zu erkennen.

Bloggeintrag: zur Rummel-Mischung des **Bioweinguts Rummel**: „*Das ist keine Cuvée aus Rummel-Weinen, sondern eine bunte Vielfalt von Blütenpflanzen, die in Rummels Weingärten für Wohlbefinden, Gesundheit und Gedeihen der Bio-Wein-Reben sorgt. Die haben die Rummels für Bio-Weinfreunde in kleinen Tütchen eingefangen, der Rummel-Mischung.*“ (Livona 2021)

Das Angebot eines Wert-, Nutzen- oder Leistungsversprechens für meine Kunden bildet den Kern aller unternehmerischen Aktivitäten. Die Bestandteile des Angebots sollen die Bedürfnisse der Kunden zielgruppenorientiert erfüllen und das Leistungsversprechen gegenüber dem Kunden konkretisieren:

[1] Aus welchen Komponenten besteht mein Angebot (physische Produkte, Service- und Dienstleistungen, emotionale und erlebnisorientierte Bestandteile)

[2] Welche Angebotskomponenten erfüllen welche Bedürfnisse welcher Zielkunden? – Erstellen Sie eine Übersicht über Ihr Leistungsangebot (Produkte und Serviceleistungen) und hinterfragen Sie anhand unterschiedlicher Kundenprofile: fehlt etwas, kann man das Angebot übersichtlicher oder kundenfreundlicher gestalten, kann man weitere, weniger bzw. andere Bedürfnisse erfüllen?

[3] Was sind meine Alleinstellungsmerkmale und wie werden sie von meine Zielkunden wahrgenommen? Konkretisieren Sie auf Basis der erstellten Angebotsübersicht, welchen Nutzen hat der Kunde, wenn er bei Ihnen und nicht bei einem vergleichbaren Anbieter einkauft. Was überzeugt die Kunden hierbei besonders? Welche emotionalen Aspekte sprechen Sie hierbei an?

[4] Wie sieht das emotionale Einkaufserlebnis an welchen Kontaktpunkten aus und wie sollte es auch in Annahme unterschiedlicher Kundenprofile aussehen? Hinterfragen Sie Ihre Webseite und Aktivitäten in sozialen Medien, ob diese auch dem physischen Einkaufserlebnissen (Direktvermarktung, Handel u.a.) entsprechen.

[5] Was ist die Story unseres Unternehmens und unserer Versprechen? Wird sie von mir als Unternehmer oder unserer Familie geprägt. Welche Rolle spielt mein Team? Welche Rolle spielen unsere Werte, unsere Aktivitäten und unsere Marke. Was sagen unsere Kunden über uns? Was ist ihnen an unserer Story wichtig?

[6] Spiegelt sich unserer Leistungsversprechen in unserer Außenwahrnehmung wider (Aufbau einer zielgruppenorientierten Marke über Wiedererkennungseffekte (Corporate Design und Identity) in meinen Produkt- und Servicebestandteilen, in der Auftritt meines Betriebes, in unserer Unternehmensgeschichte (Story) und in unserem Verhalten als Team)?

[7] Wie können wir unser Leistungsversprechen innovativ und nachhaltig weiterentwickeln und ändern sich die Bedürfnisse, Werte und Wünsche unserer Kunden?

[8] Genügt unserer Wert-, Nutzen- und Leistungsversprechen unseren eigenen Nachhaltigkeitsambitionen und den Nachhaltigkeitsansprüchen unserer Kunden (Analyse der Nachhaltigkeit in allen Angebotskomponenten und Entwicklung kreativer Nachhaltigkeitsakzente)?

[9] Wie sehen unsere strategischen Ziele zur Sicherung unseres nachhaltigen Leistungsversprechens aus? Welche Aktivitäten mit welchen Ressourcen und welchen Verantwortlichkeiten in welchem Zeitrahmen resultieren daraus?

7.4 „Wie“: Versprochenes liefern

Betriebliche Wertschöpfung bedingt eine optimierte Transformation von Gütern und Leistungen. Die Gestaltung von Ressourcen und Aktivitäten im Unternehmen, die Wertschöpfungstiefe und Partnerschaftskonzepte sind für die Wertschöpfung ausschlaggebend. Das „**Leisten**“, um die geweckten **Erwartungen zu erfüllen**, ist angesichts der Dynamik auf Nachfrage- und Anbieterseite kein Selbstläufer. Zunehmenden Markterfolg haben individualisierte, nachhaltige Angebote auf der Basis veränderten Kundenverständnisses, einer weitgehenden Kundenintegration und Partnerschaftskonzepte. Netzwerkbasierte, nachhaltige und virtuelle Unternehmer- und Vertriebsaktivitäten werden zum Erfolgsgarant.

Das resultierende unternehmerische Handlungsschema ist holistisch und kundenzentriert, denn alle Gestaltungsparameter dienen der Wertschöpfung für den Kunden:

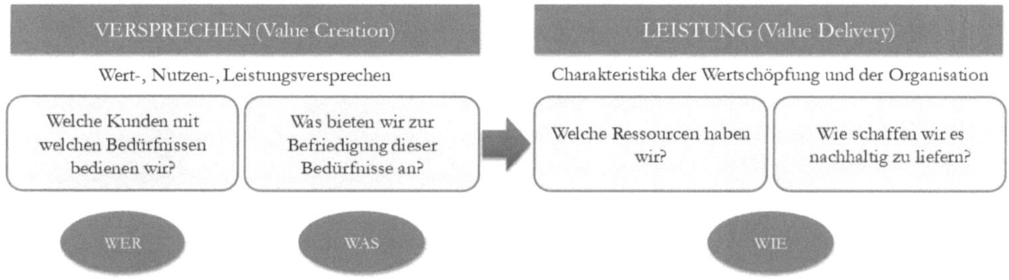

Abb. 127: Vom Versprechen (Value Creation) zur Leistung (Value Delivery)

Film-Link „Smarter Commerce“ von IBM:
https://www.youtube.com/watch?v=vWeUJMhS4rA

7.4.1 Unternehmerische Ressourcen

Um Aktivitäten zur Generierung von Leistungen mit Wert und Nutzen auszuführen, werden **Ressourcen** eingesetzt, genutzt und optimiert. Ressourcen sind Humankapital (Unternehmer und Mitarbeiter), Aktivposten, Technologien, Finanzen und Infrastruktur. Diese Ressourcen werden in der englischsprachigen Literatur als Assets bezeichnet, wobei die Übersetzung als „Vermögensposition“ nicht passgenau ist. Es handelt sich hierbei nicht um eine bilanzielle Betrachtung (i.S.v. Aktiva) sondern um wertgenerierende Fähigkeiten zur Realisation des unternehmerischen Anspruchs. Eine betriebswirtschaftliche Theorie stellt die Betrachtung von Ressourcen in den Mittelpunkt und ist besonders für Kleinbetriebe von großer Bedeutung. Die **Ressource-Dependency-Theorie** besagt, dass Ressourcen im Unternehmen begrenzt sind und sich in einfach oder schwer kopierbare Ressourcen unterteilen lassen. Unternehmerischer Erfolg wird durch kreativen Umgang und der geschickten Nutzung von Ressourcen bestimmt. Schwer kopierbare Ressourcen sichern einen Wettbewerbsvorteil, während der Einsatz einer neuen Technologie oder Maschine durch andere Anbieter bei entsprechender Investition Vorteile nivelliert (**tangible assets**“ – materielle Vermögenspositionen). Ein erfahrener Mitarbeiter oder eine Marke sind hingegen nicht einfach nachahmbar (**non-tangible assets**). Fachwissen oder einer Kenntnis der Kunden durch Mitarbeiter zählen zu „non-tangible assets“, ohne dass diese bilanzierbare immaterielle Vermögenspositionen sind. Die Wettbewerbsabgrenzung über Ressourcen ist situativ und fallbezogen. Wenn eine landwirtschaftliche Nutzung Wasserrechte bedingt und diese rar sind, stellen sie eine Engpassressource dar und können einen Wettbewerbsvorteil begründen. Ein Terroir kann angesichts des Klimawandels im Wert steigen oder auch verlieren. Kleine Betriebe profitieren angesichts begrenzter Ressourcen besonders von den non-tangible assets.

Bewusst haben die beiden Gründer der **Shelter Winery** in Baden trotz geringer Betriebsgröße in eine optische Sortieranlage investiert, um autark zu sein und die Kernaufgaben eigenständig auszuführen. *„Sämtliche Handarbeiten vom Rebschnitt bis zur grünen Lese, alle Kellerarbeiten und der Vertrieb werden von den beiden noch persönlich durchgeführt. Während der Lese kommen 4–5 Erntehelfer dazu.“* Diese Entscheidung wurde auch mit einem absehbaren Engpass an Fachkräften begründet.

Das **Weingut Hammel** hat mit einem gekonnten Revival der Liebfrauenmilch eine Partnerbeziehung zu **Lidl** aufgebaut und permanent weiterentwickelt. Der Erfolg liegt hierbei nicht nur im zielgruppengerechten und gewinnenden Produkt sowie einer gelungenen Darstellung, sondern im professionellen Management der Zusammenarbeit zwischen Produzent und Händler, dem packenden Image, der öffentlichkeitswirksamen Kommunikation, der begleitenden Inszenierung, des Lebens der Produktidee und einer steten Weiterentwicklung des Konzepts.

Facebook-Auftritt Weingut Hammel mit Liebfrauenmilch

Im zunehmend von Fachkräftemangel geprägten Umfeld ist die **Gewinnung von Leistungsträgern** ein bedeutender Erfolgsfaktor. Eine Professionalisierung der Personalführung ist in kleinen Betrieben zur Sicherung einer Perspektive für die Mitarbeiter grundlegende Voraussetzung. Hierbei ist eine überzeugende zukunftsausgerichtete Strategie des Betriebs ein nicht zu unterschätzendes Argument. Mitarbeiter möchten **Teil einer Erfolgsgeschichte** sein, daher wirken Wachstumsperspektiven, Unternehmerpersönlichkeiten, die Reputation des Betriebs und eine Nachhaltigkeitsstrategie anziehend.

Im Sinne einer nachhaltigen Ausrichtung werden **Mitarbeiter** nicht nur als Humankapital gesehen, sondern sie bilden einen zentralen Bestandteil der unternehmerischen Leistung und tragen mit ihren unterschiedlichen Kompetenzen maßgeblich zum Erfolg des Unternehmens bei. Motivierte, kompetente und leistungswillige Mitarbeiter werden zu einem entscheidenden Wettbewerbsaspekt. In Kleinbetrieben kann Mitarbeitern nur eine begrenzte Wachstumsperspektive geboten werden, dafür kann die Arbeitsatmosphäre, erweiterter Entscheidungsspielraum, sowie direkte Wertschätzung etwaige Defizite gegenüber großen Betrieben kompensieren. Nachhaltige Unternehmensführung wirkt unterstützend, da die Unternehmer sich mit den sozialen Aspekten bewusst auseinandersetzen. Dies geht weit über monetäre Kompensation hinaus. Natürlich kann ein Kleinstunternehmer keine betriebseigene Kindertagesstätte zu Verfügung stellen, aber gezielte Lösungen zur Ermöglichung familienfreundlicher Arbeitsplatzgestaltung, Flexibilität bei Arbeitszeit und eine familiäre Arbeitsatmosphäre sind gewinnende Argumente im Sinne der Nachhaltigkeit. In der Motivationsforschung wurde erkannt, dass Gehalt oder Einkommen nur bis zu einem Sättigungsniveau als Antriebsmechanismus funktionieren. Zudem stiftet monetärer Erfolg keinen Nutzen, wenn hiermit die Gesundheit gefährdet wird (z.B. Burn-Out).

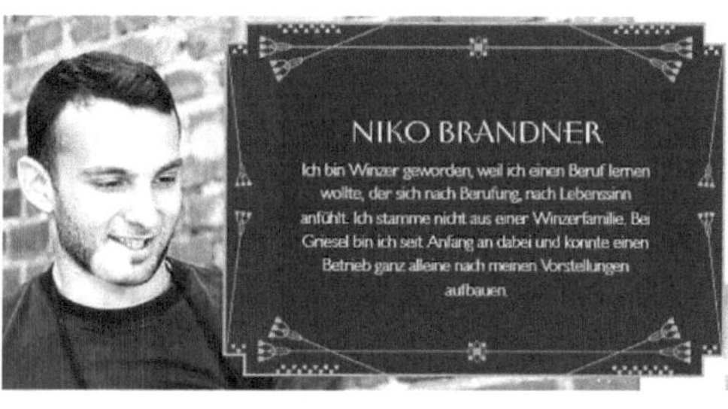

Die Unternehmerfamilie Streit hat das Marktpotenzial einer Sektmanufaktur in Deutschland erkannt und war bereit zu investieren. In der ehemaligen Produktionsstätte der hessischen Staatsweingüter in Bensheim an der Bergstraße wurde die Sektmarke **Griesel** ins Leben gerufen. Zur Realisation des Start-ups war die Gewinnung von Personalen für die Sektherstellung und die dann folgende Vermarktung ein Schlüsselerfolgsfaktor. Unternehmerischer Freiraum aber auch ein Ausleben von kreativen Ideen und Teil einer mitbestimmbaren Erfolgsgeschichte zu sein, hat die Leistungsträger um Niko Brandner für die Idee und eine Einbringung in das unternehmerische Vorhaben Griesel motiviert. Die Idee wurde nicht nur im Produkt konkretisiert, sondern ist durch das Team ganzheitlich erlebbar.

Mitarbeiter als Teil eines unternehmerischen Teams sind ein entscheidender Hebel, dass das konzipierte, strategische Konzept gelebt wird. Hiervon hängt der Implementierungserfolg der Strategie ab. Entsprechend sind alle strategischen Maßnahmen auch nach innen zu kommunizieren und sollten durch Kommunikation, Fortbildung und permanente Personalführung auch bei den Mitarbeitern verankert werden. Das Engagement der Mitarbeiter kann das Ziel, „Kunden zu Fans zu machen“, ermöglichen. Dies gilt besonders, da moderne Geschäftsmodelle die Serviceaspekte auf hohem Niveau liefern müssen.

Das **Weinhaus Valckenberg** stellt Kompetenz und Motiviation des Teams in den Vordergrund.

Bei der Verwirklichung des strategischen Ansatzes von **Schloss Wackerbarth** einer Differenzierung als Erlebnisweingut sind die Mitarbeiter für alle drei definierten Stellhebel (emotionaler Nutzen, rationaler Nutzen und Kundenorientierung) tragende Säulen und Aus- und Fortbildung als wichtiger Erfolgsfaktor verinnerlicht. (Schloss Wackerbarth 2021)

Zwei **unternehmerische Schlüsselfaktoren** sichern Zielerreichung: **Vorleben** und **Konsequenz**. Unternehmenslenker überzeugen, wenn kommunizierte Ansprüche und vorgegebene Verhaltensweisen gelebt werden. Akzeptanz kann nur erreicht werden, wenn die Gestalter einer gewünschten Orientierung durch eigenes Verhalten Glaubhaftigkeit vermitteln. Konsequenz zeigt sich in Entschlossenheit, Mut zur Entscheidung und Verantwortungsbewusstsein. Nachdrücklichkeit im Handeln, Motivation zu zieladäquaten Aktivitäten, Unterstützung von gewünschten Tätigkeiten und Reaktionen bei nicht-konformem Verhalten sind wichtige Elemente für plankonformes Handeln. Konsequenz bedingt Transparenz zum gewünschten Handlungsmustern und die Kommunikation von erwartetem Verhalten. Eine offene Kommunikation und eine gelebte Fehlerkultur sichern Entscheidungsbereitschaft, Flexibilität und Agilität.

Hagen Rüdlin, der die **Markgräfler Winzer** führt, zeigt ein konsequentes Handeln und Vorleben, um die Genossenschaft zu repositionieren. Er krempelte die Genossenschaft radikal um, vom Image über die Produktion hin zu den operativen Abläufen. Höchstertragsgrenzen werden von einem Steuerungsmodell flankiert. Bei Neuanpflanzungen werden ausgewählte Klone, der Stockabstand und die Pflanzdichte vorgegeben. Rüdlin selbst steht im Herbst an der Traubenannahme und weist nachlässig sortierte Trauben zurück. „*Man muss den Kompass richten und sich ambitionierte Ziele stecken und alle Leute mitnehmen, die die Ambition teilen.*" (Sautter 2020)

Ein ganzheitliches und harmonisches Bild, bei dem die Unternehmenslenker gepriesene **Werte auch vermitteln und erfahrbar** machen, ist grundlegende Voraussetzung, so dass Positionierung auch wahrgenommen und erlebt werden kann.

Film-Link „In the mood for Müller", von **Weingut Hammel**:
https://www.youtube.com/watch?v=B_JR_Qso7cE

Besonders im Kontext von Nachhaltigkeit und Innovation ist es unabdingbar, wenn die Unternehmenslenker sich wahrnehmbar für Nachhaltigkeit engagieren, Innovationen zur Steigerung der Nachhaltigkeit implementieren und permanent hierzu kommunizieren. Die Einbindung der Mitarbeiter, die Wertschätzung von Ideen und Vorschlägen und die Förderung von Eigeninitiativen sind ein Erfolgsfaktor.

Das **Staatsweingut Meersburg** ist als Vorreiter bei der Zertifizierung und erstes klimaneutrales Weingut in Baden-Württemberg strategischer Nachhaltigkeitspionier. Beim umfassen Nachhaltigkeitsmanagement spielt auch die Mitarbeiterbeteiligung eine große Rolle, wie die Einführung eines betrieblichen **Vorschlagwesens** als Meilenstein im Nachhaltigkeitsbericht unterstreicht.

Das Team aus Unternehmer und Mitarbeitern ist ausschlaggebend für das Erreichen von Nachhaltigkeitsambitionen. Die Säule der **sozialen Nachhaltigkeit** bedingt neben einem Nachhaltigkeitsbeitrag für die Gesellschaft die Schaffung eines attraktiven, fördernden und mitarbeiterorientierten Arbeitsumfelds. Nicht überraschend kommt eine aktuelle Studie empirisch fundiert zur Erkenntnis, dass fast die Hälfte der deutschen Unternehmen (43%) im Personalbereich großes Potenzial zur Steigerung der Nachhaltigkeit im eigenen Unternehmen sieht (zweitwichtigster Hebel).

Personalführung entwickelt sich zum Qualitätssicherungs- und zum Qualitätsmanagementhebel, insbesondere bei sozial weitreichenden Themen (z.B. Gendergerechtigkeit, Inklusion, Gleichbehandlung, Wertschätzung ...).

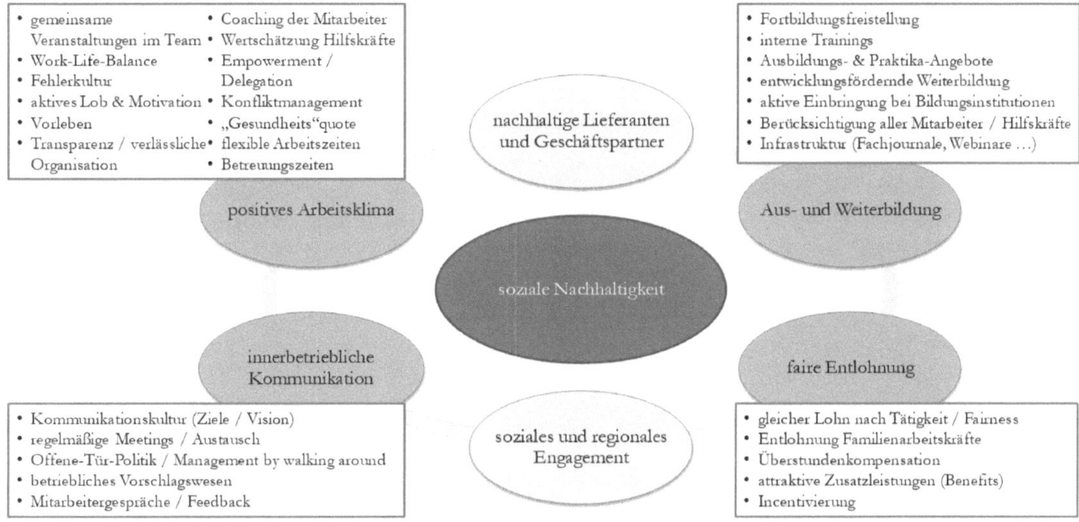

Abb. 128: Beispielhafte Aspekte zur Steuerung sozialer Nachhaltigkeit durch Personalmanagement

7.4.2 Eigen- oder Fremdleistung und Partnerintegration

Unternehmerische Wertschöpfung umfasst alle Aktivitäten zur Leistungserstellung – hierbei ist bei jedem Prozessschritt die Erfüllung der Nachhaltigkeitsansprüche sicherzustellen. Mit der **Leistungstiefe** wird der Eigenleistungsanteil eines Unternehmens an den summierten Wertschöpfungsaktivitäten bezeichnet. Ford hatte ursprünglich einen sehr hohen Eigenleistungsanteil durch eine sehr **breite** und **tiefe** interne Leistungserstellung. So wurden in den Anfangszeiten der industriellen Automobilfertigung auch die Schrauben vom Autohersteller mit der Begründung gefertigt, dass kein externer Anbieter die spezifischen Anforderungen erfüllen könne. Um diesem umfassenden Leistungsanspruch gerecht zu werden, beschränkte sich ein Automobilwerk nicht auf die Karosserie-, Motorfertigung und Automontage, sondern beinhaltete auch eine Erzverhüttung. Bei derartigem Managementverständnis steigt die Komplexität, zumal in einem Automobil heutzutage 10.000 und mehr Teile verarbeitet werden. Im modernen Managementverständnis wird unter dem Postulat einer sinnvollen Arbeitsteilung die **Eigenleistung reduziert**. Bei der Fokussierung ist die Frage maßgebend, was als **Kernkompetenz** im Unternehmen die Wertschöpfung definiert.

> Das spanische Traditionsweingut **Muga** produziert gefragte Weine. Die zur Reife und Lagerung verwendeten Eichenfässer werden in der eigenen Fassproduktion gefertigt. Diese extensive Fertigungstiefe ist ungewöhnlich. Weingüter bedienen sich des Angebots von Tonnellerien und lassen sich oftmals von unterschiedlichen Produzenten nach ihren Wünschen fertigen. Die renommierten Fassproduzenten liefern weltweit, haben Expertise in der Anfertigung von Holzfässern und Zugang zu den begehrten Hölzern. *„Gute dezent getoastete Fässer und Zeit – das sind die wichtigsten Variablen des Weinausbaus“*, so Isaac Muga. Bei Muga ist die eigene Fassherstellung historisch bedingt, beeindruckt jedoch auch heutige Besucher. Im

Licht von Nachhaltigkeit kann die regionale Wertschöpfung durch Verwendung lokaler Hölzer weitreichend unter Beweis gestellt werden.

Geschäftsmodellgrenzen sind nicht statisch. In der Weinregion Bordeaux haben die Weinhändler eine historisch bedingte Marktmacht. Früher haben diese Händler die Weine aus den Trauben der Produzenten (i.a. Châteaux genannt) produziert. Desgleichen weist der Wein „Lübecker Rotspon" darauf hin, dass Händler entgegen der heute auf Absatz und Logistik fokussierten Funktion Produktionsaktivitäten wahrgenommen haben, da Handelshäuser in Lübeck die Vermählung der Weine und andere Prozessschritte, die heute als selbstverständliche Aktivitäten eines Weinguts gelten, wahrgenommen haben. Das **Verschwimmen von Geschäftsmodellgrenzen** ist auch in der Aufweichung der klassischen Dreiteilung der deutschen Weinproduktion in Genossenschaften, unabhängige Winzer und Kellereien erkennbar. Um Wachstum zu realisieren, dehnen einige private Weingüter ihren Zukauf von Trauben aus und produzieren Markenweine – ein klassisches Kellereigeschäft. Kellereien hingegen kaufen sich Premiumweingüter, um im Markengeschäft Weingutscharakter betonen zu können.

Eine Verringerung der Wertschöpfung durch Rückgriff auf Fremdleistung (**Outsourcing**) dient der Komplexitätsreduktion. Der Fremdleistungspartner verfügt über Expertise und generiert Größenvorteile, wenn mehrere Betriebe ihre Aktivität an ihn auslagern. Einer erhöhten **Flexibilität** kann die Gefahr einer gesteigerten **Abhängigkeit** vom hierdurch beauftragten Lieferanten gegenüberstehen. Lieferengpässe von Zulieferern können beispielsweise die Produktion stilllegen, wie durch den Vulkanausbruch Eyjafjallajökull auf Island oder Grenzschließungen aufgrund von Corona gezeigt haben. Gewerkschaften nutzen die aus geringerer Fertigungstiefe resultierende Vernetzung und Abhängigkeit der Unternehmen, indem kleine aber in der Lieferkette bedeutsame Betriebe bestreikt werden, so dass weitgehende Effekte (Produktionsunterbrechung in großen Unternehmen) erzielt werden, aber nur geringe Streikgelder zu zahlen sind.

Abb. 129: Entscheidungen zur Leistungstiefe (in Anlehnung an Dillerup & Stoi 2016; Olesch 2003)

Erkennt ein Betrieb, dass eine vor- oder nachgelagerte Aktivität für den eigenen Betrieb **vital** ist oder in den Prozessen eine **hohe Wertschöpfung** erreicht werden kann, bietet sich die **Vorwärts- oder Rückwärtsintegration** an, bei der eine bisher durch Marktmechanismen realisierte Aktivität internalisiert wird (**Insourcing**). Unter Berücksichtigung limitierter Ressourcen in Kleinunternehmen empfiehlt sich zur Komplexitätsreduktion bei gleichzeitig erweitertem Handlungsspektrum die Einbindung von Partnern (Kooperation).

Auf dem Gelände von Rotkäppchen-Mumm in Eltville im Rheingau können in der Vinothek des Weinhandelshauses **Ludwig von Kapff** Weine erworben werden. Mit der Übernahme dieses Weinhauses durch Rotkäppchen-Mumm von Eggers & Franke in 2018 hat der Sektkonzern eine Vorwärtsintegration realisiert, um sich Marktzugang zu Direktkunden zu verschaffen.

Unter **Kooperation** wird die Zusammenarbeit von selbständigen Unternehmen verstanden. Auf einem Kontinuum mit einem Pol des rein marktlichen Austauschs, bei dem der Partner bei jeder neuen Transaktion ausgetauscht werden kann, und auf dem anderen Pol die Internalisierung durch Eigenerstellung, existiert eine Vielfalt an institutioneller Ausprägung.

In der Literatur wird übereinstimmend postuliert, dass sich erfolgreiche Unternehmen zunehmend als „virtuelle Organisation“ formieren, auch um der wachsend dynamischen Umwelt zu entsprechen. Hierbei bilden Kooperationen und Netzwerke die Grundlage. Unterschiedliche Aspekte, oftmals auch situativ bedingt, bestimmen die Auswahl der Partner.

„Only as a team (winemakers & dealers) we can inspire the customer!“
Aussage eines Vorstandsmitglieds der Hawesko AG

Wenn das Champagnerhaus **Bollinger** das Weingut **Ponzi Vineyards** im US-Bundesstaat Oregon kauft, basiert dieses geografische Wachstum auf einer Internalisierung, bei der statt auf eine (mögliche) Partnerschaft oder den Kauf von Trauben zur weiteren Verarbeitung auf eine Betriebsübernahme gesetzt wird, um dem Marktführer Moët Hennessy Paroli zu bieten. Das toskanische Weingut **Ornellaia** hingegen veranschaulicht einen Weg der Kooperation und bearbeitet den US-amerikanischen Markt mit dem kalifornischen Weingut **Dalla Valle** in einem Joint Venture.

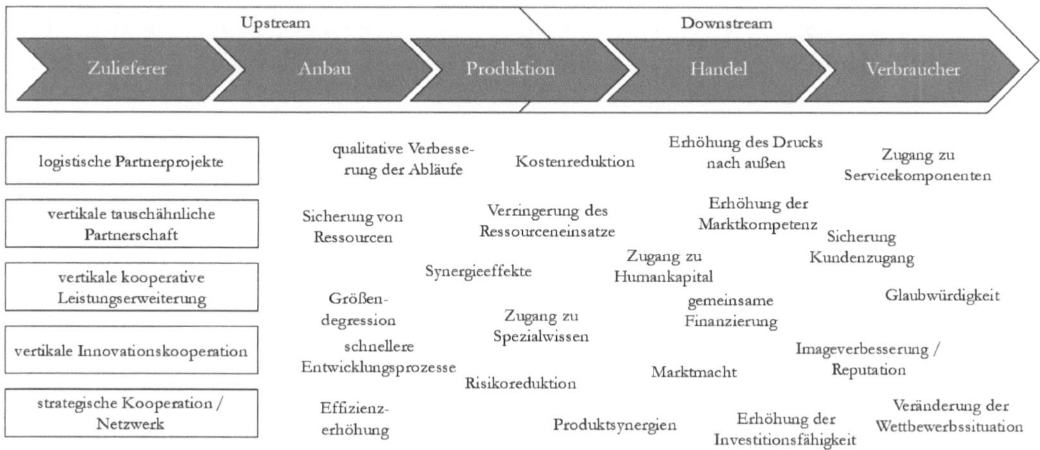

Abb. 130: Kooperationsformen und mögliche Zielsetzungen

Bei Kooperationen wird nach der Wertschöpfungsstufenbeziehung der Partner unterschieden:

- **Horizontale** Kooperation: gleiche Wertschöpfungsstufen und somit durchaus Wettbewerbsverhältnis außerhalb der Kooperationsarena möglich.
- **Vertikale** Kooperation: die Partner stehen in einem potenziellen Leistungsaustausch (Lieferant und Abnehmer).
- **Laterale** Kooperation: andersartige Wertschöpfungen und Branchen der Partner.

Eine horizontale Kooperation ist gegeben, wenn befreundete Winzer einen gemeinsamen Messestand haben, ihre Erfahrungen und betriebliche Einsichten teilen oder gemeinsam vermarkten – wie es die „**5 Winzer 5 Freunde**" in der Südfalz realisiert haben, die ihre Betriebe parallel jeweils zu den Spitzenweingütern in Deutschland entwickelten.

Fritz Perlwein ist ein Beispiel für eine vertikale Kooperation, bei der ein Weinhändler und ein Winzer gemeinsam ein Produkt entwickelt haben. Unterschiedliche Kompetenzen werden gepaart: der Marktzugang des Händlers mit der Produktkompetenz des Herstellers. Wenn ein Champagnerhersteller mit einer Luxusgütermarke (**Dom Pérignon** und **Bvlgari** – ein Juwelen-Collier *„schmiegt sich um"* eine Magnumflasche Champagner) oder ein Bäcker mit einem Sekthaus (Produktbündel aus im Sektkeller gereifter Stollen und Sekt) zusammen neue Produkte entwickeln oder inszenieren, dann werden die unterschiedlichen lateralen Kompetenzen vereint.

Während die Motive zur Kooperation betriebsindividuell und auch situativ unterschiedlich sein können, erfordert eine Kooperation eine permanente Managementaufmerksamkeit, um Vorteile durch Kooperation zu realisieren.

Vinissima wurde 1991 von sieben Weinfrauen am südbadischen Kaiserstuhl gegründet. *„Die Erkenntnis, dass Frauen in der Weinbranche unterrepräsentiert sind, war ein Teil der Motivation, dieses Netzwerk zu gründen. Mit heute über 600 Mitgliedern, die beruflich mit Wein zu tun haben, regen Austausch von Wissen und Erfahrungen pflegen, dem persönlichen Kennenlernen und der Solidarität untereinander, wird die Branche geprägt."* (Vereinsangabe 2021)

Eine unternehmensübergreifende Vernetzung mit vielen, auch branchenübergreifenden Beteiligten wird als **Cluster** bezeichnet. Der strategische Wert eines Clusters, bei dem alle Industrievertreter wertschöpfungsstufenübergreifend aus einer geografischen Nähe heraus gemeinschaftlich aktiv sind, belegte Porter am Beispiel der **kalifornischen Weinbranche**. Aus Sicht der einzelnen Clusterteilnehmer erlauben konzertierte Aktionen die Partizipation an den Anstrengungen der vielen Beteiligten, die Kreation von Größenvorteilen, das Lernen von Erfolgsbeispielen und gemeinschaftliche Stärke. Dies mündet in Reputationseffekten, besonders der **kollektiven Reputation**.

Gemeinschaftliche Markenbildung bindet die Clusterteilnehmer und reduziert daher ihre Freiheitsgrade. Daher besteht die Gefahr von Trittbrettfahrertum – nicht aktiv eingebundene Marktteilnehmer profitieren von positiven Effekten, ohne hierfür ausschlaggebende Lasten (z.B. Investitionen, Werbung, Konformität) zu tragen. Die deutsche Weinindustrie engagiert sich übergreifend zur Sicherung von Exportabsatz, ebenso wird in den Weinregionen eine gemeinschaftliche Profilierung angestrebt. Der Aufbau eines **Netzwerks** wird einzelbetrieblich und für gemeinschaftliches Engagement zum Schlüsselerfolgsfaktor.

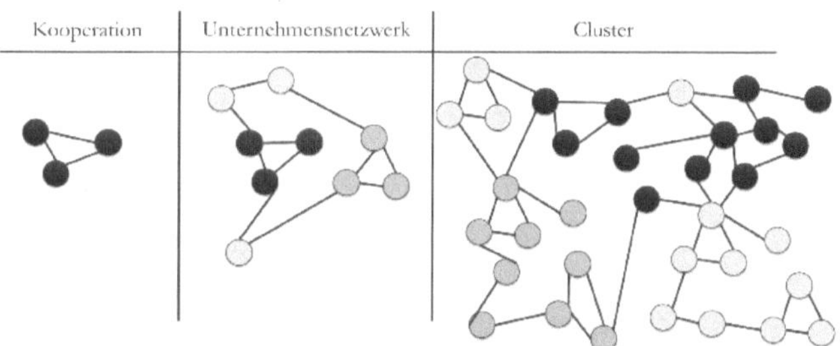

Abb. 131: Abgrenzung Kooperation – Cluster (in Anlehnung Porter)

Um Nachhaltigkeit zu realisieren und spürbare Effekte zu erreichen, ist gemeinsames, partnerschaftliches Handeln geboten.

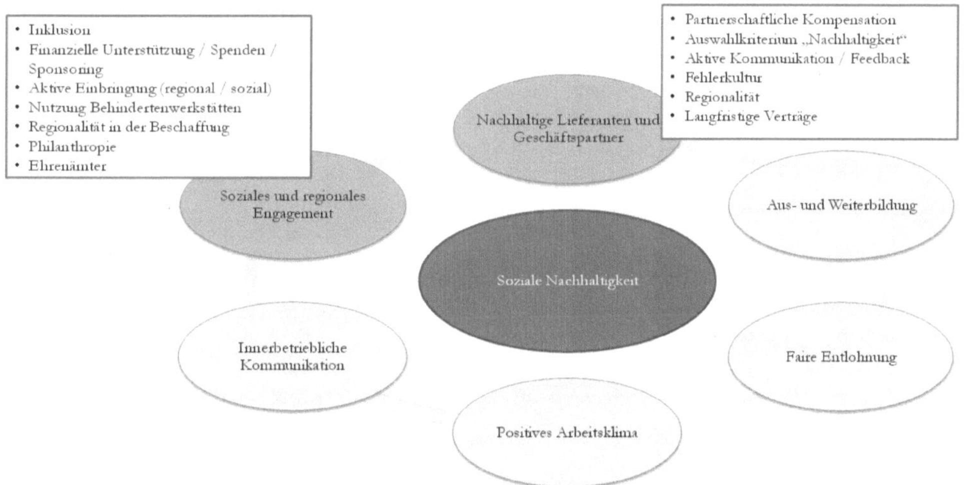

Abb. 132: Beispielhafte Aspekte zur Steuerung sozialer Nachhaltigkeit durch faire Partnerschaft und soziales Engagement

> Auszug einer Pressemeldung von **Reh Kendermann** vom 17.3.2021: "*Gemeinsam die Kunden begeistern – Im Zuge einer gemeinschaftlichen Aktion bringen die Weinkellerei Reh Kendermann und Rewe „Piwi Cabernet Blanc" ins Regal. Der Wein ist … der erste bundesweit gelistete Cabernet Blanc im Lebensmitteleinzelhandel. Als Projektwein steht er für das gemeinsame Engagement und die Zusammenarbeit von Handel (Rewe), Forschung (DLR Rheinpfalz), Winzern und der Binger Weinkellerei.*"

Die Kooperationspartner sollten hinsichtlich der Nachhaltigkeitsstrategie kompatibel sein, so dass die gemeinschaftliche Aktivität einen Beitrag zur Steigerung der Nachhaltigkeit der Betriebe leistet. Betriebe sind gefordert, die Leistungserstellung der Partner sorgfältig zu **hinterfragen** und **Transparenz** sicherzustellen. Zwangsarbeit oder Ausnutzung bei Niedriglohn, mangelnde Sicherheitsleistungen oder Kinderarbeit in Vorleistungsschritten schaden den Markenanbietern, wenn ihre Zulieferer betroffen sind. Dabei ist das Zulieferermanagement und somit das nachhaltige Sourcing wegen der Distanz (z.B. Produktion in Entwicklungsländern) und mangelnder Transparenz (teilweise vergeben Zulieferer ihre Aufträge wieder an eine Vielzahl kleiner Unternehmer) eine große Herausforderung.

> Lindt & Sprüngli erreicht Nachhaltigkeits-Etappenziel
>
> **100 Prozent rückverfolgbare und verifizierte Kakaobohnen**
>
> 
>
> Lindt & Sprüngli erreicht mit dem eigenen Farming Program 2020 ein wichtiges Etappenziel für eine transparente sowie nachhaltige Kakabobohnen-Lieferkette: 100 Prozent der Kakaobohnen sind bis zu den Bauern rückverfolgbar und extern verifiziert.

Zertifizierte Produktion kann ein Mittel sein, um bei der Auswahl der Zulieferer Leistungsmerkmale wie beispielsweise Nachhaltigkeit sicherzustellen. **Digitalisierung** bietet ebenso Wege der lückenlosen Nachverfolgung der in unternehmensübergreifende Leistungserstellung involvierten Akteure (z.B. Blockchain) auf dem Weg zu gewünschter Transparenz.

7.4.3 Kunden aktiv einbinden

Die historische Trennung in Produktionswelt von Unternehmen und Konsumwelt der Kunden wird zunehmend durchbrochen, da Prozessschritte des Anbieters auch technologisch unterstützt auf die Kunden übertragen werden können. Beispielhaft ist die alltägliche **Selbstbedienung**, die mit einem eigenständigen Scanning der Kaufartikel und Bezahlung ohne Kassenpersonal ausgedehnt wird. Ein Check-in bei Airlines oder Mietwagenfirmen unterscheidet sich diametral von noch vor wenigen Jahren gelebten Prozessen. Der Reisende nutzt Automaten, um sich einzuchecken, Reisedokumente auszustellen oder auf Fahrzeugschlüssel zuzugreifen. Oftmals wird der Prozess schon mobil über Apps angestoßen. Mobilfunkgeräte mit Codes oder Identifikationsdaten ermöglichen eine eigenständige Gepäckaufgabe und einen direkten Zugang zum Flugzeug, ohne mit Mitarbeitern des Anbieters in Kontakt zu treten. Ein Darlehensantrag per Internet sichert Prozessaktivitäten durch Kunden, die früher Ressourcen des Finanzinstituts gebunden haben und schlägt sich in Kosteneinsparung und einer erhöhten Prozessqualität nieder. Eingabefehler werden vermieden und die vom Anbieter benötigten Informationen werden vollständig abgeliefert, da der Antrag vorher elektronisch nicht akzeptiert wird.

Prosument vereint als Begriff den verbrauchenden **Konsumenten**, der **auch produziert**. Es bezeichnet die **aktiven Kunden**, die in die Produzentenwelt eingebunden werden und Aufgaben übernehmen, die bis dato in der Sphäre des Produzenten gelegen haben.

Selbstbedienung beim **Winzerhof Ernst** am Weinautomaten: *„Außerhalb der Öffnungszeiten ist unsere Weinquelle (Weinautomat) geöffnet. Für den Weinautomaten benötigen Sie eine EC- oder Kreditkarte sowie Ihren Ausweis zur Alterskontrolle.“*

Geschäftsprozesse mit aktiver Einbindung von Kunden fördern den Absatz und führen zu neu gestaltetem Schnittstellenmanagement. **Kaufempfehlungen** werden über ausgewertete Kaufgewohnheiten der Konsumenten bei Internetbestellungen automatisch generiert. Die Logik, dass Kunden mit ähnlichen Präferenzen besser und neutraler beraten können als ein Verkäufer mit seinem persönlichen Geschmack, einer eingeschränkten Kenntnis des Kunden und einer vielleicht durch Provision gesteuerte Produktwahl, wird intelligent zur Absatzsteigerung eingesetzt. Kunden werden **Vertriebsressource** oder Entwickler. „Partyverkauf“ (z.B. Tupperware, Avon, Thermomix) zeitigt auch im virtuellen Zeitalter großen Erfolg. Dies wird mit viralem Marketing verbunden, bei dem die Kunden selbst Informationen über ein Produkt oder eine Marke an eine Vielzahl potenzieller Kunden weiterleiten. Soziale Netzwerke und neue Medien lassen Freundeskreise in Sekundenschnelle global zusammenkommen. Kunden werden mit ihrer Kreativität in Produktentwicklung eingebunden.

Schmittis World Wide Wines – unter dieser kreativen Rubrik teilen Kunden des **Weinguts Egon Schmitt** in Bad Dürkheim Bilder von ihrem Weinverzehr an den schönsten Plätzen der Welt. Die bildlichen Eindrücke sind eine besonders geschickte Art der personalisierten Fürsprache (Testimonials) durch die eigene Kundschaft.

SECCO - FRISCH
Secco Blanc & Co - so frisch, so grün

LAKE GASTON NORTH CAROLINA
Riesling am See, schee

ALTSCHLOSSFELS, SÜDPFALZ
- kühler Fels und kühler Wein

Durch die Auslagerung von Prozessschritten auf die Kunden können Kosten eingespart werden. Die Integration sichert eine höhere Kundenbindung, da eine Identifikation mit dem Anbieter sichergestellt wird. Dem Megatrend nach **Selbstverwirklichung** der Kunden wird entsprochen und neue Produkte treffen auf gesicherte Nachfrage, wenn die zukünftigen Nutzer in die Entwicklung eingebunden sind. Mit klassischer Marktforschung verbundene Kosten und Unsicherheiten werden vermieden. Die auf aktiver Kundeneinbindung veränderten Geschäftsmodelle eröffnen signifikante zusätzliche Einnahmequellen, da neue Angebote kreiert werden.

Eine Aktivierung der Kunden kann insbesondere im Rahmen der Nachhaltigkeitsüberlegungen der Kundenbindung dienlich sein. Das **Wissen der Kunden** ist wertvoll und eine erhöhte Aktivität der Kunden, wie beispielsweise der Weingutsbesuch zur **Rückgabe** von Leergut, sichert neben Nachhaltigkeit auch die Kundenbindung. Zudem wird die Markenbindung gestärkt: bei einer Weinlese lernen Kunden die Winzer und die Nachhaltigkeitsaktivitäten hautnah kennen.

Mara **Walz** nutzt im Weingut die Kundenaktivierung zur Steigerung der Nachhaltigkeit: „*Nachhaltigkeit fängt im Kleinen an! So könnt ihr gern eure eigenen Beutel, Kisten o.ä. zum Weinkauf mitbringen. Alternativ gibt's auch die roten Pfandkisten, welche ihr dann beim nächsten Mal wieder mitbringt. So sparen wir uns viele Kartons!*" (Posting 2021)

Kiste oder Karton?
Wer seinen Wein regelmäßig bei uns direkt abholt, bekommt gern die wiederverwendbare Pfand-Kiste!

Film-Link „Lassen Sie Ihre Kunden für sich arbeiten!" von Rügenwalder Teewurst: https://www.youtube.com/watch?v=40uf6M6MjBo

7.4.4 Verfügbarkeit und Zugang gewährleisten

Produkte und Services müssen die Kunden erreichen. Der Absatz der Güter bedingt zwei Leistungsprozesse – es muss verkauft und geliefert werden. Unter **Vertrieb** werden alle Entscheidungen, Aktivitäten und Systeme subsumiert, um Waren oder Services für Kunden oder Endverbraucher verfügbar zu machen. Beim **direkten** Vertrieb besteht ein mittelbares Verhältnis zwischen dem Produzenten und dem Endkunden (z.B. eigene Verkaufsstelle, Onlineshop) während beim **indirekten** Vertrieb Absatzmittler (z.B. Handel, Agenturen, Handelsvertreter) mit wirtschaftlichem Interesse zwischengeschaltet werden. Indirekter Absatz erlaubt die Erweiterung der betrieblichen Reichweite. Bei Inanspruchnahme von indirekten Absatzkanälen ist eine Kompensation der Partner (z.B. Preisnachlass zur Realisation einer Marge, Provision) notwendig, die den Erlös schmälert. Dafür können größere Umsatzvolumina realisiert werden.

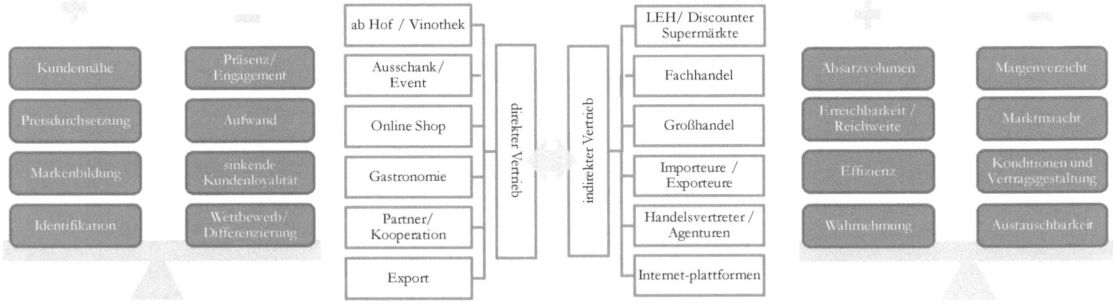

Abb. 133: Direkter versus indirekter Vertrieb am Beispiel der Weinbranche

Ein Absatz über mehrere Kanäle dient der Absatzausweitung und Risikostreuung, wobei eine weit gefächerte Distributionspolitik ein **Multikanalmanagement**, durch eine Choreografie von Angebot, Preisen und Marketing erfordert.

> Der Sportartikelhersteller **Adidas** will omnipräsent sein, aber den Direktvermarktungsanteil massiv erhöhen. Dies soll über ein Wachstum des Onlineshops aber auch Adidas-eigene Läden erfolgen. Eigene Verkaufsfilialen wurden ursprünglich mit der Zielsetzung verwirklicht, die Marke erlebbar zu machen. Diese Vorzeigeläden steigern als Interaktionsplattform mit den Kunden und als Raum für Produktvorstellungen und Markenerlebniswelten die Kundenbindung. Eine stärkere Penetration der Direktvermarktung wird von Adidas mit einer Sicherstellung von Produktverfügbarkeit aber auch einer Vermeidung der Gefahr eines Erwerbs gefälschter Markenware begründet.

Die in Deutschland historische Direktvermarktung beim Weinabsatz wurde zunehmend durch einen Multikanalabsatz abgelöst. Indirekter Vertrieb ist ein Resultat modernen Kundeneinkaufsverhaltens und der sich hieraus ausprägenden Angebotsentwicklungen. Der Wunsch, bequem und effizient einzukaufen, mündet in einer Reduktion der angesteuerten Einkaufsstätten – viele Güter sollen in einem Einkaufsprozess erworben werden („one-stop-shopping“). Lieferverpflichtungen mit indirekten Handelspartnern sichern zwar größere Absatzmengen, sie schränken aber die Flexibilität ein. Vertragliche Verpflichtungen mit dem **Handel** erweisen sich wegen der Marktmacht und den in Verhandlung geschulten Einkäufern bei einem kompetitiven Wettbewerbsumfeld oftmals als weniger attraktiv als bei Vertragsabschluss gedacht. Lieferverträge müssen erfüllt werden, da ansonsten finanzielle Nachteile für den Produzenten drohen. Dies betrifft vor allem Lieferanten, deren Produktionsmengen volatil und nicht einfach reproduzierbar sind. Bei Wein besteht bei naturbedingter geringerer Verfügbarkeit die Gefahr, dass Kanäle mit geringerer Profitabilität aufgrund der Lieferverpflichtungen und der Marktmacht prioritär bedient werden müssen.

> Pressemeldung: *„**Molitor** bei Lidl: Eine Diskussion um die besten Winzer der Mosel, ohne dass der Name Markus Molitor fällt, ist undenkbar. Jetzt überrascht Markus Molitor die gesamte Weinbranche mit einer Kooperation mit Lidl. Für den Discounter hat er exklusiv … »Composition M« kreiert. »Wir sehen darin die einmalige Gelegenheit, ein sehr breites Publikum an unsere Philosophie und unser Gesamtsortiment heranzuführen. Mit dem gleichen hohen Qualitätsanspruch an Charakter, Geschmack und Individualität, der für alle Weine unseres Weinguts gilt«. Molitor ist der Meinung, dass der Lebensmittelhandel in den zurückliegenden Jahren immer weiter an Bedeutung gewonnen und die Qualität in allen Produktbereichen deutlich angehoben hat. Vor allem die gesteigerte Weinkompetenz hat ihn davon überzeugt, dass nun der richtige Zeitpunkt für eine Kooperation gekommen sei.*

Multikanaler Vertrieb und **neue Vertriebskanäle** sollen den Absatz in der sich verändernden Umwelt sichern. Mit der Bedienung mehrerer Kanäle steigen naturgemäß die Komplexität und der Aufwand für die Anbieter, da Kunden mehrere Kanäle parallel in Anspruch nehmen. Multikanalität birgt die Gefahr, dass Kunden zu Anbietern wechseln, die diesen Vertriebsansatz besser beherrschen oder attraktiver wirken. Handelspartner adaptieren ihr Angebot gemäß den Kundenwünschen. Bequemlichkeit wird über Online-Shops, Abhol-Angebote (Drive-through) und Lieferservices abgedeckt. Eine Premiumisierung des Handels ist durch Shop-in-shop Konzepte, Erlebniswelten oder auch Aufwertung der Produkte erkennbar. Marktteilnehmer sind gefordert, strategische Überlegungen zum Geschäftsmodell unter dem Aspekt Multikanalmanagement und Vertriebsstrategie anzustellen.

Mobilität und steigende Kundenerwartung der Konsumenten eröffnen Spielraum für kreative Lösungsansätze, um Kunden zu erreichen. Ein **Weinautomat** erlaubt Weinkauf zu unüblichen, nächtlichen Öffnungszeiten, die aber gerade für Weinkonsum relevant sind. Mit einem **Weinclub** wird den Kundenbedürfnissen nach Bequemlichkeit und Zugehörigkeit entsprochen. Mit von Weinproduzenten ausgehenden unverbindlichen, personifizierten Weinsendungen wird der Kunde von Einkaufaufwand entlastet und mit der Lieferung auch an den Weinproduzenten erinnert. Für den Weinerzeuger sichert dieses Verkaufsinstrument einen verlässlichen und prognostizierbaren Absatz, der auch unter dem Aspekt des Ertrags sogar bei Preisnachlässen sehr attraktiv ist. **Mobiler Weinverkauf** bewegt sich zum Kunden. Nachhaltigkeit wird über direkte Wege zum Kunden und **kurze Logistikketten** gesteigert. Indirekte Vertriebsansätze bedingen **Umverpackungen**, aufwändige **Retouren**, **Lageraufbau** u.a.m. Daher bietet Direktkundengeschäft die Chance, die Wertschöpfung für die Anbieter ebenso wie die Nachhaltigkeit zu erhöhen.

> Die 3rädrige mobile Vinothek vom **WeinGut Benedict Loosen Erben** ermöglicht Kundennähe.
>
> **Aldi Süd** hat mit einem modernen Pop-up-Store „meine Weinwelt" neue Weineinkaufserfahrung geliefert.

Der **Vertrieb** bildet die primäre Schnittstelle zum Kunden. Da Kunden vielfältiger werden und ihr Anspruchsniveau steigt, der Wettbewerb zunimmt und neue Technologien Marktchancen eröffnen, zielen Anbieter auf die Ausdehnung der vertrieblichen Aktivitäten bei einer Erweiterung der Wege zum Kunden. Für den Vertrieb sind diese Veränderungen eine Herausforderung und auch eine Chance.

Kundeninteraktion fordert professionelles Schnittstellenmanagement klassischer und moderner Medien. Die Gestaltung von Verkaufsräumlichkeiten und des Verkaufs ist ebenso zentral wie eine ansprechende Webseite. Kunden nutzen Webseiten häufig zur Erstinformation und dieser Erstkontakt kann den Grundstein zu einer Kundenbeziehung legen. Flyer oder Newsletter (papiergebunden oder elektronisch) dienen der Erinnerung, sollen Kaufanreize schaffen und das Unternehmensimage positiv verankern. Mit der wachsenden Bedeutung von **Social Media** erfährt das Kundenbeziehungsmanagement einen neuen Kontext, der über eine Abbildung der Kunden und der Interaktion in einem digitalen Format hinausgeht.

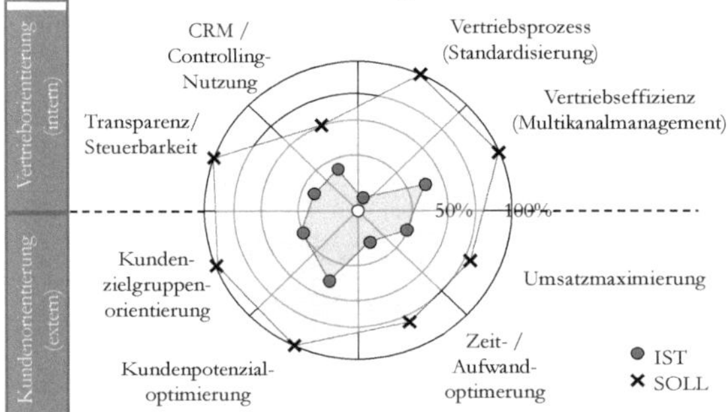

Abb. 134: Ganzheitliches Vertriebsmanagement

Social Media Marketing beschreibt die Marketingmaßnahmen unter Nutzung sozialer Medien. „**Social**“ charakterisiert den Nutzerwunsch sich zu vernetzen, eine Gemeinschaft zu bilden, sich untereinander auszutauschen, mediale Inhalte zu erstellen und weiterzugeben. „Media“ steht für die Kommunikation über digitale Medien und Plattformen (Facebook, Twitter, Instagram, TikTok u.a.m.). Social Media illustriert eine sich transformierende Nutzung des Internets vom ursprünglich primären Konsum als Informationsbasis (Web 1.0) hin zur Partizipation als Gestaltungsmedium (Web 2.0).

Die Inanspruchnahme der Dienstleistungen, das Einkaufsverhalten, das Informationsverhalten, das Anspruchsverhalten der Kunden und alle Schnittstellen mit den Kunden werden in eine neue, virtuell gestützte Welt überführt. Unternehmen sind gefordert, nicht nur ihren Kunden Social-Media-kompatible Schnittstellen zu bieten, sondern **eigenständig im Netz präsent** zu sein, um die Angebote, die Marke und das Unternehmen zu positionieren. Darüber hinaus ist es notwendig, die Markenwahrnehmung im Netz zu verfolgen, auch wenn die Gestaltbarkeit und die Einflussnahme (z.B. Löschen ungewünschter oder auch falscher Kommentare) eingeschränkt sind. Multikanalität der Vertriebswege, Erlebnisgestaltung und Anspruchsverhalten der Kunden werden über das Touchpoint-Management orchestriert.

Touchpoint-Management (Berührungs- i.S.v. Schnittstellen-Management) bildet die Reise des Kunden (Customer Journey) über den gesamten Kundenlebenszyklus, vom ersten Kontakt über die Kaufentscheidung hin zu Folgekontakten, ab. Hierbei müssen prozessual alle **Interaktionsalternativen** von der Information, über die Kontaktierung, die Bedarfserfüllung und die Nachkaufbetreuung anhand der verschiedenen **Schnittstellen** (z.B. Webseite oder Verkaufsstelle des Anbieters) und Partnerschnittstellen (z.B. Einkauf im Handel) gestaltet und synchronisiert werden.

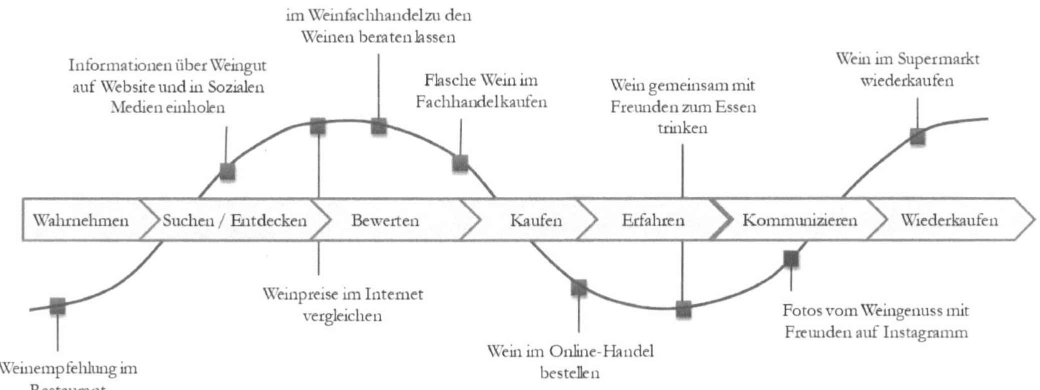

Abb. 135: Beispielhafte Interaktionspfade des Kunden in der Weinbranche

Die Anzahl der **Schnittstellen** bestimmt auch das Leistungsniveau im Kundeninteraktionsmanagement. Potenzielle und bestehende Kunden informieren sich zunehmend vor einer Kaufentscheidung über dank des Internets leicht zugängliche Anbieterinformationen und Alternativen. Individuelle Erwartungen, auch abhängig von der Einkaufssituation und der Einkaufsstätte, bestimmen das Einkaufserlebnis. Eigene Erlebnisse werden geteilt, so dass Anbieter Interesse daran haben, die Erfahrungsprozesse zu gestalten und die von Kunden wahrgenommenen und häufig über soziale Plattformen kommunizierten Eindrücke zu erfahren. Alle möglichen Berührungspunkte des Kunden mit dem Unternehmen, der Marke und den Produkten sind bei der Gestaltung und in der operativen Umsetzung des Kundenbeziehungsmanagements zu berücksichtigen. Dies beinhaltet die physischen Einkaufsstätten (z.B. eigene Vinothek, Restaurant, Fachhandel) aber mit steigender Relevanz auch die digitalen Schnittstellen (z.B. Webseite, Soziale Medien, E-Mail-Marketing).

Abb. 136: Vertriebspolitik im Rahmen der strategischen Ziele

Die **Vertriebsstrategie** sichert einen Einklang mit den strategischen und den Wertvorstellungen des Betriebs. Diese bildet die Grundlage für eine verkaufsorientierte, nachhaltige Geschäftsmodell-implementierung.

Ein Unternehmer ist somit nicht nur der Kreateur des Geschäftsmodells, sondern auch **oberster Verkäufer**. Das Geschäftsmodell gibt den Rahmen vor, welche Absatzkanäle wie zu bearbeiten sind. In der Umsetzung ist jedoch **Verhandlungsgeschick** ebenso ausschlaggebend, wie ein gewinnendes Konzept. Besonders bei kleinen Betrieben sollten alle Mitarbeiter befähigt und motiviert werden, zu verkaufen. In der Praxis wird dem Verkauf häufig keine Priorität zugesprochen oder aus Zurückhaltung zögerlich vorgegangen. Viele Weingüter veranstalten aufwändige Events oder bauen ansprechende Räumlichkeiten für Gastronomie, verwenden bei den Planungen aber keine Zeit zur Gestaltung des Verkaufskonzepts und der Zielsetzung, den Weinverkauf anzukurbeln. Dies kann beispielsweise in einer Kombination aus ausgelegten, bestellungsfördernden Flyern, eventbezogenen Weinvorschlägen, einen Hinweis auf Weinverkauf durch den die Gäste begrüßenden Weinerzeuger, einen Bestell- oder Abholschein am Tisch, einer Online-Bestellmöglichkeit über einen QR-Code Scan mit verbundenen Lieferoptionen erfolgen. Die Einbindung von Kunden als Markenbotschafter, aktive Multiplikatoren oder gar engagierte Weinverkäufer bildet einen weiteren Baustein beim aktiven Verkauf.

> Interview mit Winzerlegende Ernie **Loosen** – Mister Riesling: *Er ist ein echter Weinverkäufer. So einer vom alten Schlag. ... «Zehn Termine am Tag, mindestens. Kaltakquise halt.» Egal wo in der Welt. Loosens Weingut hat um die 75 Hektar und die hier erzeugten Weine wollen schließlich verkauft werden. Aktuell gibt es Loosen-Wein in über 80 Ländern*

> *auf der Welt. ... Man findet den Wein überall – im Zweifelsfall auch in der Dschungelbar in Kambodscha.* (Würtz 2019)

Die Choreografie für aktives Verkaufen basiert auf einem abgestimmten Gerüst zum Aufbau von **Kompetenzen** und Schaffung einer **Infrastruktur** für ein verkaufsorientiertes Unternehmens. Dabei sind sowohl effiziente als auch effektive Prozesse zu gewährleisten und die Anforderungen des Multikanalvertriebs zu erfüllen: Überzeugender Verkauf sichert nachhaltige Verankerung. Ein Besuch in einer Vinothek mit aufmerksamem Personal motiviert zur Wiederkehr. Soziale Nachhaltigkeit wird über die gegenseitige Wertschätzung realisiert. Ökonomisch sinkt der Aufwand zur Anbieterauswahl bzw. der Kundengewinnung und häufig können Logistikprozesse minimiert werden, wodurch auch die ökologische Nachhaltigkeit gefördert wird. Ein Austausch zum Nachhaltigkeitskonzept und den Nachhaltigkeitsanstrengungen liefert allen Beteiligten Impulse für nachhaltige Aktivitäten.

7.4.5 Dynamische Fähigkeiten

Auf Basis der Überlegungen zu Alleinstellungsmerkmalen durch unternehmerische Aktivitäten und auch Fähigkeiten hat sich eine Denkschule entwickelt, die **dynamische Fähigkeiten** (Dynamic Capabilities) als Grundlage für Wettbewerbsvorteile definiert. Hierbei wird betont, dass Unternehmen, die ihre Fähigkeiten weiterentwickeln, nicht so schnell nachahmbare, längerfristig wirkende Wettbewerbsvorteile sicherstellen. Ein leistungsfähiges Team, das einzigartige Events im Weingut kreiert, kann über Fortbildungsmaßnahmen, Freiraum zum Besuchen von neuartigen Eventkonzepten, innovative Partnerschaft mit Künstlern und Investition in Datengenerierung und -auswertung Ausdruck dynamischer Fähigkeiten sein. Die Gefahr der Nachahmung wird gemindert.

> **Dynamische Fähigkeiten** beschreiben die gezielte Weiterentwicklung und Veränderung betrieblicher Ressourcen, um Probleme in systematischer und verlässlicher Weise zu lösen, sowie Chancen wahrzunehmen.

Die Disposition der Aktivitäten muss der zunehmenden Komplexität Rechnung tragen. Ein unternehmerisches Schnittstellenmanagement, welches die Veränderungen des Verhaltens und die Erwartungen der Kunden in einem nachhaltigen, zukunftsfähigen Geschäftsmodell umsetzt und dies in Kenntnis und bei Nutzung digitaler Möglichkeiten liefert, ist Erfolgshebel.

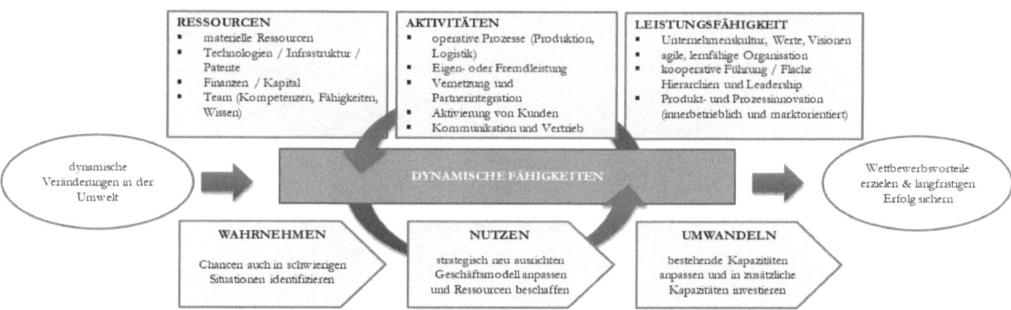

Abb. 137: Dynamische Fähigkeiten (in Anlehnung an Pereira et al. 2020/2015)

Dabei zeichnen sich die folgenden Handlungsmaximen als erfolgsbestimmend ab:

Flexibilität im Geschäftsmodell: Schaffung eines kreativen Angebots, um Marktchancen zu entwickeln und bei optimierter Wertschöpfungstiefe durch situative partnerschaftliche Kooperation von Unternehmen, effiziente Kommunikation und flexible, technologisch basierte Prozesse zu nutzen.

Neues Selbstverständnis Marketing und Vertrieb: Die Schnittstelle zum Kunden entwickelt sich zum Scout, Impulsgeber und Katalysator für kreative Ideen durch sensitive Wahrnehmung von Kunden- und Marktbedürfnissen bei eigenständigem Engagement und unternehmerischem Selbstverständnis.

Management von Interaktionen und Ideenpools: Nutzen von Interaktionsmöglichkeiten an allen Schnittstellen zum Kunden und zum Markt über technologisch basierte Wissensverarbeitung. Dies bedingt Datengewinnung, -verarbeitung und -analyse. Der Aufbau von Thinktanks und die Erweiterung zu lateraler Denkweise sowie Denkpausen zur Generierung von Impulsen sichern kreative, gewinnende Gestaltungsansätze. Ein derartiges Selbstverständnis wirkt zudem positiv auf die Unternehmenskultur, was besonders bei Mangel an engagierten und kompetenten Mitarbeitern zum Wettbewerbsvorteil wird.

Nachhaltiges unternehmerisches Engagement: Der Unternehmer wird zum Treiber gesellschaftlicher Entwicklung durch Nutzung von persönlichen Netzwerken bei permanenter Außenkommunikation und langfristig orientiertem, gesellschaftlichen Engagement und fairer Wertschöpfung.

Den steigenden Kundenerwartungen wird über dynamische Fähigkeiten, die eine synergetische Geschäftsmodellgestaltung durch Kombination von „**High Tech und High Touch**“ gewährleisten, entsprochen. Alle Effizienz-, Effektivitäts- und Emotionalitätserwartungen für beide Seiten (Unternehmen und Kunde) werden dann erfüllt.

Unternehmer verantworten verlässliche Leistungen und Lieferungen ihres Angebots. Im Hintergrund der strategischen Überlegungen spielen die unternehmerischen Ressourcen, die Organisation der internen und externen Prozesse unter Berücksichtigung von Kompetenzen, Kapazitäten, Schnittstellen und Partner eine maßgebliche Rolle für den Erfolg.

[1] Welche unternehmerischen Ressourcen begründen den Wettbewerbsvorteil? Können die Ressourcen kopiert, nachgeahmt oder von Wettbewerbern gleichartig geliefert werden? Wird der Kernressource „Mitarbeiter“ Aufmerksamkeit gewidmet und Perspektive geboten?

[2] Durch welche Prozesse, Fähigkeiten und Kompetenzen in der Wertschöpfungskette zeichnen wir uns aus? Wo sind wir unnachahmbar gut? Stimmen die Mitarbeiter mit dieser Einschätzung überein?

[3] Wie kann ich von weiterer Verzahnung und Übertragung von Aktivitäten auf Partner oder Kunden profitieren, mit welchen Risiken? Binde ich alle Partner fair ein oder gibt es Optimierungspotenzial?

[4] Genügt unsere gesamte Wertschöpfungskette unseren eigenen Nachhaltigkeitsambitionen und den Nachhaltigkeitsansprüchen unserer Kunden (Analyse der Nachhaltigkeit in allen Wertschöpfungsstufen und vor- bzw. nachgelagerten Stufen, Entwicklung innovativer Nachhaltigkeitsansätze zur schonenden Nutzung von Ressourcen, Müll- und Schadstoffvermeidung und Wahrung der Umwelt)?

[5] Wie sehen unsere strategischen Ziele im Leistungsprozess aus? Welche Aktivitäten mit welchen Ressourcen und welchen Verantwortlichkeiten in welchem Zeitrahmen resultieren daraus?

7.5 „Wert" generieren

Ein entscheidendes Prüfkriterium für die langfristige Tragfähigkeit von Geschäftsmodellen besonders im Sinne von Nachhaltigkeit ist das der **Wertgenerierung**. Wenn für die Kunden nachhaltig kein Nutzen generiert wird, dann werden sie nicht bereit sein, dafür zu zahlen und das Angebot ist nicht marktfähig. Das Geschäftsmodell muss über alle Werttreiber hinweg und im Sinne einer fairen Wertschöpfung optimiert werden. Dies schließt eine Berücksichtigung der Bezugsgruppen mit ein. So wird angestrebt, die Wertschöpfung insgesamt zu erhöhen und alle Beteiligten an der erhöhten Wertschöpfung teilhaben zu lassen. Aus Anbietersicht hat das Geschäftsmodell auskömmliche Erlöse sicherzustellen, sonst wird Wert vernichtet. Entsprechend sind Geschäftsmodelle hinsichtlich der **Kosten**-, **Erlös**- und **Nutzengenerierung** zu gestalten.

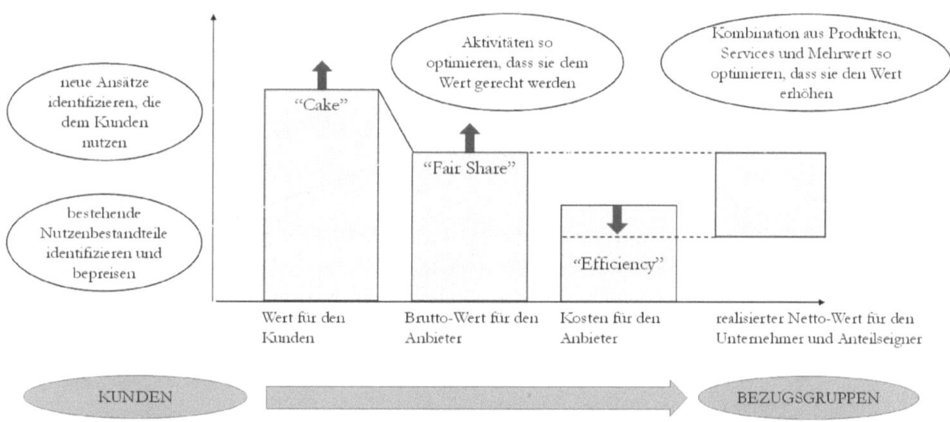

Abb. 138: Wertgenerierung und -verteilung

7.5.1 Absatz und Kundenwert

Wesentliche Hebel für die Profitabilität ist der Absatz und der Kundenwert. Neue Kunden, neue Märkte sowie eine verstärkte Einkaufsintensität der Bestandskunden sichern Absatz und damit Umsatz. Dies bedingt ein kundenzentriertes Wert- und Nutzenversprechen, zielkundenorientierte Kommunikation und vertriebliche Umsetzung. **Qualitative Leistungsaspekte** der Produkte haben sich zum **Hygienefaktor** entwickelt: höhere Qualität steigert nicht unbedingt den Absatz, da das Qualitätsniveau aller Anbieter hoch ist. Wird Qualität jedoch aus Sicht der Kunden nicht oder nicht genügend geliefert, dann verliert der Anbieter Kunden und Absatz.

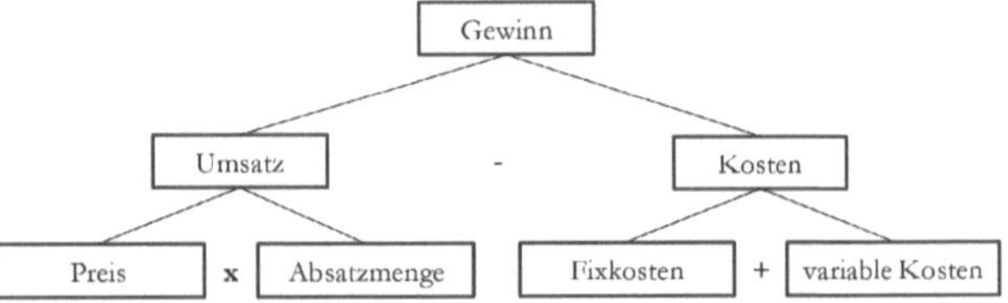

Abb. 139: Einflussfaktoren auf den betrieblichen Gewinn

Eine ABC-Analyse unterteilt die Kunden nach ihrer Einkaufsintensität. A-Kunden umfassen wenige Kunden, die aber einen hohen Umsatz generieren, B-Kunden weisen einen geringeren Umsatz auf und C-Kunden sind viele Kunden mit jeweils nur geringem Durchschnittsumsatz.

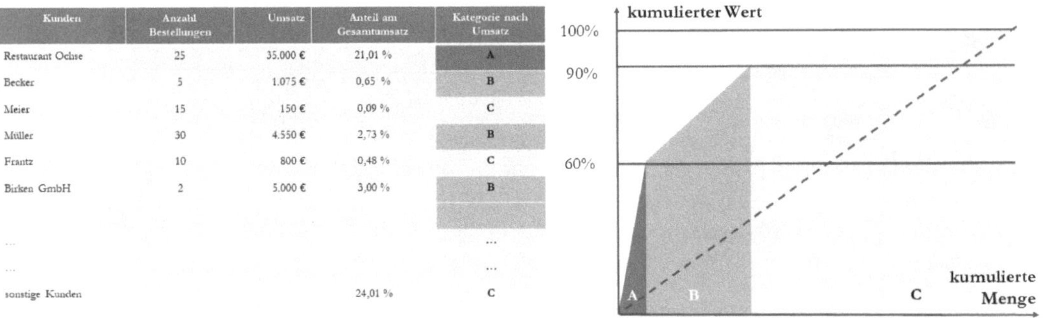

Kunden	Anzahl Bestellungen	Umsatz	Anteil am Gesamtumsatz	Kategorie nach Umsatz
Restaurant Ochse	25	35.000 €	21,01 %	A
Becker	5	1.075 €	0,65 %	B
Meier	15	150 €	0,09 %	C
Müller	30	4.550 €	2,73 %	B
Frantz	10	800 €	0,48 %	C
Birken GmbH	2	5.000 €	3,00 %	B
…				…
…				…
sonstige Kunden			24,01 %	C

Abb. 140: Beispielhafte ABC Analyse (schematisch)

Anhand der Analyse kann ein Plangerüst aufgebaut werden, wie der Umsatz über alle Kundengruppen mit welchem erhofften Effekt ausgedehnt werden kann:

- A-Kunden = pflegen, hegen und überraschen
- B-Kunden = wie kann mehr „Anteil am Ausgabenbudget (share of wallet)" erreicht werden (aus einem B- einen A Kunden machen)?
- C-Kunden = wie kann ich die positive Wahrnehmung durch diese Kundengruppen steigern, ohne den kundenspezifischen Aufwand durch individuelle Betreuung der einzelnen Kunden zu erhöhen?

Kleine Betriebe profitieren von einer überschaubaren Anzahl von Kunden und direktem Kundenkontakt. Sie können den Kundenwert erhöhen, indem neben der Absatz- und Umsatzaktivität und der Einkaufsfrequenz auch der **Share-of-Wallet** hinterfragt wird. Wenn hierfür die **Kundenpräferenzen** und –**wünsche** eruiert und in der Folge auch genutzt werden, dann kann de**r Kunde auch langfristig gebunden** erhöht werden, da Bedürfnisse des Kunden zielgenau und effizient aus seiner Sicht bedient werden. Die Kundenzufriedenheit und damit Einkaufshäufigkeit und -intensität werden positiv beeinflusst. Erst nach Verfolgung dieser Wertsteigerungsstrategie können parallel Überlegungen einer leistungsreduzierten Angebotserstellung für C-Kunden angestellt werden.

Der **„Share-of-Wallet"** (Anteil an der Geldbörse oder Liefereigenanteil) gibt Auskunft darüber, wie hoch der Anteil eines Anbieters an den Gesamtausgaben eines Kunden in einer Produktgattung ist. Wenn ein Weinenthusiast seinen ganzen Weineinkauf bei einem Weingut realisiert, dann ist der Share-of-Wallet des Weinguts 100%.

Bei einer **Quantifizierung des Kundenwerts** ist zudem der Zeitraum der Kundenbeziehung zu berücksichtigen. Die Anfangsphase einer Kundenbeziehung ist von einer Investition beider Seiten geprägt. Anbieter kaufen Adressdaten oder generieren Neukunden durch aufwändige Akquise (z.B. Online- und E-Mail-Marketing, Messebesuch). Ein Kunde investiert ebenso, indem er aus einer Anbietervielfalt selektiert und die Angebote vergleicht. Entsprechend ist es für beide Parteien wertschöpfend, wenn sich diese Anfangsinvestition über eine länger andauernde Geschäftsbeziehung und weiteren Transaktionen rentieren.

Der **Kundenwert** oder auch **Kundenertragswert (KEW)** (Customer Lifetime Value, CLV) wird als betriebliche Kennzahl verwendet, indem der Durchschnittswert berechnet wird, den ein Kunde während seiner gesamten Kundenbeziehung für ein Unternehmen hat. Mathematisch ausgedrückt: KEW = Deckungsbeitrag x Wiederkaufsrate x Kundenlebensdauer – Kundenakquisitionskosten

Aus Anbietersicht sind Investitionen in Bestandskunden oftmals profitabler als in Neukunden. Die Gewinnung neuer Kunden ist 5-7mal so aufwendig wie die Pflege bestehender Kundenbeziehungen. Der Kundenertragswert wird durch Ausschöpfung der Bestandskundschaft maßgeblich bestimmt. Da ein Kundenportfolio aber immer ausscheidende Kunden aufweist, sind Investitionen zur Kundengewinnung über kundenzentrierte Wert- und Nutzenversprechen und eine zielgruppenorientierte Kommunikation unabdingbar.

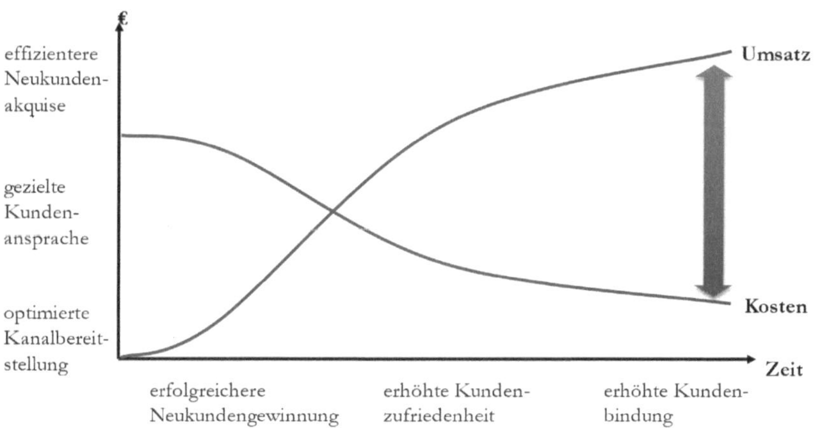

Abb. 141: Entwicklung von Kundenwert

In der Weinbranche ist diese zeitabhängige Kundenertragswertkurve besonders ausgeprägt, da Weinkonsum und die Ausgabenbereitschaft für Wein mit zunehmendem Alter und Einkommen steigen.

7.5.2 Preise als Stellhebel

Der Umsatz ist ein Ergebnis aus Absatz und Preis. Diesen Hebel, den die Preisdeterminante ausmachen kann, veranschaulicht eine grobe, praxisbasierte Rechnung: Bei einer Marge von 4% führt eine Preissteigerung von 1% Prozent bereits zu einer 25%igen Erhöhung des Deckungsbeitrags, ohne dass nennenswerte Absatzverluste zu erwarten sind. Preisanpassungen, auch zur Abdeckung etwaiger Kostensteigerungen, werden nur wirksam, wenn neben einer **Preisfestlegung** auch eine **Preisdurchsetzung** realisiert wird.

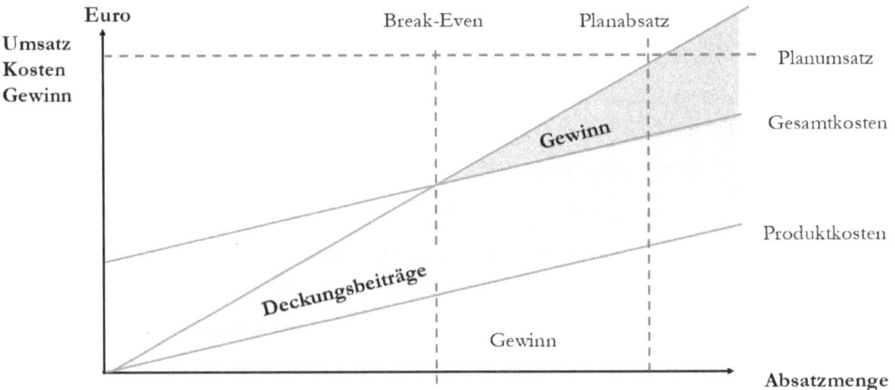

Abb. 142: Deckungsbeiträge und Gewinn (schematische Darstellung)

Grundsätzlich bieten sich drei Preisbestimmungsverfahren an:

- **Kostenbasiert**: Was beinhaltet mein Produkt (Qualität, Service, Zusatznutzen) und wie hoch sind die Gestehungskosten (kurz- und langfristig)? Der Verkaufspreis muss dabei mindestens alle Kosten der Leistungserbringung decken.
- **Wettbewerbsorientiert**: Wer sind meine Konkurrenten, mit welchen ähnlichen Produkten und welchen Preisen setzen sie sich durch? Als Berechnungsbasis dient der Preis eines vergleichbaren Anbieters. Ziel ist hierbei, wettbewerbsfähig zu sein und marktfähige Preise für die eigenen Produkte zu definieren.
- **Nutzenbasiert**: Welche Bedürfnisse kann ich bei welchen Zielgruppen wecken und befriedigen und welche Preise sind diese bereit, hierfür zu zahlen? Der Preis wird auf Basis der Bereitschaft der potenziellen Kunden zum Erwerb des Produkts bestimmt, wobei als Entscheidungsgrundlage, der aus Sicht der Kunden geleistete Nutzen anzusetzen ist.

Eine Preisbestimmung auf Basis der **Kosten** dominiert nicht nur in der Weinwirtschaft. Mehr als 70% der deutschen Unternehmen verfolgen kostenbasierte Preisfindung. Erkennbar ist dies am Rechtfertigungscharakter, wenn beispielsweise Preissteigerungen mit wetterbedingt geringerem Ertrag aber gestiegenem Aufwand begründet werden. Voraussetzung für eine zielführende kostenbasierte Art einer Preisfindung ist Kostentransparenz über Kostenträgerrechnungen für die einzelnen Angebots- und Sortimentsbestandteile. Potenziale der Preisgestaltung werden allerdings nicht abgeschöpft, da die primären Kostenarten des Weinausbaus und der Produktion den emotionalen Nutzen von Wein nicht berücksichtigen, wie beispielsweise Einzigartigkeit, Strahlkraft der Marke, Story des Weinguts oder der Winzerpersönlichkeit. Reputation und Marke sind gewichtige Nutzenkomponenten, die durch Marketing, Markenführung und strategische Vermarktung gebildet werden, die aber in der handelsrecht- und steuerorientierten Kostenrechnung wenig Berücksichtigung finden. Weine über kostenbasierte Preise zu vermarkten ist vornehmlich dann zielführend, wenn der Wein gegenüber dem Kunden als „kostengünstig" oder „preisleistungsorientiert" positioniert und über hinreichende Absatzmengen zur Kompensation geringer Margen abgesetzt wird – dies betrifft somit primär die Gruppe der Kostenführer.

Die wettbewerbsorientierte Preisfindung sollte auf Basis vergleichbarer Anbieter erfolgen. Unsere Befragung in der Weinwirtschaft hat unterschiedliche Preisniveaus in Abhängigkeit von der strategischen Gruppierung bestätigt.

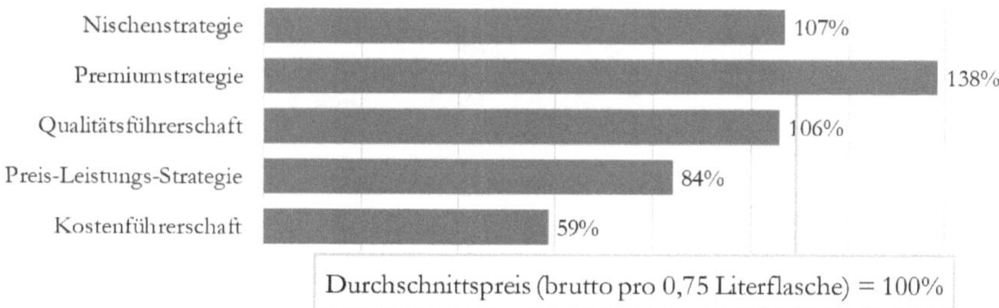

Abb. 143: Strategische Positionierung und relatives Preisniveau der Weinerzeuger (Befragung 2018)

In der Weinbranche dienen bei einer **wettbewerbsorientierten Preisfestlegung** primär die Preise für eine Flasche Wein gleichartiger Weingüter aus der Region als Orientierung. Die Zeiten mit einheitlichen Geschäftsmodellen der Anbieter, gleichartigem Vertrieb, durchschnittlich mehr als 90% Direktvermarktung und treuen Direktkunden sind jedoch vorbei. Das Produkt- und Serviceangebot wird vielfältiger und zielgruppenorientierter. Die Vertriebswege werden komplexer und erfordern anpassungsfähige Nettopreise sowie Lieferzugeständnisse. In der Praxis unterbleibt oftmals eine Hinterfragung, inwieweit das „Wettbewerberangebot" tatsächlich vergleichbar und auf die gleiche Kundenzielgruppe ausgerichtet ist. Die Berücksichtigung der strategischen Positionierung und **emotionaler Nutzenbestandteile** wäre beim Vergleich ausschlaggebend, ist aber schwer zu bewerten. Beim Rückschluss von strategisch basiertem Preisniveau zur **Profitabilität** ist zu berücksichtigen, dass die von Kunden mit der Strategie verbundenen Erwartungen auch erfüllt werden müssen, was den Aufwand beeinflusst. Premiumanbieter können im Vergleich zu Kostenführern zwar mehr als doppelt so hohe Preise durchsetzen, eine wertigere Leistung der Produktqualität, Marke, Services u.a.m. ist jedoch notwendig. Das erhöhte Leistungsniveau verzehrt entsprechend einen Teil des Preispremiums.

Ein strategisch basiertes Vorgehen erlaubt, Preise auf **Basis des Nutzens** zu kalkulieren und festzulegen. Erst ein nutzenorientierter Ansatz erlaubt Preissprünge, ohne einen Absatzverlust zu erleiden.

> 50% Preisaufschlag konnte Jan Matthias Klein vom **Staffelter Hof** mit seinen innovativen Naturweinen realisieren. Auch wenn dies anfänglich einen kleinen Teil seines Sortiments ausmachte, hat er mit neuen, andersartigen Produkten neue Kunden (z.B. Exportpartner) gewonnen, die Wertigkeitswahrnehmung des gesamten Sortiments und die Profitabilität steigern können.

Besonders Wein und anderen Angeboten mit subjektiver Qualitäts- und Wertwahrnehmung kommt ein Preiseffekt zugute, der wissenschaftlich durch **Gehirnforschung** belegt ist: Weinkonsumenten verbinden mit höheren Preisen eine höhere Wertigkeit der Produkte. Natürlich muss diese Wertigkeit über eine Preisforderung mit einem zielkundenorientierten Nutzen- und Wertversprechen geliefert werden.

Abb. 144: Komponenten des Preismanagements

Die Bedeutung einer strategisch orientierten Preisgestaltung wird durch die mittlerweile vorherrschende **Preistransparenz** aufgrund von Apps und Preisportalen im Internet unterstrichen. Über **Testkäufe, Marktanalysen und Online-Recherche** können Erzeuger erfassen, in welchen Einkaufsstätten die eigenen Produkte zu welchen Konditionen verfügbar sind oder als verfügbar gemeldet werden. Im Rahmen des strategischen Preismanagements ist eine Konditionenpolitik einzusetzen, die hinsichtlich der Nutzeneffekte aus Kundensicht gestaltet wird. Dynamische Preisstrategien, Preisdifferenzierung und variierende Angebote ermöglichen, unterschiedliche **Zahlungsbereitschaften** abzuschöpfen. Mit diesem holistischen Vorgehen wird sichergestellt, dass eine nutzenorientierte Preissetzung erfolgt und durchgesetzt werden kann, die sowohl den Markt, die Wettbewerber, als auch die Kunden und ihre Entscheidungsprozesse abdeckt und Potenziale abschöpfen lässt. Zur operativen Preispolitik sollte schrittweise der Nutzen und eine Nutzensteigerung hinterfragt, quantifiziert, in der Preisgestaltung verankert und bei der Preisdurchsetzung genutzt werden.

> Mit dem Anspruch, Weine in Bordeaux im Stil der Klassifikation von 1855 zu produzieren, ist Loïc Pasquet angetreten. Er setzt für seine **Liber Pater**-Weine, die erst seit 2005 existieren, ambitionierte Preisvorstellungen und ruft 30.000€ für eine

Flasche als *„...blumig, würzig, mineralisch, von seidiger oder auch samtiger Textur, großzügig, elegant mit nostalgischen Noten, sehr lang"* beschriebener Wein auf. (Die Welt v. 1.10.2019)

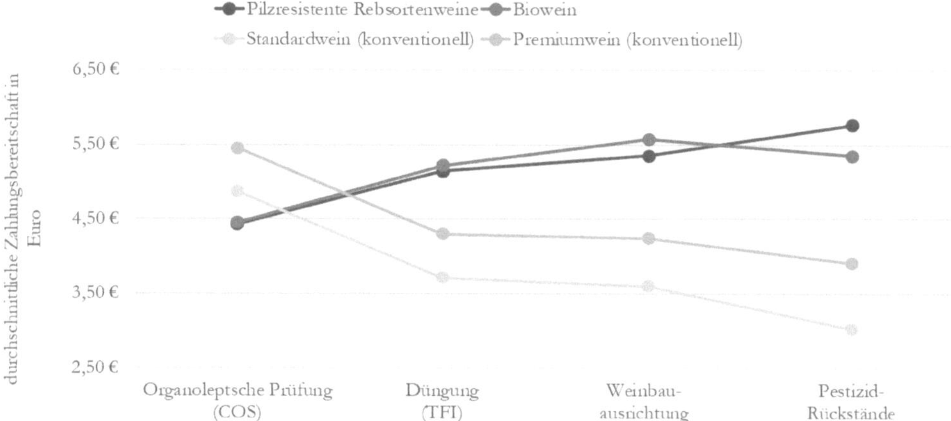

Abb. 145: Preisbereitschaft und Nachhaltigkeitsausrichtung von Weinen (in Anlehnung an Espinoza et al. 2018)

Nachhaltigkeit ist ein relevanter Hebel zur Nutzensteigerung und darf sich ebenso wie erhöhter Aufwand oder höheres Risiko in den Preisen widerspiegeln. In vielen Studien bestätigen Konsumenten die Bereitschaft, für nachhaltige Produkt einen höheren Preis zu zahlen, was durch einen Preisaufschlag für landwirtschaftliche Produkte aus biologischem Anbau unterstrichen wird. Dabei können sowohl ökologische als auch soziale Argumente ein **Preispremium** rechtfertigen und auch zu einer positiven **Qualitätswahrnehmung** führen.

Nachhaltige Aktivitäten können als Leistungskomponenten definiert und bepreist werden.

Ein bisher für die Öffentlichkeit nicht zugängliches italienisches Premiumweingut öffnet seine Pforten für interessierte Weinkunden. Der „Eintrittspreis" (300€/Person) wird vollständig einem wohltätigen Zweck zugeführt. (Quelle: Welt 2019)

7.5.3 Kostentransparenz und -optimierung

Unternehmen brauchen einen positiven Ergebnisbeitrag, um nachhaltigen, langfristigen Bestand im Markt sicherzustellen. Betriebliche Investitionen müssen durch entsprechenden Ertrag ermöglicht werden und Marktchancen können nur bei einer wirtschaftlich soliden betrieblichen Basis ausgeschöpft werden. Besonders bei einer hohen Abhängigkeit von der Natur, wie es bei der Weinproduktion der Fall ist, können wirtschaftlich schwierige Jahre mit geringerer Produktionsmenge bei erhöhtem Bearbeitungsaufwand nur überstanden werden, wenn ertragreiche Jahre mit Gewinnen ein **wirtschaftliches Polster** ermöglicht haben. **Steigende Kosten** erhöhen die Profitabilitätsherausforderungen auch bei gutem Kostenmanagement. Gewinn resultiert aus dem nach Abzug der Kosten verbleibendem Umsatz. Bei eigentümergeführten Familienbetrieben muss der betriebliche Gewinn zudem den Unternehmerlohn, die Sozialversicherungsbeiträge und den Lohn für Familienarbeitskräfte abdecken. Ebenso ist eine Verzinsung des Eigenkapitals, das in Immobilien, Produktivmittel oder andere betriebliche Vermögensgegenstände investiert wurde, anzustreben.

> **Existenzsicherung** in der Weinbranche: „*Wie hoch muss der **Betriebsgewinn** sein, damit ein Weinbaubetrieb langfristig überlebensfähig bleibt und ein »familienfreundliches Einkommen« für die Unternehmerfamilie erwirtschaftet wird? ... Damit dies gewährleistet werden kann, sollte ein jährlicher Mindestgewinn von 100.000 Euro erzielt werden. Im Betrieb mit zwei aktiven Generationen sind es etwa 160.000 Euro.*“ (Oberhofer 2021)

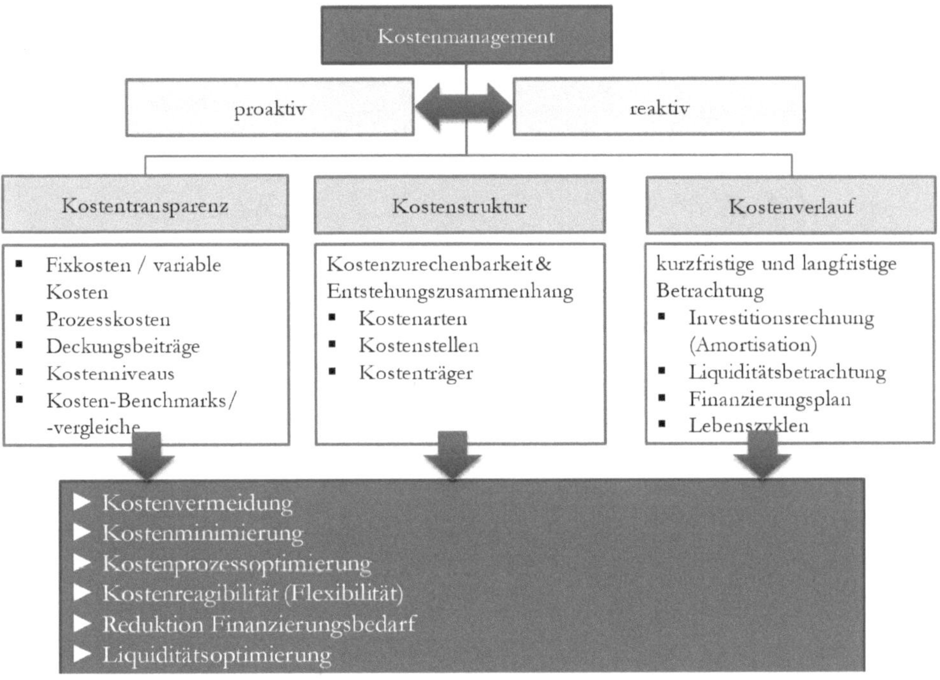

Abb. 146: Ziele und Einflussfaktoren von Kostenmanagement

Kostenmanagement ist besonders bei Kleinunternehmen ein notwendiges aber weniger beliebtes Instrument zur Nutzenerhöhung. Die Ursachen und Einflussfaktoren für Kostensteigerungen sind vielfältig wie Inflation, Einführung von Mindestlöhnen, Ersatzbeschaffung bei technologischem Fortschritt und hiermit verbundener Investitionsbedarf in leistungsfähige Produktivmittel oder ein steigender Aufwand für die Vermarktung. Unbeeinflussbaren **Kostensteigerungen** ist strategisch zu begegnen. Eine Erhöhung der Preise ohne Nutzensteigerung ist aus Sicht der Kunden nicht wertsteigernd.

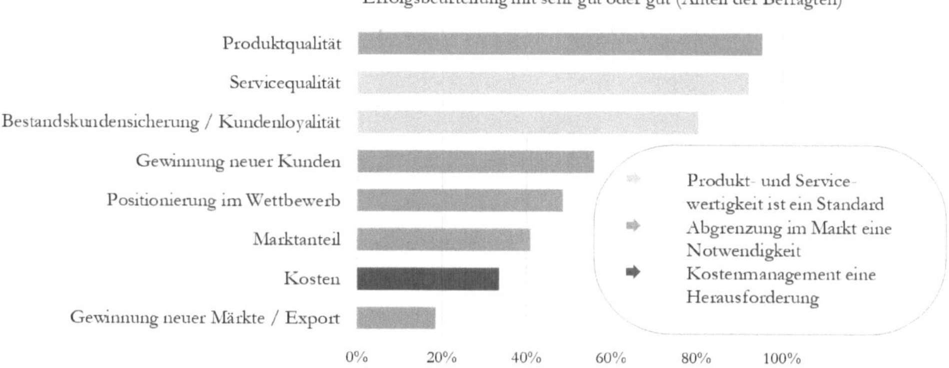

Abb. 147: Zufriedenheitsniveau von Erfolgshebeln in der Weinbranche (Befragung 2020)

Besonders für Weinerzeuger ist Kostenmanagement fordernd. Aufgrund schwankender Erntemengen in Abhängigkeit von Wetter- und Schädlingseinflüssen sind variable Kosten schwer planbar und die Fixkosten verteilen sich in Jahren mit geringer Ernte auf wenige produzierte Einheiten. Nur ein Viertel befragter Weinbaubetriebe beurteilt die eigene Kostensituation als gut oder sehr gut. Produktivitätssteigerungen im Außenbetrieb und in der Produktion werden durch notwendige Maßnahmen zur Vermarktung der Produkte verzehrt. Professionelles Kostenmanagement erfordert **Kostentransparenz**. Ein Blick auf die **Kostenarten** lässt Kostensteigerungen (z.B. Energieaufwand) erkennen und Maßnahmen ableiten. Sortiments- und Preisentscheidungen bedingen hingegen **Kostenträgerrechnungen**. Gezieltes, strategisches Kostenmanagement kann zur Steigerung des Kundennutzens beitragen, da vermeidbare Kostentreiber eliminiert werden und dadurch ein Beitrag zu einer attraktiven Preisgestaltung geleistet wird.

Eine konträre Strategie, die Qualität zu mindern, um Kosten zu senken, ist nicht zielführend. Angesichts hoher etablierter Qualitätsstandards katapultieren sich nicht leistungsadäquate Anbieter aus dem Markt. Insbesondere eine **künstliche Verkürzung der Lebensdauer** vernichtet Kundennutzen und schadet der Nachhaltigkeit. Kurzlebige Produktenzyklen führen über den dadurch vorgezogenen Ersatzkauf zwar zu einer Umsatzsteigerung bei den Anbietern, der Kunde erhält aber keinen adäquaten Mehrwert und aus Nachhaltigkeitsaspekten werden unnötig Abfall produziert und wertvolle Ressourcen verbraucht. Nicht ohne Grund profitieren Anbieter mit langlebigen Qualitätsprodukten von höheren Markenwerten und Preisen.

Eine absichtlich beschränkte Lebensdauer wird **Obsoleszenz** genannt. Sollbruchstellen verkürzen eine ansonsten ausgedehntere Nutzungsdauer. Dieses Phänomen steigert zwar die Nachfrage, widerspricht aber dem Grundsatz von Nachhaltigkeit.

Angewendet wird die Praxis eingebauter Sollbruchstellen seit vielen Jahrzehnten. Ein aktenkundiges Beispiel dafür ist der Pakt, den zahlreiche große Glühbirnenhersteller – unter ihnen **Osram** und **Philips** – im Jahr 1924 eingingen. Sie begrenzten die Haltbarkeit von Glühbirnen absichtlich auf 1.000 Stunden, obwohl schon damals technisch eine wesentlich längere Lebensdauer möglich war. Beweis dafür ist eine Birne in einer Feuerwache im kalifornischen Ort Livermore, die seit 1901 ununterbrochen Licht spendet.

Überlegungen im Rahmen der Nachhaltigkeit liefern viele Impulse zum nutzensteigernden Kostenmanagement, wie beispielhaft die Minimierung von **Ressourcenverbrauch**, die Vermeidung von Abfall und Reduktion von Energieverbrauch sowie die Hinterfragung ökonomischer Implikationen. Es ist im Sinne der Kunden, wenn die Leistungsfähigkeit gesteigert, auf **unnötige Angebotskomponenten** verzichtet, das Unternehmen zu höheren Renditen befähigt wird und Überrenditen in nachhaltige Projekte zur Ressourcen- und Prozessoptimierung investiert werden. Eine Nutzung von vermeinlichen Abfällen oder Ausschuss für neue Wertschöpfung im Sinne der Kreislaufwirtschaft ist ein weiteres mögliches Resultat bei der Identifikation von Kostentreibern und Optimierungsüberlegungen. Dadurch wird die Wertschöpfung für den Betrieb erhöht und wertvolle Nachhaltigkeitseffekte erzielt. Die Optimierung der Kosten über Hinterfragung der gesamten Wertschöpfungskette und Erhöhung von Effizienz in allen Prozessen ist zur Steigerung der ökonomischen Nachhaltigkeit ein Gebot. Digitalisierung erlaubt neue Prozesse und effiziente Lösungen.

Der Anspruch, Wert für den Kunden, das Unternehmen und zur Steigerung der Nachhaltigkeit zu generieren, ist wesentlicher Bestandteil der unternehmerischen Existenzberechtigung:

[1] Welchen Umsatz generiere ich über welche Kunden (A-, B-, C-Kunden)? Wie lassen sich Absatzmengen, Einkaufsfrequenzen und -häufigkeiten, Share-of-Wallet, Einkaufsstätten, Kundentreue, Kundenwert zuordnen?

[2] Welchen Wert haben meine Leistungen für welche Kunden? Was sind die bereit dafür zu zahlen? Welche Angebotsbestandteile sind für die Leistungsbewertung dieser Kundenzielgruppen relevant? Können Leistungbestandteile und Preise zur besseren Ausschöpfung dieser Kundenzielgruppen angepasst werden? Welchen preispolitischen Maßnahmen können hierbei unterstützen?

[3] Welche Kosten entstehen in meinem Unternehmen? Welche Kostenstrukturen lassen sich erkennen? Was sind die Kostentreiber und kann über Reduktion von Sortimentsaspekten, Flexibilisierung durch Partnerintegration, Veränderung des Geschäftsmodells eine Kostenoptimierung angestrebt werden?

[4] Wie nachhaltig ist meine Wert-, Nutzen- und Leistungsverteilung? Erfolgt meine Wertgenerierung auf Kosten der Umwelt oder auf Kosten von Bezugsgruppen? Wie kann ich eine gleichmäßige Verteilung der Wertgenerierung sicherstellen? Wie minimiere oder kompensiere ich die Nutzung begrenzter Energie und Ressourcen, die Entstehung von Abfall oder Schäden für die Umwelt?

8 Zielerreichung und Feinsteuerung

Um den **Zielerreichungsgrad** festzustellen und Maßnahmen zur Steuerung einzuleiten, müssen alle aufgezeigten Komponenten strategischen Handelns nachvollziehbar manifestiert sein. Aus der strategischen Analyse, hiermit verbundenen Annahmen, darauf aufbauender Strategie und des nachhaltigen Geschäftsmodells mit Zielen und Planmaßnahmen können die bei der Umsetzung erzielten Ergebnisse mit dem Plangerüst abgestimmt und im Sinne einer **Feinsteuerung** adjustiert werden. Es ist elementarer Bestandteil einer Strategie, die Maßnahmen und Ergebniserreichung fortlaufend zu hinterfragen, um den strategischen Planungsprozess zu verbessern und um die strategischen und operativen Vorgaben anzupassen. Da die Zukunft nur **beschränkt prognostizierbar** ist, kann keine Planung Unfehlbarkeit beanspruchen. Eine Abweichung (Unter- oder Übererfüllung) kann durch **viele Einflussfaktoren** begründet sein: z.B. fehlerhafte Annahmen, mangelhafte Daten, nicht wirkende Maßnahmen, disruptive Einflüsse, zu hoch oder zu niedrig angesetzte Ziele.

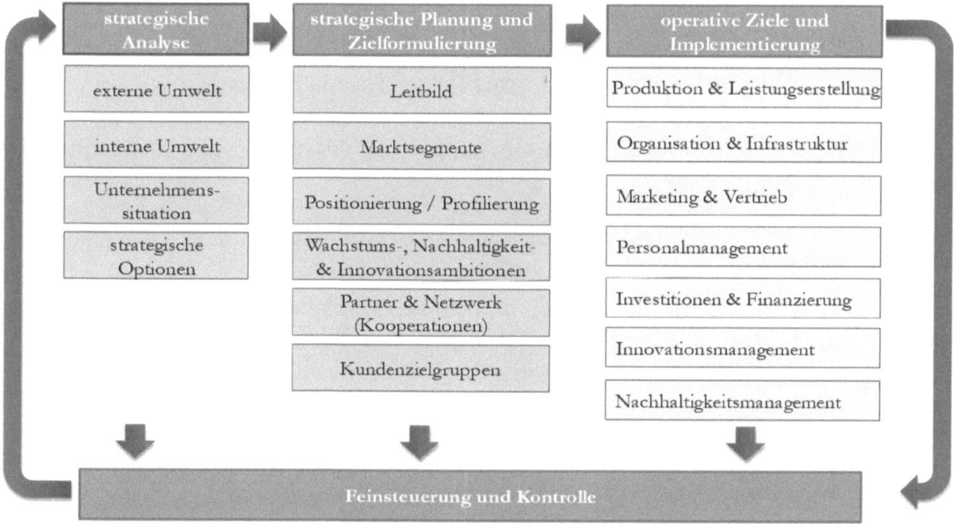

Abb. 148: Kreislauf von strategischer Planung und Implementierung

8.1 Planumsetzung und -synchronisation

Die Unternehmensstrategie mit den gesetzten Zielen bildet den Orientierungsrahmen für alle operativen Maßnahmen zur Zielerreichung. Auch wenn das strategische Plangerüst in regelmäßigen Abständen, wünschenswert jährlich, zu aktualisieren ist, enthält es Elemente mit längerem Planhorizont. Die operative Umsetzung erfolgt in gegenseitig aufeinander aufbauenden bzw. abhängigen Planungen. Sie sind als **rollierende Planung** zu gestalten, so dass ein gleitendes (z.B. monatlich) Plangerüst auf Basis adaptierter Vorjahreswerte und aktueller Erkenntnisse angepasst werden kann und Planrevision und frühzeitiges Ergreifen von Maßnahmen erlaubt. Ein Jahresplan wird hierfür auf Monate aufgeteilt, Saisonalität und erkennbare Sondersituationen werden berücksichtigt und in der Umsetzung monatlich korrigiert.

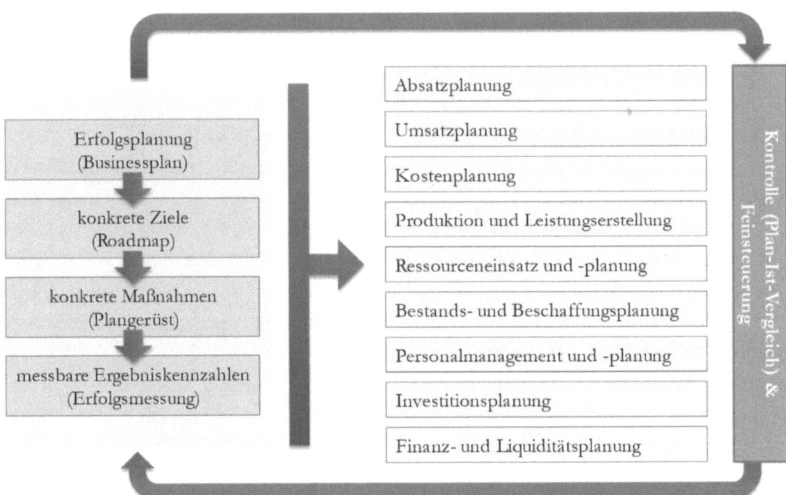

Abb. 149: Operative Planungsparameter

Eine **Absatzplanung** schafft die Verbindung von Markt (Absatz) und Leistungserstellung. Die quantitativen Plandaten sind grundlegend für die **Beschaffung, die Personal-** und die **Finanzplanungen**. Die **Absatzplanung** basiert auf dem Plansortiment, wobei prognostiziert wird, welche Kundengruppen in welchen Mengen vom Sortiment Gebrauch machen. Eine controlling-basierte, rollierende Planung erlaubt einem Winzer beispielsweise, in Abhängigkeit von der Reifeentwicklung und einer Ernteprognose die Sortimentsplanung zu aktualisieren, so dass fortschreitend ein Plangerüst der verfügbaren Menge für den Absatz verfügbar ist. Parallel ist der Absatzplan unter Rückgriff auf die Kundenabsätze im Vorjahr und ebenso unter Berücksichtigung aktueller Kundeninformationen und geplanter Marketingaktionen zu synchronisieren. Dies mündet in einem **Marketingplan**, der insbesondere die Kommunikationsmaßnahmen zeitlich taktet. Informationen aus der **Bestandsplanung** sichern, dass gegebenenfalls Ware mit hohem Bestand über gezielte **Aktionen** vermarktet oder in der Produktion eine Kanalisierung neu zu realisierender Produkte eingeplant wird. Aus der Absatz- und Produktionsplanung resultieren die für die **Beschaffung** notwendigen Informationen. Einkäufe aus der Beschaffung oder Investitionsbedarf aus der Produktion ist wiederum in der Finanzplanung zu berücksichtigen.

Die **Finanzplanung** begleitet die betrieblichen Aktivitäten und Planungen, um notwendige Investitionen zu ermöglichen und vor allem die Finanzierung zu sichern. Besonderes Augenmerk ist auf die **Liquiditätsplanung** zu richten. Diese Planaktivität besteht aus einer monatlichen Ein- und Ausgabenrechnung. Wiederum können die Daten des Vorjahrs als Grundgerüst genutzt werden (z.B. Mietzahlungen, Versicherungsbeiträge etc.), die Implikationen veränderter strategischer und operativer Maßnahmen sind dabei vorab einzupflegen. Die Finanzstrategie stellt sicher, dass die strategischen Weichenstellungen realisiert werden können. Investitionen und Ausgaben müssen durch kongruente Mittelherkünfte abgedeckt werden. Sollten keine ausreichenden Eigenmittel für Investitionen oder Geschäftsmodelladaptionen vorhanden sein, dienen Finanzmärkte und zunehmend moderne Finanzierungsformen (z.B. Crowdfunding) alternativer Mittelbeschaffung. Um Finanzpartner für Vorhaben zu gewinnen, ist ein überzeugendes strategisches Konzept notwendige Voraussetzung.

Ein Business-Plan prognostiziert und quantifiziert die wesentlichen Aktivitäten und fasst sie zu einem Plangerüst zusammen. Das Plangerüst kann durch einfache **Tabellenkalkulationsprogramme** erstellt werden.

> Ein **Business**- oder **Geschäftsplan** beschreibt ein unternehmerisches Vorhaben. Er beinhaltet eine grobe Darstellung des Marktes, des Geschäftsmodells und einen quantitativen Ergebnisplan, in dem Planumsätze, -kosten, -erträge und die Risiken aufgezeigt werden.

Die Planung ist kein Selbstzweck, sondern eine **Voraussetzung für professionelles Entscheiden**. Sie sichert notwendige Transparenz und bildet die Voraussetzung zur Überprüfung, ob gewünschte Zielzustände erreicht werden. Beispielsweise kann eine Neupflanzung nur entschieden werden, wenn man einerseits die Erträge, Durchschnittsalter der Reben, Qualitäten im Sortimentsplan verfügbar hat, um den mit einem Wechsel verbundenen Mengeneffekt berücksichtigen zu können, und andererseits dies über strategische Überlegungen in Verbindung mit Kundensegmenten hinterfragen kann, um die Zieladäquanz sicherzustellen.

Neben einer einfachen Gestaltung der Planansätze in Kleinbetrieben kann auf einige Planungsschritte der Großbetriebe auch **verzichtet** werden. **Budgetierungen** werden in Verwaltungsorganisationen oder Großbetrieben eingesetzt. Ein aufwändiges Supply-Chain Management (Steuerung der Zulieferer) mit Beschaffungs- und Einkaufsplanung kann angesichts geringer Komplexität bei Kleinbetrieben durch den Aufbau vertrauensvoller vertraglicher Beziehungen mit Zulieferern, die verlässliche Qualitäten, Verfügbarkeiten und Lieferzeiten garantieren, komprimiert werden. Produktionspläne werden durch die vorhandenen Kapazitäten (z.B. im Weingut durch Anzahl von Tanks, deren Größe und deren Einsatzmöglichkeiten) maßgeblich bestimmt, so dass eine Fertigungsplanung entfällt bzw. durch Erfahrung und gelebte Praxis abgedeckt wird. Neue Apps erlauben Steuerungsfunktionen, wie sie bis dato nicht möglich waren (z.B. Gärtankkontrolle über Smart Devices). Statt einer quantitativen Personalplanung sollten bei Kleinbetrieben qualitative **und führungsorientierte Maßnahmen** realisiert, bei der beispielsweise eine Einschätzung der Leistungen und Leistungsfähigkeit der Mitarbeiter, Fortbildungs- und Förderüberlegungen und perspektivische Entwicklungen und Kompensation im Vordergrund stehen. Kleine Betriebe brauchen zudem keine Planung von Gremienaktivitäten. Kostenmanagement kann einfacher gestaltet werden, denn die Entscheidung über Kostenallokationen, wie beispielsweise ein Gemeinkostenschlüssel, beeinflusst keine Profitabilitätsansprüche unterschiedlicher Abteilungen. Zudem kann über ein **Nachhaltigkeitsmanagement** ein Teil der Planung abgedeckt werden.

Das **Finanzmanagement** quantifiziert den Mittelbedarf der strategischen und die operativen Planvorgaben und stellt diesen den Planeinkünften gegenüber. Bei dieser Steuerung müssen die oftmals konfliktären Ziele der Rentabilität (Gewinn), Liquidität (Zahlungsfähigkeit) und Sicherheit (Risikominimierung) berücksichtigt werden. Dies wird über ein synchronisiertes Finanzmanagement der Mittelverwendung und -herkunft, des Risikomanagements und einem begleitenden Informationsmanagement gewährleistet.

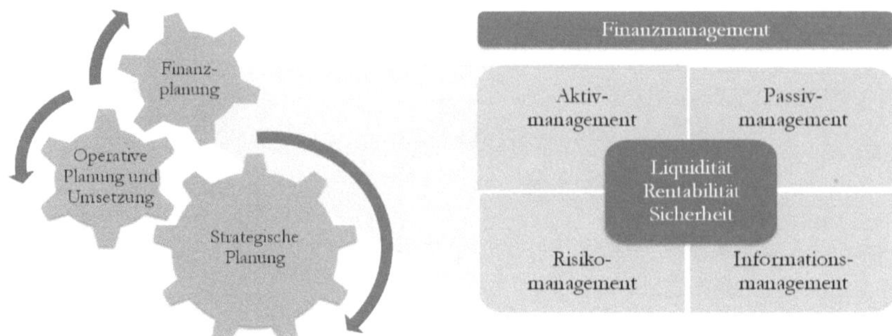

Abb. 150: Kernelemente des strategischen Finanzmanagements

Investitionsrechnungen hinterfragen, ob der Rückfluss durch die Investition die Ausgaben rechtfertigt. Größere Investitionen werden anhand einer **Kapitalwertbetrachtung** analysiert, bei der dem Mittelabfluss für die Investition die erwarteten barwertigen zukünftigen Rückflüsse gegenübergestellt werden. Nur ein positiver Kapitalwert signalisiert, dass das aus betrieblicher Sicht tragbare Risiko bzw. die Gewinnansprüche, reflektiert durch den Zinssatz in der Barwertberechnung, erwirtschaftet werden und die Investition sinnvoll ist.

> Pressemeldung (redigiert und verkürzt): „*In der Champions-League: 1994 bekam **Markus Schneider** in Ellerstadt von seinem Vater einen Hektar Weinberg und verfügte über ein Startkapital von umgerechnet ca. 15.000 Euro. 2015 wurde der Neubau für das Weingut abgeschlossen, das ein Investitionsvolumen von 10 Millionen Euro bedingte. Der Neubau, ohne Beanspruchung von Fördermitteln, wurde zur Hälfte aus Eigenkapital finanziert und die vorangegangen Investitionen von 10 bis 15 Millionen Euro sind bereits abgezahlt.*“ (Spengler 2015)

Neuartige Finanzierungsquellen nutzen **Kunden** (z.B. Rebstockpatenschaften) oder Privatinvestoren. Die Finanzierung über **Crowdfunding** (Schwarmfinanzierung), bei der Finanzierungsplattformen private Personen zur Beteiligung an Projekten gewinnen, ist besonders bei Finanzierungsvorhaben in Branchen mit emotionalem Nutzwert wie Wein geeignet. Kreative Kompensation (z.B. Wein oder Naturalrabatte) können Zinszahlungen reduzieren und dadurch die Liquidität schonen. Es entstehen moderne Geschäftsmodelle.

> Das Start-up **Naked Wines** kombiniert moderne Finanzierungsansätze in einem holistischen, elektronischen Geschäftsmodell in der Weinbranche. In einer weinclub-ähnlichen Form zahlen Kunden als „Naked Angels“ eine monatliche Abo-Gebühr. Diese wird einem ausgewählten Kreis von Winzern als Crowdfunding zur Verfügung gestellt. Als Gegenleistung erhalten die Kunden bzw. Investoren Weine im Online-Shop von Naked Wines zu Vorzugspreisen. Winzern können sich durch gesicherten Absatz und günstige Finanzierung auf die Weinproduktion konzentrieren. Als Gegenleistung wird eine exklusive Preisreduktion gewährt.

Die Weinbranche illustriert, dass besonders kleine Betriebe trotz Volatilität und geringerer Durchschnittsprofitabilität für strategische Investoren interessant sein können –das Geschäftsmodell, die Unternehmerpersönlichkeit und die Nachhaltigkeit des Geschäftsmodells sind ausschlaggebend.

> Pressemitteilung: *„Der „Genuss-Werker" und Verleger Ralf Frenzel übernimmt Anteile der Weingüter Wegeler und wird auch in die strategischen Entscheidungen integriert. Das Engagement wird durch die Leidenschaft für Genuss und dem Verständnis von Wein als Kulturgut motiviert."* (Börsenblatt v. 16. April 2021)

Die Plantätigkeit, deren Frequenz und gegebenenfalls zu integrierende Personen sind unternehmerische Entscheidung. Soll die Liquiditätssituation wöchentlich, zweiwöchentlich oder monatlich betrachtet werden? Wer soll von Mitarbeitern oder ggf. auch zuliefernden Personen (z.B. Steuerberater, Buchhalter) eingebunden werden? Durch wiederholte Aktivität wird der Mehrwert für den Unternehmer erkennbar, denn die organisierte Plannutzung steigert die Transparenz und die Effizienz. Die **ökonomische Nachhaltigkeit** dient als Prüfraster für die operativen Planungen.

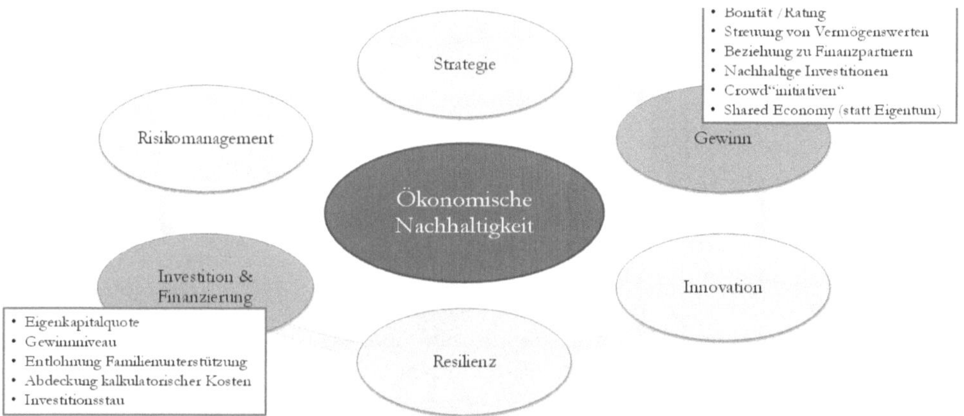

Abb. 151: Beispielhafte Aspekte zur Steuerung ökonomischer Nachhaltigkeit über Finanzmanagement

Die Umsetzung der strategischen Ziele auf operativer Ebene und die Orchstrierung der Realisierung ist herausfordernde unternehmerische Aufgabe. Bei der Konkretisierung und Formulierung zeigen sich Schwächen und Verbesserungspotenziale:

[1] Verfassen Sie einen strategisch basierten Geschäftsplan mit einem Zeithorizont von 5 Jahren. Welche operativen Ziele können für die funktionalen Bereiche formuliert werden (Roadmap)?

[2] Welche konkreten Maßnahmen lassen sich aus den Zielen in den funktionalen Bereichen ableiten (Plangerüst)? Welche messbaren Zielgrößen können zugeordnet werden (Soll-Werte für die Erfolgsmessung)?

[3] Manifestieren Sie die Planung in einem quantitaiven Ergebnisplan. Kreieren Sie hierzu einen Best-Case und einen Worst-Case. Welche Ihrer Überlegungen zu Veränderungen in der Umwelt würden zu den Szenarien wie beitragen?

[4] Genügen die strategische, die operative und die finanzielle Planung sowie deren Umsetzung den ökonomischen Anforderungen zur nachhaltigen Unternehmenssicherung?

8.2 Controlling und Zielanpassung

Das Controlling deckt sowohl die strategische als auch die operative Kontrolle ab. Die über Controlling geschaffene Transparenz unterstützt die unternehmerischen Entscheidungen. Planbasierte Funktionalstrategien und Prozesse sind hinsichtlich der Zielerreichung, Resilienzanforderungen und etwaiger Optimierungsmöglichkeiten zu analysieren. Der Erkenntnisgewinn dient der Nach- und Feinsteuerung, um Unternehmertum im gesamten Betrieb vor allem zur Steigerung der Nachhaltigkeit zu verankern und Krisen zu meistern.

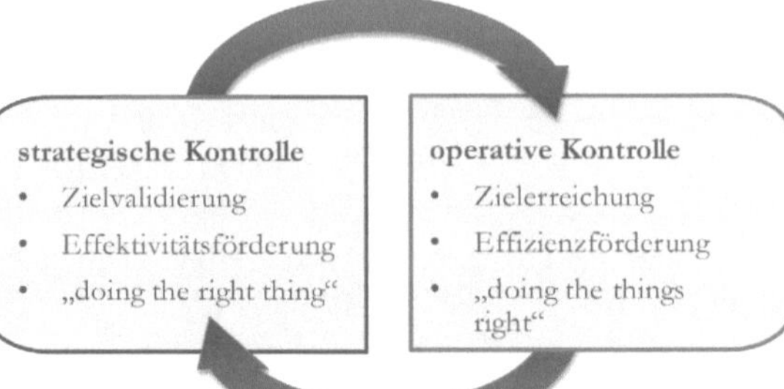

Abb. 152: Gegenüberstellung operative und strategische Kontrolle

> **Controlling** ist ein Teilbereich des unternehmerischen Führungssystems. Als wertschöpfende Aktivität des strategischen Managements umfasst Controlling die Analyse der Zielerreichung bis hin zur Reflexion, Weiterentwicklung und Gegensteuerung zum Erreichen von strategischen und operativen Ambitionen. Die Planung, Steuerung und Kontrolle bedienen sich des Controllings. Für ein ganzheitliches Controlling ist es zielführend, alle aufbereiteten Daten aus genutzten Systemen (ERP, CRM etc.) miteinander zu verknüpfen und zu nutzen.

Es ist ein **Erfolg**, wenn in Betrieben eine strategische, wertgetriebene Zielorientierung realisiert und eine Messung der Zielerreichung durchgeführt wurde. Das Zusammenspiel aller Stellhebel unter Berücksichtigung von teilweise nicht steuerbaren **Störgrößen** behindert die Zielerreichung. Zielverfehlungen sind eher die Regel als die Ausnahme. Vielleicht ist eine Zielerreichung auch ein Ausdruck von beschränkter Zielvielfalt oder mangelnder Ambition. Zielerreichung ebenso wie Zielverfehlung sollte keine wertende, sondern eine zur Weiterentwicklung zu nutzende Information sein. Hilfestellung bietet eine **permanente Adaption** bei rollierender Planung. Wenn sich witterungsbedingter Ernteausfall abzeichnet, könnten frühzeitig Optionen auf Traubenkauf, Anpassung des Absatzplans, Finanzierungsgespräche mit Banken zur Sicherung der Liquidität, Subskription mit Partition (Zuteilung) oder eine Substitution eines Lieferkontrakts durch Vergabe an befreundete Weingüter mögliche Reaktionen sein. Die überdurchschnittliche Ernte deutscher Weinproduzenten in 2018 hingegen wurde von einigen Anbietern als Chance für neue Marktaktivitäten und Kundengewinnung interpretiert, während andere primär einen Preisverfall befürchteten (siehe auch Abb. 62). Als Resultat hängt die Plananpassung von der jeweiligen Beurteilung der Störgröße und des Einflusses ab.

Planverfehlung kann **ungeahntes Potenzial** eröffnen. BMW wurde nach der Übernahme von Rover/Mini und einer Neuauflage des Fahrzeugs Mini von einem Kaufinteresse weit über der Prognose überrascht. Unerwartete Zielgruppen haben Interesse für die Autos gezeigt. Auch in der Weinbranche gibt es zahlreiche Beispiele, dass neue

Produkte (z.B. Naturweine) obwohl vielleicht weder einem erwarteten Geschmacksprofil entsprochen noch Bestandskundschaft angesprochen haben, durch die Gewinnung neuer Kunden äußerst erfolgreiche Markteinführung begründet haben.

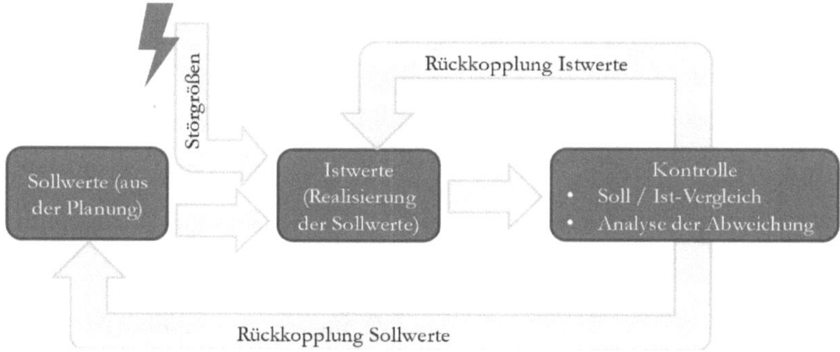

Abb. 153: Kontrolle im Regelkreis (in Anlehnung an Schreyögg & Koch 2014)

Nachhaltigkeit bietet vielfältige Ansätze und Anlässe, um die Analysen zu initiieren und zu bereichern. Vor allem sollte eine Maxime zur Hinterfragung dienen, ob nicht durch **Verzicht** die Wertschöpfung erhöht werden kann (z.B. Logistikprozesse, Angebotskomponenten) – gemäß dem Sprichwort „manchmal ist weniger mehr!“ Alle Stellhebel der Strategieentwicklung und der operativen Umsetzung in den funktionalen Strategien bieten Ansatzpunkte, um Verbesserungen zu erreichen und Zieladäquanz sicherzustellen, da der hiermit verbundene **Erkenntnisgewinn** wertschöpfend ist.

Die fortlaufende Kontrolle der Zielerreichung und die Anpassung auf strategischer und operativer Ebene liegen in der unternehmerischen Verantwortung.

[1] Welche Zielabweichungen lassen sich erkennen? Sind diese kurzfristig auf operativer Ebene oder basieren sie auf strategischer Fehlplanung?

[2] Basieren die Abweichungen auf Veränderungen der internen oder externen Unternehmensumwelt? Sind falsche Annahmen für Abweichungen verantwortlich?

[3] Waren die operativen Ziele richtig gesetzt? Wurde richtig gemessen? Sollte mit einem Zielkorridor statt einer Zielzahl gearbeitet werden?

[4] Was sind positive Aspekte der Zielverfehlung? Konnten Zielerreichungen bei anderen Zielen von der Abweichung profitieren? Offenbart die Zielabweichung Handlungsbedarf im Unternehmen?

[5] Erzielen die beabsichtigten Maßnahmen das gewünschte Ergebnis? Können alternative Maßnahmen ergriffen werden?

[6] Wurden und werden Mitarbeiter, Partner und Dritte hinreichend informiert und eingebunden? Welche Motivationsfaktoren können gewünschte Aktivitäten zur Zielerreichung unterstützen? Welche Demotivationsfaktoren behindern verstärktes Zielengagement?

[7] Welche Anpassungen sind zur Sicherstellung der gesamtheitlichen Nachhaltigkeitsziele notwendig?

8.3 Digitale Transformation

Digital formatierte Daten lassen sich informationstechnisch verarbeiten. Digitalisierung umfasst die Aufbereitung von Informationen zur Verarbeitung und Speicherung in einem digitaltechnischen System (z.B. Scanning eines Papierdokuments im Computer). Mit der technologischen Weiterentwicklung erweitert sich der Begriff Digitalisierung auf die Nutzung digitaler Technologien und die hiermit ermöglichte Automatisierung, Vernetzung und Integration von Prozessen. Der erste Computer wurde vor mehr als 80 entwickelt und Informationstechnologie (IT) diente anfänglich der **Effizienzsteigerung**. Ein Lochkarteleser hat sich wiederholende Prozesse **automatisiert**. Hierauf aufbauend wurden Softwareprodukte wie Office-Programme, Kundenmanagement (CRM) und Enterprise-Resource-Planning (ERP) (Steuerung von Warenströmen und ganzheitliche Prozesssteuerung) entwickelt. Seit Anfang des 21. Jahrhunderts haben sich neben der Effizienzsteigerung und Automatisierung die **Flexibilisierung** und **Individualisierung** als Treiber der Digitalisierung in den Vordergrund gedrängt. Mit der Kreation von weltumspannenden Computernetzen wurde die Basis für disruptiv wirkende Technologien und innovative Geschäftsmodelle als vierte industrielle Revolution gelegt, die über cyber-physische Systeme und Künstliche Intelligenz (KI) den industriellen Wandel bestimmt: Internet of Things (IoT), (sensorbasiertes) Data-Mining, Cloud Computing, Big und Small Data Analytics sowie Industrie 4.0, Smart Solutions (z.B. Home, Energy oder Factory), E-Commerce und zwischenzeitlich auch Landwirtschaft 4.0.

> Pressemeldung BMEL v. 15.07.21: „*Boost für innovative, agrarnahe Start-Ups Blockchain-basierte Rückverfolgung bei der Produktion landwirtschaftlicher Erzeugnisse oder Echtzeitanalyse der Bodenbedingungen zur Steuerung von Pflanzenschutz und Düngung – die Agrar- und Ernährungswirtschaft ist ein zukunftsweisender Wirtschaftszweig mit einem enormen Ideenpotenzial. Um diese Innovationskraft weiter zu stärken, beginnt eine neue Start-Up-Förderung.*“

Digitalisierung leistet einen wichtigen und steigenden Beitrag zur Zielerreichung, -kontrolle und Feinsteuerung. Unternehmen können durch die digitale Optimierung von Geschäfts- und Arbeitsprozessen Effizienzgewinne und damit Kosteneinsparungen realisieren. Digitale Prozesse können aber auch die Qualität verbessern, indem potenzielle **Fehlerquellen** vermieden werden. Der Einsatz digitaler Technologien hat Auswirkungen auf das **Kundenerlebnis**, da Kundendaten verfügbar sind und die Bedürfnisbefriedigung ebenso wie der Kundenkontakt bei Nutzung der Daten optimiert werden können. Digitalisierung beflügelt neue Angebote und **Geschäftsmodelle**: Fahrdienstservice wie Uber nutzen digitale Apps, die eigene Standortdaten übermitteln und in Reichweite befindliche verfügbare Fahrer zuteilen. Finanzbuchhaltungs-Apps unterstützen Kleinunternehmer bei der Angebots- und Rechnungserstellung, steuerlichen Aufgaben und erleichtern eine digitale Belegarchivierung (z.B. Papierkram.de). Kompetenzaufbau zum Online-Marketing für Unternehmer wird über digitale Plattformen, Podcasts und Web-Konferenzen angeboten (z.B. Digital-Bash.de). Zunehmend werden digitale Dienste auf Grundlage des Nutzungsumfangs (in einer Basisversion teilweise sogar kostenlos (z.B. WeTransfer, Unsplash)) und nicht des Kaufs (Xaas – Everything as a Service) angeboten, was insbesondere für Kleinunternehmen den Zugang zu digitalen Angeboten erleichtert.

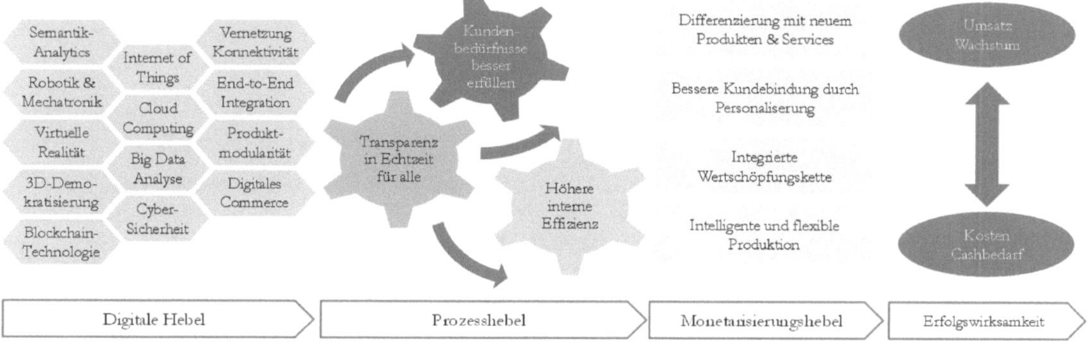

Abb. 154: Digitalisierung Hebel und Erfolgseinfluss (in Anlehnung an Wieselhuber 2018)

Noch gibt es erhebliche Herausforderungen in KMUs bei der Digitalisierung, obwohl sie Lösungspotenzial zur Produktivitätssteigerung und zur Optimierung in den Bereichen Umweltschutz, Gesundheit und Sicherheit kleiner Betriebe bietet. Die Landwirtschaft treibt in Analogie zur Industrie 4.0 umfassende Anwendungen für Digitalisierung zur Potenzialausschöpfung voran.

Die vom auf Weinbau spezialisierten Maschinenbauer **Braun** gemeinsam mit dem Traktorhersteller **Fendt** entwickelte automatisierte Fahrzeug- und Geräteführung zur mechanischen Unterstockbearbeitung in Reben wurde mit einem Innovationspreis gekürt. *„Mittels Lasertechnik werden Bodenkontur, Rebstöcke, Pfähle usw. zur Steuerung des Traktors erfasst und digital genutzt. Der Traktor übernimmt die Spur- und Geräteführung. Die kombinierte Traktor-/Gerätesteuerung erleichtert die mechanische Unterstockbearbeitung. Neben Fahrerentlastung und höherer Flächenleistung macht ein exakteres Führen der mechanischen Werkzeuge auch einen reduzierten Einsatz anderer Pflanzenschutzmaßnahmen möglich."* (Pressemeldung agritechnica vom 24.9.2019)

Auch Künstliche Intelligenz erlangt zunehmend Bedeutung im Weinbau. Das **Deutsche Weintor** setzt auf digital gestützte Ertragsprognosen und Verbesserung der Entscheidungen zur Steigerung der Qualität und der Wirtschaftlichkeit. (Schönhöfer 2021)

Am Deutschen Weintor unterstützt Straube unter anderem das digitale Projekt „Künstliche Intelligenz für die innovative Ertragsprognose von Reben" (KI-iREPro). Dieses soll helfen, genauere Ertragsprognosen machen zu können. „Der Ertrag bestimmt in hohem Maße die Qualität der Trauben. Wenn zu viele drin hängen, ist der Stock überlastet und die Qualität sinkt", sagt Straube.

Qualitätsmanager Michael Straube schaut, wie viel Ertrag die Reben des Deutschen Weintors dieses Jahr bringen. Schon bald übernimmt das eine künstliche Intelligenz.

In der Weinbranche bilden bei der Digitalisierung bisher die Verwaltung und das Management der Kundenschnittstellen die Schwerpunkte.

Im Weingut **Sommos** wird der Weinausbau in den Barrique-Fässen durch teilautomatisierte Robotik mit minimiertem Einfluss von menschlicher Aktivität gesteuert. Beim kalifornischen Weingut **Palmaz Winery** werden die Weinbergsflächen permanent durch Wärmebildaufnahmen hinsichtlich des Vegetationsfortschritts überwacht. Die Informationen werden im Weingut genutzt, zeitweise auch durch Projektion auf Kellerwände.

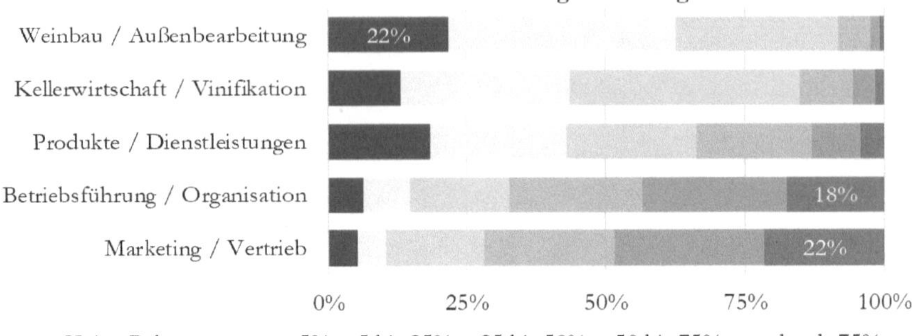

Abb. 155: Digitalisierungsrelevanz am Beispiel der Wertschöpfungskette in der Weinbranche (Befragung 2018)

Der Veränderungsdruck wird weiter an Dynamik gewinnen. **E-Commerce** (internetbasierter Warenverkauf an Endverbraucher) im deutschsprachigen Raum (D, A, CH) hat im Jahr 2020 ein konsolidiertes Volumen von mehr als 100 Milliarden Euro erreicht - ein Viertel des E-Commerce-Warenumsatzes der USA. Ein Ausschöpfen der Produktivität und weiterer Vorteile durch Digitalisierung erfolgt umfassend erst bei einer wertschöpfungsstufenübergreifenden Datenverfügbarkeit und -nutzung: Daten repräsentieren mittlerweile einen handelbaren Wert, sie werden verkauft. Nutzungsverhalten, Vorlieben, Einkaufsverhalten, Produkt- oder Markenpräferenzen werden durch Algorithmen und künstliche Intelligenz ausgewertet. Unternehmen wollen durch Zugriff, Auswertung und Nutzung von Daten das eigene Angebot optimieren bzw. in den Vordergrund stellen. Daten werden ebenso von den Konsumenten verarbeitet und genutzt, wie Preis- und Angebotsvergleiche über Internet veranschaulichen. Ebenso sind alle Bezugsgruppen an Daten interessiert. Einkünfte von Gastronomen laut Steuererklärung werden mit Durchschnittswerten abgeglichen, um deren Plausibilität zu überprüfen. Entsprechend lohnt sich eine Auseinandersetzung mit Nutzungsmöglichkeiten von Daten.

Sogrape Vinhos, ein in Portugal ansässiger Weinproduzent, hat die gesamte Produktion und Schnittstellen digitalisiert. Alle Prozesse im Unternehmen können digital nachvollzogen werden. Blockchain Technologie für lückenlose Rückverfolgung ist hier gelebte Praxis.

Film-Link Palmaz Winery: Winemaking goes cutting edge - YouTube

8.4 Veränderungsmanagement

In der betrieblichen Praxis zeigt sich, dass Zielerreichung weitreichende Veränderung im Betrieb bedingt. Veränderungsmanagement (Change Management) sichert gewünschte und zielorientierte Gestaltung von Prozessen, der Struktur bis hin zum Verhalten im Betrieb. Die Prozess(re)organisation, die auch wegen der Veränderungen im Kundenverhalten oder in der technologischen Umwelt wiederholt erfolgen muss, veranschaulicht eine für Reorganisation zielführende Abfolge von Ist-Analyse, Ist-Kritik, Soll-Konzept, Implementierung des gewünschten Prozessdesigns und Umsetzungskontrolle.

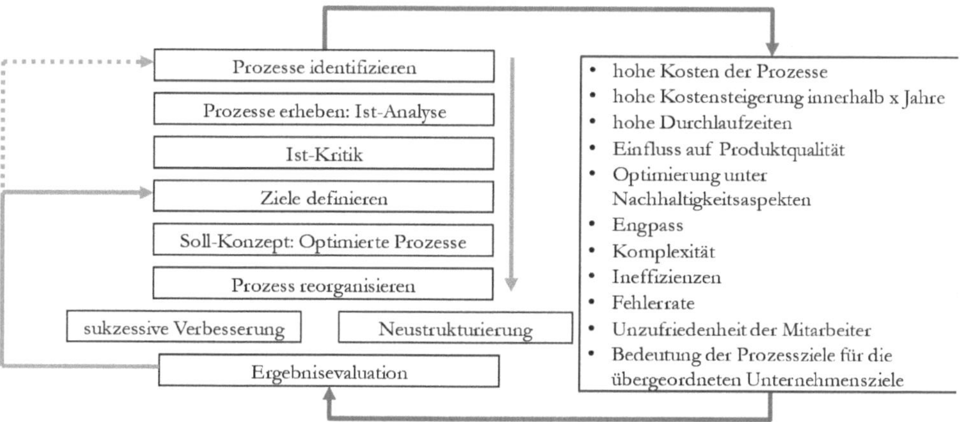

Abb. 156: Schematischer Ablauf Prozessoptimierung

Die Stellhebel zur Optimierung sind vielfältig. Teilweise kann auf Aktivitäten **verzichtet** werden (z.B. nicht wertschöpfende Dokumentation). **Auslagerungen** oder **Parallelisierung** von Aktivitäten kann helfen, die Prozessqualität zu steigern oder Kosten zu reduzieren. Anhaltspunkte für Handlungsbedarf und Optimierung liefern Gespräche mit Lieferanten, Händlern und Kundenbefragungen.

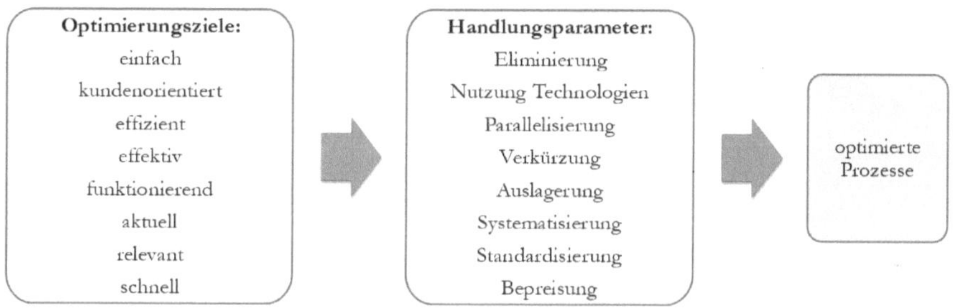

Abb. 157: Optimierungsziele und Handlungsparameter bei Prozessverbesserung

Prozessbasiertes Qualitätsmanagement wird über **zertifizierte Prozesse** sichergestellt und kommunizierbar. Dies hat zu einer prozessqualitätsorientierten Managementphilosophie „**Six Sigma** (6σ)" geführt. Der Six Sigma Ansatz verfolgt den Anspruch einer permanenten und konsequenten, methodisch fundierten Optimierung aller Prozesse.

> **SIX SIGMA**
>
> **Truly great wine reflects the marriage of art and science**
>
> At Six Sigma Ranch & Winery, we combine *Six Sigma* methods with the craftmanship of winemaking to enable the creation of a consistent, quality product. For those who are not familiar with it, the *Six Sigma* methodology was derived from mathematical models developed by engineers for process improvement in the 1980's. Since then, it has become an internationally recognized management process, focused on producing high-quality products and services to meet customer needs. To do so, the process is dependent on rigorous data analysis that drives decision-making and practices. From manufacturing to healthcare, insurance, and sales, organizations have relied on proven *Six Sigma* techniques to better serve their customers.

Gezielte und gesteuerte Veränderung ist ein unternehmerisches Anliegen, das auch als **Change** bezeichnet wird. Veränderungen zur Prozess- und Geschäftsmodellanpassung sind angesichts Menschen charakterisierender **Beharrlichkeit** zu gestalten. Veränderungen Risiken bergen und resultierende Implikationen sind nicht vollständig prognostizierbar, was die Veränderungsbereitschaft mindert. Auch eine vielfach berechtigte Vermutung, dass Veränderung nicht das Wohl des Betroffenen im Auge haben, wirkt hemmend. **Veränderungsdruck** (Need of Urgency) bildet einen Hebel, um das für Menschen charakteristische Beharrungsverhalten zu überwinden. Sobald die Notwendigkeit zur Veränderung als unvermeidbar angesehen wird, steigt die Bereitschaft zum Wandel.

Veränderungsmanagement oder **Change-Management** realisiert einen Transformationsprozess in Unternehmen. Auf Basis von Phasenkonzepten und einer Vielfalt an erprobten Instrumenten zur Organisationsgestaltung werden neue Strategien, Strukturen, Systeme, Prozesse oder Verhaltensweisen zielgerichtet implementiert. Die groben Phasen eines Change-Prozesses werden sinnbildlich als „Auftauen“ (Strukturen destabilisieren), „Bewegen“ (Veränderung gestalten) und „Einfrieren“ (Zielzustand stabilisieren) benannt.

Der gesellschaftliche Wertewandel und insbesondere ein sich auf Nachhaltigkeit konzentrierendes Einkaufsverhalten der Konsumenten sind Phänomene für steigenden Veränderungsdruck, wie die Umsetzung von Online-Shops und online-Weinverkostungen bestätigen. Der Corona Virus zeigt einen enormen Veränderungsdruck, der besonders die Digitalisierung beschleunigt. Die Nutzung von 3D-Druckern zur Herstellung von Atemschutzmasken oder Beatmungsgeräten zeigt, was nicht vermeidbarer Veränderungsdruck bewirkt. Mit nachhaltigem Bestand. Ist der Kunde an neue Prozesse gewöhnt, dann wirkt das beschriebe Phänomen des Beharrungsvermögens erneut und sichert **Verstetigung**. Ein derzeit steigendes Bestellverhalten zur Vermeidung von Einkäufen wird den Online-Absatz und damit diesen Vertriebskanal weiter beflügeln.

Docteur.Gab bezeichnet sich als „Pionier der Schweizer Craft-Bier Szene“ und zeigt eine beeindruckende Wandlungsfähigkeit. Im Zuge der einschneidenden Auswirkungen der Corona-Pandemie hat das Unternehmen das Geschäftsmodell frühzeitig angepasst. Docteur.Gab war Vorreiter in der Umstellung von Bier- auf Alkoholproduktion als Hygienemittel. Partnerschaft wird praktiziert, auch indem die eigene Distribution nun auch eine Lebensmittellieferung der lokalen Händler wahrnimmt, Docteur.Gab´s bisherige Abnehmer. Der Online-Verkauf mit Direktbelieferung wurde ausgedehnt und weist zweistellige monatliche Wachstumsraten auf. Aus einer Aktivierung des eigenen Netzwerks zur finanziellen Unterstützung in Not geratener Gastronomiebetriebe hat das Team eine Finanzierungsplattform für Restaurants entwickelt – eine vorbildliche Kundenhilfe.

Trotz verkürzter Transformationszyklen bedingt ein Veränderungsprozess nach einem Aufbruch und der **gesteuerten Transformationen** einen Zielzustand erst verstetigen muss. Ein Wandel ohne Verstetigung birgt die Gefahr von **Orientierungslosigkeit**, was ein Ergebnis häufigem Führungswechsel sein kann. Mit jeder Neubesetzung werden veränderte Akzente gesetzt, andere Ziele kommuniziert und Veränderungen von den Mitarbeitern eingefordert. Da Transformationsprozesse Zeit bedingen, können im Falle von Führungswechsel in kurzen Abständen, diese nicht (vollständig) greifen. In der Folge sinkt das Unterstützungsniveau für neue Change-Projekte. Professioneller Wandel berücksichtigt die Organisation, Verhaltensweisen, kulturelle Verankerung und informelle Machtstrukturen. Erst in Kenntnis der Veränderungsbarrieren in kann ein Mobilisierungsprogramm die gewünschte Transformationskraft entfalten. Ein engagierter Changemanager wirkt als Umsetzungsbeschleuniger. In Kleinbetrieben obliegt diese Aufgabe dem Unternehmer.

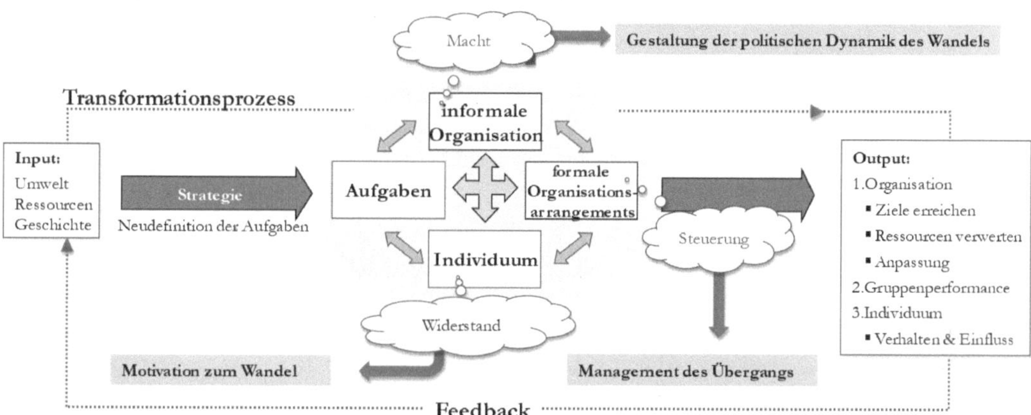

Abb. 158: Veränderungsmanagement (in Anlehnung an Nadier 1988)

Nachhaltigkeit entwickelt sich neben Schnelligkeit und Verlässlichkeit zu einem der drei ausschlaggebenden Entscheidungsfaktoren. Damit rückt **Nachhaltigkeitsorientierung** und hiermit verbundene Kommunikation der Unternehmen zunehmend in den Vordergrund - es wird ein strategisches Thema, aber auch ein Treiber für Veränderung. Nachhaltigkeit ist Motivator, Treiber aber auch ein Ergebnis eines professionellen Veränderungsmanagements. Prozessoptimierung ist auch beim Nachhaltigkeitsmanagement hilfreich. Die Abläufe im Unternehmen sind unter allen drei Aspekten – ökonomisch, ökologisch und sozial – auf den Prüfstand zu stellen. Beispielhafte Fragen zum Prozessdesign könnten sein: Welche Prozessschritte können wie optimiert werden, um den Energiekonsum zu senken? Wie können Prozesskosten gesenkt werden? Welche Aktivitäten können prozessseitig initiiert werden, um die Arbeitssicherheit oder die Work-Life-Balance zu erhöhen?

> Im Nachhaltigkeitsbericht des **Weinguts Scherr** werden Schritte der Prozessoptimierung (z.B. Wasserverbrauch) durch Einsatz von Technologie, Ersatzinvestitionen, Prozessgestaltung und Verzicht auf Prozessschritte kommuniziert: „*Das Weingut trifft viele Maßnahmen, um den Wasserverbrauch bewusst zu senken. Dazu gehören die Ausrüstung von Schläuchen mit Sprühköpfen, die Abschaffung der Berieselung der Tanks durch Umstellung auf Gärkühlung sowie die Anschaffung eines Hochdruckreinigers und der Verzicht auf Reinigung mit dem Schlauch.*“

8.5 Krisen als Chance?

Nicht vorhersehbare, **disruptive Umweltveränderung**en mit häufig destruktiver Wirkung gewinnen in unserer stark beanspruchten Umwelt zunehmend an Bedeutung und beeinflußen die unternehmerischen Aktivitäten in immer größeren Ausmaß. Eine **sensitive Wahrnehmung**, ob und wie Reaktionen ausfallen, zeigt die Stärke von Unternehmertum. Reagieren, Flexibilität und Spontanität sichern, dass nicht zielführende Entwicklungen eingebremst und mit Gegenmaßnahmen gewünschte Zielzustände erreicht werden. Dies entbindet nicht von einer planerischen Auseinandersetzung mit Zukunftswelten, sondern ergänzt die strategische Planung und deren unternehmerische Umsetzung. Insbesondere bei disruptiver Umwelt zeigen sich anpassungsfähige und sensitive Unternehmen resilient.

> Eine Organisation ist **resilient**, wenn sie die Fähigkeit zur Wahrnehmung und Anpassung auf negative und insbesondere zerstörerische Umwelteinflüsse aufweist.

Betriebliche Resilienz ist ein noch junger, aber wachsender Forschungsbereich. Erkenntnisse aus der Psychologie, Medizin und Ökologie zur Verarbeitung von traumatisierenden oder zersetzend wirkenden Erfahrungen haben im betrieblichen Kontext zuerst die Materialforschung und folgend ökologische Systembetrachtungen befruchtet. Die charakteristische Adaptionsfähigkeit auf exogene Umweltfaktoren bei betrieblicher Resilienz ist auch für das strategische Management, die Organisationsgestaltung und das Innovationsmanagement von Bedeutung.

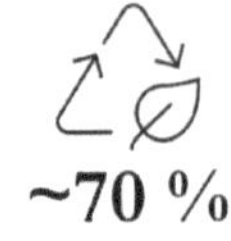

Abb. 159: Bedeutung strategischer Planung im Krisenmodus (in Anlehnung an McKinsey 2021)

Eine Strategie bedingt eine Auseinandersetzung mit Entwicklungen, gewünschten Zuständen und hierfür aus Sicht des Unternehmers sinnvollen Maßnahmen. In der Umsetzung bedarf es einer permanenten **Hinterfragung** der im Rahmen der strategischen Planung getroffenen **Annahmen**, der **Zieladäquanz** der initiierten Maßnahmen, der **Umweltveränderung** und des **Zielerreichungsgrads**. Hieraus ergeben sich Impulse zur adaptierten Steuerung oder zur Überarbeitung des strategischen Handlungsgerüsts.

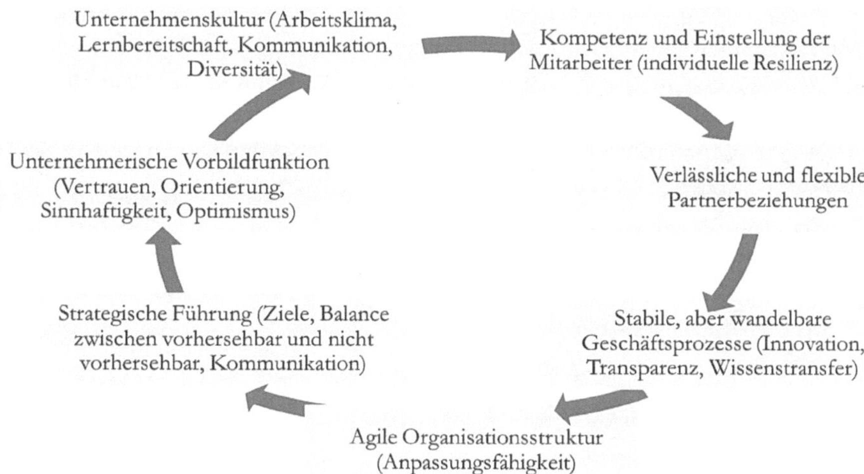

Abb. 160: Resilienzzyklus und Gestaltungselemente

Die Disruption wurde in der strategischen Literatur mit der Abkürzung **VUCA** konkretisiert: **V**olatility (Volatilität), **U**ncertainty (Ungewissheit), **C**omplexity (Komplexität) und **A**mbiguity (Mehrdeutigkeit). Im Rahmen der Strategie sollten diese Aspekte bei den strategischen Aktivitäten berücksichtigt werden. Bei Kenntnis der eigenen Unternehmenssituation und von Risiken und Schwächen, einer resistenten Organisationsstruktur mit gelebter Führungs- und Unternehmenskultur und Flexibilität zur Wahrnehmung von Chancen können disruptive Veränderungen strategisches Potenzial eröffnen. Nachhaltigkeit fordert in der grundsätzlichen Definition als langfristige Existenz unternehmerische Resilienz als handlungsleitende Nachhaltigkeitsmaxime. Die Corona-Pandemie veranschaulicht die katalytische Kraft einer Krise. Innovationen werden angegangen, um gestärkt aus einer Krise herauszukommen. Auch das Meistern der Flutkatastrophe durch Maßnahmen im Sinne der Nachhaltigkeit (z.B. Nachbarschaftshilfe, Netzwerke zur gegenseitigen Unterstützung, Stellung von notwendigen Maschinen, Versand durch Partner bei zerstörter Produktionsbasis, Spendenaktionen) zeigt die Relevanz und Lösungsansätze.

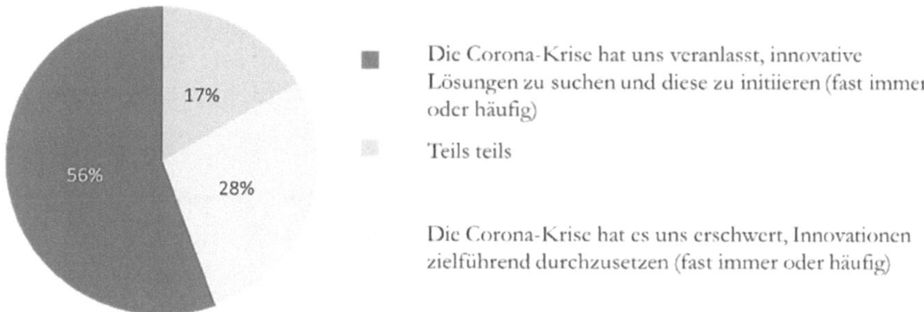

Abb. 161: Innovationsschub durch die Corona-Pandemie in der Weinbranche (Befragung 2020)

Weitreichende Geschäftsmodellinnovationen sind zur Krisenbewältigung notwendig und werden auch nachhaltig implementiert.

> In jeder Krise steckt auch eine Chance. *Diese Chance hat ein Netzwerk um das Magdeburger Unternehmen* ***Wein:Sein*** *genutzt und eine neue lokale Handelsplattform ins Leben gerufen – die Idee eines regionalen Online-Marktplatzes war geboren.* (Voigt 2020)
>
> Die **Winzergenossenschaft Mayschoss-Altenahr** wurde massiv von der Flutkatastrophe getroffen. Trotz überlebensgefährdender Situation wird in die Zukunft geschaut.
>
> "DER STURM WIRD IMMER STÄRKER. DAS MACHT NICHTS- WIR AUCH!"
>
> **Liebe Freunde der WG,**
>
> das Wichtigste vorab: wir sind alle soweit wohlauf und uns geht es gut.
>
> Die letzten Tage sind nicht in Worte zu fassen und aktuell wissen wir nicht, wie es weitergehen soll. Die Hochwasserkatastrophe hat unser schönes Ahrtal voll erwischt und auch die Gebäude der WG in Mayschoss, Altenahr und Walporzheim sind zerstört worden. Wir haben aktuell noch keine geregelte Strom und Wasserversorgung und auch der Empfang ist nur sehr eingeschränkt vorhanden. Mayschoss ist nach wie vor von der Außenwelt abgeschottet.
>
> Da wir im Ahrtal aber nicht dafür bekannt sind, unsere Köpfe hängen zu lassen, sind wir uns alle einig, dass es weitergehen wird. Es wird nur viel Zeit, Geduld und Unterstützung brauchen.

In der Literatur wird ein kausaler **Zusammenhang von Krisen** proklamiert: eine strategische Krise geht der finanziellen Krise voraus, die dann in einer Ergebniskrise münden kann und das Unternehmen zur Aufgabe zwingt. Die Schlussfolgerung hieraus ist, frühzeitig eine Krisensituation zu erkennen und zu agieren. Reflexion der strategischen Ziele und ihrer Erreichung ist eine **Risikovorsorge**, um finanzielle Krisen zu vermeiden. In Kenntnis von Liquiditätsmangel oder bei Wahrnehmung von Ertragsausfällen ist Handlungsbedarf angezeigt, bei dem durch Restrukturierung oder Sicherung der Unterstützung von Partnern eine Ergebniskrise vermieden werden kann.

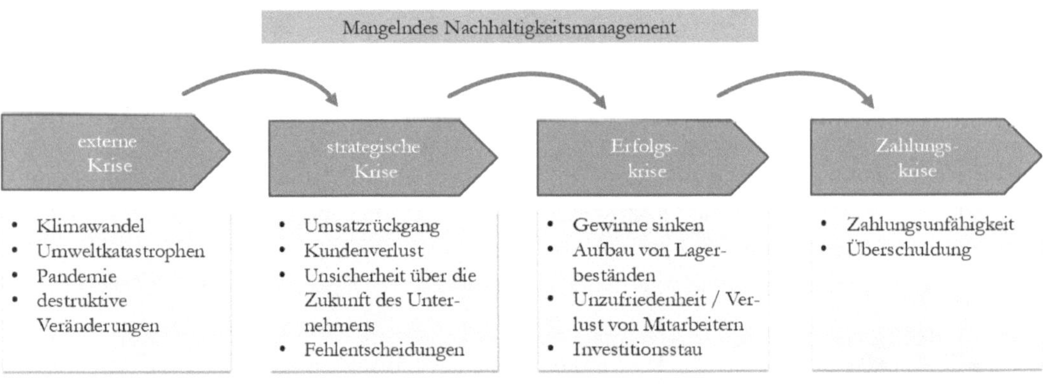

Abb. 162: Krisen und Indikatoren

Diese „Verkettung von Krisen" ist um einen Aspekt zu erweitern. **Nachhaltigkeit** wird zum **Hygienefaktor**, d.h. es wird erwartet, dass Unternehmen im Sinne der Nachhaltigkeit agieren. Mangelhaftes Nachhaltigkeitsmanagement wird eine strategische Krise zur Folge haben (s. BP, die zwar über eine gewinnende Strategie mit selbstbewusster Kommunikation von Nachhaltigkeitsgrundsätzen verfügt haben, aber im operativen Management versagt haben und eine beispiellose Umweltkatastrophe zu verantworten haben).

Nachhaltigkeit kann sinngebend wirken. Nachhaltigkeit kanalisiert die mannigfaltigen Ambitionen, Ziele und Ansprüche, um potenzielle Ursache für Krisen zu minimieren. Die Zielsetzung von Volkswagen (VW), größter Automobilkonzern zu werden hatte zur Folge, dass nachhaltiges Handeln durch rechtswidrige Handlungsweise konterkariert wurde. Die Kreation und Nutzung von Software zur Verschleierung der Abgaswerte, um der strategischen Ambition durch Absatzsteigerung zu entsprechen, hat eine dramatische Wertvernichtung im Konzern ausgelöst. Derartige Verfehlungen können bei konsequenter Nachhaltigkeitsausrichtung, einer Repriorisierung der Ziele und somit auch einem konsequenten und unternehmerisch verantworteten Nachhaltigkeitsmanagement sowohl Krisen im Unternehmen vermeiden und die Gesellschaft bereichern.

> *„Ungewöhnliche Kooperation: Die Genossenschaft Alde Gott Winzer und Edelbrände in Sasbachwalden produziert wegen der Corona-Krise Desinfektionsmittel für eine Apotheke in Sasbach. Rund 1.500 Flaschen pro Tag können so hergestellt und verkauft werden.“* (Bott 2020)

9 Zusammenfassung und Ausblick

Unternehmer stellen sich zunehmend die Frage, ob ihr Unternehmen angesichts der **Umwälzungen** und Veränderungen für die nächsten Jahre **gewappnet** ist. Existenzielle Fragen sind zu beantworten: Ist eine Neuausrichtung notwendig? Wird ausreichend unternehmerisch agiert? Werden Chancen genutzt und Risiken erkannt? Ist Nachhaltigkeitsmanagement zur langfristigen Sicherung der eigenen und der gesellschaftlichen Zukunft strategisch verankert? Antworten zu finden ist angesichts der mannigfaltigen Trends und vielfältiger Implikationen für das eigene Geschäftsmodell nicht einfach. Selbst Zukunftsforscher und -experten sehen eine steigende Komplexität aufgrund der Massivität von Veränderung, gesellschaftlicher und technologischer Entwicklungen und deren Vernetzung. Zudem müssen nicht oder schwer vorhersehbare Zäsuren und deren Einfluss auf die Unternehmen gemeistert werden.

Nachhaltiges, strategisches Unternehmertum bietet Lösungspotenzial. Zur Konzeption, Überprüfung und Optimierung eines strategisch basierten und nachhaltigen Geschäftsmodells und dessen kundenzentrierter Ausgestaltung liefert dieses Buch Impulse. Eine Sicherung der betrieblichen Zukunft muss den Anforderungen externer Bezugsgruppen gerecht werden. Klimawandel, Artensterben, Vermüllung, CO_2-Belastung und Ressourcenknappheit werden massiv durch die Wirtschaft mit verursacht. Unsere Gesellschaft, die Wirtschaft und jeder Einzelne ist aufgefordert, seinen bestmöglichen Beitrag zur Sicherung einer Zukunft für nachfolgende Generationen zu leisten.

Kleine Betriebe und Unternehmer haben die besten Voraussetzungen, flexibel und agil auf Veränderungen einzugehen und die komplexen und dynamischen Herausforderungen zu meistern. Strategisch basiertes und nachhaltig orientiertes Unternehmertum deckt dabei die Erfolgsfaktoren ab.

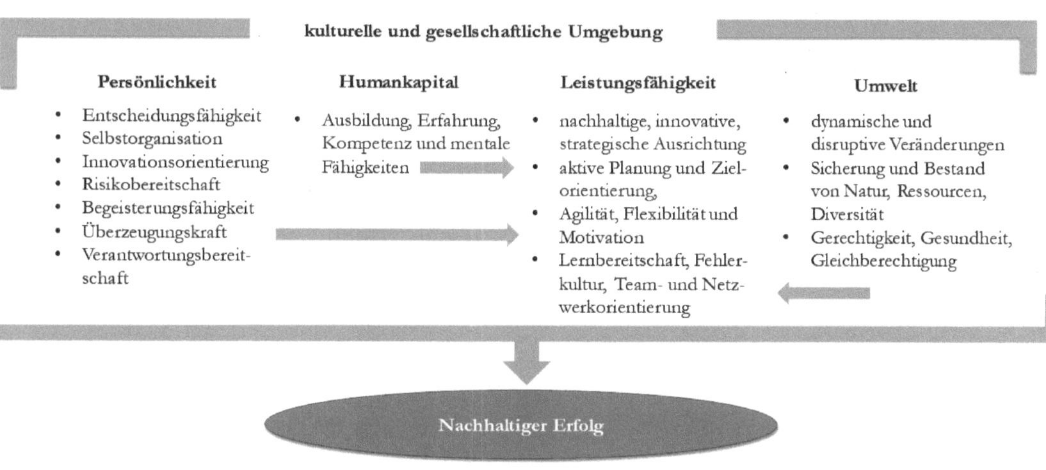

Abb. 163: Prozess erfolgreichen Unternehmertums (in Anlehnung an Kerr et al. 2017)

Angesichts der unruhigen und fordernden Zeiten ist es unabdingbar, dass Unternehmen, die in zunehmend wettbewerbsintensiven Märkten eine Zukunft haben wollen, sich durch **vorausschauendes Handeln, Unternehmertum** und **agile Unternehmensführung** auszeichnen. Strategische Agilität geht durch proaktives und antizipatives Handeln über grundsätzliche Flexibilität hinaus. Strategie ist dann keine Pflichtübung im Sinne von seitenfüllenden Fünf- oder Zehn-Jahresplänen, es wird zur **permanenten Managementaktivität** durch ein **Monitoring** der Umwelt, **proaktive Wahrnehmung** von Chancen und **unternehmerische Steuerung von Risiken**. Unternehmer können die hierzu notwendigen Elemente beherrschen:

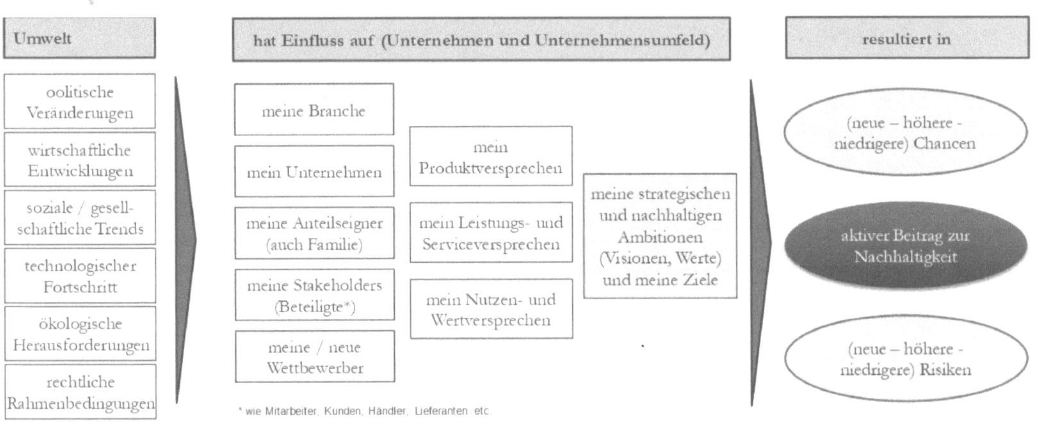

Abb. 164: Unternehmerisches Steuerungssystem

Bei nachhaltigem Unternehmertum, d.h. einem strategischen Management nach Nachhaltigkeitskriterien und -zielen, profitiert der Betrieb ebenso wie die Bezugsgruppen und die Gesellschaft. Nachhaltigkeit ist eine Resultante des strategischen, unternehmerischen Handelns. Mit diesem nachhaltigen, unternehmerischen Verständnis werden die Grundlagen für strategische, nachhaltige Unternehmensführung gelegt und eine wiederholte Schärfung des strategischen Handlungsrahmens eingefordert. **Nachhaltiges Unternehmertum** wirkt als Transmission für ein motiviertes, kreatives und überzeugendes strategisches Handeln mit einem gewinnenden, adaptiven Geschäftsmodell. Nachhaltigkeit wird ein zwingendes Mittel zur Steigerung der unternehmerischen **Transparenz** und sichert Wertschöpfung, Nachhaltigkeit und Erfolg im Markt.

Die Relevanz von nachhaltigem Unternehmertum und professionellem strategischen Management wird auch in Kleinbetrieben – und nicht nur in der Weinwelt – weiter steigen und dazu beitragen, die **Zukunft nachhaltig zu sichern**. Dabei ist jede Aktivität und jeder Beitrag zur Steigerung der Nachhaltigkeit zielführend, notwendig und hilfreich.

Viel Erfolg und Freude bei der strategischen, unternehmerischen und nachhaltigen Marktbearbeitung.

Praxisbeispiele

Adidas: eigne Analysen, Fallstudien, https://report.adidas-group.com/2020/en/group-management-report-our-company/strategy.html

Alde Gott Winzer und Edelbrände Schwarzwald: (Bott 2020) https://bnn.de/karlsruhe/desinfektionsmittel-statt-wein-winzergenossenschaft-stellt-produktion-wegen-corona-krise-um)

Aldi Süd: Eigene Analysen, www.zdf.de/nachrichten/panorama/tierwohl-aldi-billig-fleisch-umstellung-100.html, www.lebensmittelzeitung.net/galerien/Wein-Pop-up-von-Aldi-Sued--1053, www.presseportal.de/pm/108584/3568928

Askitis, Toni (asktoni): www.instagram.com/asktoni.de; (www.WeinTour.det 2021)

Barefoot: https://thebarefootspirit.com/barefoot-wine-founders-overview-and-brief-history/

BASF: https://www.basf.com/global/de/who-we-are/digitalization/digital-business-models.html

Ben&Jerry: Betriebsbesichtigung, eigene Analysen, https://www.ben-jerry.com/about-us

Bergsträsser Winzer: Interviews, www.bergstraesserwinzer.de

Berry Bro´s & Co.: (Diaz 2017); https://medium.com/@winetraining/the-vdp-wine-classification-f2e60f10f8c3

Betz Garagenweingut: https://www.betz-garagenwein.de/

Biontech: Die Zeit 15, 8.4.21 S.23

Bodegas Muga: Interviews, Betriebsbesichtigung und Internetrecherche; www.vi-campo.de/weingut-bodegas-muga

Bodega Sommos (vormals Irius): Eigene Analysen, Interviews, Betriebsbesichtigung, eigenes Bildmaterial, Presse, Internetrecherche

Bollinger / Ponzi Vineyards: www.thedrinksbusiness.com/2021/04/bollinger-family-buys-oregons-ponzi-vineyards-as-part-of-us-push/

BP: Eigene Analysen, diverse Presseartikel, www.epa.gov/enforcement/deepwater-horizon-bp-gulf-mexico-oil-spill, www.energate-messenger.de/news/166306/bp-rechnet-mit-44-mrd-us-dollar-verlust-durch-deep-water-horizon

Braun / Fendt: PM agritechnica v. 24.9.2019, www.presse-zur-messe.de/agritechnica-2019-innovation-award-agritechnica-2019-gewinner-stehen-fest/

Bvlgari: www.domperignon.com/de-de/champagne/news/dom-perignon-x-bvlgari

BMW /Mini: Eigene Analysen, Interviews

Cantina Goccia / Frugalpack: www.neue-verpackung.de/66178/italienischer-winzer-bringt-wein-in-der-papierflasche-auf-den-markt/

Caudalie: eigene Analysen, https://fr.caudalie.com/la-marque/notre-histoire.html, https://de.caudalie.com/die-marke/unsere-geschichte.html, Pressemitteilungen, www.smith-haut-lafitte.com

Château Ausone: (Moser 2021) www.falstaff.de/nd/chateau-ausone-und-cheval-blanc-verlassen-klassifikation

Château Beauséjour Héritiers Duffau-Lagarrosse: (itp/Meininger 2021) www.meininger.de/ wein/personal/teures-familienerbe

Château Cheval Blanc: (Moser 2021) https://www.falstaff.de/nd/chateau-ausone-und-cheval-blanc-verlassen-klassifikation

Château Lafite / Château Lafite-Rothschild: (Millar 2017) All change at Chateau Lafite as daughter set to take over. The Drinks Business.

Château Schembs: Interviews, www.chateau-schembs.de/schembs/home.php

Château Smith Haut Lafitte: www.smith-haut-lafitte.com; Presse

Cirque de Soleil: (Kim & Mauborgne 2014)

Constellation: Jahresbericht Constellation Brands sowie Webseiteninformationen, www.cbrands.com/investors/reporting

Delaire Graff: https://capreo.com/weingueter/delaire-graff; www.delaire.co.za

Deutsches Weintor: Eigene Analysen, Interviews, Praxiseinsicht, (Schönhöfer 2021) Von Kameras und künstlichen Nasen. Die Rheinpfalz. 14.6.2021.

Docteur.Gab: Eigene Analysen, https://docteurgabs.ch/, (Bivona & Cruz 2021)

Domänenweingut Schloss Schönborn: www.faz.net/aktuell/rhein-main/gut-schoenborn-sieht-hunderttausende-euro-schaden-12930260.html, https://magazin.wein.plus/news/traditionsweingut-schloss-schoenborn-stellt-betrieb-ein-familie-fuehrt-weinproduktion-nur-noch-in-franken-fort

Domaine de la Romanée-Conti: www.faz.net/aktuell/finanzen/devisen-rohstoffe/wein-faelscher-rudy-kurniawan-verurteilt-13088015/vor-gericht-wein-faelscher-rudy-13088019.html

Domaine Ponsot: www.faz.net/aktuell/finanzen/devisen-rohstoffe/wein-faelscher-rudy-kurniawan-verurteilt-13088015/vor-gericht-weinfaelscher-rudy-13088019.html,

Dom Pérignon: Betriebsbesichtigung, Interviews, www.meininger.de/wein/erzeuger/dom-perignon-kooperiert-mit-lady-gaga v. 8.4.21; www.domperignon.com/de-de/champagne/news/dom-perignon-x-bvlgari,

Draiser Hof / Weingut Baron Knyphausen: (Minges 2016) Wieder ein reines Familienweingut. Wiesbadener Kurier v. 4.8.2016.

Dr. Oetker: PM Dr. August Oetker Nahrungsmittel KG v. 2.4.2021

Durbacher Winzergenossenschaft: Interviews und Betriebsbesichtigung

Ecovin: Eigenangabe Ecovin (www.ecovin.de)

Fair and Green e.V.: www.fairandgreen.de, www.schmitt-wein.de/

Fair Choice / DINE: www.fairchoice.info, www.alfons-hormuth.de/nachhaltigkeit/klimaneutralitaet

Foodwatch: www.foodwatch.org/de/aktuelle-nachrichten/2021/ekel-skandal-in-bayerischer-malzfabrik/

Ford: (Sager 2008)

Fritz Perlwein: https://fritzmueller.fm, Unternehmensaussagen, www.walterund-sohn.de

Fünf Winzer – Fünf Freunde aus der Südpfalz: eigene Analysen, Interviews www.fuenf-winzer.de

Gallo / E. & J. Gallo: Gallo Family Vineyards): www.der-weinsnob.de/gallo-weine-die-geschichte-des-grosten-weinguts-der-welt/; www.gallo.com/, www.gallo.com/portfolio/apothic

Geile Weine: eigene Analyse, Interviews, Betriebsbesichtigung, Internetrecherche, Webshop, https://geileweine.de.

General Motors (GM): Eigene Analyse

Generation Pinot: www.generation-pinot.de

Griesel & Cie: Interviews, Betriebsbesichtigung, www.griesel-sekt.de/ueber-griesel

Günter Jauch: (Reimann /dpa 2020) Marken mit Starpower: von Jauch-Wein bis Tote-Hosen-Bier, Absatzwirtschaft v. 5.2.2020)

Handelsverband Deutschland: https://cr-einzelhandel.de/wp-content/uploads/2017/01/HDE_CR_2017_new.pdf

Harley Davidson: eigene Analysen, Internetrecherche, https://investor.harley-davidson.com/news-releases/news-release-details/bleustein-retire-harley-davidson-ceo-will-remain-chairman, https://an-essay.com/jeffrey-bleustein

Henkell Freixenet: www.faz.net/aktuell/rhein-main/henkell-wird-marktfuehrer-in-sektproduktion-15719037.html

Hessische Staatsweingüter Kloster Eberbach: eigene Analysen, Interviews, Betriebsbesichtigung, Internetrecherche; (StadtBauPLan 2003), Anonym 2018. Das größte Weingut Deutschlands Focus online. www.focus.de/weinwelt/weingueter/weingut-kloster-eberbach.

Jacquart: Interviews, Betriebsbesichtigung und Internetrecherche; Webseite und Pressemitteilungen

Juwel Weine (Juliane Eller): https://www.captaincork.com/juwel-im-weinberg. (Brinkhoff 2021) Winzerin, Rolemodel und Instagrammerin: Juliane Eller von JUWEL-Weine | www.BRIGITTE.de; www.juwel-weine.de

Kendell Jackson: eigene Analysen, Betriebsbesichtigung, Interviews

Kulero: Wiesbadener Kurier, 10.4.21, S.9; www.kulero.de

Lady Penguin: https://generationt.asia/people/wang-shenghan-karla, Zeit Magazin 8.4.21, S. 30

Lauffener Weingärtner: eigene Analysen, Interviews; Betriebsbesichtigung, Webseite und Fachartikel.

Leo Hillinger: Interviews, Betriebsbesichtigung und Internetrecherche, www.leo-hillinger.com; www.sn.at/panorama/oesterreich/spitzenwinzer-leo-hillinger-spricht-ueber-sehr-privates-25442353; https://tourismusberatung.prodinger.at/2017/11/23/leo-hillinger-markenwert/

Liber Pater: www.welt.de/wirtschaft/bilanz/article200997704/Liber-Pater-Ein-Bordeaux-fuer-30-000-Euro-pro-Flasche.html v. 1.10.19

Lidl: eigene Analysen, Internetrecherche, www.lidl.de/c/weintipps-fuer-jeden-tag, www.meininger.de/wein/produkte/molitor-bei-lidl, www.weinkenner.de/kein-witz-lidl-bietet-chteau-dyquem-an/

Lindt & Sprüngli: Internetrecherche, www.lindt-spruengli.com/press-releases-and-news/lindt-spruengli-erreicht-nachhaltigkeits-etappenziel-100-prozent-rueckverfolgbare-und-verifizierte-kakaobohnen/, www.yumda.de/news/1171273/lindt-spruengli-erreicht-nachhaltigkeits-etappenziel

Liv-ex: www.liv-ex.com/

Ludwig von Kapff: Internetrecherche, Betriebsbesichtigung, https://lebensmittelpraxis.de/industrie-aktuell/20560-rotkaeppchen-mumm-uebernimmt-eggers-franke-gruppe-2018-03-09-12-08-54

Lufthansa: Eigene Analysen, Internetrecherche, Wagner 2005. Kundenbindung: Miles & More – Kundenbindung in der Luft. Handbuch Kundenzufriedenheit. Springer, 135-153.

Lynmar Estate: Interviews, Betriebsbesichtigung, https://lynmarestate.com/advocates-club

Markgräfler Winzer: Interviews, Unternehmenspräsentation, (Sautter 2020) falstaff.at/nd/badens-genossenschaften-einmal-reset-bitte

Milupa: (Glattes 2016) Der Konkurrenz ein Kundenerlebnis voraus: Customer Experience Management. Springer-Verlag

Naked Wines: Eigene Analysen, Fallstudien, Internetrecherche, (Parkinson 2010) Disruptive Naked Wines The drinks business.

Nespresso: Eigene Analysen, Fallstudien, Internetrecherche, (Matzler et al. 2013) Business model innovation: coffee triumphs for Nespresso. Journal of Business Strategy

Niepoort Vinhos & Quinta da Napoles: Interviews, Betriebsbesichtigung, Persönliche Kommunikation des Eigentümers Dirk Niepoort, https://ingamba.pro/meet-dirk-niepoort-portugals-most-important-winemaker; www.vinum.eu/de/wein/winzer/2019/dirk-niepoort/

Ökologisches Weingut Schmidt: www.weingueter-in.de/_/deutschland/baden/oekologisches-weingut-richard-schmidt, www.ecovin-baden.de/2015/02/23/biowinzer-in-baden-die-nachste-ecovin-generation, www.weingutkiefer.de/schmidt

One Hope Wines: www.onehopewine.com/blog/built-on-hope-rooted-in-purpose

Opus One: Interviews, Betriebsbesichtigung und Internetrecherche

Ornellaia / Dalla Valle: www.wine-business-international.com/wine/news/ornellaia-starts-project-napa v. 2.10.21

Osram: www.abendblatt.de/ratgeber/article107740612/Hersteller-verkuerzen-kuenstlich-Lebensdauer-der-Produkte v. 16.2.2012

Otto: (Heuser & Widmann 2021) Michael Otto: Der grüne Kapitalist Die Zeit. 20, 12.5.2021

Palmaz Winery: Interviews, Betriebsbesichtigung, www.youtube.com/watch?v=d8dqO8gBmWU

Patagonia: eigene Analysen, Internetrecherche, www.patagonia.com/company-history/, (O'Rourke & Strand 2017) Patagonia: Driving sustainable innovation by embracing tensions. California Management Review 60(1):102-125.

P.J.Valckenberg: Strafzölle und Corona fordern Weinhändler Valckenberg heraus (handelsblatt.com); Unternehmensinformation; www.valckenberg.com

Riegel Bioweine: www.meininger.de/wein/handel/peter-riegel-uebergibt-staffelstab v. 1.4.2021

Philips: www.abendblatt.de/ratgeber/article107740612/Hersteller-verkuerzen-kuenstlich-Lebensdauer-der-Produkte v. 16.2.2012

Pirelli: Internetrecherche, www.agentur-gerhard.de/projekte/pirelli-crm/

Racke: www.vinum.eu/de/yoopress-news/weinwirtschaft/2009/racke-verkauft-weinmarke-blanchet-wird-ein-rotkaeppchen

rebarriQue: rebarriQue – die Barrique-Revolution

RebenGlut: Internetrecherche

Reh Kendermann Weinkellerei: Projekteinsichten, eigene Analysen, Interviews, Betriebsbesichtigung, www.piwi-wein.de/, Pressemitteilungen (z.B. 17.3.2021) und Webseite

Reichsgraf von Ingelheim Weingut und Weinkellerei: www.feinschmecker-aktuell.de/wein-im-wandel-der-zeit-die-neuen-strategien-der-winzer

Rewe: Projekteinsichten, eigene Analysen, persönliche Interaktion, Pressemeldungen (z.B. 17.3.2021).

Rotkäppchen: www.wiwo.de/unternehmen/handel/rotkaeppchen-sekthersteller-uebernimmt-prosecco-produzenten-ruggeri/19373550, www.vinum.eu/de/yoopress-news/weinwirtschaft/2009/racke-verkauft-weinmarke-blanchet-wird-ein-rotkaeppchen, www.wiwo.de/unternehmen/handel/rotkaeppchen-sekthersteller-uebernimmt-prosecco-produzenten-ruggeri/19373550, www.rotkaeppchen-mumm.de/presse/rotkaeppchen-mumm-erwirbt-top-docg-prosecco-marke-ruggeri, dpa 2017

Rügenwalder Teewurst: www.youtube.com/watch?v=cTKuxydzyqc

Sächsisches Staatsweingut Schloss Wackerbarth: Interviews, Betriebsbesichtigung und Internetrecherche, (Schloss Wackerbarth 2021)

Sansibar: Internetrecherche, www.sansibar.de

Schloss Rheinhartshausen: Interviews, Betriebsbesichtigung, Internetrecherche, https://schloss-reinhartshausen.winzershop.store/inselwein/

Schloss Vollrads: eigene Analysen, mündliche Unternehmenskommunikation, Betriebsbesichtigung, www.schlossvollrads.com, (Köhler 2010)

Sektkellerei Ohlig: Interviews, Internetrecherche; Presseartikel

Sektmanufaktur Schloss Vaux AG: www.spiegel.de/stil/winzer-in-der-pandemie-bio-und-spitzenweine-laufen-sekt-weniger-a-d461bd58-a056-4227-bd3a-1c42990bced8, www.schloss-vaux.de/sekte-sortiment/accessoires

Shelter Winery: Interviews, Betriebsbesichtigung und Internetrecherche; www.gute-weine.de/deutschland/baden/shelter-winery, www.shelterwinery.de

Six Sigma Ranch and Winery: www.sixsigmaranch.com

Sogrape Vinhos: Interviews, mündliche Unternehmenspräsentation, Internetrecherche, www.outsystems.com/blog/posts/digital-transformation-deloitte-sogrape-vinhos

Staatsweingut Meersburg: www.nachhaltigkeitsstrategie.de

Staatsweingut mit Johannitergut: Interviews, Betriebsbesichtigung und Internetrecherche

Staffelter Hof: www.wine-business-international.com/wine/marketing-wine-tourism-styles-regions/natural-wine-opens-path-profits v. 15.10.19

Starbucks: www.yumda.de/news/1170406/50-jahre-starbucks.html PM Starbucks v. 25.3.21, www.cnbc.com/2016/12/02/13-inspiring-quotes-on-leadership-and-success-from-starbucks-ceo-howard-schultz, https://quotefancy.com/quote/1404128/Howard-Schultz

Tenuta Baron Longo: Interviews, Betriebsbesichtigung, Falstaff Jul/Aug 2017 S.84

Tesla: Eigene Analysen, Fallstudien, Internetrecherche, www.forbes.com/sites/johnkoetsier/2020/06/11/why-tesla--gm--honda--ford--fiat-chrysler--daimler/, https://invezz.com/de/news/2021/09/27/tesla-oder-gm-aktien-kaufen-goldman-sachs-stuft-sie-mit-outperform-ein

That Girl Wine Co.: https://thatgirlwine.com

Thonet: Häuser 2/21 S. 20, www.manager-magazin.de/lifestyle/wohnen/a-647918, www.tagesspiegel.de/themen/wohnen/200-jahre-thonet-was-macht-den-stuhl-der-stuehle-aus/25295282

Toyota: eigene Analysen, (Womack et al. 1991) The machine that changed the world. Harper Collins

Uber: Internetrecherche

VDP – Verband deutscher Prädikatsweingüter: www.vdp.de; www.vdp.de/de/die-weine/qualitaetsphilosophie-1

Vinissima: www.vinissima-ev.de

Virgin: eigene Analysen, Fallstudien, Internetrecherche, www.youtube.com/watch?v=Ogt79Gc3YCA

Volkswagen: Eigene Analysen, Internetrecherche, www.faz.net/aktuell/wirtschaft/unternehmen/vw-ist-erstmals-seit-5-jahren-groesster-autokonzern-der-welt, www.boerse-online.de/nachrichten/aktien/volkswagen-aktie-dieselgate-beschert-konzern-historischen-verlust, www.wiwo.de/unternehmen/auto/einblick-dieselgate-entlarvt-den-vw-groessenwahn

Weingut Alfons Hormuth: eigene Analysen, Unternehmensinformation, www.alfons-hormuth.de/nachhaltigkeit, www.swrfernsehen.de/natuerlich/erstes-klima-neutrales-weingut-deutschlands-100.html

Weingut am Nil: Betriebsbesichtigung, Interviews, www.weingutamnil.de, www.nikos-weinwelten.de/beitrag/weingut_am_nil_frischer_wind_an_der_fuehrungsspitze v. 8.5.2020

Weingut am Stein: Interviews, Betriebsbesichtigung und Internetrecherche www.weingut-am-stein.de

Weingut Balthasar Ress: Interviews, Betriebsbesichtigung, www.y-outube.com/watch?v=_4TS1mJ8XQU, www.winebank.de

Weingut Baumberger: Interviews, (Baghernejad 2020).

Weingut Benedict Loosen Erben: Internetrecherche sowie Facebook-Posting des Weinguts; www.facebook.com/WeinGut-Benedict-Loosen-Erben

Weingut Berizzi: www.berizziweine.de

Weingut Carl Jung: www.carl-jung.de

Weingut Chat Sauvage: Interviews, Betriebsbesichtigung, Unternehmensinformation

Weingut Dreissigacker: Interviews, Betriebsbesichtigung, https://dreissigacker-wein.de/Unsere-Ueberzeugung/

Weingut Dr. Loosen: Interviews, Unternehmensbilder, (Würtz 2019)

Weingut Dr. Wehrheim: Interviews, Betriebsbesichtigung, Internetrecherche, (Klug-Ritz 2020)

Weingut Egon Schmitt: www.schmitt-wein.de/; Weingut / Weingut Egon Schmitt, Bad Dürkheim, Pfalz (schmitt-wein.de)

Weingut Eva Fricke: diverse Presseartikel, www.evafricke.com/aktuelles/; https://www.arte.tv/de/videos/072714-000-A/square-fuer-kuenstler/

Weingut Galler: Interviews, Betriebsbesichtigung, Fallstudienanalysen, www.weingut-galler.de

Weingut Georg Breuer: https://fielfalt.de/forgestellt-theresa-breuer-inhaberin-des-weinguts-georg-breuer, www.georg-breuer.com

Weingut Grünewald & Schnell: persönlicher Austausch, Nachhaltigkeitsreport und Netzwerk Nachhaltiger Wein über Weingutswebseite zugängig; www.gruenewald-schnell.de/seiten/presse; http://gruenewald.impitas.de,

Weingut Hamm: Interviews, Betriebsbesichtigung, www.instagram.com/hammweingut/

Weingut Hammel: Interviews, Betriebsbesichtigung, Social-Media-Postings, www.y-outube.com/watch?v=B_JR_Qso7cE

Weingut Heymann-Löwenstein: persönliche Interaktion, Kunden-Infobrief; www.y-outube.com/watch?v=wALNJRbO6Fk, https://winningen.de/weingut-heymann-loewenstein-vdp

Weingut Hörner: Nachhaltigkeit im Weingut Hörner (weingut-hoerner.de)

Weingut Holz-Weisbrodt: Interviews, Betriebsbesichtigung, www.holz-weisbrodt.de/locations

Weingut Hug: Internetrecherche, www.weingut-hug.de/shop/baseball-cap/?v=3a52f3c22ed6

Weingut Langwerth von Simmern: www.meininger.de/wein/erzeuger/langwerth-gibt-aufloesung-bekannt v. 4.5.18

Weingut Leitz: Interviews, Betriebsbesichtigung, www.leitz-wein.de

Weingut Markus Molitor: www.meininger.de/wein/produkte/molitor-bei-lidl v. 8.4.21; Unternehmensinformation, www.markusmolitor.com

Weingut Markus Schneider: (Spengler 2015)

Weingut Meyer-Näkel: www.meyer-naekel.de, www.fairandgreen.de/weingut-meyer-naekel-ahr

Weingut Nelles: Interviews, Betriebsbesichtigung und Internetrecherche; https://weingut-nelles.de/wein-shop/feines-aus-wein-und-trauben/55/weintinte-aus-nelles-spaetburgunder?c=60

Weingut Polz: https://soj.at/lifestyle/essen-trinken/item/8850-weingut-polz-neue-strategie-mit-eigentuemerwechsel

Weingut Prinz Salm: Interviews, Weingutskommunikation in sozialen Medien

Weingut Prinz zur Lippe: www.dnn.de/Region/Mitteldeutschland/Georg-zur-Lippe-will-Namen-der-betroffenen-Gueter-wissen

Weingut Robert Weil: Interviews; Betriebsbesichtigung und Internetrecherche www.weingut-robert-weil.com/de/aktuelles/detail/auszeichnung-zum-weinunternehmer-des-jahres-national/; Aufbruch! • Weingut Robert Weil (weingut-robert-weil.com).

Weingut Rummel: Interviews, Betriebsbesichtigung und Internetrecherche (Die Rummel-Mischung – Kreative Bio-Winzer| Livona – Der Bio-Blog); Über uns | Bio-Weingut Rummel (rummel-biowein.de)

Weingut Scherr: https://weingut-scherr.de/wp/weingut/nachhaltigkeit/

Weingut Schwarztrauber: Interviews, Betriebsbesichtigung; Gault & Millau: Schwarztrauber mit drei Trauben ausgezeichnet. Die Rheinpfalz v. 31.3.21; www.schwarztrauber.com/aktuelles/auszeichnungen/

Weingut Sonnenberg: www.st-raphael-cab.de/pressemitteilungen/gelebte-inklusion-im-weingut-sonnenberg/1068417

Weingut Van Volxem: Interviews, virtuelle Betriebsbesichtigung und Internetrecherche (Bleuciel 2019); Meiningers Weinwelt 3/19

Weingut Walz: Eigene Analysen, Interviews; Weingutspostings, www.walz-wein.de

Weingut Weingart: https://weingut-weingart.de/nachhaltigkeit

Weingut Wilhelm Zähringer: Interviews, www.netzwerk-suedbaden.de/damals-pioniere-heute-voll-im-trend

Weingut zur Römerkelter: Interviews, www.vox.de/cms/das-perfekte-dinner-um-weltbewusstes-und-nachhaltiges-leben-ist-fuer-timos-winzer-familie-ein-lifestyle-4611208

Weingüter Wegeler: www.boersenblatt.net/news/verlage-news/ralf-frenzel-erwirbt-anteile-zwei-grossen-weinguetern-173171 (Börsenblatt v. 16. April 2021)

Wein:Sein: (Voigt 2020) www.kompetenzzentrum-kommunikation.de/praxisbeispiele/mit-einem-nachhaltigen-digitalisierten-geschaeftsmodell-durch-die-corona-krise-yourlocal-aus-magdeburg-4948

Wine and Culinary Center: https://portofbenton.com/our-properties-facilities/wine-tourism-agribusiness/walter-clore-wine-and-culinary-center

Winejump: (Hüfner 2020) www.welt.de/wirtschaft/gruenderszene/article207747855/Fuer-Wein-Start-ups-ist-die-Corona-Krise-ein-gluecklicher-Zufall

Winzergenossenschaft Herxheim am Berg: Interviews, Betriebsbesichtigung, www.wg-herxheim.com

Winzergenossenschaft Mayschoss-Altenahr: in Meiningers Weinwirtschaft Online vom 21.7.21; www.meininger.de/wine/erzeuger/brutale,-www.wg-mayschoss.de

Winzerhof Ernst: Internetrecherche

Xerox: Eigene Analysen, Fallstudien, Internetrecherche

Yellowtail: Internetrecherche, (Kim & Mauborgne 2014. Blue Ocean Strategy)

17morgen: Interview, https://17morgen.de/en/naturwein-aus-brandenburg

Verwendete Abkürzungen

App: Application – Anwendungssoftware, insbes. mobile Datennutzung

B2B: Business-to-Business i.S.v. Geschäftskunden

B2C: Business-to-Consumer i.S.v. Privatkunden

BBQ: Barbeque – Grillen

BSC: Balanced Scorecard als Zielesystem (

BSP: Bruttosozialprodukt

BWL: Betriebswirtschaftslehre

CRM: Customer Relationship Management

CSR: Corporate Social Responsibility

ERP: Enterprise-Resource-Planning (z.B. SAP-Software für Unternehmensprozesse)

Ha: Hektar

Hl: Hektoliter

ISO: engl. für Internationale Organisation für Normung

IT: Informationstechnologie

Jh: Jahrhundert

KEW: Kundenertragswert (Customer Lifetime Value)

KfW: Kreditanstalt für Wiederaufbau

KTBL: Kuratorium für Technik und Bauwesen in der Landwirtschaft e.V.

KI: Künstliche Intelligenz

LEH: Lebensmitteleinzelhandel

LOHAS: Life of Health and Sustainability (Zielkundensegment)

OIV: Internationale Organisation für Rebe und Wein

PM: Pressemitteilung

SDG: Sustainable Development Goals

SIP: Strategie- und Innovationspanel (i.e. empirische Befragungen des Autors)

SWOT: Instrument zur Strategiedefinition

VUCA: Volatilität, Ungewissheit, Komplexität, Mehrdeutigkeit

5-F-Modell: „Fünf-Kräfte Modell“ nach Porter zur internen Wettbewerbsanalyse

Index

Abbildungsverzeichnis

Tabellenverzeichnis

Literatur

Aaker, D. A. 1992. The value of brand equity. Journal of Business Strategy 13(4):27-32.

Abrahamson, E. 1991. Managerial fads and fashions: the diffusion and rejection of innovations. Academy of Management Review 16(2):586-612.

Abrahamson, E. 1996. Management Fashion. Academy of Management Review 21(1):254-285.

Abrahamson, E. 2000. Change without pain. Harvard Business Review 78(4):75-79.

Abrahamson, E. & Rosenkopf, L. 1997. Social Network Effects on the Extend of Innovation Diffusion: A Computer Simulation. Organization Science 8(3):289-309.

Adner, R. & Zemsky, P. 2006. A demand-based perspective on sustainable competitive advantage. Strategic Management Journal 27(3):215-239.

Agostini, L. & Filippini, R. 2019. Organizational and managerial challenges in the path toward Industry 4.0. European Journal of Innovation Management 22(3):406-421.

Agrar-Atlas 2019. Daten und Fakten zur EU-Landwirtschaft.

Ahearne, M. et al. 2008. High touch through high tech: The impact of salesperson technology usage on sales performance via mediating mechanisms. Management Science 54(4):671-685.

Ahrens, S. 2020. Rebfläche im ökologischen Landbau in Deutschland. Statista.com.

Aka, K. G. 2019. Actor-network theory to understand, track and succeed in a sustainable innovation development process. Journal of Cleaner Production 225:524-540.

Alsos, G. A. et al. 2011. The handbook of research on entrepreneurship in agriculture and rural development. Edward Elgar Publishing.

Amo, B. W. 2010. Corporate entrepreneurship and intrapreneurship related to innovation behaviour among employees. International Journal of Entrepreneurial Venturing 2(2):144-158.

Anderson, K. & Nelgen, S. 2011. Global Wine Markets 1961-2009: a statistical compendium. University of Adelaide.

Anonym 2018. Das größte Weingut Deutschlands Focus online. www.focus.de/weinwelt/weingueter/weingut-kloster-eberbach.

Anonym 2018b. Langwerth gibt Aufloesung bekannt Weinwirtschaft online. Meininger Verlag, www.meininger.de/wein/erzeuger/langwerth-gibt-aufloesung-bekannt.

Anonym 2019. Fine + Rare. Gaja exclusive interview. https://www.frw.co.uk/editorial/wines/gaja-exclusive-interview-greatness-through-a-culture-of-doubt, v. 12.6.2019

Anonym 2020. „Schorle to go“ aus dem Automaten. https://www.rheinpfalz.de/lokal/kreis-suedliche-weinstrasse_artikel,-schorle-to-go-aus-dem-automaten.

Ansoff, H. I. 1965. Corporate strategy: An analytic approach to business policy for growth and expansion. McGraw-Hill Companies.

Anthony, S. D. et al. 2016. Corporate longevity: Turbulence ahead for large organizations. Strategy & Innovation 14(1):1-9.

Antoncic, B. & Hisrich, R. D. 2003. Clarifying the intrapreneurship concept. Journal of Small Business and Enterprise Development 10(1):7-24.

Aragón-Correa, J. A. & Sharma, S. 2003. A contingent resource-based view of proactive corporate environmental strategy. Academy of Management Review 28(1):71-88.

Ariadne 2021. Quantifizierung externer Effekte als Steuerbasis für ein nachhaltiges Steuersystem. In: Kopernikus-Projekt Ariadne.

Arnaout, B. & Esposito, M. 2018. The value of communication in turbulent environments: how SMEs manage change successfully in unstable surroundings. International Journal of Entrepreneurship and Small Business 34(4):500-515.

Arnold, R. & Fleuchaus, R. 2010. Ein Überblick zu Segmentierungsansätzen im Weinmarketing. In Fleuchaus & Arnold (Hrsg) Weinmarketing: Kundenwünsche erforschen, Zielgruppen identifizieren, innovative Produkte entwickeln. Gabler Verlag, Wiesbaden, 119-144.

Arnoldy, S. & Wulff, C. 2019. Surviving the retail apocalypse. PwC.

Atkin, T. et al. 2011a. Sustainability in the Wine Industry: Altering the Competitive Landscape. 6th AWBR International Conference, Bordeaux.

Ayala, J.-C. & Manzano, G. 2014. The resilience of the entrepreneur. Influence on the success of the business. A longitudinal analysis. Journal of Economic Psychology 42:126-135.

Baghernejad, A. 2020. Naturwinzerin von der Nahe: Wie eine Winzerstochter die Tradition umkrempelte. FAZ.net.

Baran, J. & Żak, J. 2014. Multiple Criteria Evaluation of transportation performance for selected agribusiness companies. Procedia-Social and Behavioral Sciences 111:320-329.

Barney, J. 2001. Is the Resource-Based View a Useful Perspektive for Strategic Management? Yes. Academy of Management Review 26(1):41-56.

Barney, J. et al. 2001. The resource-based view of the firm: Ten years after 1991. Journal of Management 27(6):625-641.

Bauer, L. 2021. Neue Besitzer beim Pfälzer Weingut Weegmüller Vinum.

Bayus, B. L. & Putsis W. P. 1999. Product proliferation: An empirical analysis of product line determinants and market outcomes. Marketing Science 18(2):137-153.

BCG 2009. Organisation 2015 – Designed to win.

BCG 2019. Die Zukunft der deutschen Landwirtschaft nachhaltig sichern.

Beal, G. M. et al. 1957. Validity of the concept of stages in the adoption process. 22. Rural Sociology, 166-168.

Behnam, S. et al. 2018. How should firms reconcile their open innovation capabilities for incorporating external actors in innovations aimed at sustainable development? Journal of Cleaner Production 170:950-965.

Benson-Rea, M. et al. 2011. Sustainability in strategy: maintaining a premium position for New Zealand wine. 6th AWBR international conference, Bordeaux.

Berkes, F. 2007. Understanding uncertainty and reducing vulnerability: lessons from resilience thinking. Natural hazards 41(2):283-295.

Bernabéu, R. et al. 2008. Wine origin and organic elaboration, differentiating strategies in traditional producing countries. British Food Journal 110(2):174-188.

Berns, M. et al. 2009. Sustainability and competitive advantage. Sloan Management Review 51(1):19–26.

Berrone, P. et al. 2010. Socioemotional wealth and corporate responses to institutional pressures: Do family-controlled firms pollute less? Administrative Science Quarterly 55(1):82-113.

Besanko, D. et al. 2009. Economics of strategy. John Wiley & Sons.

Beverland, M. 2004. Uncovering "theories-in-use": building luxury wine brands. European Journal of Marketing 38(3/4):446-466.

Bindi, M. & Howden, M. 2004. Challenges and opportunities for cropping systems in a changing climate. 4th International Crop Science Congress, Brisbane.

Bivona, E. & Cruz, M. 2021. Can business model innovation help SMEs in the food and beverage industry to respond to crises? Findings from a Swiss brewery during COVID-19. British Food Journal.

Björnberg, Å. & Nicholson, N. 2012. Emotional ownership: The next generation's relationship with the family firm. Family Business Review 25(4):374-390.

Bleuciel 2019. Van Volxem. organize communications.

BMEL 2016. Ertragslage Garten- und Weinbau 2016. In: Abt. 1 (Hrsg). Bundesministerium für Ernährung und Landwirtschaft.

BMEL 2017. Daten und Fakten: Land-, Forst- und Ernährungswirtschaft mit Fischerei und Wein- und Gartenbau. In: 121 (Hrsg). Bundesministerium für Ernährung und Landwirtschaft.

BMEL 2019. Ertragslage Garten -und Weinbau 2019. In: 723 (Hrsg). Bundesministerium für Ernährung und Landwirtschaft.

BMEL 2020. Ertragslage Garten -und Weinbau 2020. In: 723 (Hrsg). Bundesministerium für Ernährung und Landwirtschaft.

BMELV 2011. Ertragslage Garten -und Weinbau 2011. In: Abt. 1 (Hrsg). Bundesministerium für Ernährung, Landwirtschaft und Verbraucherschutz.

BMELV 2012. Ertragslage Garten -und Weinbau 2012. In: Abt. 1 (Hrsg). Bundesministerium für Ernährung, Landwirtschaft und Verbraucherschutz.

BMJ 2011. Weingesetz in der Fassung der Bekanntmachung vom 18. Januar 2011 (BGBl. I S. 66).

BMEL 2021a. Boost für innovative, agrarnahe Start-Ups. Pressemitteilung Nr. 117/2021 v. 12.7.2021

BMZ 2021b. Agenda 2030. Bundesministerium für wirtschaftliche Zusammenarbeit und Entwicklung, https://www.bmz.de/de/agenda-2030.

Bonn, I. & Fisher, J. 2011. Sustainability; The missing ingredient in strategy. Journal of Business Strategy 32(1):5–14.

Bott, H. 2020. Desinfektionsmittel statt Wein: Winzergenossenschaft kooperiert in Corona-Krise mit Apotheke. Badische Neueste Nachrichten v. 25.3.2020.

Box, T. M. & Miller, W. D. 2011. Small-firm competitive strategy. Academy of Strategic Management Journal 10(2):55-59.

Bruhn, M. 2010. Marketing, 10. Gabler Verlag, Wiesbaden.

Bruhn, M. & Homburg, C. 2017. Handbuch Kundenbindungsmanagement: Strategien und Instrumente für ein erfolgreiches CRM, 9. Springer Gabler.

Brundtland, G. et al. 1987. Our common future - Brundtland report.

Brush, C. G. et al. 2001. From initial idea to unique advantage: The entrepreneurial challenge of constructing a resource base. Academy of Management Executive 15(1):64-78.

Bueno, E. et al. 2004. Towards an integrative model of business, knowledge and organisational learning processes. International Journal of Technology Management 27(6-7):562-574.

Burke, S. & Gaughran, W. 2007. Developing a framework for sustainability management in engineering SMEs. Robotics and Computer-Integrated Manufacturing 23(6):696-703.

Burns, T. & Stalker, G. 1961. Mechanistic and organic systems. Classics of organizational theory:209-214.

Butler, A. et al. 1997. Linking the Balanced Scorecard to Strategy. Long Range Planning 30(2):242-253.

Butzer, P. et al. 1997. Karl der Große und sein Nachwirken. 1200 Jahre Kultur und Wissenschaft in Europa. Brepols Publisher.

Campbell-Hunt, C. 2000. What have we learned about generic competitive strategy? A meta-analysis. Strategic Management Journal 21(2):127-154.

Capello, F. et al. A real-time monitoring service based on industrial internet of things to manage agrifood logistics. Proceedings of the 6th International Conference on Information Systems, Logistics and Supply Chain, Bordeaux.

Caputo, A. C. et al. 2002. A methodological framework for innovation transfer to SMEs. Industrial Management & Systems 102(5):271-283.

Carland, J. W. et al. 1984. Differentiating Entrepreneurs from Small Business Owners: A Conceptualization. Academy of Management Review 9(2):354-359.

Carroll, A. B. et al. 2018. Business and Society: Ethics and Stakeholder Management, vol 10. Cengage Learning.

Castellucci, F. 2013. World vitiviniculture situation in 2012. OIV, Bucarest.

Castleberry, S. & Tanner, J. 2013. Selling: building partnerships. McGraw-Hill Higher Education.

Challita, S. et al. 2017. Linking Branding Strategy to Ownership Structure and Financial Performance and Stability: Case of French Wine Cooperatives. In Rossi (Hrsg) Marketing at the Confluence between Entertainment and Analytics. Springer, 745-757.

Chandler, A. D. 1990. Strategy and structure: Chapters in the history of the industrial enterprise, vol 120. MIT press.

Chandler, G. N. & Hanks, S. H. 1994. Market Attractiveness, Resource-Based Capabilities, Venture Strategies, and Venture Performance. Journal of Business Venturing 9(4):331.

Chandrasekaran, N. & Raghuram, G. 2014. Agribusiness supply chain management. CRC Press.

Charters, S. & Menival, D. 2010. The impact of the geographical reputation on the value created by small producers in Champagne. 5th International Conference Auckland, New Zealand.

Chaudhury, S. R. et al. 2014. The winemaker as entrepreneurial marketer: an exploratory study. International Journal of Wine Business Research 26(4):259-278.

Christ, P. & Anderson, R. 2011. The impact of technology on evolving roles of salespeople. Journal of Historical Research in Marketing 3(2):173-193.

Cloake, F. 2010. The curse of the Blue Nun The Guardian. www.theguardian.com/lifeandstyle/wordofmouth/2010/oct/20/german-wine-curse-blue-nun.

Coda, R. et al. 2018. Are small business owners entrepreneurs? RAUSP Management Journal 53(2):152-163.

COGEA 2014. Study on the competitiveness of European wines. Europäische Kommission.

Condor, R. 2020. Entrepreneurship in agriculture: a literature review. International Journal of Entrepreneurship and Small Business 40(4):516-562.

Conz, E. et al. 2017. The resilience strategies of SMEs in mature clusters. Journal of Enterprising Communities: People and Places in the Global Economy 11(1):186-210.

Cool, K. & Dierickx, I. 1993. Rivalry, strategic groups, and performance. Strategic Management Journal 16(1):47-59.

Covin, J. G. & Slevin, D. P. 1991. A conceptual model of entrepreneurship as firm behavior. Entrepreneurship theory and practice 16(1):7-26.

Crals, E. & Vereeck, L. 2005. The affordability of sustainable entrepreneurship certification for SMEs. The International Journal of Sustainable Development & World Ecology 12(2):173-183.

Crossan, M. M. & Apaydin, M. 2010. A Multi-Dimensional Framework of Organizational Innovation: A Systematic Review of the Literature. Journal of Management Studies 47(6):1154-1191

D`Aveni, R. 1994. Hypercompetition: The Dynamics of Strategic Maneuvering. Basic Books.

Datamonitor 2010. Wine Industry Profile: Germany. MarketLine.

Dattakumar, R. & Jagadeesh, R. 2003. A review of literature on benchmarking. Benchmarking: An International Journal.

DBV 2012. Situationsbericht 2011/12 – Trends und Fakten zur Landwirtschaft. In: Deutscher Bauernverband (Hrsg).

De Wolf, P. & Schoorlemmer, H. 2007. Exploring the significance of entrepreneurship in agriculture. Resarch Institute of Organic Agriculture FiBL, CH-Frick.

Deephouse, D. L. 1999. To be different, or to be the same? It's a question (and theory) of strategic balance. Strategic Management Journal 20(2):147-166.

Deeter-Schmelz, D. R. & Sojka, J. Z. 2003. Developing effective salespeople: Exploring the link between emotional intelligence and sales performance. The International Journal of Organizational Analysis 11(3):211-220.

Deimel, K. 2008. Stand der strategischen Planung in kleinen und mittleren Unternehmen in der BRD. Zeitschrift für Planung & Unternehmenssteuerung 19(3):281-298.

Dell`Era, C. & Bellini, E. 2009. How can product semantics be embedded in product technologies? The case of the Italian wine industry. International Journal of Innovation Management 13(3):411-439.

Deloitte 2019. 2020 Global Marketing Trends Deloitte Insights.

Denton, D. K. 1999. Gaining competitiveness through innovation. European Journal of Innovation Management 2(2):82-85.

Dess, G. G. & Davis, P. S. 1984. Porter's (1980) Generic Strategies as Determinants of Strategic Group Membership and Organizational Performance. Academy of Management Journal 27(3):467-488.

Destatis 2017. Bruttoinlandsprodukt 2016 für Deutschland.

Deter, A. 2014. Produktivitätssteigerung in der Landwirtschaft setzt sich weiter fort topagrar online. https://www.topagrar.com/management-und-politik/news/produktivitaetssteigerung-in-der-landwirtschaft-setzt-sich-weiter-fort-9542560.html.

Dew, N. et al. 2008. Immortal firms in mortal markets? An entrepreneurial perspective on the "innovator's dilemma". European Journal of Innovation Management 11(3):313-329.

Dias, C. S. et al. 2019. What's new in the research on agricultural entrepreneurship? Journal of rural studies 65:99-115.

Diaz, R. 2017. The VDP wine classification Wine Training.

Dibrell, C. et al. 2009. Factors Critical in Overcoming the Liability of Newness: Highlighting the Role of Family. Journal of Private Equity 12(2):38-48.

Dillerup, R. & Stoi, R. 2016. Unternehmensführung: Management & Leadership. Vahlen.

dpa 2015. Mehr Weinanbau in Deutschland möglich: Bundestag für mehr Fläche. Rhein Zeitung.

dpa 2017. Sekthersteller übernimmt Prosecco-Produzenten Ruggeri In: Handelsblatt Online v. 9.2.2017

dpa 2018. „Jeder macht, was er kann“ – Wenn Winzer sich zusammenschließen Merkur.de. www.merkur.de/wirtschaft/wenn-winzer-sich-zusammenschliessen-zr-10219953.

dpa 2019a. Lebensmittelherkunft ist für Deutsche wichtiger als Preis. yumda Food & Drinks Business.

dpa 2019b. Mehr Insolvenzen in der Landwirtschaft. www.zdf.de/nachrichten/heute/nach-duerresommer-2018-mehr-insolvenzen-in-landwirtschaft-100.html.

dpa 2019c. Von Ketchup bis Wein: EU stellt Vergeltungszollpläne gegen USA vor. https://www.eu-info.de/dpa-europaticker/294670. European Union, Von Ketchup bis Wein: EU stellt Vergeltungszollpläne gegen USA vor.

dpa 2019d. Wachsen oder sterben - Milchbauern in Deutschland. Frankfurter Allgemeine, www.faz.net.

Dreßler, M. 2014. Strategic winery management and tourism: Value-added offerings and strategies beyond product centrism. In Kyuho (Hrsg) Strategic winery tourism and management.

Dreßler, M. 2013. Innovation management of German wineries: from activity to capacity—an explorative multi-case survey. Wine Economics and Policy 2(1):19-26.

Dreßler, M. 2016a. Exploring prosuming interest - strategic customer integration. Wine Economics and Policy 5(1):24.

Dreßler, M. 2016b. Nachhaltigkeit – quo vadis? Das Deutsche Weinmagazin, 14:28-31.

Dreßler, M. 2016c. Strategic winery reputation management – exploring German wine guides. International Journal of Wine Business Research 28(1):4-21.

Dreßler, M. 2016d. Vertriebsmanagement - Multikanaler und moderner Vertrieb. In Schultz & Stoll (Hrsg) Deutsches Weinbaujahrbuch 2016. Ulmer, 69-77.

Dreßler, M. 2017a. Strategic grouping in a fragmented market: SMEs' strive for legitimacy. International Journal of Entrepreneurship and Small Business 32(1-2):229-253.

Dreßler, M. 2017b. Strategic profiling and the value of wine & tourism initiatives: exploring strategic grouping of German wineries. International Journal of Wine Business Research 29(4):484-502.

Dreßler, M. 2018a. The German Wine Market: a Comprehensive Strategic and Economic Analysis. Beverages 92(4).

Dreßler, M. 2018b. Umweltadaption durch Innovation - Strategische Maßnahmen bei Umweltveränderungen am Beispiel Weinbau. zfO 87(01):24-32.

Dreßler, M. 2020. The entrepreneurship power house of ambition and innovation. International Journal of Entrepreneurship and Small Business 41(3):397-430.

Dreßler, M. 2021. Motivating sustainable entrepreneurship: the deployment of a visual navigation tool. World Review of Entrepreneurship, Management and Sustainable Development 17(1):77-102.

Dreßler, M. & Kost, A. 2020. Mystery Shopping-Projekt - Verdeckte Testkäufe auch in der Weinwirtschaft. Das Deutsche Weinmagazin. 12:26-29.

Dreßler, M. & Paunovic, I. 2019. Customer-centric offer design: Meeting expectations for a wine bar and shop and the relevance of hybrid offering components. International Journal of Wine Business Research.

Dreßler, M. & Paunovic, I. 2019. Towards a conceptual framework for sustainable business models in the food and beverage industry: The case of German wineries. British Food Journal 122(5):1421-1435.

Dreßler, M. & Paunovic, I. 2020. Converging and diverging business model innovation in regional intersectoral cooperation–exploring wine industry 4.0. European Journal of Innovation Management. 04-2020-0142.

Dreßler, M. & Paunovic, I. 2021a. Reaching for Customer Centricity—Wine Brand Positioning Configurations. Journal of Open Innovation: Technology, Market, and Complexity 7(2):139.

Dreßler, M. & Paunovic, I. 2021b. Sensing Technologies, Roles and Technology Adoption Strategies for Digital Transformation of Grape Harvesting in SME Wineries. Journal of Open Innovation: Technology, Market, and Complexity 7(2):123.

Dreßler, M. & Paunovic, I. 2021c. A typology of winery SME brand strategies with implications for sustainability communication and co-creation. Sustainability 13(2):805.

Dreßler, M. & Paunovic, I. 2021d. The Value of Consistency: Portfolio Labeling Strategies and Impact on Winery Brand Equity. Sustainability 13(3):1400.

Drew, S. A. 1997. From knowledge to action: the impact of benchmarking on organizational performance. Long range planning 30(3):427-441.

Drucker, P. 2014. Innovation and entrepreneurship. Routledge.

Dünnebacke, T. 2014. Steigende Lust auf deutsche Weine Lebensmittelpraxis. https://lebensmittelpraxis.de/sortiment/11401-wein-und-sekt-steigende-lust-auf-deutsche-weine.html.

Duquesnois, F. et al. 2010. Wine producers' strategic response to a crisis situation. International Journal of Wine Business Research 22(3):251-268.

Durner, D. 2011. Mikrooxygenierung von Rotweinen. Cuvillier Verlag

DWI 2003. Neues Marketing für neue Konsumenten. DWI, Mainz.

DWI 2011a. Deutscher Wein Statistik 2010/2011. In: DWI (Hrsg). Mainz, 1-36.

DWI 2011b. Weinmarkt 2010. In: Weininstituts (Hrsg) Deutscher Wein Statistik.

DWI 2012 bis 2021 (jährliche Ausgabe) Deutscher Wein Statistik.

DZ Bank 2017. „Agrar 4.0“ - Abschied vom bäuerlichen Familienbetrieb? Branchenanalysen. Frankfurt.

Ehm, L. 2018. In fünf Schritten zur eigenen digitalen Strategie. Das deutsche Weinmagazin, 21: 33-35.

Eling, K. et al. 2014. Using Intuition in Fuzzy Front-End Decision-Making: A Conceptual Framework. Journal of Product Innovation Management 31(5):956-972.

Elkerbout, M. et al. 2020. The European Green Deal after Corona: Implications for EU climate policy. CEPS Policy Insights (2020–06).

Ellinger, A. et al. 2011. Supply Chain Management Competency and Firm Financial Success. Journal of Business Logistics 32(3):214-226.

Emery, B. 2012. Sustainable marketing. Pearson.

Endres, H. et al. 2015. Resilienz-Management in Zeiten von Industrie 4.0. IM+ io: Das Magazin für Innovation, Organisation und Management 30(3):28-31.

Engelhard, W. 2011a. Harddiscounter: Verloren und trotzdem gewonnen. Wein+Markt ProWein Ausgabe 2011:16-17.

Engelhard, W. 2011b. Wieder weniger Weinkunden. Wein+Markt ProWein Ausgabe 2011:14-15.

Engelhard, W. 2017. Rückschlag. Markt+Wein(3):72-75.

Ernest-Hahn, S. 2005. Wein in der Gastronomie. Matthaes.

Espinoza, A. F. et al. 2018. Resistant grape varieties and market acceptance: an evaluation based on experimental economics. Oeno One 52(3):247-263.

Europäische Kommission 2018a. Entrepreneurship and Small and medium-sized enterprises (SMEs). https://ec.europa.eu/growth/smes_en.

Europäische Kommission 2018b. Family Business. https://ec.europa.eu/growth/smes/promoting-entrepreneurship/we-work-for/family-business_en.

Europäische Union 2015. Benutzerleitfaden zur Definition von KMU

European Court of Auditors 2012. Reform der gemeinsamen Marktorganisation für Wein: bisher erzielte Fortschritte. In: ECA (Hrsg) Sonderbericht. 7. 1-47.

Fernández-Olmos, M. et al. 2009. Vertical integration in the wine industry: a transaction costs analysis on the Rioja DOCa. Agribusiness 25(2):231-250.

Ferrara, M. 2011. Design and self-production. The advanced dimension of handcraft. Strategic Design Research Journal 4(1):5-13.

Fiegenbaum, A. & Thomas, H. 1995. Strategic groups as reference groups: Theory, modeling and empirical examination of industry and competitive strategy. Strategic Management Journal 16(6):461-476.

Fiegenbaum, A. 1987. Strategic groups and performance: the US insurance industry. In: Research (Hrsg). vol 553. University of Michigan, School of Business Administration.

Fink, A. & Siebe, A. 2016. Szenario-Management: von strategischem Vorausdenken zu zukunftsrobusten Entscheidungen. Campus Verlag.

Firlus-Emmerich, T. 2014. Château Lidl – Discounter mischen den Weinhandel auf. Wirtschaftswoche. http://www.wiwo.de/unternehmen/handel/chateau-lidl-discounter-mischen-den-weinhandel-auf/10883972-all.html edn.

Fischer, U. 2007. Wine aroma Flavours and Fragrances. In: Berger (Hrsg.) Flavours and Fragrances. Springer, 241-267.

Fischer, U. et al. 1999. The impact of geographic origin, vintage and wine estate on sensory properties of Vitis vinifera cv. Riesling wines. Food Quality and Preference 10(4-5):281-288.

Fisher, R. et al. 2016. Does individual resilience influence entrepreneurial success. Academy of Entrepreneurship Journal 22(2):39-53.

Fleuchaus, R. & Arnold, R. 2010. Weinmarketing: Kundenwünsche erforschen, Zielgruppen identifizieren, innovative Produkte entwickeln. Gabler Verlag.

Forsman, H. 2011. Innovation capacity and innovation development in small enterprises. A comparison between the manufacturing and service sectors. Research Policy 40(5):739-750.

Fortun, K. 2009. Advocacy after Bhopal: Environmentalism, disaster, new global orders. University of Chicago Press.

Foster, R. & Kaplan, S. 2011. Creative Destruction: Why Companies That Are Built to Last Underperform the Market. Crown Business.

Foster, R. 2012. Creative destruction whips through corporate America. Innosight Executive Briefing.

Franceschelli, M. V. et al. 2018. Business model innovation for sustainability: a food start-up case study. British Food Journal 120(10):2483-2494.

Franz 2021. Kein Sekt ohne Party, ohne Party kein Sekt; Spiegel v. 25.4.2021

Fraunhofer 2015. Zukunftsforschung bei Fraunhofer. Moller, B. (Vortrag). Fraunhofer ISI.

Frederick, H. H. 2018. The emergence of biosphere entrepreneurship: are social and business entrepreneurship obsolete? International Journal of Entrepreneurship and Small Business 34(3):381-419.

Frick, R. et al. 2019. Ökolandwirtschaft in der EU. Organisch und Dynamisch. Agrar-Atlas:38-39.

Friedman, B. A. 2007. Globalization implications for human resource management roles. Employ Respons Rights Journal 19:157-171.

Friedman, M. 2007. The social responsibility of business is to increase its profits Corporate ethics and corporate governance. Springer, 173-178.

Frumkin, P. 2008. Strategic giving: The art and science of philanthropy. University of Chicago Press.

Garcia, F. A. et al. 2012. A framework for measuring logistics performance in the wine industry. International Journal of Production Economics 135(1):284-298.

Gartner, W. B. 1990. What are we talking about when we talk about entrepreneurship? Journal of Business venturing 5(1):15-28.

Gassmann, O. et al. 2013. Geschäftsmodelle aktiv innovieren Das unternehmerische Unternehmen. Springer, 23-41.

Gerke, C./Meininger 2018. Rückkehr an die Spitze. Weinwirtschaft(4):146-152.

Gerke, C./Meininger 2019. Was kostet ein Hektar Rebfläche in Frankreich? Weinwirtschaft online. Meininger Verlag, https://www.meininger.de/wein/erzeuger/was-kostet-ein-hektar-rebflaeche-frankreich.

Geschka, H. & Hammer, R. 1990. Die Szenario-Technik in der strategischen Unternehmensplanung Strategische Unternehmungsplanung/Strategische Unternehmungsführung. Springer, 311-336.

Gilinsky, A. et al. 2008. Desperately seeking serendipity. International Journal of Wine Business Research 20(4):302-320.

Gittleson, K. 2012. Can a company live forever BBC News. https://www.bbc.com/news/business-16611040, vol 19.

Giuliani, P. et al. 2017. Reinvention of management innovation for successful implementation. International Journal of Entrepreneurship and Small Business.

Gjølberg, M. 2009. Measuring the immeasurable?: Constructing an index of CSR practices and CSR performance in 20 countries. Scandinavian Journal of Management 25(1):10-22.

Glattes, K. 2016. Der Konkurrenz ein Kundenerlebnis voraus: Customer Experience Management. Springer-Verlag.

Gobé, M. 2010. Emotional branding: The new paradigm for connecting brands to people. Simon and Schuster.

Göbel, R. 2005. Praktische Unternehmensführung - Planung, Controlling und Organisation in Unternehmen der Weinbranche. DLG Verlag.

Goh, S. & Richards, G. 1997. Benchmarking the learning capability of organizations. European Management Journal 15(5):575-583.

Gómez-Mejía, L. R. et al. 2007. Socioemotional wealth and business risks in family-controlled firms: Evidence from Spanish olive oil mills. Administrative Science Quarterly 52(1):106-137.

Gomez-Mejia, L. R. et al. 2011. The bind that ties: Socioemotional wealth preservation in family firms. Academy of Management Annals 5(1):653-707.

Gottschalk, S. et al. 2019. Die volkswirtschaftliche Bedeutung der Familienunternehmen In: ifM (Hrsg). vol 5, 74.

Govindarajan, V. K., Praveen K. 2005. Disruptiveness of innovations: Measurement and an assessment of Reliability and validity. Strategic Management Journal 27(2):189-199.

Graichen, G. & Hammel-Kiesow, R. 2013. Die deutsche Hanse: eine heimliche Supermacht. Rowohlt.

Gray, A. et al. 2004. Agricultural innovation and new ventures: assessing the commercial potential. American Journal of Agricultural Economics 86(5):1322-1329.

Greblikaitė, J. 2012. Development of social entrepreneurship. European Integration Studies:210-215.

Grefe, C. 2019. Die Letzten ihrer Art Die Zeit. 19,2.

Groote, J. K. D. & Schell, S. 2018. Insights on the self-identity of the descendants of family business owners: the case of German Unternehmerkinder. International journal of entrepreneurship and small business 33(1):112-131.

Gruère, G. 2019. Never let a good water crisis go to waste. https://www.oecd.org/agriculture/never-waste-a-good-water-crisis/. OECD.

Grün, O. & Brunner, J.-C. 2002. Der Kunde als Dienstleister- von der Selbstbedienung zur Co-Produktion. Gabler.

Gunasekaran, A. et al. 2011. Resilience and competitiveness of small and medium size enterprises: an empirical research. International Journal of Production Research 49(18):5489-5509.

Gupta, A. 2013. Environment & PEST analysis: an approach to external business environment. International Journal of Modern Social Sciences 2(1):34-43.

Gupta, P. 2011. Leading innovation change—the Kotter way. International Journal of Innovation Science 3(3):141-150.

Hall, J. K. et al. 2010. Sustainable development and entrepreneurship: Past contributions and future directions. Journal of Business Venturing 25(5):439-448.

Haller, C. et al. 2017. An understanding of peer support in an effectual entrepreneurial process: case of French wine-entrepreneurs. International Journal of Entrepreneurship and Small Business 32(1-2):208-228.

Hamel, G. & Prahalad, C. K. 1997. Wettlauf um die Zukunft. Überreuther.

Hamilton, B. H. & Nickerson, J. A. 2003. Correcting for endogeneity in strategic management research. Strategic organization 1(1):51-78.

Handelsblatt 2018a. Markt für Spirituosen - Werbeausgaben der Branche. HB online.

Handelsblatt 2018b. Nachhaltigkeit wird Kunden immer wichtiger. HB online.

Harmsen, H. G. et al. 2000. Why did we make that cheese? An empirically based framework for understanding what drives innovation activitiy. R&D Management 30(2):151-166.

Hart, S. L. 1995. A natural-resource-based view of the firm. Academy of Management Review 20(4):986-1014.

Haucap, J. et al. 2013. Wettbewerbsprobleme im Lebensmitteleinzelhandel. In: Ordnungspolitische Perspektiven. Düsseldorfer Institut für Wettbewerbsökonomie.

Haupt, D. 1999. Unternehmensanalyse für Weinbaubetriebe. Eine Methode zur Schwachstellen-Erkennung auf der Basis der steuerlichen Buchführung. Deutsches Weinbaujahrbuch 15:19-36.

Hauschildt, J. 2004. Innovationsmanagement, 3. Vahlen.

HDE 2017. Nachhaltigkeit im Handel: Der Einzelhandel übernimmt Verantwortung.

Heine, K. & Berghaus, B. 2014. Luxury goes digital: how to tackle the digital luxury brand–consumer touchpoints. Journal of Global Fashion Marketing 5(3):223-234.

Heitlinger von der Emde, A. & Fleuchaus, R. 2019. Fachkräftemangel in der deutschen Weinwirtschaft - Mär oder Realität? In Schultz & Stoll (Hrsg) Deutsches Weinbaujahrbuch 2019. Ulmer, 93-97.

Helmke, S. et al. 2016. LOHAS-Marketing. Springer.

Henderson, B. 2006. Growth-Share Matrix. BCG.

Henn, C. et al. 2016. Gut gereifte Winzer. Vinum. https://www.vinum.eu/de/magazin/reportagen/gut-gereifte-winzer/, 14-25.

Hensche, H. U. & Lorleberg, W. 2011. Volkswirtschaftliche Neubewertung des gesamten Agrarsektors und seiner Netzwerkstrukturen Forschungsberichte. vol 27. Universität Paderborn Fachbereich Agrarwirtschaft Soest.

Hermans, J. et al. 2015. Ambitious entrepreneurship: A review of growth aspirations, intentions, and expectations Entrepreneurial growth: Individual, firm, and region. Emerald Group Publishing Limited, 127-160.

Heuser, U. J. & Widmann, M. 2021. Michael Otto: Der grüne Kapitalist Die Zeit. 20, 12.5.2021.

Hira, A. 2013. What Makes Clusters Competitive?: Cases from the Global Wine Industry. McGill-Queen's Press.

Holling, C. S. 1973. Resilience and stability of ecological systems. Annual review of ecology and systematics 4(1):1-23.

Horváth 2020. Nachhaltig in und aus der Krise: Die Konsumgüterlandschaft im Wandel.

Houben, G. et al. 1999. A knowledge-based SWOT-analysis system as an instrument for strategic planning in small and medium sized enterprises. Decision support systems 26(2):125-135.

Hüfner, D. 2020. Für Wein-Start-ups ist die Corona-Krise ein Glücksfall Welt online. https://amp-iframe.welt.de/wirtschaft/gruenderszene/article207747855/Fuer-Wein-Start-ups-ist-die-Corona-Krise-ein-gluecklicher-Zufall.html.

Hughes, T. 2006. New channels/old channels. European Journal of Marketing 40(1/2):113-129.

IGC 2010. IGC-Controller-Wörterbuch, vol 4. Schäffer-Poeschel.

Inderhees, P. 2007. Strategische Unternehmensführung landwirtschaftlicher Haupterwerbsbetriebe: Eine Untersuchung am Beispiel Nordrhein-Westfalens. Diss Uni Göttingen.

IPCC 2007. On Climate change 2007: The physical science basis Change, Intergovernmental Panel vol 6. Cambridge University Press.

itp 2021. Teures »Familienerbe« Weinwirtschaft online. Meininger Verlag, https://www.meininger.de/wein/personal/teures-familienerbe.

Iyengar, S. S. & Lepper, M. R. 2000. When choice is demotivating: Can one desire too much of a good thing? Journal of personality and social psychology 79(6):995.

Jacobides, M. G. et al. 2018. Towards a theory of ecosystems. Strategic Management Journal 39(8):2255-2276.

Jebb, A. T. et al. 2018. Happiness, income satiation and turning points around the world. Nature Human Behaviour 2(1):33-38.

Jenssen, J. I. J., Geir 2004. How do corporate champions promote innovations? International Journal of Innovation Management 8(1):63-86.

Johannessen, J.-A. et al. 1999. Managing and organizing innovation in the knowledge economy. European Journal of Innovation Management 2(3):116-128.

Johnson, G. & Thomas, H. 1987. The industry context of strategy, structure and performance: The UK brewing industry. Strategic Management Journal 8(4):343-361.

Johnson, G. L. et al. 2000. Spatial variability and interpolation of stochastic weather simulation model parameters. Journal of Applied Meteorology 39(6):778-796.

Jordan, R. et al. 2007. Behind the Australian wine industry's success: does environment matter? International Journal of Wine Business Research 19(1):14-32.

Jørgensen, F. U., John P. 2010. Enhancing Innovation Capacity in SMEs through Early Network Relationships. Creativity & Innovation Management 19(4):397-404.

Kahneman, D. & Deaton, A. 2010. High income improves evaluation of life but not emotional well-being. Proceedings of the national academy of sciences 107(38):16489-16493.

Kaplan, R. S. & Norton, D. P. 1998. Putting the balanced scorecard to work. The economic impact of knowledge 27(4):315-324.

Kerr, S. et al. 2017. Personality Traits of Entrepreneurs: A Review of Recent Literature. vol September 15, 2018. Harvard Business School.

Kim, J.-E. et al. 2016. Narrative-transportation storylines in luxury brand advertising: Motivating consumer engagement. Journal of Business Research 69(1):304-313.

Kim, W. C. & Mauborgne, R. A. 2014. Blue ocean strategy: How to create uncontested market space and make the competition irrelevant. HBR Press.

Klag-Ritz, E. 2020. Klassiker ganz individuell Rheinpfalz.de. https://www.rheinpfalz.de/wirtschaft_artikel,-klassiker-ganz-individuell-_arid,5066796.html.

Klewitz, J. & Hansen, E. G. 2014. Sustainability-oriented innovation of SMEs: a systematic review. Journal of Cleaner Production 65:57-75.

Knight, G. A. & Cavusgil, S. T. 2004. Innovation, organizational capabilities, and the born-global firm. Journal of international Business Studies 35(2):124-141.

Köhler, P. 2010. Die Schätze der Banken – Das Weinschloss der Sparkasse Handelsblatt online. https://www.handelsblatt.com/finanzen/banken-versicherungen/banken/die-schaetze-der-banken-das-weinschloss-der-sparkasse/3523440.html.

Kotler, P. & Armstrong, G. 2010. Principles of marketing. pearson education.

Kotter, J. P. & Schlesinger, L. A. 1989. Choosing strategies for change Readings in strategic management. Springer, 294-306.

Krämer, L. 2020. Planning for climate and the environment: the EU green deal. Journal for European Environmental & Planning Law 17(3):267-306.

Krüger, W. 2014. Strategische Erneuerung: Probleme und Prozesse Excellence in Change. Springer, 33-61.

Krüger, W. et al. 2010. Die Zukunft gibt es nur einmal! Plädoyer für mehr unternehmerische Nachhaltigkeit. Gabler.

Kumar, N. 2004. Marketing as Strategy. HBS Press.

Kumar, V. 2008. Managing customers for profit: Strategies to increase profits and build loyalty. Prentice Hall.

Kurth, T. et al. 2019. Die Zukunft der deutschen Landwirtschaft sichern – Denkanstöße und Szenarien für ökologische, ökonomische und soziale Nachhaltigkeit. BCG.

Kushwaha, T. & Shankar, V. 2013. Are Multichannel Customers Really More Valuable? The Moderating Role of Product Category Characteristics. Journal of Marketing 77(4):67-85.

Lamond, D. 2003. Henry Mintzberg vs Henri Fayol: of lighthouses, cubists and the emperor's new clothes. Journal of Applied Management and Entrepreneurship 8(4):5-23.

Lechat, T. & Torrès, O. 2017. Stressors and satisfactors in entrepreneurial activity: an event-based, mixed methods study predicting small business owners' health. International Journal of Entrepreneurship and Small Business 32(4):537-569.

Leitner, K.-H. & Güldenberg, S. 2010. Generic strategies and firm performance in SMEs: a longitudinal study of Austrian SMEs. Small Business Economics 35(2):169-189.

Lindow, C. M. 2013. Strategy formulation in family businesses: A review and research agenda. Handbook of Research on Family Business, 2. Edward Elgar.

Loose, S. & Pabst, E. 2018. Current State of the German and International Wine Markets. Oceania(67):92-101.

Lubell, M. et al. 2011. Innovation, Cooperation, and the Perceived Benefits and Costs of Sustainable Agriculture Practices. Ecology and Society 16(4):1-12.

Lubin, D. A. & Esty, D. C. 2010. Megatrend Nachhaltigkeit. Harvard Business Manager 7:74-85.

Lucke, D. 1995. Akzeptanz: Legitimität in der „Abstimmungsgesellschaft“. Leske+Budrich.

Lunenburg, F. C. 2012. Organizational Structure: Mintzberg's Framework. International Journal of Scholarly, Academic, Intellectual Diversity 14(1):1 – 8.

Maignan, I. 2001. Consumers' perceptions of corporate social responsibilities: A cross-cultural comparison. Journal of business ethics 30(1):57-72.

Malheiro, A. C. et al. 2010. Climate change scenarios applied to viticultural zoning in Europe. Climate Research 43(3):163-177.

Man, T. W. et al. 2008. Entrepreneurial competencies and the performance of small and medium enterprises: An investigation through a framework of competitiveness. Journal of Small Business & Entrepreneurship 21(3):257-276.

Marshall, R. S. et al. 2005. Exploring individual and institutional drivers of proactive environmentalism in the US wine industry. Business Strategy and the Environment 14(2):92-109.

Mazzarol, T. R., S. 2008. The role of complementary actors in the development of innovation in small firms. International Journal of Innovation Management 12(2):223-253.

McCorkle, D. A. et al. 2019. The long-term viability of US wine grape vineyards: assessing vineyard labour costs for future technology development. International Journal of Entrepreneurship and Small Business 36(3):308-334.

McElwee, G. 2006. The enterprising farmer: a review of entrepreneurship in agriculture. Journal of the Royal Agricultural Society of England 167(9).

McKinsey 2021. Bedeutung strategischer Planung im Krisenmodus ZIRP: Erfolgsfaktor Unternehmensstrategie.

McNamara, G. et al. 2003. Competitive positioning within and across a strategic group structure: the performance of core, secondary, and solitary firms. Strategic Management Journal 24(2):161-181.

Meffert, H. et al. 2018. Marketing: Grundlagen marktorientierter Unternehmensführung Konzepte–Instrumente–Praxisbeispiele. Springer.

Mend, M. 2012. Betriebsvergleich ökologisch und integriert wirtschaftender Weingüter. Vortrag Betriebsleitertagung Weinbau und Kellerwirtschaft, Geisenheim.

Menet, G. 2016. The importance of strategic management in international business: Expansion of the PESTEL method. International Business and Global Economy(35/2):261-270.

Milbradt, F. 2015. Wo wird teurer Wein getrunken? Deutschlandkarte. Zeit Magazin, https://www.zeit.de/zeit-magazin/2015/34/teurer-wein-deutschlandkarte.

Miles, G. et al. 1993. Industry variety and performance. Strategic Management Journal 14(3):163-177.

Miles, R. E. & Snow, C. C. 1984. Fit, Failure And The Hall of Fame. California Management Review 26(3):10-28.

Miles, R. E. et al. 1978. Organizational Strategy, Structure, and Process. Academy of Management Review 3(3):546-562.

Millar, R. 2017. All change at Chateau Lafite as daughter set to take over The Drinks Business v. 16.11.2017.

Miller, D. 1986. Configurations of strategy and structure: Towards a synthesis. Strategic Management Journal 7(3):233-249.

Miller, D. 1987. The structural and environmental correlates of business strategy. Strategic Management Journal 8(1):55-76.

Minges, B. 2016. Wieder ein reines Familienweingut. Wiesbadener Kurier (4.8.2016).

Mintzberg, H. & Lampel, J. 1999. Reflecting on the strategy process. MIT Sloan Management Review 40(3):21.

Mintzberg, H. 1973. Strategy-making in three modes. California Management Review 16(2):44-53.

Mintzberg, H. 1987. The strategy concept: Five Ps for strategy. California Management Review 30(1):11-24.

Mintzberg, H. 1990. The design school: reconsidering the basic premises of strategic management. Strategic Management Journal 11(3):171-195.

Mintzberg, H. 1993. Structure in fives: Designing effective organizations. Prentice-Hall.

Mintzberg, H. 2013. Simply managing: What managers do—and can do better. Berrett-Koehler.

Montanarella, L. & Panagos, P. 2021. The relevance of sustainable soil management within the European Green Deal. Land Use Policy 100(Jan):104950.

Mora, P. & Livat, F. 2013. Does storytelling add value to fine Bordeaux wines? Wine Economics and Policy 2:3-10.

Morgan, N. A. & Rego, L. L. 2009. Brand portfolio strategy and firm performance. Journal of Marketing 73(1):59-74.

Morrison, A. & Wensley, R. 1991. Boxing up or boxed in? A short history of the BCG share/growth matrix. Journal of Marketing Management 7(2):105-129.

Moser, P. 2021. Paukenschlag in Bordeaux: Die beiden Weltklasseweingüter Château Ausone und Château Cheval Blanc treten aus der Klassifikation aus. Falstaff online v. 13.7.2021.

Mozel, M. R. & Thach, L. 2014. The impact of climate change on the global wine industry: Challenges & solutions. Wine Economics and Policy 3(2):81-89.

Müller, A. E. & Bürgelt, D. 2006. Weine aus der Neuen Welt in den Regalen der Alten Welt. I&I agric-econ Uni Kiel.

Müller, L. 2016. Georg zur Lippe will Namen der betroffenen Güter wissen. Dresdner Neue Nachrichten v. 31.7.2016

Nadier D. A. 1988 Modell organisatorischen Wandels. In Müller-Stewens & Lechner 2016. Strategisches Management: wie strategische Initiativen zum Wandel führen, 5. Schäffer-Pöschel.

Neish, S. 2021. Napa wineries report off-the-charts demand for $500-plus tastings. The Drink Business v. 21.6.2021

Nestlé 2011. So is(s)t Deutschland - Ein Spiegel der Gesellschaft.

Nielsen 2018. Deutsche geben Milliarden für alkoholische Getränke aus. https://www.proplanta.de/Agrar-Nachrichten/Verbraucher.

Nitt-Drießelmann, D. 2013. Einzelhandel im Wandel. HWI.

Oberhofer, J. 2011. Agrarbericht 2011: Gewinne regelrecht eingebrochen. Der Deutsche Weinbau (24):26-31.

Oberhofer, J. 2018. Agrarbericht - Erfreuliche Entwicklung. Der Deutsche Weinbau (24):16-22.

Oberhofer, J. 2021. Abwärts – Agrarbericht.. Der Deutsche Weinbau (19):14-22.

OC&C 2013. Messers Schneide - Die Preisstrategie als wesentlicher Erfolg des Geschäftsmodells Preisstudie.

OC&C Strategy Consultants 2010. Préserver L'avenir dans un marché morose LSA.

OECD 2004a. Improving the capacity to innovate. 107-146.

OECD 2004b. Promoting Entrepreneurship and Innovation in a Global Economy. 2nd OECD Conference of Ministers Responsible for Small to Medium Sized Enterprises, Istanbul.

OIV 2011. World Statistics 9th General Assembly of the OIV. Porto.

OIV 2012 & 2013 & 2016. World Vitiviniculture Situation.

OIV 2021. State of the vitivinicultural world in 2020 OIV Press Conference.

Okonkwo, U. 2009. The luxury brand strategy challenge. Journal of brand management 16(5-6):287-289.

Olesch, G. 2003. Strategisches Personalmanagement-Herausforderung der Zukunft. Die Zukunft des Managements: Perspektiven für die Unternehmensführung:67.

Olson, E. et al. 1995. Organizing for Effective New Product Development: The Moderating Role of Product Innovativeness. The Journal of Marketing 59(1):48-62.

Olusegun, A. I. 2012. Is small and medium enterprises (SMEs) an entrepreneurship? International Journal of Academic Research in Business and Social Sciences 2(1):487.

Omorede, A. et al. 2015. Entrepreneurship psychology: a review. International Entrepreneurship and Management Journal 11(4):743-768.

Orsato, R. J. 2006. Competitive environmental strategies: when does it pay to be green? California Management Review 48(2):127-143.

Orth, U. R. et al. 2007. The global wine business as a research field. International Journal of Wine Business Research 19(1):5-13.

Osterwalder, A. & Pigneur, Y. 2010. Business model generation: a handbook for visionaries, game changers, and challengers, vol 1. John Wiley & Sons.

Panagiotou, G. 2003. Bringing SWOT into focus. Business strategy review 14(2):8-10.

Pang, C. et al. 2019. Integrative capability, business model innovation and performance. European Journal of Innovation Management 22(3):541-561.

Papadakis, V. et al. 1998. Strategic decision-making processes: the role of management and context. Strategic Management Journal 19(2):115-147.

Pappalardo, G. et al. 2013. Profitability of wine grape growing in the EU member states. Journal of Wine Research 24(1):59-76.

Parkinson, J. 2010. Disruptive Naked Wines The drinks business v. 6.9.2010.

Pastuch 2021. Preisabsatzfunktion. https://www.roll-pastuch.de/de/unternehmen/pricing-lexikon/preisabsatzfunktion.

Payton, R. L. 1988. Philanthropy: Voluntary action for the public good. American Council on Education New York.

Pereira, C. R. et al. 2020. Purchasing and supply management (PSM) contribution to supply-side resilience. International Journal of Production Economics 228:107740; vorher Vortrag EnANPAD 2015.

Pertusa-Ortega et al. 2010. Competitive strategy, structure; and firm performance. Management Decision 48(8):1282-1303.

Peters, T. J. 1982. In search of excellence: lessons from America's best-run companies. Harper & Row.

Petgen, M. 2007. Reaktion der Reben auf den Klimawandel. Schweiz Zeitung für Obst-Weinbau 9:6-9.

Piispanen, V.-V. et al. 2017. Entrepreneurs' business skills and growth orientation in business development. International Journal of Entrepreneurship and Small Business 32(4):515-536.

Pollack, J. & Pollack, R. 2015. Using Kotter's eight stage process to manage an organisational change program: Presentation and practice. Systemic Practice and Action Research 28(1):51-66.

Porter, M. E. 1980. Competitive Strategy: Techniques for Analyzing Industries and Competitors. Free Press, New York.

Porter, M. E. 1986. Changing patterns of international competition. California Management Review 28(2):9-40.

Porter, M. E. 1991. Towards a dynamic theory of strategy. Strategic Management Journal, 12:95-117.

Porter, M. E. 1996. What is strategy? HBR Nov.

Porter, M. E. 1997. Nur Strategie sichert auf Dauer hohe Erträge. HBM 19(3):42-58.

Porter, M. E. 1998. Competitive strategy, structure and firm performance. HBR 76(6):77-90.

Porter, M. E. 2000. Location, Competition, and Economic Development: Local Clusters in a Global Economy. Economic Development Quaterly 14(1):15-34.

Pryor, L. S. 1989. Benchmarking: A self-improvement strategy. The Journal of Business Strategy 10(6):28.

Pufé, I. 2014. Nachhaltigkeit. UVK.

PwC 2019. Surviving the retail apocalypse.

PwC 2021. Diese Veränderungen erwarten Deutsche 2021. https://www.pwc.de/de/pressemitteilungen/2021/diese-veraenderungen-erwarten-deutsche-2021.html.

Raab, G. et al. 2009. Methoden der Marketing-Forschung. Springer Gabler.

Rabobank 2012. The incredible bulk Industry Notes 296.

Rama, R. T., Handbook of Innovation in the Food and Drink Industry. The Haworth Press.

Randstadt 2020. Unternehmen setzen auf nachhaltiges Personalmanagement. https://www.randstad.de/ueber-randstad/presse/personalmanagement/unternehmen-setzen-nachhaltiges-personalmanagement/.

Read, S. & Dolmans, S. 2012. Effectuation 10 year waypoint. International Review of Entrepreneurship 10(1):25-46.

Reinhardt, F. L. 1998. Environmental product differentiation: Implications for corporate strategy. California Management Review 40(4):43-73.

Remaud, H. & Couderc, J.-P. 2006. Wine Business Practices: A New Versus Old Wine World Perspective. Agribusiness 22(3):405-416.

Reuber, A. R. et al. 2016. Deepening the Dialogue: New Directions for the Evolution of Effectuation Theory. Academy of Management Review 41(3):536-540.

Reule, M. 2014. Zielgruppen für deutsche Weine 2013. DWI Pressegespräch, Dresden.

Reuters 2021. Australien zitiert China vor ein WTO-Gericht: In: Spiegel online. Australien zitiert China vor ein WTO-Gericht - Zoff um Weinproduktion - DER SPIEGEL

Riccaboni, A. et al. 2021. Sustainability-oriented research and innovation in "farm to fork" value chains. Current Opinion in Food Science.

Richenhagen, M. 2011. Wir brauchen die Agrarrevolution €uro am Sonntag. 13.

Rittinger, S. 2014. Multi-Channel Retailing. Springer.

Rizos, V. et al. 2016. Implementation of circular economy business models by small and medium-sized enterprises (SMEs): Barriers and enablers. Sustainability 8(11):1212.

Robles, L. & Zárraga-Rodríguez, M. 2015. Key Competencies for Entrepreneurship. Procedia Economics and Finance 23:828-832.

Rodriguez, I. 2021. Die Relevanz der Nachhaltigkeitsziele (SDGs) für Unternehmen. seventeen goals Magazin. https://www.17goalsmagazin.de/sdg-17-ziele-in-unternehmen/.

Roller, G. & Palmes, D. 2020. Deutschen Nachhaltigkeitskodex (DNK) für Weinbaubetriebe. MWVLW, www.nachhaltig-wirtschaften.rlp.de

Rückrich, K. 2018a. Daten zur Weltweinwirtschaft. Der Deutsche Weinbau (10):1.

Rückrich, K. 2018b. Stand der Rebsortenzulassung. Der Deutsche Weinbau 16/17:1.

Rückrich, K. 2018c. Weinaußenhandel in der Europäischen Union. Der Deutsche Weinbau (12):1.

Sager, G. 2008. Der kleine Schwarze. https://www.spiegel.de/geschichte/100-jahre-ford-modell-t-a-947930.html.

Sala, S. et al. 2015. A systemic framework for sustainability assessment. Ecological Economics 119:314-325.

Samulat, P. 2017. Die Digitalisierung der Welt: Wie das Industrielle Internet der Dinge aus Produkten Services macht. Springer-Gabler.

Santiago-Brown, I. et al. 2015. Sustainability Assessment in Wine-Grape Growing in the New World: Economic, Environmental, and Social Indicators for Agricultural Businesses. Sustainability 7(7):8178-8204.

Santini, C. et al. 2013. Sustainability in the wine industry: key questions and research trends a. Agricultural and Food Economics 1(1):9.

Sarasvathy, S. D. 2001. Causation and Effectuation: Toward a Theoretical Shift from Economic Inevitability to Entrepreneurial Contingency. Academy of Management Review 26(2):243-263.

Saunila, M. 2014. Innovation capability for SME success: perspectives of financial and operational performance. Journal of Advances in Management Research 11(2), 163-175.

Sautter, U. 2020. Badens Genossenschaften: Einmal Reset, bitte!; Falstaff v. 27.5.2020. www.falstaff.at/nd/badens-genossenschaften-einmal-reset-bitte

Schallenberger, F. 2009. Weinbau. Made in Germany. Der deutsche Weinmarkt im Blickfeld. LBBW.

Schaltegger, S. & Wagner, M. 2011. Sustainable entrepreneurship and sustainability innovation: categories and interactions. Business strategy and the environment 20(4):222-237.

Schäufele, I. et al. 2016. Erzielen Weine mit höherer Qualität höhere Preise? Eine hedonische Preisanalyse zur DLG-Bundesweinprämierung. German Journal of Agricultural Economics 65:132-150.

Scheuermann, M. 2012. Die 50 größten Weingüter Drunkenmonday. vol 2018, https://drunkenmonday.wordpress.com/2010/11/17/die-50-grosten-weinguter.

Scheuermann, M. 2013. E-Commerce verändert den deutschen Weinmarkt. Weinreporters DrinkTank.

Schipperges, M. 2013. Verbraucher offen für neue Entdeckungen. Das deutsche Weinmagazin 17/18:58-63.

Schloss Wackerbarth 2021. Strategien für den Wein- und Gastronomie-Tourismus. Sächsisches Staatsweingut Schloss Wackerbarth.

Schmidt, L. et al. 2017. How context alters value: The brain's valuation and affective regulation system link price cues to experienced taste pleasantness. Scientific Reports 7(1):8098.

Schnabel, H. & Storchmann, K. 2010. Prices as quality signals: evidence from the wine market. Journal of Agricultural & Food Industrial Organization 8(1).

Schnepf, R. 2003. The International Wine Market: Description and Selected Issues. In: Congressional Report.

Schoemaker, P. J. H. et al. 2018. Innovation, Dynamic Capabilities, and Leadership. California Management Review 61(1):15-42.

Schönhöfer, F. 2021. Von Kameras und künstlichen Nasen. Die Rheinpfalz. 14.6.2021.

Schreiter, N. 2003. Die Entdeckung des aktiven Kunden – Eine Untersuchung zur Thematik der produktiven Beteiligung des Konsumenten am Dienstleistungsprozess im Kontext des sich wandelnden Konsums Technische Universität Chemnitz

Schreyögg, G. & Koch, J. 2014. Management: Grundlagen der Unternehmensführung, 3. Springer-Gabler.

Schumpeter, J. A. 1939. Business Cycles – A Theoretical, Historical, and Statistical Analysis of the Capitalist Process.

Scozzi, B. et al. 2005. Methods for modeling and supporting innovation processes in SMEs. European Journal of Innovation Management 8(1):120-137.

Semadeni, M. 2006. Minding your distance: How management consulting firms use service marks to position competitively. Strategic Management Journal 27(2):169-187.

Sentker, A. 2017. Unser bedrohtes Gold Die Zeit. (30): 31.

Servantie, V. & Rispal, M. H. 2018. Bricolage, effectuation, and causation shifts over time in the context of social entrepreneurship. Entrepreneurship & Regional Development 30(3/4):310-335.

Seuneke, P. et al. 2013. Moving beyond entrepreneurial skills: Key factors driving entrepreneurial learning in multifunctional agriculture. Journal of Rural Studies 32:208-219.

Simpson, M. et al. 2012. Towards a new model of success and performance in SMEs. International journal of entrepreneurial Behavior & Research (18)3:264-285

Smolka, K. M. et al. 2018. Get it together! Synergistic effects of causal and effectual decision–making logics on venture performance. Entrepreneurship Theory and Practice 42(4):571-604.

Speed, R. J. 1989. Oh Mr Porter! A re-appraisal of competitive strategy. Marketing Intelligence & Planning 7(5/6):8-11.

Spengler, P. 2015. In der Champions League. Die Rheinpfalz, 16.6.2015

StadtBauPlan 2003. Gutachten zum Standort einer neuen Kellerei der „Hessischen Staatsweingüter GmbH Kloster Eberbach".

Statistisches Bundesamt 2010. Landwirtschaft, Forstwirtschaft, Fischerei - Landwirtschaftliche Bodennutzung - Rebflächen.

Statistisches Bundesamt 2011a. Agrarstrukturerhebung 2010 Fachserie Weinbau.

Statistisches Bundesamt 2011b. Jahreserhebung 2009 im Handel.

Statistisches Bundesamt 2011c. Weinmost 2010. Fachserie 3, Reihe 3.2.1.

Statistisches Bundesamt 2017. Vorausberechneter Bevolkerungsstand.

Statistisches Bundesamt 2018a. Bestockte Rebfläche 2005-2017.

Statistisches Bundesamt 2018b. Rebflächenerhebung 2017. https://www.destatis.de/DE/ZahlenFakten/Wirtschaftsbereiche/LandForstwirtschaftFischerei/Wein/Rebflaechenerhebung.html.

Steinmann, H. & Hennemann, C. 1997. Handbuch Lernende Organisation. Springer, 33-44.

Steinthal, D. 2004. Growing Profits by getting smaller. Practical Winery & Vineyard Journal Nov/Dec 2004.

Stenholm, P. 2011. Innovative Behavior as a Moderator of Growth Intentions. Journal of Small Business Management 49(2):233-251.

Sternberg, R. et al. 2020. Global Entrepreneurship Monitor Unternehmensgründungen im weltweiten Vergleich – Länderbericht Deutschland 2019/20. RKW Rationalisierungs- und Innovationszentrum der Deutschen Wirtschaft e. V.

Stevenson, H. H. & Jarillo, J. C. 2007. A paradigm of entrepreneurship: Entrepreneurial management. In: Cuervo et al. (Hrsg) Entrepreneurship. Springer, 155-170.

Steward, S. et al. 1999. The eCommerce revolution. BT technology journal 17(3):124-132.

Stock, M. 2005. Klimaveränderungen fordern die Winzer. Potsdam-Institut für Klimafolgenforschung.

Stoeberl, P. A. et al. 1998. Relationship between organizational change and failure in the wine industry: an event history analysis. Journal of Management Studies 35(4):537-555.

Stojcic, I. et al. 2016. Does uncertainty avoidance keep charity away? Comparative research between charitable behavior and 79 national cultures. Culture and Brain 4(1):1-20.

Stopford, J. M. & Baden-Fuller, C. W. 1994. Creating corporate entrepreneurship. Strategic management journal 15(7):521-536.

Storey, D. J. 2003. Entrepreneurship, small and medium sized enterprises and public policies. In: Acs et al. (Hrsg) Handbook of entrepreneurship research. Springer, 473-511.

Suchman, M. C. 1995. Managing legitimacy: Strategic and institutional approaches. Academy of Management Review 20(3):571-610.

Szolnoki, G. & Hoffman, D. 2014. Neue Weinkundensegmentierung in Deutschland, Hochschule Geisenheim.

Tanner Jr, J. F. et al. 2008. Executives' perspectives of the changing role of the sales profession: views from France, the United States, and Mexico. Journal of Business & Industrial Marketing 23(3):193-202.

Tapsell, P. & Woods, C. 2010. Social entrepreneurship and innovation: Self-organization in an indigenous context. Entrepreneurship and Regional Development 22(6):535-556.

Tassabehji, R. & Isherwood, A. 2014. Management use of strategic tools for innovating during turbulent times. Strategic Change 23(1-2):63-80.

Taylor-Powell, E. 1998. Questionnaire Design: Asking questions with a purpose. University of Wisconsin.

Taylor, P. et al. 2007. The determinants of cluster activities in the Australian wine and tourism industries. Tourism Economics 13(4):639-656.

Teece, D. J. 2007. Explicating dynamic capabilities: the nature and microfoundations of (sustainable) enterprise performance. Strategic Management Journal 28(13):1319-1350.

Teece, D. J. 2010. Business Models, Business Strategy and Innovation. Long Range Planning 43(2-3):172-194.

Tegtmeier, S. & Meyer, V. 2018. Experts of thoroughness and fanatics of planning? Daring insights into the decision-making of German entrepreneurs. International Journal of Entrepreneurship and Small Business 33(1):132-157.

Tell, J. et al. 2016. Business model innovation in the agri-food sector: a literature review. British Food Journal 118(6):1462-1476.

ten Hompel, M. et al. 2014. Logistik und IT als Innovationstreiber für den Wirtschaftsstandort Deutschland. Positionspapier, Bundesvereinigung Logistik.

Thode, S. F. & Maskula, J. M. 1998. Place-based marketing strategies, brand equity and vineyard valuation. The Journal of product and brand management 7(5):379-399.

Thomas, L. C. et al. 2013. Entrepreneurial marketing within the French wine industry. International Journal of Entrepreneurial Behavior & Research 19(2):238-260.

Ting, S. et al. 2014. Mining logistics data to assure the quality in a sustainable food supply chain: A case in the red wine industry. International Journal of Production Economics 152:200-209.

Tirole, J. 1996. A Theory of Collective Reputations. Review of Economic Studies 63(1):1-22.

Toffler, A. 1980. The third wave. William Morrow.

Trick, S. 2009. Der deutsche Wein und die Globalisierung, Band 31. Europäischer Hochschulverlag.

Umweltbundesamt 2018a. Struktur der Flächennutzung. www.umweltbundesamt.de/daten/flaeche-boden-land-oekosysteme/flaeche/struktur-der-flaechennutzung.

Umweltbundesamt 2018b. Umwelt und Landwirtschaft 2018.

Umweltbundesamt 2020. Ökologischer Landbau.

Van de Ven, A. H. 1986. Central problems in the management of innovation. Management Science 32:590-607.

Van Leeuwen, C. & Seguin, G. 2006. The concept of terroir in viticulture. Journal of Wine Research 17(1):1-10.

Varsei, M. & Polyakovskiy, S. 2017. Sustainable supply chain network design: A case of the wine industry in Australia. Omega 66:236-247.

Venetucci, R. 1992. Benchmarking: a reality check for strategy and performance objectives. Production and Inventory Management Journal 33(4):32.

Verbeke, W. et al. 2011. Drivers of sales performance: a contemporary meta-analysis. Have salespeople become knowledge brokers? Journal of the Academy of Marketing Science 39(3):407-428.

Verdouw, C. et al. 2013. Smart agri-food logistics: requirements for the future internet Dynamics in logistics. Springer, 247-257.

Vermeulen, P. A. et al. 2005. Identifying key determinants for new product introductions and firm performance in small service firms. Service Industries Journal 25(5):625-640.

Verreynne, M. & Meyer, D. 2010. Small business strategy and the industry life cycle. Small Business Economics 35(4):399-416.

Vilnai-Yavetz, I. & Tifferet, S. 2015. A Picture Is Worth a Thousand Words: Segmenting Consumers by Facebook Profile Images. Journal of Interactive Marketing 32:53-69.

Vinitrac 2016. Building successful wine brands. Wine-intelligence Global Workshop Series.

Vivek, S. et al. 2012. Customer Engagement: Exploring Customer Relationships Beyond Purchase. Journal of Marketing Theory & Practice 20(2):122-146.

Viviani, J. 2008. Capital structure determinants: an empirical study of French companies in the wine industry. International Journal of Wine Business Research 20(2):171-194.

Vocatus AG 2018. Intelligente Tarifgestaltung.

Voigt, S. 2020. Mit einem nachhaltigen, digitalisierten Geschäftsmodell durch die Corona-Krise – YourLocal aus Magdeburg. ittelstand 4.0-Kompetenzzentrum v. 26.11.2020.

von Alan, R. H. et al. 2004. Design science in information systems research. MIS Quarterly 28(1):75-105.

von der Haken, N. 2012. West-Ost-Markenstudie 2011. MDRW / IMK.

von Hiller, C. 2014. Selbst Weine können lügen FAZ. www.faz.net/aktuell/finanzen/devisen-rohstoffe/wein-faelscher-rudy-kurniawan-verurteilt-13088015.html

Vorhies, D. W. & Morgan, N. A. 2005. Benchmarking marketing capabilities for sustainable competitive advantage. Journal of marketing 69(1):80-94.

Voß, G. & Rieder, K. 2005. Der arbeitende Kunde: wenn Konsumenten zu unbezahlten Mitarbeitern werden. Campus.

Voss, J. 2011. Kooperationen in der Wertschöpfungskette – wohin geht der Trend? DLR Rheinhessen-Nahe-Hunsrück, Oppenheim.

Vrontis, D. 1998. Strategic assessment: the importance of branding in the European beer market. British Food Journal 100(2):76-84.

Wach, D. et al. 2016. More than money: Developing an integrative multi-factorial measure of entrepreneurial success. International Small Business Journal 34(8):1098-1121.

Wagner, S. M. et al. 2012. The Link between Supply Chain Fit and Financial Performance of the Firm. Journal of Operations Management 30:340-353.

Walleck, A. S. & O'Halloran, J. D. 1991. Benchmarking world-class performance. McKinsey Quarterly(1):3-24.

Wang, C. et al. 2019. The double-edged effect of knowledge search on innovation generations. European Journal of Innovation Management 23(1):156-176.

Wang, C. L. & Ahmed, P. K. 2007. Dynamic capabilities: A review and research agenda. International Journal of Management Reviews 9(1):31-51.

Wang, C. L. & Pervaiz K. 2004. The development and validation of the organizational innovativeness construct using confirmatory factor analysis. European Journal of Innovation Management 7(4):303-313.

Watson, R. et al. 2018. Harnessing Difference: A Capability-Based Framework for Stakeholder Engagement in Environmental Innovation. Journal of Product Innovation Management 35(2):254-279.

Watts, G. et al. 1998. Ansoff's matrix, pain and gain: Growth strategies and adaptive learning among small food producers. International Journal of Entrepreneurial Behavior & Research 4(2):101-111.

Weber, J. 2020. Eine Krise zwingt uns, Prioritäten klarer zu setzen. Controlling & Management Review 64(6):20-25.

Weber, M. 1930. The Protestant Ethic and the Spirit of Capitalism. Allen and Unwin.

Wechsler, B. 2021. Produkt- und Sortimentsgestaltung als Teil der Unternehmensstrategie. www.dlr.rlp.de/Weinmarketing/Themen/Produktpolitik/Produkt-undSortimentsgestaltung.

Wedel, M. & Kamakura, W. A. 2000. Market segmentation: Conceptual and methodological foundations, 2. Kluwer Academic.

Weiler, A. 2016. Agiles Management stärkt Resilienz. Logistik Heute:20-21.

WeinTour.net 2021. Portrait von Toni Askitis.

Weiss, M. et al. 2018. Team Diversity in Innovation--Salient Research in the Journal of Product Innovation Management. Journal of Product Innovation Management 35(5):839-850.

Wheelen, T. L. & Hunger, J. D. 2015. Concepts in strategic management and business policy. Pearson.

WHO 2018. Alkoholkonsum in Europa. Wiesbadener Kurier, 8.

Wieselhuber & Partner, 2021. Digitalisierung ist kein Selbstzweck. www.wieselhuber.de/kompetenzen/digitalisierung/.

Wiggins, R. R. & Ruefli, T. W. 2002. Sustained Competitive Advantage: Temporal Dynamics and the Incidence and Persistence of Superior Economic Performance. Organization Science 13(1):81-105.

Williamson, P. J. & Ming, Z. 2009. Value-for-Money Strategies for Recessionary Times. HBR 87(3):66-74.

Winfree, J. A. & McCluskey, J. J. 2005. Collective Reputation and Quality. American Journal of Agricultural Economics 87(1):206-213.

Wirtz, B. W. et al. 2010. Strategic development of business models: implications of the Web 2.0 for creating value on the internet. Long range planning 43(2-3):272-290.

Wischnevsky, J. D. 2004. Change as the winds change: The impact of organizational transformation on firm survival in a shifting environment. Organizational Analysis 12(4):361-377.

Wollmann, P. et al. 2020. Disruptive Times and Need for Action. Springer.

Womack, J. P. et al. 1991. The machine that changed the world. Harper Collins.

Wood, S. & Hoeffler, S. 2013. Looking Innovative: Exploring the Role of Impression Management in High-Tech Product Adoption and Use. Journal of Product Innovation Management 30(6):1254-1270.

Woodside, A. G. 2010. Brand-consumer storytelling theory and research: Introduction to a Psychology & Marketing special issue. Psychology & Marketing 27(6):531-540.

Wooldridge, J. 2012. Introductory econometrics: A modern approach, 5. Cengage Learning.

Wu, Q. et al. 2013. Explicating dynamic capabilities for corporate sustainability. EuroMed Journal of Business 8(3):255-272.

Wüst, H. 2017: Wie viel darf eine Flasche Wein kosten?, Delinat, WeinLese 45 v. 23. Januar 2017.

Würtz, D. 2019. Winzerlegende Ernie Loosen – Mister Riesling. vinum.

York, J. G. & Venkataraman, S. 2010. The entrepreneur–environment nexus: Uncertainty, innovation, and allocation. Journal of business Venturing 25(5):449-463.

Zahra, S. A. & George, G. 2002. Absorptive capacity: A review, reconceptualization, and extension. Academy of management review 27(2):185-203.

Zahra, S. A. & Pearce, J. A. 1990. Research evidence on the Miles-Snow typology. Journal of Management 16(4):751-768.

Zebisch, M. 2005. Klimawandel in Deutschland: Vulnerabilität und Anpassungsstrategien klimasensitiver Systeme Forschungsbericht 201. vol 41. Umweltbundesamt.

Zhao, Y. et al. 2020. Brand relevance and the effects of product proliferation across product categories. Journal of the Academy of Marketing Science 48:1192-1210.

Zimmermann, V. 2017. Erfolgsfaktoren von Wachstumsunternehmen KfW Research Fokus Volkswirtschaft. vol 177.

Zott, C. et al. 2011. The Business Model: Recent Developments and Future Research. Journal of Management 37(4):1019-1042.

Zukunftsinstitut 2021. Die Megatrend-Map. www.zukunftsinstitut.de/artikel/die-mega trend-map.